城市设施规划设计手册

（第二册）

主　编　胡　毅
副主编　曾怀文　贺琪宏

中国建筑工业出版社

图书在版编目(CIP)数据

城市设施规划设计手册（第二册）/胡毅主编. —北京：
中国建筑工业出版社，2016. 3
ISBN 978-7-112-19084-3

Ⅰ. ①城… Ⅱ. ①胡… Ⅲ. ①城市公用设施-城市
规划-手册 Ⅳ. ①TU99-62

中国版本图书馆 CIP 数据核字(2016)第 030147 号

责任编辑：徐　纺　滕云飞
责任校对：陈晶晶　姜小莲

城市设施规划设计手册
（第二册）
主　编　胡　毅
副主编　曾怀文　贺琪宏
*
中国建筑工业出版社出版、发行（北京西郊百万庄）
各地新华书店、建筑书店经销
北京科地亚盟排版公司制版
北京云浩印刷有限责任公司印刷
*
开本：787×1092 毫米　1/16　印张：22　字数：429 千字
2016 年 7 月第一版　2016 年 7 月第一次印刷
定价：**59. 00** 元
ISBN 978-7-112-19084-3
（28311）

《城市设施规划设计手册》

（第二册）

编写人员

主编单位： 深圳市城市空间规划建筑设计有限公司

主　　编： 胡　毅

副主编： 曾怀文　贺琪宏

主要编写人员： 潘洁燕　吴丽娟　贺琪宏　张连军　杨亮亮　赖萍萍　黄义贤　王　雷　贺海敏　刘妍赟　董　先　杨青青　陈秋丹　姚亚方　程琳晓　祁赛龙　黄健清　曹　靓

其他参编人员： 张义英　牟筱琛　李敏霞　周　颖　唐金梅

图纸绘制人员： 周　颖　黄健清　张　燕　牛洪胜　姚科迪　王晨辉

审核人员： 梅　欣　贺琪宏　潘洁燕　曾怀文　吴丽娟　刘妍赟　牟筱琛

序

古今中外，关于城市的概念界定不一而足，不同学科各有其视角和侧重。然而纵览所述，能够通过各类设施为社会生产和居民生活提供便捷有效的公共服务，是各个时期、各个学科、各个学派都不能否认的城市基本特征之一。若缺少这些城市设施，其他商品与服务便难以生产或提供，这样的先行性和基础性体现了城市设施对于城市的重要作用。

最近几年，中国社科院每年发布《中国城市基本公共服务力评价》报告，从医疗卫生、公共交通、基础教育、文化体育等多个方面对我国主要城市进行评价。在2013年的报告中，拉萨、南京、海口位居城市基本公共服务满意度三甲。同时也有专家建议，城市的基本公共服务力应成为政府政绩考核的重要内容。可见，随着我国社会经济的发展、新型城镇化进程的有序推进，我们的城市越来越有实力，也越来越有需求去提升城市建设水平、增强城市服务能力，当然其中也就包括提高城市设施的规划建设水平，这是时代发展的大趋势。

具体到城市规划设计这个行业而言，要求我们因应时代发展变化进行系统、深入的研究，以满足当前城市建设管理的需要。近些年，我国许多部门和省市纷纷出台、更新城市公共服务设施的配置标准和规范，以期对城市进行更高水平的精细化、专业化管理。面对这些林林总总的标准和规范，规划业界亟须有识之士对其进行系统性的梳理、甄别、归纳和总结。

今天，深圳市城市空间规划建筑设计有限公司的同行在这一问题上做出了出色的回答，《城市设施规划设计手册》便是这样一本面向专业领域的高质量、综合性参考手册。本书的特色有三点：第一，信息量大且内容精炼。其设计手册式的编写体例使得本书结构上简洁明了，内容上技术含量大、信息浓度高，都是我们俗称的“干货”、“硬货”。第二，数据的横向对比参考价值高，各类城市设施规划与设计的国家规范、地方标准和本书建议数据一目了然。第三，数据标准与空间指引并重。书中除了列出各项设施的规划设计控制指标外，还提供了选址因素、总体布局与详细规划指引，以及若干典型案例等内容，延伸了本书的内容深度，强化了规划设计手册的指导效果。可以说，本书编著的初衷已经实现，这样的成绩令人欣喜。

在此，我衷心祝愿他们能继续深化在城市设施领域的持续研究，并且希望本书在为更多的规划工作者带来便利的同时，也能引发业内和公众对城市公共设施与公共服务的更多关注，共同为我国的新型城镇化建设贡献力量，为城市谋发展，为民众造福祉。

杨保軍

前言

在城市里，我们常见的或者不常见的一个个城市公共设施是保障我们生活基本需求和提高生活质量最重要的城市空间要素。随着国家新型城镇化建设的不断推进，城市公共设施与广大人民群众日益增长的公共服务需求是当前社会关注的热点和重点。而在城市规划行业内部，对城市公共设施的关注，如何规划设计得合理、如何能实现更好的社会与经济效益，也是规划设计领域里设计人员一直在苦苦追寻的方向。

纵然，国家层面有各类相关法律法规、规范标准、方针政策来规定和约束，各地方也会根据自身实际情况出台各类实施细则或相关标准，但是国内各地方城市经济发展情况、土地使用效率差异巨大。设计人员即便查阅了所有相关的规范后，依然很难指导实际工作。

本次我们编写的《城市设施规划设计手册》就是针对这样的实际工作困难，搜集整理每个设施的相关国家规范、地方标准，配合相关的文献资料研究、案例分析，结合编者的长期工作经验，为每一个设施从总体规划层面的空间布局、设施选址，详细规划层面的土地控制指标、详细设计指引，到城市设计层面的空间形态示意等提供全面的参考和指导。

一、适用范围

本书共四册，涉及涵盖了包括城市公共服务设施（包含居住区以下级别设施）、城市交通设施、城市市政基础设施三大门类的日常生活中较为常见和常用的城市公共设施。其中第二册包含 21 个设施，包含了如中医医院、高级中学、档案馆、儿童福利院等较为基本的公共服务设施，也包含了如城市轨道交通车站、火力发电厂、220kV 变电站等较为基础的交通设施和市政公用设施。

针对每个设施，本书结合城市规划的编制体系，从总体规划层面、控制性详细规划层面、修建性详细规划和城市设计层面分别提出了有针对性的指导方向。在总体规划层面，重点关注设施的分类分级、选址因素、总体布局；在控制性详细规划层面，重点关注设施的指标控制要求；在修建性详细规划层面，重点关注设施的空间设计要求。

二、编写方法

在设施的编写体例设计上，编者按照城市规划体系的层次，由总体规划—控制性详细规划—修建性详细规划—城市设计这样的顺序，组织编写每个小节的内容。形成了由术语—分类分级—设施规模—主要控制指标—选址因素—总体布局指引—详细规划指引—案例介绍这样的基本编写格式。

在每个设施的编写方法上，编者梳理了相关的国家规范、规范标准，列举和比较了各省、市制定的标准或实施细则，增加相关的文献资料研究、案例分析，结合编者长期的工作经验，针对每个设施提出合理的建议。

针对国家规范较为完整且争议较少的设施，本书以梳理、精炼、概括为主，如公共图书馆、消防站等设施。针对国家规范尚不完善且争议较多，各地方标准存在较大差异的设施，本书将对国家规范和各地方标准进行梳理，列举相关的实际案例或相关分析研究，并结合作者的长期工作经验提出建议，如小学、社区卫生服务中心等设施。针对国家规范和地方规范都缺少的设施，则以详实的案例分析为基础，结合部分相关研究和经验，提出合理的建议，如体育中心、长途汽车客运站等设施。

由于城市设施涉及的面广、数量多，书中难免有不足之处，敬请指正。

手册使用说明

设施名称

设施的名称主要来源于各类法律、法规、标准，保证一定的规范性，同时结合规划业界对设施名称的常见、常用程度进行一定的修正，符合使用习惯。

术语

综合各类相关法规、标准中设施名称的解释，形成对该设施名称较为完整的解释与表述。

设施分类、分级

按照各类相关法规、标准，明确设施的分类、分级依据与结论。

设施规模

分为用地面积和建筑面积。对每一类面积的取值，包含了对国家法律、法规要求和地方标准要求进行分析比较，并增加相关研究和实例的分析，最后提出设施规模的取值建议。

主要控制指标

与控制性详细规划的指标控制要求相对应，包含容积率、建筑密度、建筑限高、绿地率、配建机动车停车位数量这五项基本的指标取值建议。通过依据相关的法规、标准，结合作者的个人经验，推敲各指标间的相互关系，提出合理的建议。

选址因素

在总体规划或控制性详细规划层面对设施进行选址布局时需要考虑的各类因素，如地形条件、气候条件、风向要求、日照条件、水文地质条件、工程地质条件、河流条件、交通条件、场地条件、与城市中心的关系、与居住的关系、与其他设施的组合关系、服务半径、设施环境要求、防护要求等。依据相关的法规、标准和作者经验进行梳理总结。

总体布局指引

总体布局指引单个设施在总体规划层面进行总体布局过程中需要思考的过程与方法总结，主要来源于作者长期积累的工作经验总结而成。

详细规划指引（规划设计要求）

针对详细规划层面，通过用地构成、功能分区、场地布局等角度对单个设施的空间落实提出引导要求。依据相关的法规、标准，梳理和明确与空间落实相关性较大的内容作为引导要求。

案例介绍

采用空间形态方案示意和数据、文字解释的方式对每个案例进行介绍。

参考文献

列出所引用的法规、规范、文章、书籍等名称，明确编号与文号、批准和发布部门、实施日期等。

目录

一、科学技术馆

1. 术语

以展示、教育为主要功能的公益性科普机构。主要通过常设和短期展览，通过参与、体验、互动性的展品及辅助性展示手段，以激发科学兴趣、启迪科学观念为目的，对公众进行科普教育；也可举办其他科普教育、科技传播和科学文化交流活动。科学技术馆也可简称为科技馆。

2. 设施分类、分级

2.1 设施分类

《科学技术馆建设标准》（建标 101—2007）提出，科技馆按照收藏和展示内容可分为综合性科技馆和专业性科技馆。

综合性科技馆：收藏和展示多个学科领域内容的科技馆。

专业性科技馆：以某一学科领域为主要收藏展示内容的科技馆。

2.2 设施分级

2.2.1 按建设规模分级

《科学技术馆建设标准》（建标 101—2007）提出，科技馆按照建筑面积可分成特大型馆、大型馆、中型馆和小型馆。

（1）特大型馆：建筑面积 30000m^2 以上的科技馆。

（2）大型馆：建筑面积 15000m^2 以上至 30000m^2 的科技馆。

（3）中型馆：建筑面积 8000m^2 以上至 15000m^2 的科技馆。

（4）小型馆：建筑面积 8000m^2 及以下的科技馆。

2.2.2 按行政管理级别分级

科技馆按照行政管理级别可分为国家级科技馆、省（直辖市、自治区）级科技馆、市（地、州、盟）级科技馆和县（市、旗、区）级科技馆。

3. 设施规模

3.1 建筑面积

3.1.1 国家规范要求

《科学技术馆建设标准》(建标 101—2007)规定，科技馆建筑面积应满足表 1-1 的要求。

科技馆所在城市建馆当年的城市户籍人口数量与建设规模的关系　表 1-1

城市户籍人口数量	建筑面积（m^2/万人）	展厅面积（m^2/万人）
400 万以上	75	30～36
200 万以上至 400 万	75	36～42
100 万以上至 200 万	75～80	42～48
50 万至 100 万	80～100	48～60

注：① 接近 200 万城市户籍人口的中型科技馆，其建筑面积宜采用万人面积指标低值。
② 接近 100 万城市户籍人口的小型科技馆，其建筑面积宜采用万人面积指标低值。
③ 经济发达地区和旅游热点地区的城市，科技馆建设规模可在上表的基础上增加，但增加的规模不应超过 20%。
④ 科技馆建筑面积不宜小于 5000m^2，常设展厅建筑面积不应小于 3000m^2，短期展厅建筑面积不宜小于 500m^2。
⑤ 城市户籍人口在 50 万以下的城市不宜兴建科技馆，而应建设综合性的科技文化馆（宫、站、中心）。

3.1.2 建筑面积取值建议

《科学技术馆建设标准》(建标 101—2007)的条文解释中提出，发达国家的科技馆建筑面积万人指标多控制在 50～80m^2/万人，发达国家的城市人口数量趋于稳定，其科技馆建筑面积万人指标为标准的制定提供了借鉴。

《科学技术馆建设标准》(建标 101—2007)规定的科技馆建筑面积万人指标是以科技馆建馆当年的城市户籍人口作为对象制定的，而规划中通常采用规划期末的城市常住人口（即户籍人口与在当地居住半年以上的暂住人口）作为规划公共服务设施的服务人口。因此，综合考虑发达国家的科技馆建筑面积万人指标和《科学技术馆建设标准》(建标 101—2007)提出的特大型馆、大型馆、中型馆和小型馆的设施分级要求，给出规划科技馆建筑面积万人指标取值建议。

(1) 城市人口规模在 300 万以上的城市，选取发达国家水平的下限值 50m^2/万人作为规划科技馆建筑面积万人指标。

(2) 城市人口规模在 100 万以上至 300 万的城市，选取 50～80m^2/万人作为规划科技馆建筑面积万人指标。

(3) 城市人口规模在 100 万及以下的城市，一方面考虑国家规范要求和目前我国各地经济实力和观众资源情况，以城市人口规模50万作为控制下限，城市人口规模50万以下的城市不宜单独独立建设科技馆，宜建设综合性的科技文化馆（宫、站、中心）；另一方面，考虑到我国小城市的城市化进程正处于高速发展阶段，且防止科技馆因建筑面积过小而影响展教功能的发挥，建议50万及以上至100万的城市选取略高于发达国家水平的80～100m²/万人作为规划科技馆建筑面积万人指标。

建议规划科技馆建筑面积万人指标按照表1-2进行选取。

科技馆规划建筑面积万人指标　　表1-2

规划城市人口规模	建筑面积万人指标（m²/万人）
600万以上	50
300万以上至600万	50
100万以上至300万	50～80
50万至100万	80～100

注：① 接近300万城市人口规模的中型科技馆，其建筑面积宜采用万人面积指标低值。
② 接近100万城市人口规模的小型科技馆，其建筑面积宜采用万人面积指标低值。
③ 科技馆建筑面积不宜小于5000m²。
④ 城市人口规模在50万以下的城市不宜兴建科技馆，宜建设综合性的科技文化馆（宫、站、中心）。

根据表1-2提出的科技馆建筑面积万人指标，建议不同规模的城市科技馆建筑面积按照表1-3进行选取。

科技馆规划建筑面积指标　　表1-3

规划城市人口规模（万人）	建筑面积（m²）	建筑面积万人指标（m²/万人）
1000	50000	50
600	30000	50
500	25000	50
300	15000	50
200	13000	65
100	8000	80
50	5000	100

注：① 当规划科技馆所在城市人口规模不取表中数值时，通过内插法确定建筑面积万人指标，再根据城市人口规模得出科技馆建筑面积指标。
② 经济发达地区和旅游热点地区的城市，科技馆建设规模可在上表的基础上增加，但增加的规模不应超过20%。
③ 城市人口规模在50万以下的城市不宜兴建科技馆，宜建设综合性的科技文化馆（宫、站、中心）。

3.2　用地面积

《科学技术馆建设标准》（建标101—2007）提出科技馆容积率宜为0.7～1.0。根据科技馆建筑面积取值建议和容积率宜为0.7～1.0的要求，通过计算可以得出科技馆规划用地面积指标，建议按照表1-4进行选取。

科技馆规划用地面积指标 表 1-4

规划城市人口规模（万人）	用地面积（m^2）
1000	50000～71500
600	30000～42900
500	25000～35700
300	15000～21500
200	13000～18600
100	8000～11500
50	5000～7200

注：① 当规划科技馆所在城市人口规模不取表中数值时，通过内插法确定用地面积万人指标和容积率，再根据城市人口规模得出科技馆用地面积指标。

② 城市人口规模在 50 万以下的城市不宜兴建科技馆，宜建设综合性的科技文化馆（宫、站、中心）。

4. 主要控制指标

4.1 容积率

4.1.1 国家规范要求

《科学技术馆建设标准》（建标 101—2007）提出科技馆容积率宜为 0.7～1.0。

4.1.2 容积率取值建议

建议科技馆容积率控制在 0.7～1.0。规划科技馆用地面积为下限值时，容积率可取上限值；用地面积为上限值时，容积率可取下限值。

4.2 建筑密度

4.2.1 国家规范要求

《科学技术馆建设标准》（建标 101—2007）提出科技馆建筑密度宜为 25%～35%。

4.2.2 建筑密度取值建议

为创造良好的空间环境，科技馆建筑密度不宜过大。同时，参考科技馆实例，建议科技馆建筑密度不大于 30%。

4.3 建筑限高

4.3.1 国家规范要求

《科学技术馆建设标准》（建标 101—2007）提出，从技术经济角度考虑，中、小型科技馆的建筑高度应控制在 24m 以下，与消防相关的设备及土建投资较为经济。

4.3.2 实例

实际建设中，特大、大型科技馆的建筑高度较高。如上海科技馆建筑高度为 49m，黑龙江省科技馆建筑高度为 42m，杭州市低碳科技馆建筑高度为 39m，晋中市科技馆建筑高度为 30m。

4.3.3 建筑限高取值建议

建议特大、大型科技馆建筑高度不大于 50m，中、小型科技馆建筑高度不大于 24m。

4.4 绿地率

《城市绿化规划建设指标的规定》(城建【1993】784 号) 规定公共文化设施绿地率不低于 35%。建议科技馆绿地率不小于 35%。

4.5 配建机动车停车位

4.5.1 国家规范要求

《城市停车规划规范》(征求意见稿) 提出，科技馆机动车停车位按照 0.3 个/100m² 建筑面积进行设置。

4.5.2 地方标准

《深圳市城市规划标准与准则》(2014) 提出，科技馆机动车停车位按照 0.5～1.0 个/100m² 建筑面积进行设置。

《杭州市城市建筑工程机动车停车位配建标准实施细则》(2013) 提出，科技馆机动车停车位按照 0.7～0.8 个/100m² 建筑面积进行设置，其中，Ⅰ区 (老城核心区) 和Ⅱ区 (上城区、下城区、江干区、拱墅区、西湖区、滨江区、杭州经济技术开发区) 取下限值，Ⅲ区 (萧山区、余杭区) 取上限值。

4.5.3 配建机动车停车位取值建议

参考《城市停车规划规范》(征求意见稿) 和地方标准对科技馆配建机动车停车位的相关要求，考虑到不同级别科技馆的服务范围的不同，建议科技馆按照 0.3～0.5 个/100m² 建筑面积配建机动车停车位，其中，小型科技馆可取下限值，大型科技馆可取上限值。

通过计算可以得出不同规模城市的科技馆配建机动车停车位数量指标，建议按照表 1-5 进行选取。

科技馆规划配建机动车停车位数量指标 表 1-5

规划城市人口规模 (万人)	建筑面积 (m²)	配建标准 (个/100m² 建筑面积)	配建机动车停车位数量 (个)
1000	50000	0.5	250
600	30000		150
500	25000		125

续表

规划城市人口规模（万人）	建筑面积（m²）	配建标准（个/100m² 建筑面积）	配建机动车停车位数量（个）
300	15000	0.4	60
200	13000		52
100	8000	0.3	24
50	5000		15

注：当规划科技馆建筑面积不取表中数值时，配建机动车停车位数量根据建筑面积指标和机动车停车位配建标准计算确定。

4.6 相关指标汇总

科技馆相关指标一览表 **表 1-6**

相关指标 \ 规划城市人口规模（万人）	1000	600	500	300	200	100	50
用地面积（m²）	50000～71500	30000～42900	25000～35700	15000～21500	13000～18600	8000～11500	5000～7200
建筑面积（m²）	50000	30000	25000	15000	13000	8000	5000
容积率	0.7～1.0	0.7～1.0	0.7～1.0	0.7～1.0	0.7～1.0	0.7～1.0	0.7～1.0
建筑密度（%）	≤30	≤30	≤30	≤30	≤30	≤30	≤30
建筑限高（m）	50	50	50	24	24	24	24
绿地率（%）	≥35	≥35	≥35	≥35	≥35	≥35	≥35
配建机动车停车位数量（个）	250	150	125	60	52	24	15

注：① 用地面积指标选取：当规划科技馆所在城市人口规模不取表中数值时，科技馆用地面积指标根据城市人口规模、表 1-2 提出的建筑面积万人指标以及 0.7～1.0 的容积率标准计算确定。

② 建筑面积指标选取：当规划科技馆所在城市人口规模不取表中数值时，科技馆建筑面积指标根据城市人口规模和表 1-2 提出的建筑面积万人指标计算确定。

③ 容积率指标选取：规划科技馆用地面积为下限值时，容积率可取上限值；用地面积为上限值时，容积率可取下限值。

④ 配建机动车停车位指标选取：机动车停车位配建标准为 0.3～0.5 个/100m² 建筑面积。其中，大型馆可取上限值，小型馆可取下限值。当规划科技馆建筑面积不取表中数值时，配建机动车停车位数量根据建筑面积指标和机动车停车位配建标准计算确定。

5. 选址因素

（1）应选址在工程地质及水文地质条件较有利的地段。

（2）应选址在交通方便、公交便利的区域。特大、大型科技馆应至少有两面临接城市道路，中、小型科技馆应至少有一面临接城市道路。

（3）应选址在环境优美、适宜开展群众活动的地区；宜结合城市广场、公园绿地等公共活动空间综合布置。

（4）宜与博物馆、展览馆、图书馆、美术馆、文化馆等其他文化设施集中布局形成城市或地区文化中心。

（5）应选址在具有良好市政配套设施条件的区域。

（6）应为未来可能的改建和发展留有余地。

（7）科学技术馆与污染工业企业的卫生防护距离应符合附表 A 的规定。

（8）科学技术馆与易燃易爆场所的防火间距应符合附表 B 的规定。

（9）科学技术馆与市政设施的安全卫生防护距离应符合附表 C 的规定。

6. 总体布局指引

在总体规划阶段，科技馆的布局通常按以下几个步骤进行：（1）确定规划科技馆设置要求；（2）确定是否新增科技馆；（3）确定规划科技馆的布局。

（1）确定规划科技馆设置要求

城市人口规模达到 50 万的城市应至少规划 1 处与其人口规模相适应的市级科技馆。其中，城市人口规模在 600 万以上的城市应规划 1 处特大型科技馆，城市人口规模在 300 万以上至 600 万的城市应规划 1 处大型科技馆，城市人口规模在 100 万以上至 300 万的城市应规划 1 处中型科技馆，城市人口规模在 50 万至 100 万的城市应规划 1 处小型科技馆。少数民族地区省会、自治区首府城市应规划 1 处中型或以上级别科技馆。

人口规模达到 50 万的区还可根据实际需要和人口规模，设置 1 处中型或小型区级科技馆。市级科技馆所在区不再设置区级科技馆。

（2）确定是否新增科技馆

当现状无科技馆时，则应规划新建 1 处相应级别的科技馆。

当现状已建有科技馆时，则对现状科技馆进行分析。如其建筑规模能够达到规划期末的建筑面积万人指标要求，则考虑保留；如其建筑规模无法达到规划期末的建筑面积万人指标要求，则可考虑是否有扩建的可能性，无法通过扩建达到要求时，宜规划新建 1 处科技馆。

（3）确定规划科技馆的布局

如规划新建科技馆，则根据表 1-4 确定规划科技馆的用地面积。同时，考虑科技馆选址因素，确定规划科技馆的具体布局。

7. 详细规划指引

7.1　用地构成

科技馆用地主要包括科技馆建筑用地、室外展览场地、室外活动场地、绿化用地、道路和停车场用地。

室外展览场地是展厅的扩展和延伸，总平面布局宜考虑这部分组成。室外活动场地是室外展览场地的另一种形式，可以根据当地气候条件酌定。

7.2　功能分区

(1) 科技馆可划分为建筑区、室外展览和活动区、绿化区、停车区等。功能分区模式见图 1-1。

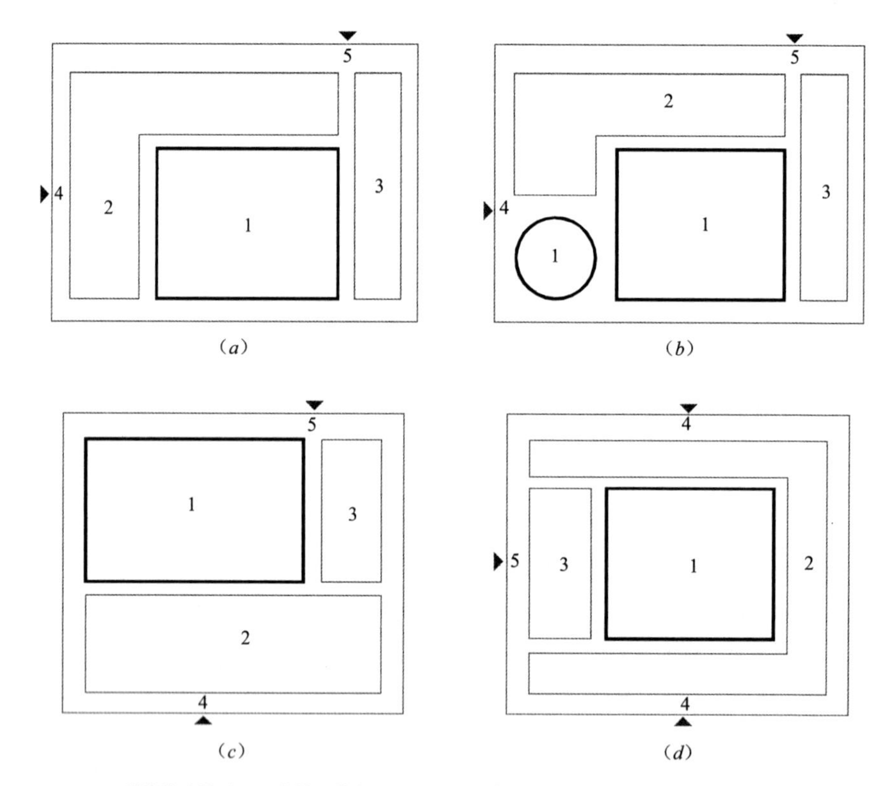

图 1-1　科技馆功能分区模式图

(2) 总平面宜采用集中式布局，也可采用分散式布局或两者相结合的方式。布局应做到分区明确、功能合理、布置紧凑、流线简捷、联系方便、互不干扰。

图（*a*）、（*c*）、（*d*）中建筑采用集中式布局，可根据用地条件，选择集中或周边式布局室外展览和活动场地，如用地条件较为宽裕，可采用图（*d*）的形式，沿建筑周边留出较大面积作为室外空间，布置室外展览和活动场地、绿地以及停车场；图（*b*）中将穹幕影院单独设置，并注重建筑与室外空间的关系。

7.3　场地布局

7.3.1　建筑区规划设计要求

（1）科技馆房屋建筑主要由展览教育用房（常设展厅、短期展厅、报告厅、影像厅、科普活动室等）、公众服务用房（休息厅、问讯处、商品部等）、业务研究用房（设计研究室、展品制作维修车间、图书资料室等）、管理保障用房（办公室、会议室、接待室等）等组成。其中，展览教育空间是主体，公众服务空间与其联系密切，相互交融。而业务研究及管理保障空间则相对独立，与展览教育空间联系较弱。短期展厅通常独立对外开放，与常设展厅有联系也应有分隔。

（2）科技馆建筑设计应适应公共活动场所人流量大、分区明确、布展灵活、展品更换频繁、参观流线可变、动静应有区分的特点。

（3）中小型科技馆不宜设置穹幕、巨幕电影厅。影像厅和报告厅可一厅多用。

（4）科技馆展厅宜设在科技馆主体建筑物的一至三层，不宜超过四层。除特殊情况外，地下室不宜作为展厅；短期展厅宜布置在建筑物的一层，可与常设展厅相邻，但应有直达外部的独立出入口。

（5）科技馆内的报告厅、大型影像厅应独立对外开放，并具备由展厅直接进入的条件。

7.3.2　室外展览和活动区规划设计要求

科技馆室外公共空间多以室外展场、儿童活动场地、露天剧场、观景平台等形式出现，使多样的教育活动并不局限于室内。

科技馆建筑周边宜有相对集中的硬质地面，以满足室外展示和举办大型户外科普活动的需要。相对室内展厅而言，室外展场具有更大的灵活性，必要时可用轻型结构转换成临时的室内化展示空间。除了临时展示外，室外展场还可以设置一些固定的展项。[1]

7.3.3　其他规划设计要求

科技馆馆区内不应建造职工住宅类生活用房。

---

[1] 庄少庞．科技与休闲的交融——浅析现代科技馆外环境设计［J］．新建筑，2002，(5)：71-72

7.4　交通组织

（1）馆区的道路应畅通，路线应简捷。人流、车流、物流应分流并避免和减少交叉。

（2）科技馆出入口宜不少于2个，宜布置在不同的城市道路之上，紧邻城市交通干路的出入口应留出集散缓冲空间。联合建设的科技馆应相对独立，并设有专用出入口。

7.5　绿化景观

科技馆外环境设计须注意环境的舒适度，提供休憩及活动设施，注意绿化配置，创造自然的生态小环境。

科技馆的外环境应具有独特的科技内涵，其环境设施、小品也应强调科技性，使参观者置身于科学的氛围之中，使其在休闲娱乐、享受优美环境的同时，体会到科学无处不在，引导参观者在休闲中走进科技的殿堂。[1]

8. 案例介绍

8.1　案例一

所在城市：华中地区某特大城市

设施类别：综合性科技馆

用地面积：132069m^2

建筑面积：82008m^2

容积率：0.62

建筑密度：22.7%

绿地率：40.0%

该科技馆位于城市新区的发展轴线上，地势平坦，邻近城市公园。

基地为较方正的长方形，是新建项目。基地南侧为城市主干路，北侧、西侧为城市次干路，东侧为城市支路。周边为公共服务区和商业区。车行出入口位于西侧、北侧道路上，人行主出入口位于南侧道路上。靠近车行出入口处设置停车场，避免社会车辆对基地内部交通的干扰。

主体建筑采用集中式布局，位于基地中心，周边有较大的室外场地和绿地。建筑风格为现代风格，外观简洁且富有现代气息。在中庭上空设计成一个巨型沉浸式漏斗结构，结构内部将打造世界先进的全景空中影院。建筑东

---

[1] 庄少庞．科技与休闲的交融——浅析现代科技馆外环境设计［J］．新建筑，2002，(5)：72

侧和南侧规划了相互联系的大面积人工水体，为参观者提供了良好的室外滨水活动空间。

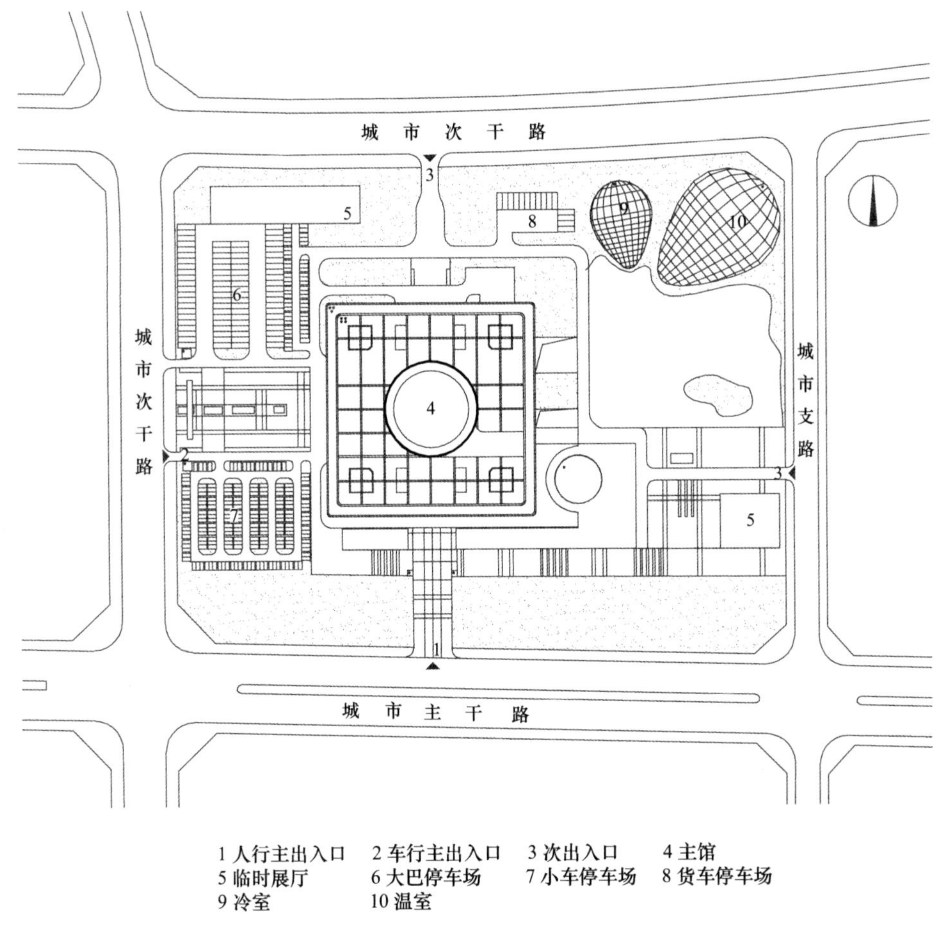

1 人行主出入口　2 车行主出入口　3 次出入口　4 主馆
5 临时展厅　6 大巴停车场　7 小车停车场　8 货车停车场
9 冷室　10 温室

图 1-2　案例一总平面图

8.2　案例二

所在城市：华南地区某大城市

设施类别：综合性科技馆

用地面积：72687m²

建筑面积：90720m²

容积率：1.25

建筑密度：36.9％

绿地率：30.0％

该科技馆位于城市核心区外围，地处江心岛上，地势平坦。

基地为东西较长、南北较窄的不规则形，为新建项目。基地两侧临路，西侧为城市次干路，南侧为城市支路。东北侧和西侧滨江，东南侧紧邻国际会展中心、城市规划展示馆等公共设施。主出入口设置在南侧道路上，次出入口设置在西侧道路上。结合主出入口设置地面停车场，两个出入口附近均设有地下车库出入口。

建筑布局为集中式，采用现代风格。建筑造型呈富有张力的螺旋形式，独具特色。整个建筑呈盘旋上升，层层退台，宛如一座现代雕塑，与其他文化建筑交相辉映。

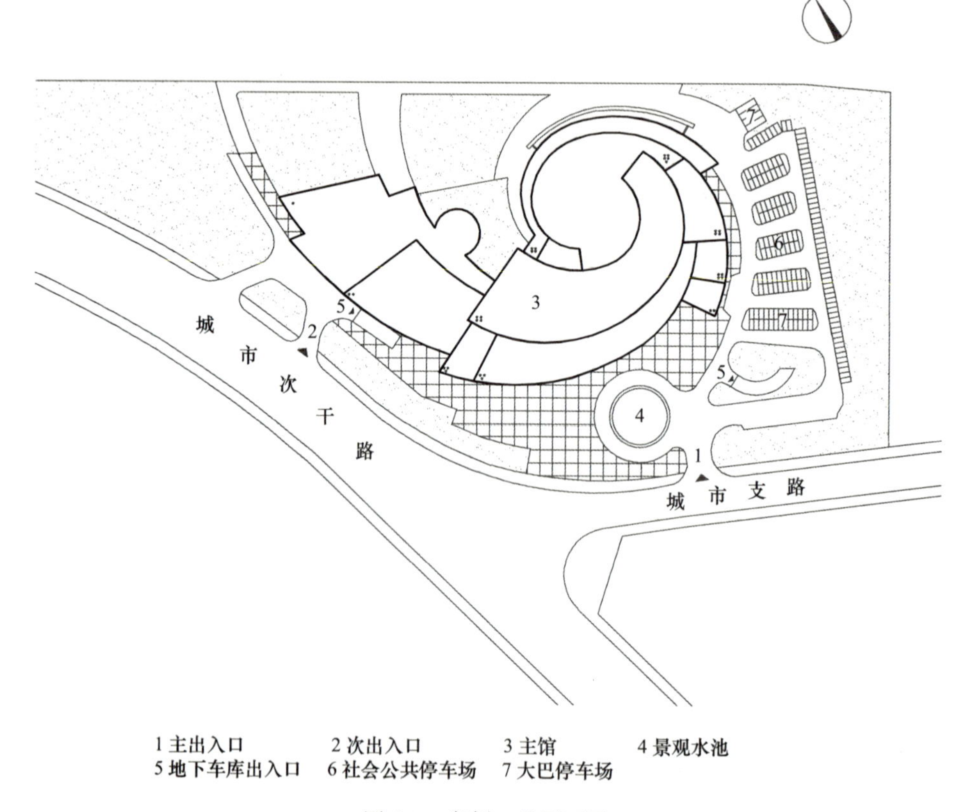

图 1-3　案例二总平面图

8.3　案例三

所在城市：东北地区某大城市

设施类别：综合性科技馆

用地面积：44536m²

建筑面积：40000m²

容积率：0.90

建筑密度：28.0％

绿地率：41.0％

该科技馆位于城市新区核心区，地势平坦。

基地为东西较长、南北较窄的不规则形，为新建项目。基地南侧为城市主干路，北侧、西侧为城市支路。西侧紧邻规划中的博物馆，东侧为立交预留用地。北侧道路上设置两处车行出入口，西侧、北侧、道路上设置人行出入口。停车场集中设置在北侧出车行入口行出入口附近，避免车辆进入内部，对参观者造成干扰。

建筑采用集中式布局，设置在基地西部，建筑风格为现代风格，造型方正、简洁，具有很强的现代感。基地东部为室外活动和绿化区，便于组织室外的文化活动。同时规划了一处儿童活动场地，为儿童提供了运动娱乐的场所。

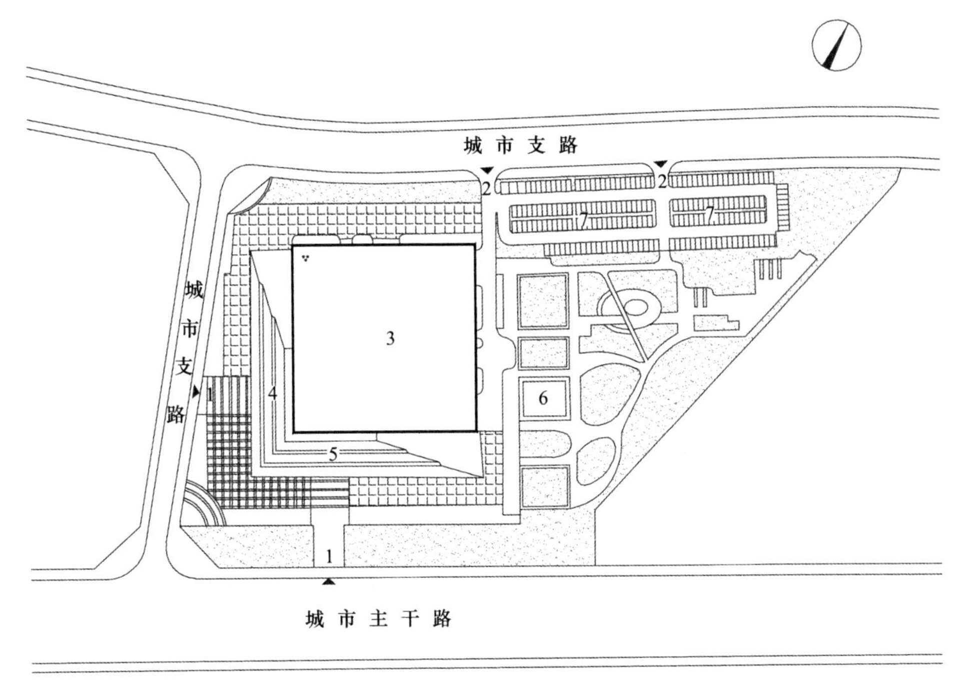

图 1-4 案例三总平面图

参考文献

[1] 中华人民共和国建设部、中华人民共和国国家发展和改革委员会. 建标 101—2007 科学技术馆建设标准 [S]. 北京：中国计划出版社，2007.

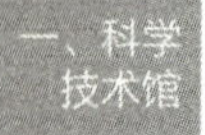

［2］ 中国科学技术协会、中华人民共和国国家发展和改革委员会、中华人民共和国科学技术部、中华人民共和国财政部、中华人民共和国建设部. 科协发普字【2003】30号　关于加强科技馆等科普设施建设的若干意见.

［3］ 庄少庞. 科技与休闲的交融——浅析现代科技馆外环境设计［J］. 新建筑，2002，(5)：70-72.

［4］ 深圳市规划和国土资源委员会. 深圳市城市规划标准与准则［S］. 2014

二、综合档案馆

1. 术语

按照县级以上行政区划分级设置，负责接收、收集、整理、保管和提供利用分管范围内多种门类档案的文化事业机构。同时还具备保存人类文化遗产、维护历史真实面貌和繁荣科研、发展经济、宣传教育等社会功能。

2. 设施分类、分级

2.1 设施分类

参考《档案馆建筑设计规范》（JGJ 25—2010）的相关规定，综合档案馆可分为特级、甲级、乙级。

档案馆分级 **表 2-1**

等级	特级	甲级	乙级
适用范围	中央国家级档案馆	省、自治区、直辖市、 计划单列市、副省级市档案馆	地（市）及县（市）档案馆

2.2 设施分级

《档案馆建设标准》（建标【2008】103号）规定，综合档案馆可分为省（自治区、直辖市、计划单列市、副省级市）、市（地、州、盟）、县（市、区、旗）三级。

省、市、县三级档案馆分类 **表 2-2**

级别	类次	馆藏档案数量
省级	一类	90万卷以上
	二类	70～90万卷
	三类	70万卷以下

续表

级别	类次	馆藏档案数量
市级	一类	40万卷以上
	二类	30～40万卷
	三类	30万卷以下
县级	一类	20万卷以上
	二类	10～20万卷
	三类	10万卷以下

注：馆藏档案数量是指现存和今后30年应进馆档案、资料的数量之和。

3. 设施规模

3.1 建筑面积

3.1.1 国家规范要求

《档案馆建设标准》（建标【2008】103号）规定，各级综合档案馆建筑面积应满足表2-3的要求。

各级综合档案馆建筑面积指标（单位：m^2） **表2-3**

级别＼类次	一类	二类	三类
省级	20900～24600	17200～20900	13400～17200
市级	10800～12800	8800～10800	6600～8800
县级	4600～6800	2600～4600	1200～2600

注：① 表列指标使用系数为0.7。
② 馆藏档案数量超过110万卷的省级档案馆，档案库房面积指标可在省级一类的基础上，按照《档案馆建设标准》（建标【2008】103号）附录一表1－1省级档案馆档案库房使用面积指标分类表中的计算方法等比增加。
③ 馆藏档案数量超过50万卷的市级档案馆，档案库房面积指标可在市级一类的基础上，按照《档案馆建设标准》（建标【2008】103号）的附录二表2－1市级档案馆档案库房使用面积指标分类表中的计算方法等比增加。
④ 馆藏档案数量超过25万卷的县级档案馆，档案库房面积指标可在县级一类的基础上，按照《档案馆建设标准》（建标【2008】103号）的附录三表3－1县级档案馆档案库房使用面积指标分类表中的计算方法等比增加。
⑤ 寒冷和严寒地区的建筑面积指标可以在原来基础上增加4%～6%。

3.1.2 实例

部分省市综合档案馆建筑面积指标 **表2-4**

序号	级别	名称	设计馆藏（万卷、册）	建筑面积（m^2）
1	省级	浙江省档案馆新馆	450	52800
2		福建省档案馆新馆	350	41000

续表

序号	级别	名称	设计馆藏（万卷、册）	建筑面积（m^2）
3	市级	河源市档案馆新馆	100	14633
4	县级	滁州琅琊区档案馆	20	5000
5		扎兰屯市档案馆	20	4480
6		株洲石峰区档案馆	10	3087

3.1.3 建筑面积取值建议

对比综合档案馆实例与《档案馆建设标准》（建标【2008】103 号）规定建筑面积指标，可以发现基本保持一致。因此，建议综合档案馆建筑面积按照《档案馆建设标准》（建标【2008】103 号）的规定确定。通过计算可得出不同规模省级综合档案馆建筑面积（表 2-5、表 2-6 和表 2-7）。

省级综合档案馆建筑面积指标　　表 2-5

级别	类次	馆藏量（万卷、册）	建筑面积（m^2）
省级	一类	500	51100
		400	44300
		300	37500
		200	30700
		100	24000
	二类	90	20900
		80	19100
	三类	70	17200
		60	15400

市级综合档案馆建筑面积指标　　表 2-6

级别	类次	馆藏量（万卷、册）	建筑面积（m^2）
市级	一类	200	25300
		100	17000
		50	12800
	二类	40	10800
		35	9860
	三类	30	8800

县级综合档案馆建筑面积指标　　表 2-7

级别	类次	馆藏量（万卷、册）	建筑面积（m^2）
县级	一类	50	8800
		40	7800
		30	6800

续表

级别	类次	馆藏量（万卷、册）	建筑面积（m²）
县级	二类	20	4600
		15	3680
	三类	10	2600
		5	1200

注：① 表列指标使用系数为 0.7
② 馆藏数量处于两个数据间的，采用直线内插法确定其建筑面积。
③ 寒冷和严寒地区的建筑面积指标可以在原来基础上增加 4%～6%。

3.2 用地面积

3.2.1 国家规范要求

《档案馆建设标准》（建标【2008】103 号）提出，综合档案馆建设用地应根据建筑要求因地制宜，科学合理确定用地面积及技术指标。但是没有明确规定综合档案馆用地面积指标。

3.2.2 实例

部分城市省级综合档案馆用地面积指标　表 2-8

序号	名称	用地面积（m²）	建筑面积（m²）	容积率
1	北京市档案馆新馆	33600	114000	3.4
2	广东省档案馆新馆	13792	44758	3.2
3	云南省档案馆	8513	19830	2.3
4	广州市档案馆新馆	50013	100000	2.0
5	湖北省档案馆	9457	18130	1.9
6	江苏省档案馆新馆	33470	51211	1.6
7	湖南省档案馆新馆	10667	17000	1.6
8	福建省档案馆新馆	27503	41000	1.5
9	沈阳市档案馆新馆	14500	21779	1.5
10	浙江省档案馆新馆	41193	52800	1.3
11	西安市档案馆新馆	9433	11224	1.2
12	辽宁省档案馆新馆	69531	80080	1.1

部分城市市级综合档案馆用地面积指标　表 2-9

序号	名称	用地面积（m²）	建筑面积（m²）	容积率
1	镇江市档案馆	8000	13100	1.6
2	河源市档案馆新馆	6422	10093	1.6
3	衢州市档案馆新馆	12212	16266	1.3
4	珠海市档案馆	20000	26000	1.3
5	福州市档案馆	10589	11474	1.1
6	惠州市档案馆	12000	11000	0.9
7	绍兴市档案馆	29000	21447	0.7

部分城市县级综合档案馆用地面积指标　　表 2-10

序号	名称	用地面积（m^2）	建筑面积（m^2）	容积率
1	阳泉市郊区档案馆	3467	5127	1.5
2	诏安县档案馆新馆	2553	3496	1.4
3	肥西县档案馆新馆	5893	7816	1.3
4	祁阳县档案馆新馆	5273	6664	1.3
5	扎兰屯市档案馆新馆	4110	4480	1.1
6	桃江县档案馆新馆	4653	4500	1.0
7	资中县档案馆新馆	6680	6210	0.9
8	枞阳县档案馆新馆	6667	4761	0.7

3.2.3　用地面积取值建议

综合档案馆用地面积指标缺乏相关国家规范，本手册通过实例分析给出相关建议。

通过分析省级综合档案馆实例，可以发现省级综合档案馆容积率最高值约为3.4，最低值约为1.1，平均值为1.8。考虑到集约用地原则，省级综合档案馆容积率可围绕平均值上下一定幅度取值，建议控制在1.6～2.0，特大城市在用地紧张状况下可适当提高容积率。结合省级综合档案馆建筑面积指标，建议省级综合档案馆用地面积参考表2-11进行选取。

省级综合档案馆用地面积　　表 2-11

级别	类次	馆藏量（万卷、册）	用地面积（m^2）
省级	一类	500	25550～31938
		400	22150～27688
		300	18750～23438
		200	15350～19188
		100	12000～15000
	二类	90	10450～13063
		80	9950～11938
	三类	70	8600～11188
		60	7700～9625

通过分析市级综合档案馆实例，可以发现市级综合档案馆容积率最高值约为1.6，最低值约为0.7，平均值为1.2。考虑到集约用地原则，市级综合档案馆容积率可围绕平均值上下一定幅度取值，建议控制在1.0～1.6。结合市级综合档案馆建筑面积指标，建议市级综合档案馆用地面积参考表2-12进行选取。

市级综合档案馆用地面积　　表 2-12

级别	类次	馆藏量（万卷、册）	用地面积（m^2）
市级	一类	200	15813～25300
		100	10625～17000
		50	8000～12800
	二类	40	6750～10800
		35	6163～9860
	三类	30	5500～8800

通过分析县级综合档案馆实例，发现县级综合档案馆平均容积率最高值约为 1.5，最低值约为 0.7，平均值为 1.1。考虑到集约用地原则，县级综合档案馆容积率可围绕平均值上下一定幅度取值，建议控制在 0.9～1.5。结合县级综合档案馆建筑面积指标，建议县级综合档案馆用地面积参考表 2-13 进行选取。

县级综合档案馆用地面积　　表 2-13

级别	类次	馆藏量（万卷、册）	用地面积（m^2）
县级	一类	50	5867～9778
		40	5200～8667
		30	4533～7556
	二类	20	3067～5111
		15	2453～4089
	三类	10	1733～2889
		5	800～1333

4. 主要控制指标

4.1　容积率

结合各级综合档案馆实例，建议省级综合档案馆容积率控制在 1.6～2.0，市级综合档案馆容积率控制在 1.0～1.6，县级综合档案馆容积率控制在 0.9～1.5。规划综合档案馆用地面积为下限值时，容积率可取上限值；用地面积为上限值时，容积率可取下限值。

4.2　建筑密度

4.2.1　国家规范要求

《档案馆建设标准》（建标【2008】103 号）规定档案馆建筑密度宜为 30%～40%。

4.2.2　实例

辽宁省档案馆新馆建筑密度 29%，榆林市档案馆建筑密度 31.7%，桑植县档案馆建筑密度28.26%，东台市档案馆建筑密度27.5%，嘉善县档案馆建筑密度26.8%，桐城市档案馆建筑密度20%。

4.2.3 建筑密度取值建议

考虑到档案馆应创造良好的空间环境，同时参考档案馆实例，建议档案馆建筑密度不大于30%。

4.3 建筑限高

4.3.1 实例

省级综合档案馆多采用高层形式，浙江省档案馆地上建筑15层，湖南省档案馆新馆地上建筑14层，江西省档案馆新馆建筑高度46m、地上建筑12层，福建省档案馆新馆建筑高度39m、地上建筑8层，江苏省档案馆建筑高度33.9m、地上建筑7层。

市级综合档案馆多采用多层形式，部分采用高层形式，沈阳市档案馆新馆建筑高度40.5m，福州市档案馆地上建筑10层，河源市档案馆地上建筑7层，镇江市档案馆新馆地上建筑5层。

县级综合档案馆多采用多层形式，桃江县档案馆地上建筑5层，滁州市琅琊区档案馆新馆建筑高度18.3m，地上建筑5层，扎兰屯市档案馆新馆地上建筑3层。

4.3.2 建筑限高取值建议

建议省级综合档案馆建筑限高不大于60m，市级综合档案馆建筑限高不大于36m，县级综合档案馆建筑限高不大于24m。

4.4 绿地率

4.4.1 国家规范要求

《档案馆建设标准》（建标【2008】103号）提出，综合档案馆绿地率宜为30%，或遵照各地规划部门的规定执行。

《城市绿化规划建设指标的规定》（城建【1993】784号）规定，公共文化设施绿地率不低于35%。

4.4.2 地方标准

《佛山市城市规划管理技术规定》提出，佛山市新区文化设施用地绿地率不小于35%，用地面积小于5000m^2的文化设施用地和旧区的绿地率不小于25%；《长沙市城市规划技术标准与准则》提出，长沙市大型文化娱乐设施用地绿地率不小于30%；《惠州市城市规划标准与准则》提出，惠州市大型文化娱乐设施用地绿地率不小于40%；《贵州市城市规划技术管理办法（试行）》提出，文化用地绿地率不小于35%。

4.4.3 绿地率建议取值

建议综合档案馆绿地率不小于35%。

4.5 配建机动车停车位

《城市停车规划规范》（征求意见稿）中博物馆、科技馆等公共文化设施配建标准为 0.3～0.5 个/100m² 建筑面积，考虑到综合档案馆自身特性，公众访问量低于其他文化设施，建议综合档案馆按照 0.2～0.3 个/100m² 建筑面积配建机动车停车位，小城市可取下限值，大、中城市可取上限值。

结合综合档案馆的建筑面积指标，可以计算出不同规模综合档案馆的配建机动车停车位数量（表 2-14、表 2-15、表 2-16）。

省级综合档案馆配建机动车停车位数量 **表 2-14**

配建标准（个/100m² 建筑面积）	等级	分类	馆藏（万卷册）	建筑面积（m²）	配建机动车停车位数量（个）
0.2～0.3	省级	一类	500	51100	102～153
			400	44300	87～133
			300	37500	75～113
			200	30700	61～92
			100	24000	48～72
		二类	90	20900	42～63
			80	19100	38～57
		三类	70	17200	34～52
			60	15400	31～46

市级综合档案馆配建机动车停车位数量 **表 2-15**

配建标准（个/100m² 建筑面积）	等级	分类	馆藏（万卷册）	建筑面积（m²）	配建机动车停车位数量（个）
0.2～0.3	市级	一类	200	25300	51～76
			100	17000	34～51
			50	12800	26～39
		二类	40	10800	22～32
			35	9860	20～30
		三类	30	8800	18～26

县级综合档案馆配建机动车停车位数量 **表 2-16**

配建标准（个/100m² 建筑面积）	等级	分类	馆藏（万卷册）	建筑面积（m²）	配建机动车停车位数量（个）
0.2～0.3	县级	一类	50	8800	18～26
			40	7800	16～23
			30	6800	14～20
		二类	20	4600	9～14
			15	3680	7～11
		三类	10	2600	5～8
			5	1200	2～4

4.6 相关指标汇总

省级综合档案馆相关指标一览表 表 2-17

类别	一类					二类		三类	
馆藏（万卷册）	500	400	300	200	100	90	80	70	60
建筑面积（m^2）	51100	44300	37500	30700	24000	20900	19100	17200	15400
用地面积（m^2）	25550～31938	22150～27688	18750～23438	15350～19188	12000～15000	10450～13063	9950～11938	8600～11188	7700～9625
容积率	1.6～2.0	1.6～2.0	1.6～2.0	1.6～2.0	1.6～2.0	1.6～2.0	1.6～2.0	1.6～2.0	1.6～2.0
建筑密度（%）	≤30	≤30	≤30	≤30	≤30	≤30	≤30	≤30	≤30
建筑限高（m）	60	60	60	60	60	60	60	60	60
绿地率（%）	≥35	≥35	≥35	≥35	≥35	≥35	≥35	≥35	≥35
配建机动车停车位数量（个）	102～153	87～133	75～113	61～92	48～72	42～63	38～57	34～52	31～46

市级综合档案馆相关指标一览表 表 2-18

类别	一类			二类		三类
馆藏（万卷册）	200	100	50	40	35	30
建筑面积（m^2）	25300	17000	12800	10800	9860	8800
用地面积（m^2）	15813～25300	10625～17000	8000～12800	6750～10800	6163～9860	5500～8800
容积率	1.0～1.6	1.0～1.6	1.0～1.6	1.0～1.6	1.0～1.6	1.0～1.6
建筑密度（%）	≤30	≤30	≤30	≤30	≤30	≤30
建筑限高（m）	36	36	36	36	36	36
绿地率（%）	≥35	≥35	≥35	≥35	≥35	≥35
配建机动车停车位数量（个）	51～76	34～51	26～39	22～32	20～30	18～26

县级综合档案馆相关指标一览表 表 2-19

类别	一类			二类			三类
馆藏（万卷册）	50	40	30	20	15	10	5
建筑面积（m^2）	8800	7800	6800	4600	3680	2600	1200
用地面积（m^2）	5867～9778	5200～8667	4533～7556	3067～5111	2453～4089	1733～2889	800～1333
容积率	0.9～1.5	0.9～1.5	0.9～1.5	0.9～1.5	0.9～1.5	0.9～1.5	0.9～1.5
建筑密度（%）	≤30	≤30	≤30	≤30	≤30	≤30	≤30
建筑限高（m）	24	24	24	24	24	24	24
绿地率（%）	≥35	≥35	≥35	≥35	≥35	≥35	≥35

续表

类别	一类			二类			三类
配建机动车停车位数量（个）	18～26	16～23	14～20	9～14	7～11	5～8	2～4

注：① 容积率指标选取：规划档案馆用地面积为下限值时，容积率可取上限值；用地面积为上限值时，容积率可取下限值。

② 寒冷和严寒地区的建筑面积指标可以在原来基础上增加 4%～6%。

③ 配建机动车停车位指标选取：小城市可取下限值，大、中城市可取上限值。

5. 选址因素

（1）应选址在工程地质条件和水文地质条件较好、地势较高、场地干燥、排水通畅、空气流通和环境安静的地段。

（2）应选址在交通便利，城市公用设施比较完备的地区；除特殊需要外，一般不宜远离市区；应避免频繁交通的干扰，不宜紧沿铁路及交通繁忙的公路附近修建；确需在城区之外建馆时，应选择安全可靠和交通方便的地区。

（3）宜选址在处于城市中心的区域；为保持馆区环境安静，建设干扰，不宜建在城市闹区，应尽量远离噪声较大的厂房、影剧院、商场、体育馆等建筑。

（4）宜独立建设，如需与相近的文化项目联合建设，应当有独立的管理区域；对于经济规模较小、城市级别低和辖区人口较少的小型城市，可与图书馆、博物馆、文化馆等协调共建。

（5）宜充分考虑档案馆建筑未来的更新及发展，馆外周围要留有较大的扩建余地。

（6）选址应远离易燃、易爆场所，不应设在有污染腐蚀性气体源的下风向；避免架空高压输电线穿过；严禁选址在有发生沉陷、滑坡、泥石流可能的地段和埋有矿藏的场地上面。

（7）综合档案馆与污染工业企业的卫生防护距离符合附表 A 的规定。

（8）综合档案馆与易燃易爆场所的防火间距应符合附表 B 的规定。

（9）综合档案馆与市政设施的安全卫生防护距离应符合附表 C 的规定。

6. 总体布局指引

在总体规划阶段，综合档案馆的布局通常按以下几个步骤进行：（1）确定规划各级综合档案馆的总量；（2）对现状综合档案馆进行分析；（3）确定规划新增综合档案馆的数量和等级；（4）确定规划综合档案馆的布局。

（1）确定规划各级综合档案馆的总量

直辖市、副省级市（不含省会城市）、计划单列市按照省级、区级两级设置综合档案馆。直辖市、副省级市、计划单列市应至少设置一处省级综合档案馆。直辖市、副省级市、计划单列市下辖的区，应至少设置一处区级综合档案馆。省级档案馆所在区，不再设置区级综合档案馆。

省会城市按照省级、市级、区级三级设置综合档案馆。省会城市至少设置一处省级综合档案馆和一处市级综合档案馆。省会城市下辖的区，应至少设置一处区级综合档案馆。市级档案馆所在区，不再设置区级综合档案馆。

地级市（地、州、盟）按照市级、区级两级设置综合档案馆。每个地级市应至少设置一处市级综合档案馆。设区的城市还需根据每个区的档案存储需要设置区级综合档案馆。市级档案馆所在区，不再设置区级综合档案馆。不设区的市只需设置市级综合档案馆。

县级城市（市、区、旗）按照县级设置综合档案馆。有5万卷（册）以上档案资料的县级城市，应至少设置一处独立的综合档案馆。

（2）对现状综合档案馆进行分析

对各级现状综合档案馆的设计馆藏量进行分析，研究其能否满足规划期内的馆藏量需求。明确各级现状综合档案馆的处理方式（保留或改扩建），并明确其建设要求。

（3）确定规划新增综合档案馆的数量和等级

在明确现状综合档案馆规划要求的基础上，结合规划各级综合档案馆的总量，确定规划新增综合档案馆的数量和等级。

（4）确定规划各级综合档案馆的布局

根据表2-11、表2-12和表2-13确定规划各级综合档案馆的用地面积，同时，考虑综合档案馆选址因素，确定规划各级综合档案馆的具体布局。

7. 详细规划指引

7.1 用地构成

档案馆用地主要包括档案馆建筑用地、室外活动场地、绿化用地、道路和停车场用地。

7.2 功能分区

（1）综合档案馆可划分为建筑区、室外活动及绿化区、停车区等。详见功能分区模式（图2-1）。

（2）总平面布局应该功能组织合理、流程便捷，内外相互联系又有所分隔、避免交叉，日照通风良好，统筹安排室内外空间、节约集约用地。

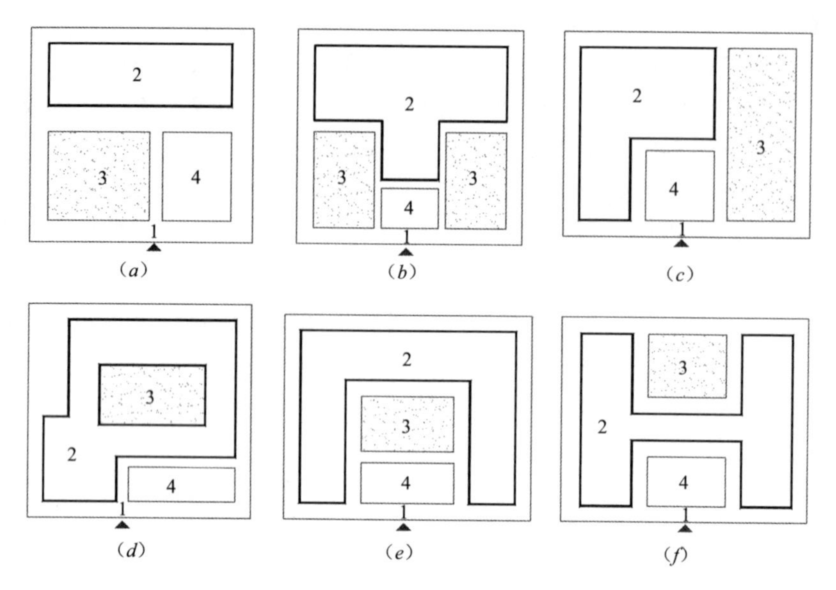

1 主要出入口　2 综合档案馆建筑区　3 室外活动场地、绿化区　4 入口区

图 2-1　功能分区模式图

模式（*a*）这种“一”字形的布局形式，多为中小型档案馆采用，库房设在阴面或楼下，办公和业务技术用房安置在通风和自然采光较好的地方。

模式（*b*）这种布局一般以横面作办公和业务用房，取南朝向，获得较好的自然采光和通风，东西向凸出部分作库房楼，与办公和业务楼紧密相联。

模式（*c*）这种直角形布局，一般适用于中小型档案馆。以东西朝向的一条直角边作库房，南北朝向的作为办公和业务技术用房。

模式（*d*）这种布局多为大型档案馆采用，以“口”字的一边作为库房，为高层主楼；其他三边作办公和业务用房，为低层的裙楼；内天井布置成小花园，楼房的内侧可用开敞式的环廊与之相联。

模式（*e*）这种布局多为规模较大的综合档案馆采用，将横头作库房为高层主楼，两个端头分别为办公和业务用房是低层建筑，中间布置成绿地以点缀美化馆区。

模式（*f*）这种“工”形布局，一般为大型综合档案馆采用，将前面作为办公和业务用房，后面做库房，中间以一些辅助房间和通廊连接。

7.3　场地布局

7.3.1　建筑区规划设计要求

档案馆建筑区由库房区、对外服务区、业务技术区、办公区和附属用房区组成。

(1) 库房区应相对独立于其他功能区，有条件的地区可以独立建设。档案库净高不低于2.6m。

(2) 对外服务用房单独设立出入口。

(3) 办公区设于主出入口。

(4) 厨房、锅炉房、变配电室等火灾易发生区，应当与库房区保持安全距离，不宜毗邻档案库。

(5) 四层及四层以上的对外服务用房、档案业务和技术用房应设电梯。两层或两层以上的档案库应设垂直运输设备。

7.3.2　室外活动及绿化区规划设计要求

档案馆环境设计应充分利用和结合自然地形和天然资源，室外活动场地可结合绿地整体设计，宜布置广场、绿地、庭院、建筑小品等。

7.3.3　停车区规划设计要求

档案馆对外服务的车库（场）建设应符合当地规划条件的要求，宜将车库（场）设置于地下。

7.3.4　其他规划设计要求

档案馆区内道路、停车设施及建筑物应符合无障碍设计要求，充分考虑到残疾人及行动不便者等特殊人群的特殊要求。

7.4　交通组织

(1) 合理组织交通人流和交通路线，对各功能用房应有合理的分区与适当的分隔。

(2) 省级、市级档案馆出入口应不少于2个，县级档案馆出入口应不少于1个。紧邻城镇交通干道的出入口应留有集散缓冲空间；联合建设的档案馆应相对独立，并设有专用出入口。

8. 案例介绍

8.1　案例一

所在城市：西部地区某大城市

规模等级：市级二类

用地面积：16675m^2

建筑面积：16200m^2

容积率：0.97

建筑密度：31.7%

绿地率：32.5%

该档案馆位于城市新区核心区，是城市公共服务建筑群体的重要组成部分。

基地总体成方形。地块南侧为城市次干路，西侧为城市支路。在地块西侧分别设置人行主出入口和车行主出入口，并结合车行主出入口设置停车场，避免车行交通对基地内部的干扰。

档案馆总平面采取“工”字形的布局形式，分为公共区和非公共区两大部分。公共区位于基地南侧，与市民休闲广场相结合，主要布置对外服务用房，方便居民进入档案馆进行使用。非公共区安排在基地北侧，主要设置档案业务技术用房、馆库用房和技术类办公用房，起到对档案的安全保护作用。公共区和非公共区两部分功能通过中间的中庭空间联系，整个区域功能分布明确，流线通畅。南侧靠近城市次干路设置广场，方便组织活动和人流集散。基地临路处设置绿化带，形成良好的景观，并减少了道路噪声的干扰。

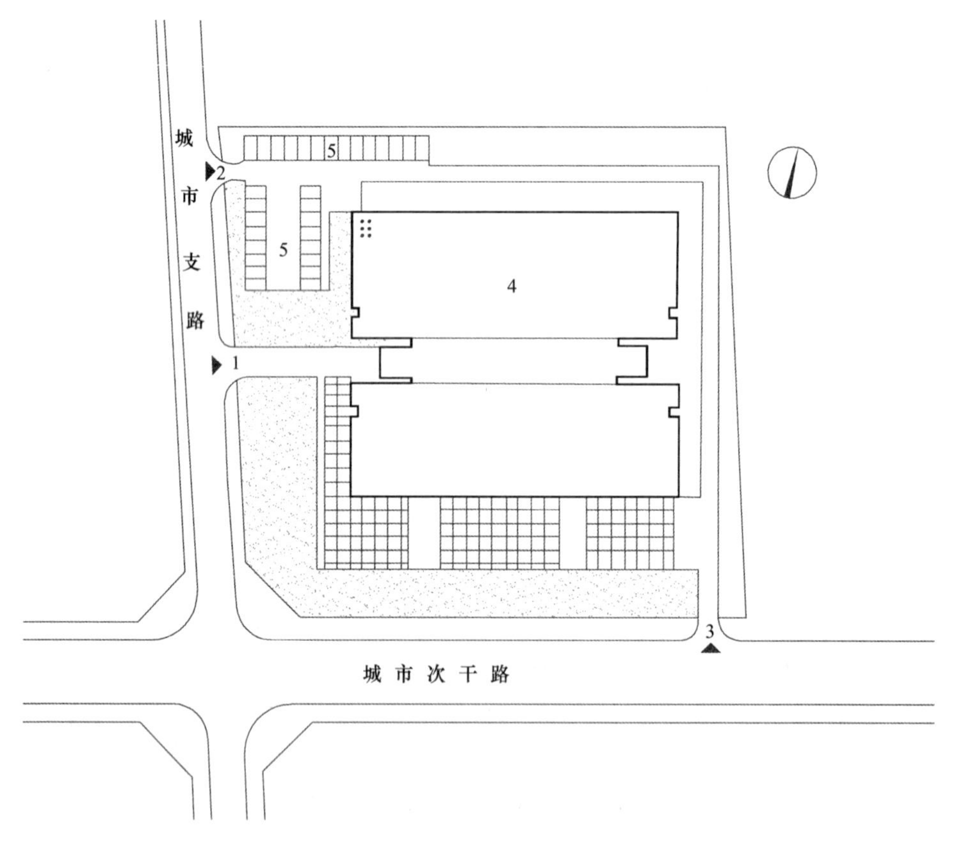

1 主要出入口　2 车行出入口　3 行政出入口　4 综合档案馆大楼　5 地面停车场

图 2-2　案例一总平面图

8.2 案例二

所在城市：西部地区某小城市

规模等级：县级三类

用地面积：2614m²

建筑面积：2157m²

容积率：0.83

建筑密度：16.1%

绿地率：31.0%

该档案馆位于城市新区的北部，地形平坦，为新建项目。

项目基地呈正方形仅南侧临城市支路。基地在南侧设置主出入口，在内部围绕主体建筑形成环路，并结合主出入口设置停车场。

档案馆建筑采用集中式布局，南北中轴对称，紧凑简约。档案馆大楼的建筑后半部分为地上6层的大楼主体，为档案馆的馆库用房及业务技术用房；建筑前侧为2～3层裙楼，为档案馆的对外服务区。沿城市道路设有绿化带，景观良好，并有利于降低噪声干扰。

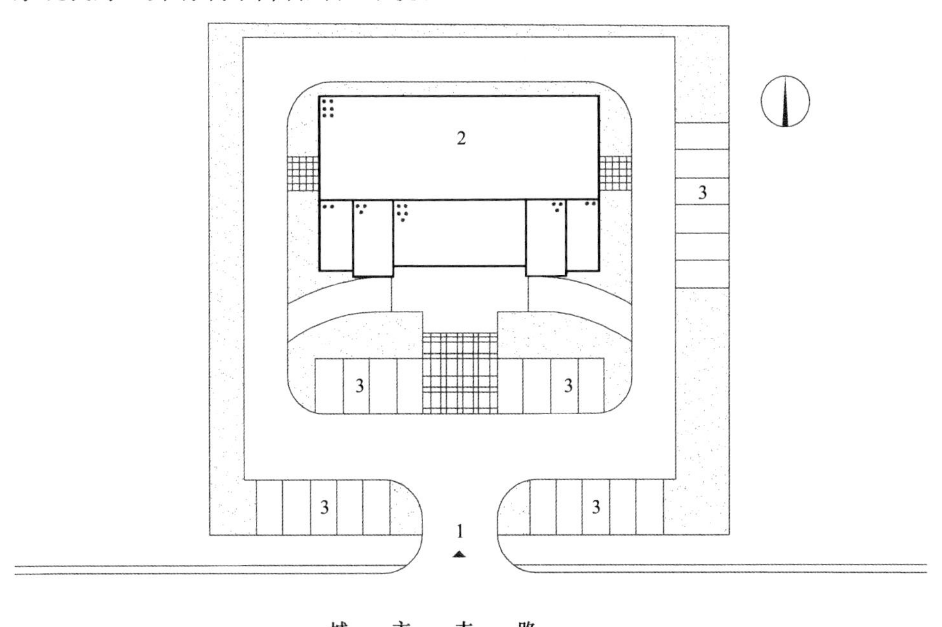

图2-3 案例二总平面图

8.3 案例三

所在城市：中部地区某小城市

规模等级：县级一类

用地面积：11275m²

建筑面积：9860m²

容积率：0.87

建筑密度：20.0%

绿地率：50.0%

该档案馆位于城市政务新区的中心区域，是新建项目。未来将成为该市政府文件服务中心，满足公众查阅档案资料的需求。

项目基地呈不规则的方形，北侧临近城市次干路，东侧为行政办公设施，西侧为城市居民区。在地块北侧道路分别设置人行主出入口和车行主出入口，并结合人行主出入口设置入口绿化广场。

档案馆由两栋平行的建筑组成。档案馆大楼位于北部，是主要的档案存放、公共查阅、行政办公建筑。附属用房位于南部。两栋建筑之间形成一个庭院空间，通过集中设置绿化广场，形成良好的绿化景观环境和优美的室外空间，创造场所空间。

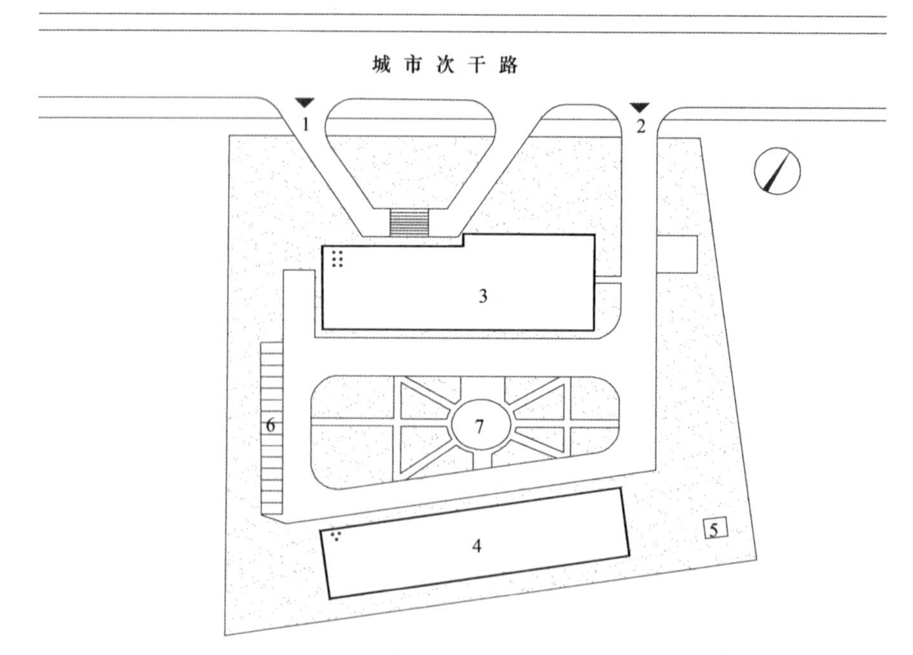

图 2-4　案例三总平面图

8.4 案例四

所在城市：东部地区某特大城市

规模等级：省级一类

用地面积：27989m²

建筑面积：总建筑面积 51211m²，计容建筑面积 45579m²

容积率：1.63

建筑密度：25.0%

绿地率：35.0%

该档案馆位于城市新区的中心区域，市新建项目。

按照省级一类档案馆标准设计，具有档案保管、陈列展览、服务咨询、学术研究、教育培训等服务功能。该档案馆的建设是该省一项重点文化标志性工程。

项目基地呈长方形。地块西侧和南侧均为城市主干路，东侧为城市支路。在南侧主干路上设置人行主出入口，将车行出入口布置在东西两侧道路上，便于对外交通联系，方便疏散。在东侧入口处设置地下车库入口，基地内部交通形成环路。

档案馆建筑采用集中式布局形式，有一栋主体建筑构成。主体建筑为“回”字形，设置室内庭院，营造建筑内部的公共活动空间。建筑设计寓意承载历史长河的“史册宝印”，体现了档案工作走出封闭，走向开放的时代风貌，独具风格。主体建筑西南设有景观平台，种植绿化树木，营造良好的室外空间。

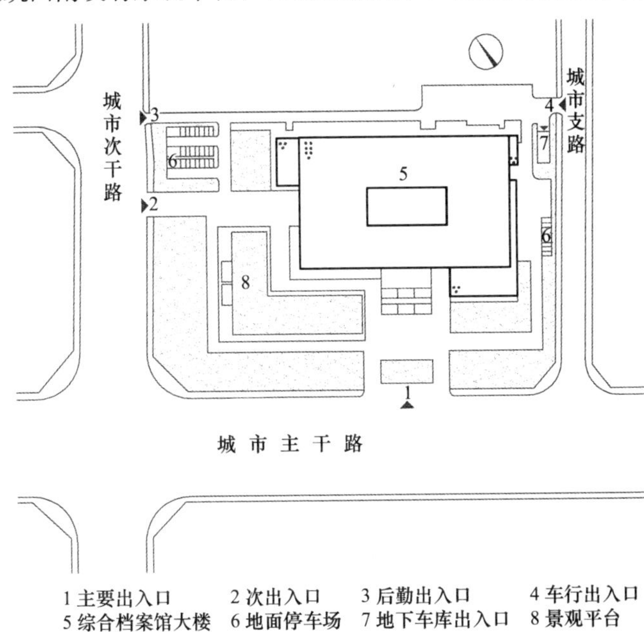

图 2-5　案例四总平面图

参考文献

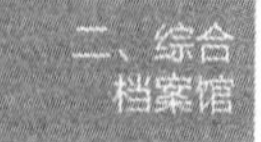

[1] 中华人民共和国住房和城乡建设部、中华人民共和国发展和改革委员会、中华人民共和国国家档案局. 建标【2008】103号档案馆建设标准［S］. 2008.
[2] 中华人民共和国住房和城乡建设部. JGJ25-2010 档案馆建筑设计规范［S］. 1993.
[3] 中华人民共和国住房和城乡建设部. 城市停车规划规范（征求意见稿）［S］. 2009.
[4] 中华人民共和国建设部. 建标【1993】784号城市绿化规划建设指标的规定［S］. 1993.
[5] 中华人民共和国国家档案局. 全国档案馆设置原则与布局方案［S］. 1992.
[6] 佛山市人民政府. 佛山市城市规划管理技术规定［Z］. 2011.
[7] 长沙市人民政府. 长沙市城市规划标准与准则［Z］. 2007.
[8] 惠州市人民政府. 惠州市城市规划标准与准则［Z］. 2007.
[9] 贵阳市人民政府. 贵阳市城市规划管理技术规定［Z］. 2007.
[10] 何玉斌. 我国中小型城市综合档案馆建筑设计研究［D］. 西安建筑科技大学. 2009.

三、儿 童 医 院

1. 术语

专为儿童提供医疗卫生服务的专科医疗机构，设急诊科、内科、外科、耳鼻喉科、眼科、口腔科、皮肤科、预防保健科等科室。

2. 设施规模

《儿童医院建设标准》（征求意见稿）（国卫规划基装便函【2013】16号）规定，儿童医院的建设规模，按病床数量可分为200床以下、200～399床、400～599床、600～799床、800床及以上5种类型。

2.1 建筑面积

2.1.1 国家规范要求

（1）《儿童医院建设标准》（征求意见稿）（国卫规划基装便函【2013】16号）规定，儿童医院的急诊部、门诊部、住院部、医技科室、保障系统、行政管理用房和院内生活用房等七项基本用房的床均建筑面积指标应满足表3-1的要求。

儿童医院建筑面积指标 **表3-1**

建设规模（床）	200以下	200～399	400～599	600～799	800及以上
建筑面积（m^2/床）	88	93	97	100	102

注：① 儿童医院预防保健用房的建筑面积，应按编制内每位预防保健人员$20m^2$增加。
② 承担医学科研任务的儿童医院，应以副高及以上专业人员总数的70%为基数，按每人$32m^2$的标准增加科研用房，并应根据需要按有关规定配套建设适度规模的中心实验动物室。
③ 医学院校的附属医院、教学医院和实习医院的教学用房面积分别按8～$10m^2$/学生、$4m^2$/学生、$2.5m^2$/学生来配置，学生的数量按上级主管部门核定的临床教学班或实习的人数确定。
④ 需建设采暖锅炉房（或热力交换站）的儿童医院，应按相关标准和规范执行。
⑤ 设置健康体检设施的儿童医院，其建筑面积应依据实际需要报批。
⑥ 表中的床均建筑面积只含地上主体功能区域的建筑面积，不含停车部分的面积（地下停车面积或者地上停车楼建筑面积）。

(2)《医疗机构基本标准（试行）》（卫医发【1994】第 30 号）规定各级儿童医院的床均建筑面积指标应大于等于 45m²/床。

2.1.2 地方标准

(1)《天津市医疗卫生机构布局规划（2014—2020 年）》（公示稿）规定各级儿童医院的床均建筑面积指标为 100m²/床。

(2)《深圳市医院建设标准指引（试行）》（深发改【2007】1985 号）规定各级儿童医院的床均建筑面积指标按表 3-2 确定。

深圳市儿童医院建筑面积指标要求 **表 3-2**

城市	建设规模（床）	床均建筑面积（m²/床）
深圳	200	90
	400	105
	600	115
	800	120
	1000	125
	1200	130

2.1.3 实例

部分城市儿童医院建筑面积指标 **表 3-3**

序号	名称	建设规模（床）	总建筑面积（m²）	地上建筑面积（m²）	地下建筑面积（m²）	床均建筑面积（m²/床）
1	大连市第二儿童医院	500	69400	54062	15338	139
2	上海市儿童医院普陀新院	550	72500	51600	20900	132
3	苏州大学附属儿童医院总院	800	130000	80000	50000	163
4	山西省儿童医院晋源区新院	800	130061	102286	27775	163
5	宿迁市儿童医院新院区	1000	133880	100050	33830	134
6	天津市第二儿童医院	1200	150000	120000	30000	125
7	南京市河西儿童医院	1350	233000	171000	62000	173
8	江西省儿童医院红谷滩新院	1600	244798	191798	53000	153

2.1.4 建筑面积取值建议

《医疗机构基本标准（试行）》（卫医发【1994】第 30 号）发布的时间较早，对床均建筑面积的下限指标要求过低，缺乏参考意义。而在地方标准中，对儿童医院明确提出床均建筑面积指标的城市较少，且包含了停车部分的面积，床均建筑面积指标较高。

根据《儿童医院建设标准》（征求意见稿）（国卫规划基装便函【2013】16 号）对建设规模和床均建筑面积的规定，通过计算可以得出不同规模儿童医院的地上主体功能区域建筑面积指标（表 3-4）。

儿童医院主体建筑面积指标　　表 3-4

建设规模（床）	主体床均建筑面积（m^2/床）	地上主体功能区建筑面积（m^2）
＜200	88	＜17600
200～399	93	18600～37107
400～599	97	38800～58103
600～799	100	60000～79900
≥800	102	≥81600

在《儿童医院建设标准》(征求意见稿）（国卫规划基装便函【2013】16号）中，并未考虑停车建筑的面积。根据实例可见，各医院的床均建筑面积由于包含地下停车建筑而大于《儿童医院建设标准》(征求意见稿）（国卫规划基装便函【2013】16 号）的要求。根据下文“3.5 配建机动车停车位”中的停车标准，建议停车建筑面积参照表 3-5。建议儿童医院的总建筑面积和总床均建筑面积取值参照表 3-6 确定。

儿童医院停车建筑面积指标取值建议　　表 3-5

建设规模（床）	主体建筑面积（m^2）	配建机动车停车位数量（个）	停车建筑比例及面积标准	停车建筑面积（m^2）
＜200	＜17600	＜141	70%为地下停车库或地上停车楼 35m^2/个	＜3465
200～399	18600～37107	149～297		3675～7280
400～599	38800～58103	311～465		7630～11410
600～799	60000～79900	480～640		11760～15680
≥800	≥81600	≥653		≥16030

儿童医院建筑面积指标取值建议　　表 3-6

建设规模（床）	主体建筑面积（m^2）	停车建筑面积（m^2）	总建筑面积（m^2）	总床均建筑面积（m^2/床）
＜200	＜17600	＜3465	＜21065	105
200～399	18600～37107	3675～7280	22275～44387	111
400～599	38800～58103	7630～11410	46430～69513	116
600～799	60000～79900	11760～15680	71760～95580	120
≥800	≥81600	≥16030	≥97630	122

2.2 用地面积

2.2.1 国家规范要求

《儿童医院建设标准》(征求意见稿）（国卫规划基装便函【2013】16 号）规定，儿童医院的容积率宜为 0.8～1.5。

根据《儿童医院建设标准》（征求意见稿）（国卫规划基装便函【2013】16号）中对建设规模和床均建筑面积以及容积率的规定，通过计算可以得出儿童医院床均用地面积指标（表3-7）。

儿童医院床均用地面积指标　　表3-7

建设规模（床）	<200	200～399	400～599	600～799	≥800
床均建筑面积（m^2/床）	88	93	97	100	102
容积率	0.8～1.5				
床均用地面积（m^2/床）	59～110	62～116	65～121	67～125	68～128

2.2.2　地方标准

（1）《天津市医疗卫生机构布局规划（2014—2020年）》（公示稿）规定各级儿童医院床均用地面积指标为100m^2/床。

（2）《西安市建设项目用地控制指标（试行）》（市政发【2013】47号）规定，建设规模小于100床的儿童医院床均用地面积指标为100m^2/床；建设规模在100～299床的儿童医院床均用地面积指标为90m^2/床；建设规模在300床及以上的儿童医院床均用地面积指标为75m^2/床；

（3）《上海市社会事业用地指南（试行）》（2008年）规定各级儿童医院床均用地面积指标按表3-8确定。

上海儿童医院用地面积指标要求　　表3-8

城市	建设规模（床）	床均用地面积（m^2/床）	
上海	——	中心城区	中心城外
	20～49	94	104
	50～199	86	95
	≥200	80	88

注：上海市标准中中心城区指上海市外环线以内的地区，中心城外指上海市外环线以外的地区。

（4）《深圳市医院建设标准指引（试行）》（深发改【2007】1985号）规定各级儿童医院床均用地面积指标按表3-9确定。

深圳儿童医院用地面积指标要求　　表3-9

城市	建设规模（床）	床均用地面积（m^2/床）
深圳	200	116
	400	114
	600	112
	800	110
	1000	108
	1200	106

2.2.3 实例

部分城市儿童医院用地面积情况　　表 3-10

序号	名称	建设规模（床）	用地面积（m^2）	床均用地面积（m^2/床）
1	大连市第二儿童医院	500	60000	120
2	上海市儿童医院普陀新院	550	26000	47
3	苏州大学附属儿童医院总院	800	59200	74
4	首都医科大学附属儿童医院	970	70000	72
5	宿迁市儿童医院新院区	1000	53042	53
6	天津市第二儿童医院	1200	83000	69
7	浙江大学儿童医院新院区	1250	61000	49
8	南京市河西儿童医院	1350	82500	61
9	江西省儿童医院红谷滩新院	1600	69044	43

2.2.4 用地面积取值建议

《儿童医院建设标准》（征求意见稿）（国卫规划基装便函【2013】16 号）中未对儿童医院用地面积指标提出要求，而各城市的相关标准差异较大。建议通过儿童医院的建筑面积指标和容积率计算用地面积指标。

《儿童医院建设标准》（征求意见稿）（国卫规划基装便函【2013】16 号）规定容积率宜为 0.8～1.5。结合实例分析，建议 399 床及以下规模儿童医院的容积率控制在 0.8～1.2；400～799 床规模儿童医院的容积率控制在 1.0～1.5；800 床及以上规模儿童医院的住院部等主体建筑一般采用高层建筑形式，容积率一般会突破《儿童医院建设标准》（征求意见稿）（国卫规划基装便函【2013】16 号）中规定的 0.8～1.5 的范围，建议容积率控制在 1.5～2.0；1000 床以上超大型儿童医院的容积率可适当提高。

通过计算，建议儿童医院用地面积取值参照表 3-11 确定。

儿童医院用地面积指标取值建议　　表 3-11

建设规模（床）	总建筑面积（m^2）	容积率	用地面积（m^2）	总床均用地面积（m^2）
100	10533	0.8～1.2	8778～13166	88～132
200	22275		18563～27844	93～139
300	33413		27844～41766	93～139
400	46430	1.0～1.5	30953～46430	77～116
500	58038		38692～58038	77～116
600	71760		47840～71760	80～120
700	83720		55813～83720	80～120
800	97630	1.5～2.0	48815～65087	61～81

注：① 承担预防保健、科研、教学和实习任务的儿童医院，应根据相应的用房面积和容积率取值增加用地面积。

② 当各级儿童医院用地面积采用下限值时，相应容积率建议采用上限值；当用地面积采用上限值时，相应容积率建议采用下限值。

3. 主要控制指标

3.1 容积率

3.1.1 国家规范要求

《儿童医院建设标准》(征求意见稿)(国卫规划基装便函【2013】16号)规定，儿童医院建设容积率，宜为0.8～1.5。

3.1.2 实例

部分城市儿童医院建设指标情况 表3-12

序号	名称	建设规模(床)	容积率
1	大连市第二儿童医院	500	0.9
2	上海市儿童医院普陀新院	550	2.0
3	苏州大学附属儿童医院总院	800	1.4
4	山西省儿童医院晋源区新院	800	0.6
5	宿迁市儿童医院新院区	1000	1.8
6	天津市第二儿童医院	1200	1.4
7	南京市河西儿童医院	1350	2.1
8	江西省儿童医院红谷滩新院	1600	2.8

3.1.3 容积率取值建议

根据实例分析，我国已有较多儿童医院的容积率超过1.5，少数儿童医院甚至超过了2.0。尤其城市中心区用地有限，往往难以达到《儿童医院建设标准》(征求意见稿)(国卫规划基装便函【2013】16号)的要求。

结合实例分析，建议399床及以下规模儿童医院的容积率控制在0.8～1.2；400～799床规模儿童医院的容积率控制在1.0～1.5；800床及以上规模儿童医院的住院部等主体建筑一般采用高层建筑形式，容积率一般会突破《儿童医院建设标准》(征求意见稿)(国卫规划基装便函【2013】16号)中规定的0.8～1.5的范围，建议容积率控制在1.5～2.0；1000床以上超大型儿童医院的容积率可适当提高。

3.2 建筑密度

《儿童医院建设标准》(征求意见稿)(国卫规划基装便函【2013】16号)中并未为对建筑密度提出要求，参考综合医院和中医医院的相关指标和儿童医院实例，建议儿童医院建筑密度宜为25%～30%。

3.3 建筑限高

3.3.1 国家规范要求

《儿童医院建设标准》(征求意见稿)(国卫规划基装便函【2013】16号)

规定，儿童医院急诊部、门诊部、医技科室和住院部的房屋建筑，宜为多层建筑。

3.3.2 实例

部分城市儿童医院建筑高度情况 表 3-13

序号	名称	建设规模（床）	建筑高度
1	大连市第二儿童医院	500	8层
2	上海市儿童医院普陀新院	550	13层
3	苏州大学附属儿童医院总院	800	12层
4	山西省儿童医院晋源区新院	800	11层（49.5m）
5	宿迁市儿童医院新院区	1000	16层（66.3m）
6	天津市第二儿童医院	1200	14层
7	南京市河西儿童医院	1350	20层
8	江西省儿童医院红谷滩新院	1600	19层（81.0m）

根据实例分析，目前我国儿童医院中的门诊楼、医技楼多为多层，住院楼已现较多高层，保障系统、行政管理和院内生活服务等辅助用房为多层或高层。高层建筑形式在医院中已较为普遍，尤其是规模较大的儿童医院的住院楼，由于建筑面积较大而用地有限，为便于使用，往往采用高层的形式。

3.3.3 建筑限高取值建议

结合实例分析和其他相关指标，建议根据儿童医院建设规模进行相应的建筑高度控制，399 床及以下规模儿童医院宜为多层建筑，400～799 床规模儿童医院可采用不大于 60m 的高层建筑，800 床及以上规模儿童医院可采用不大于 80m 的高层建筑。

3.4 绿地率

《儿童医院建设标准》（征求意见稿）（国卫规划基装便函【2013】16 号）规定儿童医院绿地率应符合当地有关规定。《城市绿化规划建设指标的规定》（城建【1993】784 号）规定医院的绿地率不低于 35%。

为营造儿童医院的良好环境，建议儿童医院的绿地率不小于 35%。

3.5 配建机动车停车位

3.5.1 国家规范要求

《城市停车规划规范》（征求意见稿）提出，除综合医院外其他医院的机动车停车位按照 0.3 个/100m^2 建筑面积进行设置。

《儿童医院建设标准》（征求意见稿）（国卫规划基装便函【2013】16 号）规定，儿童医院应配套建设机动车和非机动车设施。停车数量和停车设施的面积指标，应按所在地区有关规定执行。

3.5.2 地方标准

部分城市儿童医院配建机动车停车位标准　　表 3-14

序号	城市	类别		单位	配建标准
1	上海	综合性医院		个/100m² 建筑面积	一类区域 0.6，二类区域 0.8，三类区域 1.0。
2	杭州	综合医院、专科医院	门诊部	个/100m² 建筑面积	Ⅰ区 1.0，Ⅱ区 1.3，Ⅲ区 1.5
			住院部	个/床	Ⅰ区 0.3，Ⅱ区 0.3，Ⅲ区 0.3
3	深圳	专科医院		个/床	一类区域 0.5～0.8，二类区域 0.6～1.0，三类区域 0.8～1.3。
4	天津	综合医院、专科医院	门诊部	个/100m² 建筑面积	1.0
			住院部	个/床	0.3
5	重庆	医院		个/100m² 建筑面积	一区 0.5，二区 0.7。
6	长沙	市级及市级以上医院		个/100m² 建筑面积	0.8
		其他医院		个/100m² 建筑面积	0.6

注：① 上海市标准中一类区域指内环线内区域，二类区域指内外环间区域，三类区域指外环外区域。

② 杭州市标准中Ⅰ区指老城核心区，Ⅱ区指除Ⅰ区之外的老城区（上城区、下城区、江干区、拱墅区、西湖区、滨江区），Ⅲ区指萧山区、余杭区。

③ 深圳市标准中一类区域为停车策略控制区：全市的主要商业办公核心区和原特区内轨道车站周围 500m 范围内的区域。二类区域为停车一般控制区：原特区内除一类区域外的其他区域、原特区外的新城中心、组团中心和原特区外轨道车站周围 500m 范围内的区域。三类区域为全市范围内余下的所有区域。

④ 重庆市标准中一区指渝中半岛地区（以控规编码为界）；二区指主城一区以外都市区以内地区。

3.5.3 配建机动车停车位取值建议

《城市停车规划规范》（征求意见稿）对配建机动车停车位的标准较低，而地方标准较高，考虑实际使用中停车需求量大而医院停车位往往不能满足的状况，宜采用较高的标准。建议配建机动车停车位配建标准为 0.8 个/100m² 建筑面积，不同等级儿童医院配建机动车停车位数量参照表 3-15 确定。

儿童医院规划配建机动车停车位数量　　表 3-15

建设规模（床）	主体建筑面积（m²）	配建标准	配建机动车停车位数量（个）
<200	<17600		<141
200～399	18600～37107		149～297
400～599	38800～58103	0.8 个/100m² 建筑面积	311～465
600～799	60000～79900		480～640
≥800	≥81600		≥653

通过各项控制指标的计算和实例分析，建议地面停车位比例为 30%，地下停车库或地上停车楼的停车位比例为 70%。

3.6 相关指标汇总

儿童医院相关指标一览表　　表 3-16

相关指标 \ 床位数（床）	100	200	300	400	500	600	700	800
地上主体建筑面积（m^2）	8800	18600	27900	38800	48500	60000	70000	81600
总建筑面积（m^2）	10533	22275	33413	46430	58038	71760	83720	97630
用地面积（m^2）	8778～13166	18563～27844	27844～41766	30953～46430	38692～58038	47840～71760	55813～83720	48815～65087
容积率	0.8～1.2	0.8～1.2	0.8～1.2	1.0～1.5	1.0～1.5	1.0～1.5	1.0～1.5	1.5～2.0
建筑密度（%）	25～30	25～30	25～30	25～30	25～30	25～30	25～30	25～30
建筑限高（m）	24	24	24	60	60	60	60	80
绿地率（%）	⩾35	⩾35	⩾35	⩾35	⩾35	⩾35	⩾35	⩾35
配建机动车停车位数量（个）	71	149	224	311	388	480	560	653

注：① 儿童医院预防保健用房的建筑面积，应按编制内每位预防保健人员 20m^2 增加。

② 承担医学科研任务的儿童医院，应以副高及以上专业人员总数的 70%为基数，按每人 32m^2 的标准增加科研用房，并应根据需要按有关规定配套建设适度规模的中心实验动物室。

③ 医学院校的附属医院、教学医院和实习医院的教学用房面积分别按 8～10m^2/学生、4m^2/学生、2.5m^2/学生来配置，学生的数量按上级主管部门核定的临床教学班或实习的人数确定。

④ 需建设采暖锅炉房（或热力交换站）的儿童医院，应按相关标准和规范执行。

⑤ 设置健康体检设施的儿童医院，其建筑面积应依据实际需要报批。

4. 选址因素

（1）应选址在工程地质和水文地质条件较好的地方。

（2）应选址在患者就医方便、环境安静，远离污染源的地方。

（3）应选址在市政基础设施完善，交通便利的地方。

（4）应远离易燃、易爆物品的生产和贮存区、高压线路及其设施。

（5）应与周围食品生产经营单位、肉菜市场之间物理分隔并符合卫生及预防疾病要求。

（6）地形宜平坦，地势应保证不受洪水威胁。

（7）用地形状宜规整，长宽比例适当，一般不宜超过 5∶3，以利布置。

（8）儿童医院与污染工业企业的卫生防护距离应符合附表 A 的规定。

（9）儿童医院与易燃易爆场所的防火间距应符合附表 B 的规定。

（10）儿童医院与市政设施的安全卫生防护距离应符合附表 C 的规定。

5. 总体布局指引

在总体规划阶段，儿童医院的布局通常按以下几个步骤进行：（1）确定儿童医院床位需求总量；（2）确定规划各级儿童医院的配置标准；（3）确定规划儿童医院的数量、规模和布局。

（1）确定儿童医院床位需求总量

《儿童医院建设标准》（征求意见稿）（国卫规划基装便函【2013】16 号）提出，儿童医院的床位规模应根据当地城镇总体规划、区域卫生规划、医疗机构设置规划、服务人口数量、经济发展水平、儿童医疗资源和服务需求等进行综合平衡后确定。在编制规划时，应征询当地卫生行政主管部门的意见，明确当地对儿童医院床位的需求。

（2）确定规划各级儿童医院的配置标准

《全国医疗卫生服务体系规划纲要（2015—2020 年）》（国办发【2015】14 号）提出，在地市级区域和省级区域应根据需要规划设置儿童医院。

部分地区相关规划儿童医院配置目标 **表 3-17**

序号	地区	规划	目标时间	儿童医院配置
1	河南省	《河南省“十二五”卫生事业发展规划》（豫政【2011】94 号）	2015 年	实施省、市两级儿童医院建设项目
2	江西省	《江西省区域卫生规划（2011—2020 年）》	2020 年	省级规划新建 1 所三级儿童医院，设区市规划 1 所三级或二级儿童医院
3	四川省	《四川省 2008—2020 年卫生资源配置标准（2014 修订版）》（川卫办发【2014】401 号）	2020 年	省级：根据事业发展需要设置专科医疗服务机构。 市（州）级：根据实际需要设置专科医院

参考以上标准，建议规划各级中医医院按如下标准进行配置。

① 在地市级区域：设区城市应设置 1 所儿童医院，非设区城市则根据需要可设置 1 所儿童医院。儿童医院的规模根据实际需要确定。

② 在省会城市：宜增设 1 所省级儿童医院。

（3）确定规划儿童医院的数量、规模和布局

对现状儿童医院进行分析，对规模能够满足需求的儿童医院予以保留，对规模不足且用地充足的儿童医院进行扩建，对规模严重不足且无扩建余地或选址存在重大问题的儿童医院应另选址进行迁建。在此基础上，根据规划儿童医院床位总量和儿童医院数量，确定规划新增儿童医院的数量和规模，结合保留儿童医院的分布，同时考虑选址因素，确定儿童医院的布局。

6. 详细规划指引

6.1 用地构成

儿童医院的建设用地应包括：建筑用地；道路、广场、停车用地；绿化用地。

6.2 功能分区

儿童医院一般可分为医疗区、行政办公区、后勤保障区、室外活动及绿化区，具有预防保健、教学科研功能的儿童医院还应有预防保健区、教学科研区。其中医疗区包括门诊部、急诊部、医技部和住院部。

儿童医院总平面布局，应根据功能、流程、管理、卫生、节能等方面的要求，对建筑平面、道路、管线、绿化等进行综合设计。同时应满足合理的建筑布局和功能分区，清晰的流线设置避免交叉感染，良好的安全卫生和通风采光，完善的儿童绿化和室外活动场所等要求。

儿童医院的布局方式主要分为三种类型：分散式布局、集中式布局、混合式布局。

（1）分散式布局

各类功能建筑分散布局，有利于医院良好的自然采光与通风，隔离条件也比较出色，对防止交叉感染很有利。不利的方面是占用空间大，功能模块分散，联系不够方便；另外外部流线混杂，交通线路及设备管道线路长，需要消耗更多能源。

（2）集中式布局

将主要功能部门在一定的空间范围内集中设置，或形成垂直重叠的布局，门诊和医技部多在低层空间，而住院部多在高层空间，利用地下空间作为设备空间。集中式布局能使医院各功能模块联系便利，节省空间，降低能耗。但可能出现流线之间相互影响，同时自然采光和通风条件差，难以和自然环境融合。

（3）混合式布局

适应多功能多维度的布局形式，没有严格的形式区分，可以是纵向布局与横向布局的相结合，也可以是局部分散局部整合的一种模式类型。可以将医疗街带状空间引入，也可以将板块空间母题组合，建筑根据地形要求合理自由安排，充分利用道路系统灵活、自由、多变的方式有效地组织人流，整体布局形式不局限于某种固定的模式。

儿童医院常见功能分区模式有六种（图 3-1）。

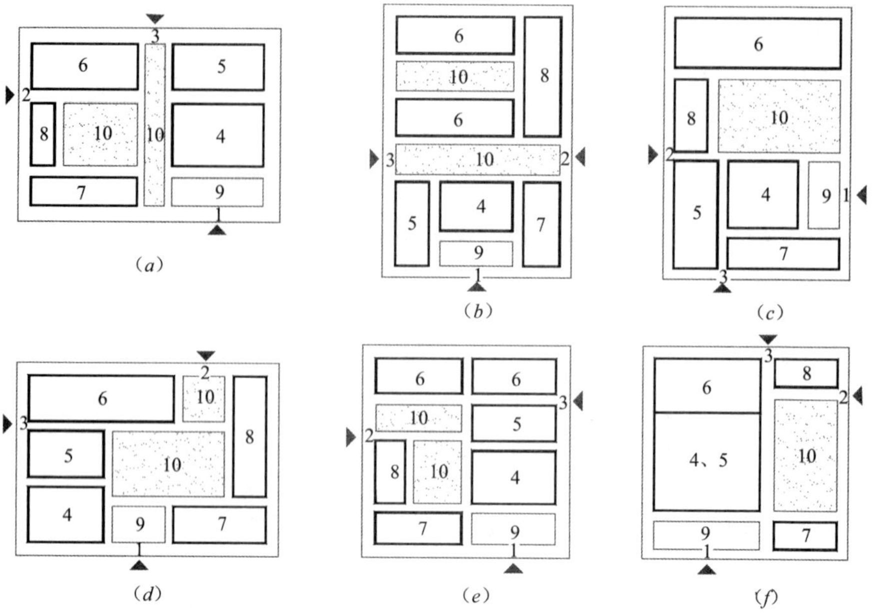

(a)　(b)　(c)

(d)　(e)　(f)

1 主要出入口　2 后勤出入口　3 污物出入口　4 门诊部
5 医技部　6 住院部　7行政办公区　8后勤保障区
9入口集散区　10室外活动及绿化区

图 3-1　儿童医院功能分区模式图

图（*a*）中用地方向东西方向长、南北方向短，呈分散式布局，也可通过增加建筑廊道的方式形成一组联系紧密的建筑群。

图（*b*）中用地方向南北方向长、东西方向短，呈分散式布局，通风采光条件较好，但管线设备消耗较多。

图（*c*）中用地方向南北方向长、东西方向短，呈分散式布局，也可通过调整建筑形成混合式布局。住院部南侧有较大的集中绿地，环境较好。

图（*d*）中用地方向东西方向长、南北方向短，呈混合式布局，疏密有致，就诊便利，地块中心为核心绿地，形成庭院空间。

图（*e*）中用地方向南北、东西向较为均等，呈分散式布局，也可通过调整建筑形成混合式布局，路线清晰，就诊便利。

图（*f*）中用地方向南北、东西向较为均等，呈集中式布局，形成“高层＋裙房”的形式，布局紧凑、空间集约，在用地规模有限的情况下，中小规模的儿童医院可采用这种模式。

6.3　场地布局

6.3.1　医疗区规划设计要求

（1）核心功能为门诊部、急诊部、医技部和住院部，当用地充足时宜形成各栋独立的建筑，当用地不足时可将医技功能向门诊部、急诊部和住院部转移，当用地十分受限时则可按照下、中、上的顺序将三者布置于一个建筑综合体内。

（2）儿童医院急诊部、门诊部、医技科室和住院部的房屋建筑结构形式应考虑使用的灵活性和改造的可能性。

（3）儿童医院应配建具有童趣特点的候诊区、活动区和相应设施。

（4）房屋建筑的空间设计与室内外装修、装饰及环境景观设计，均应有利于儿童患者的生理、心理健康，体现清新、活泼的特点。建筑色彩设计和室内照明在考虑儿童特点的同时，还应符合卫生学的要求。

苏元颖在《从儿童的角度出发——儿童医院设计感悟》中提出，应利用曲线元素、明亮色彩、卡通绘画、灯光照明等方式吸引儿童，减少儿童对医院的恐惧感。

（5）病房床位设置宜以 2 床/间和 3 床/间为主，不宜超过 6 床/间。病房区域应配套设置儿童活动空间，并考虑陪住亲属的空间需求，宜设置壁柜式储物空间。

（6）应设置哺乳室、无性别卫生间、婴儿整理台等设施。

（7）儿童医院的候诊区等人群聚集或等候时间较长的区域，应充分考虑空间的设置并采取吸声降噪措施，以保证相对安静的诊疗环境。

（8）儿童医院二层及以上的病房与儿童活动用房，不宜设置阳台；因功能需要而设置阳台的，应设有相应的防护设施。其他与儿童密切接触的各类用房与相关设施，均应设置符合儿童安全要求的防护设施。

（9）门诊部、急诊部和病房应充分利用自然通风和天然采光，在满足普通医院标准的基础上，针对儿童身高低的特点，提高通风和采光的标准，病房宜获得良好朝向。

（10）太平间应设于隐蔽处，与其他功能区域相隔离。

6.3.2 行政办公区规划设计要求

（1）中小规模儿童医院的行政办公区可结合医疗区建筑布置。

（2）大型儿童医院的行政办公区宜单独设置一栋建筑，具有教学科研功能的学校可结合教学科研建筑设置行政办公功能。

6.3.3 预防保健区、教学科研区规划设计要求

（1）预防保健区可近医疗区设置，宜临近医院出入口。

（2）教学科研区可与行政办公结合设置，具有一定的独立性，同时与医疗区联系便捷，环境宜安静，出入交通宜便捷。

6.3.4 后勤保障区规划设计要求

（1）生活垃圾与医疗垃圾的设施应分开设置，并应远离诊疗区域。

（2）食堂、锅炉房、厨房、动物饲养房、发电机房、冷冻机房等与主要医疗用房、周围院外房屋之间应处理好噪声、气味对周边环境的影响。

6.3.5　室外活动及绿化区规划设计要求

（1）医院的入口处是人流和车流聚集的地方，应设置集散空间。

（2）住院楼周边宜有良好的绿化景观和活动场地。

（3）结合建筑布局可设置庭院空间，加强通风采光、调节小气候、增加等候和休息的空间。

（4）鼓励设置屋顶绿化和竖向绿化，以增加绿化空间。

（5）活动空间宜多样化、趣味化，运用高差变化、材质变化、色彩变化、曲线元素等方式吸引儿童。儿童医院应配置完善、清晰、醒目的标识系统。

（6）应针对不同年龄的儿童设置丰富的活动设施，并做好安全防护措施。

（7）儿童医院的绿化用地中，不应种植有毒、带刺的植物，不应使用带有尖状突出物的围栏。

6.3.6　停车区规划设计要求

机动车停车应充分利用地下空间，以地下停车为主、地面停车为辅，地面停车场和地下停车场的出入口宜设在门诊部、住院部出入口附近。

6.4　交通组织

（1）至少应有 2 个出入口，以满足安全疏散和洁污分流的要求。

（2）设传染病门诊的儿童医院，应合理布置，避免交叉感染。

（3）院内交通通道设置合理，标识清晰，科学地组织人流和物流。

（4）人流、物流、车流及医疗垃圾通道宜分开布置。

（5）太平间宜单独设通向院外的通道，避免与主要人流出入院路线交叉。

7. 案例介绍

7.1　案例一

所在城市：东北地区某特大城市

用地面积：60000m^2

建筑面积：64038m^2

容积率：1.07

建筑密度：21.0%

绿地率：40.0%

建设规模：500 床

项目位于城市北郊地区，地形平坦，临近城市新火车站。

项目基地为不规则形，为新建儿童医院。该儿童医院西侧、南侧均临城市主干路，核心绿地位于基地东侧，基地西南侧为一个城市广场，整体景观良好。基地出入口设于南侧道路上，共设 2 个次出入口，1 个急救车出入口，靠近车行出入口和车行道两侧设置地面停车位。

基地内南侧为门诊部、医技部和行政办公区；中部规划为住院部，北侧为传染楼，并有效地将传染楼与其他区域分离。项目建筑布局采用组合式布局，建筑风格典雅，内部绿化与周边绿化相呼应，为住院的儿童提供一个优良的环境。

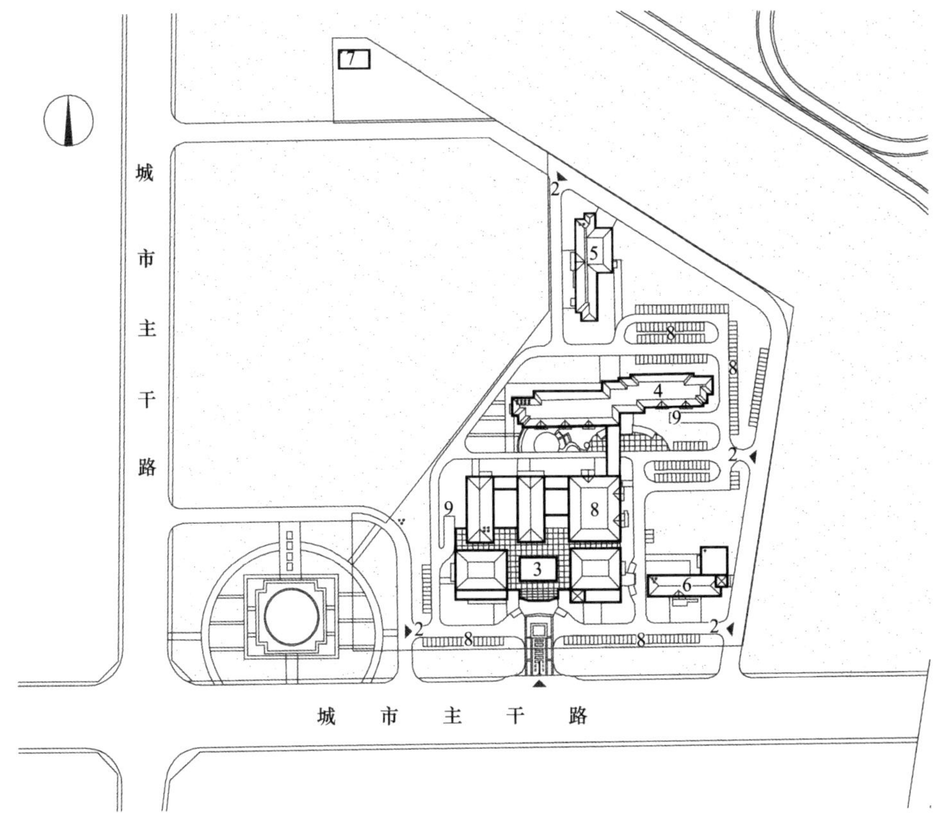

1 人行出入口　2 车行出入口　3 门诊医技楼　4 住院部
5 传染楼　6 行政楼　7 开关站　8 地面停车位
9 地下车库出入口

图 3-2　案例一总平面图

7.2　案例二

所在城市：华东地区某特大城市

用地面积：59200m^2

建筑面积：90000m^2

容积率：1.52

建筑密度：30.0％

绿地率：38.0％

建设规模：800 床

该儿童医院位于城市新区，地形平坦，临近城市新区高铁站和大型城市级景观公园。

项目基地为南北较短、东西较长的规整长方形，为新建儿童医院。该儿童医院西侧临城市主干路，南侧为城市主干路，北侧和东侧为城市支路，西侧道路上设置车行主出入口，东侧道路上设置车行次出入口，北侧道路上设置车行次出入口和后勤出入口，南侧道路上设置人行出入口。基地内采用环状交通方式，靠近车行出入口设置地面停车位，避免交通流线混乱。

基地将门诊医技楼、住院部和行政办公楼集中设置，通过内部形成环路连接，可达性强。项目建筑布局采用集中布局，建筑风格现代简约。基地结合西侧和南侧的水系形成内部绿化景观空间，为住院的儿童提供一个优良的环境。

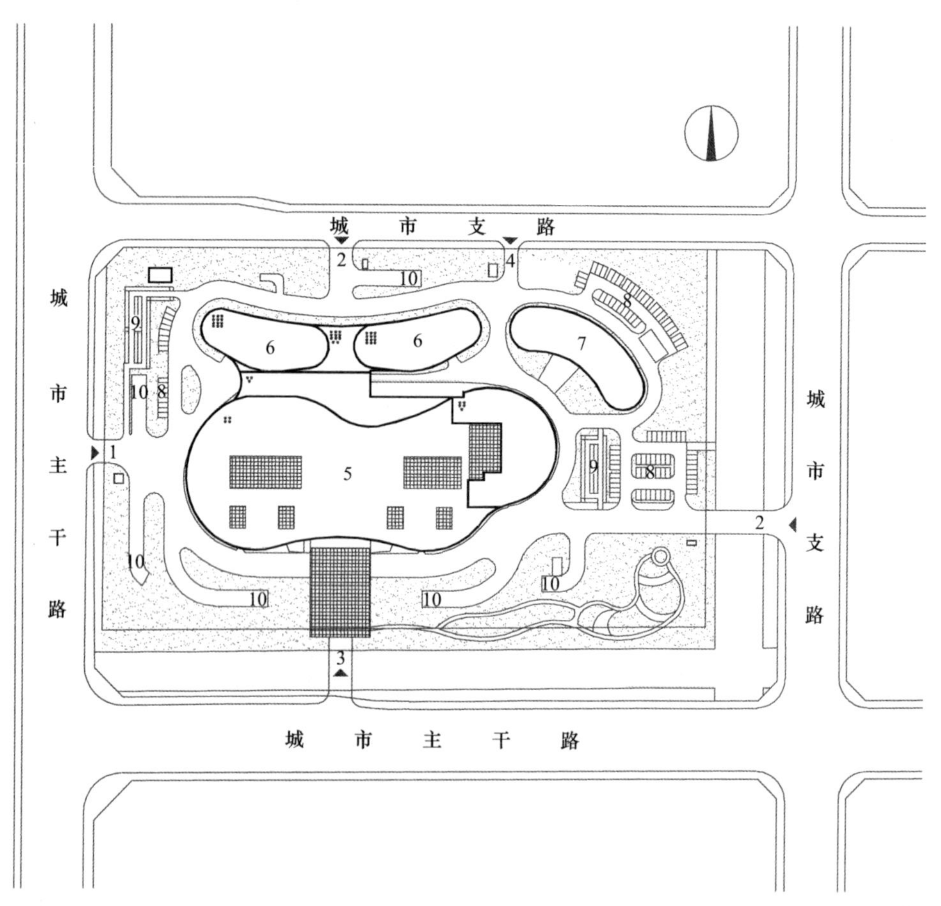

1 车行主出入口　2 车行次出入口　3 人行出入口　4 后勤出入口
5 门诊医技楼　6 住院部　7 行政办公楼　8 地面停车位
9 非机动车停车　10 地下车库出入口

图 3-3　案例二总平面图

7.3 案例三

所在城市：华东地区某中等城市

用地面积：53042m²

建筑面积：100050m²

容积率：1.89

建筑密度：31.0%

绿地率：35.0%

建设规模：1000 床

该儿童医院位于城市中心区，地形平坦。

项目基地为南北较长、东西较短的规整长方形，为新建儿童医院。基地北侧临近城市主干路，东侧临城市次干路，北侧道路上设置主出入口，西侧道路上设置2处次出入口和1处污物专用出入口。基地靠近车行出入口设置地面停车位，避免交通流线混乱。

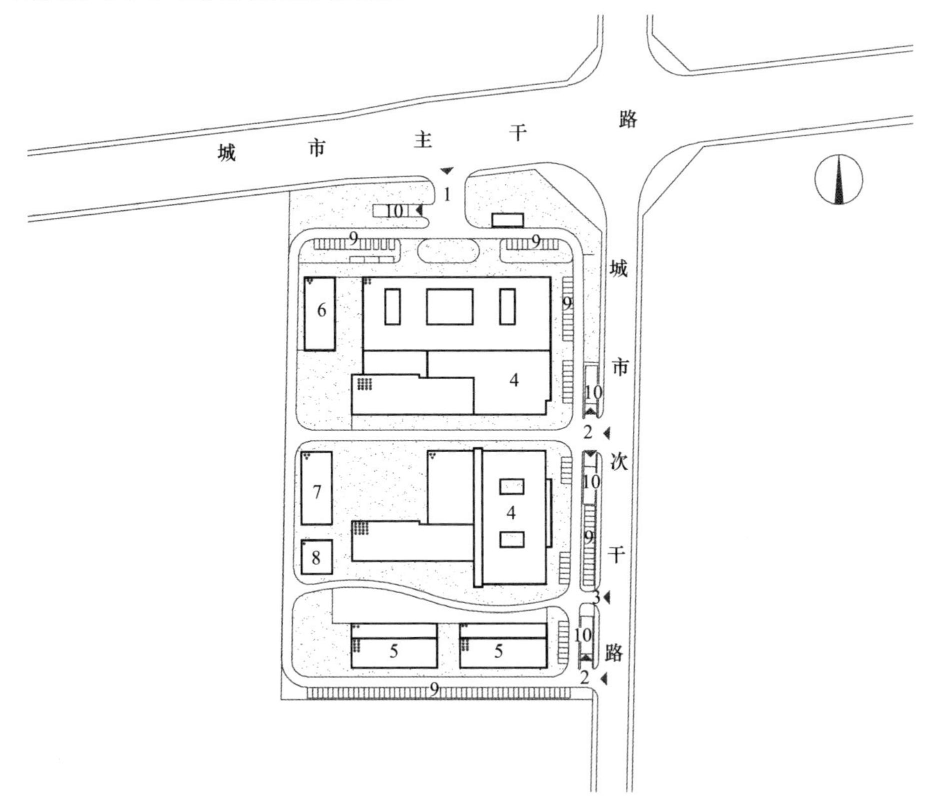

图 3-4 案例三总平面图

基地内通过环路将地块分为3个片区，北侧设置门诊医技综合楼和感染门诊楼；地块中央设置门诊医技楼、锅炉房和康复中心；地块南侧为行政办公区。用地呈混合式布局，建筑风格现代大气。地块中间通过建筑形式围合成一块绿化广场，临近住院部，通达性强、环境美好。

7.4　案例四

所在城市：华东地区某特大城市

用地面积：82500m²

建筑面积：171000m²

容积率：2.07

建筑密度：32.0%

绿地率：36.0%

建设规模：1350床

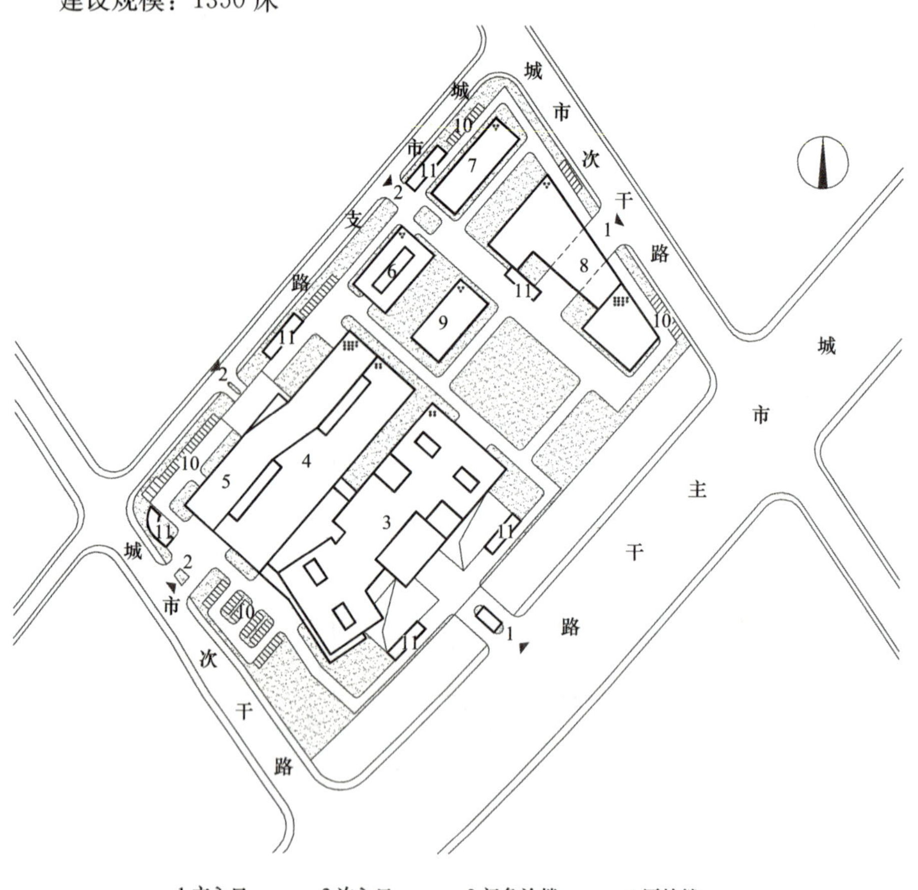

图3-5　案例四总平面图

该儿童医院位于城市中心区西南面，地形平坦，临近城市主要水系和城市级景观绿带。

项目基地由东北斜向西南布局，为规整长方形，为新建儿童医院。基地东南侧临城市主干路，东北、西南侧临城市次干路，西北侧临城市支路。2 处主出入口分别设置于东南、东北道路上，3 处次出入口设置于西南、西北道路上。基地靠近车行出入口设置地面停车位，避免交通流线混乱。

基地西南侧设置门诊楼、医技楼和住院部；东北侧设置综合楼、办公楼、感染楼和后勤楼，流线清晰，避免交叉感染。用地呈混合式布局，建筑风格现代大气。地块东南通过建筑形式围合成一块绿化广场，环境较好。

参考文献

[1] 国家卫生计生委规划与信息司．国卫规划基装便函【2013】16 号 儿童医院建设标准（征求意见稿）. 2013.

[2] 中华人民共和国卫生部. 卫医发（1994）第 30 号 医疗机构基本标准（试行）[S]. 1994-09-02.

[3] 国务院办公厅．国办发【2015】14 号 全国医疗卫生服务体系规划纲要（2015-2020 年）[Z]. 2015.

[4] 上海市房屋土地资源管理局、上海市发展和改革委员会、上海市建设和交通委员会、上海市城市规划管理局. 上海市社会事业用地指南（试行）[Z]. 2008.

[5] 深圳市发展和改革局．深发改【2007】1985 号 深圳市医院建设标准指引（试行）[Z]. 2007.

[6] 天津市卫生局. 天津市医疗卫生机构布局规划（2014-2020 年）（公示稿）[Z]. 2014.

[7] 西安市人民政府. 市政发【2013】47 号 西安市建设项目用地控制指标（试行）[Z]. 2013.

[8] 深圳市人民政府. 深圳市城市规划标准与准则 [Z]. 2013.

[9] 河南省人民政府. 豫政【2011】94 号 河南省“十二五”卫生事业发展规划. 2011.

[10] 江西省卫生厅、江西省发展和改革委员会、江西省财政厅、江西省人力资源和社会保障厅. 江西省区域卫生规划（2011-2020 年）. 2013.

[11] 四川省卫生厅、四川省发展和改革委员会、四川省财政厅. 川卫办发【2014】401 号 四川省 2008-2020 年卫生资源配置标准（2014 修订版）. 2014.

[12] 罗运湖. 现代医院建筑设计 [M]. 北京：中国建筑工业出版社，2009.

[13] 苏元颖. 从儿童的角度出发——儿童医院设计感悟 [J]. 中国医院建筑与装备，2012-12.

四、精神专科医院

1. 术语

向公众提供综合性精神卫生服务、专门收治精神类患者的医疗机构。一般包括咨询、医疗、康复、预防、科研、教学等功能。

2. 设施分级

依据《医院评价标准》和《医院分级管理办法（试行）》的相关规定，精神专科医院按其功能、任务不同可划分为一级精神专科医院、二级精神专科医院、三级精神专科医院。

依据《精神专科医院建设标准》（征求意见稿）和《精神专科医院基本要求》（报批稿）的相关规定，一级精神专科医院床位规模宜为70～199床，二级精神专科医院床位规模宜为200～499床，三级精神专科医院床位规模宜为500床及以上。

3. 设施规模

3.1 用地面积

3.1.1 国家规范要求

《精神专科医院建设标准》（征求意见稿）规定，精神专科医院床均用地面积指标应满足表4-1的要求。

精神专科医院用地面积指标（m^2/床） **表4-1**

建设规模	70～199床	200～499床	500床及以上
用地指标	108	105	105

注：① 小于70床的精神专科医院建设，参照70床用地面积标准执行。

② 承担医学科研任务的精神专科医院，应以副高及以上专业技术人员总数的70%为基数，按每人30m^2的标准另行增加科研设施的建设用地。

③ 承担教学任务的精神专科医院应按每床6m^2另行增加教学设施的建设用地。

④ 配建机动车和非机动车停车场的用地面积，应另行增加。

3.1.2 地方标准

《上海市社会事业用地指南（试行）》规定，上海市精神专科医院床均用地面积指标应满足表 4-2 的要求。

上海市精神专科医院用地面积指标 **表 4-2**

级别	规模（床位）	床均用地面积（m^2/床位）	
		中心城区	中心城外
一级	20～69 床	115	128
二级	70～299 床	117	130
三级	≥300 床	119	132

注：中心城区指上海外环线以内的地区；中心城外指上海外环线以外的地区。

《深圳市医院建设标准指引（试行）》规定，深圳市各类医院建设用地的床均指标应满足表 4-3 的要求。

深圳市各类医院建设用地指标 **表 4-3**

建设规模	200 床	400 床	600 床	800 床	1000 床	1200 床
床均指标（m^2/床）	116	114	112	110	108	106
用地面积（m^2）	23200	45600	67200	88000	108000	127200

注：① 本表所列为各类医院基本用地指标，主要用于建筑占地和绿化、堆晒、医疗废物与日产垃圾的存储用地。不含建设科研教学设施和地上停车设施的用地指标。
② 承担医学科研任务的医学教学任务的医院，可按国家《综合医院建设标准》相关条款的规定，增加科研和教育设施的建设用地。
③ 经审批后建设地面停车场的，应按照每车位 $25m^2$ 的标准，在床均用地面积指标以外，另行增加建设用地。

3.1.3 相关研究

刘克林等在《北京市精神病院建筑规模和用地标准调研报告》中提出北京市精神病院的用地指标的建议标准（表 4-4）。

北京市精神病院用地面积建议标准（单位：m^2） **表 4-4**

建设规模	床均用地面积
一级医院（≤199 床）	≥110
二级医院（200～499 床）	≥108
三级医院（≥500 床）	≥105

3.1.4 用地面积取值建议

鉴于各城市用地条件等实际情况的不同，各地对精神专科医院用地面积指标要求有一定差异，但都是在满足国家规范的要求上做一定幅度的调整。参考地方标准及相关研究，建议精神专科医院用地面积按照《精神专科医院建设标准》（征求意见稿）的规定确定。根据《精神专科医院建设标准》（征求意见稿）规定的床均用地面积指标进行计算，建议不同规模精神专科医院用地面积按照表 4-5 进行选取。

不同规模精神专科医院用地面积指标　　表 4-5

医院等级	建设规模（床）	用地面积指标（m²/床）	用地面积（m²）
一级精神专科医院	70	108	7560
	100		10800
	150		16200
二级精神专科医院	200	105	21000
	300		31500
	400		42000
三级精神专科医院	500	105	52500
	600		63000
	700		73500

注：① 小于 70 床的精神专科医院建设，参照 70 床用地面积标准执行。
② 承担医学科研任务的精神专科医院，应以副高及以上专业技术人员总数的 70%为基数，按每人 30m² 的标准另行增加科研设施的建设用地。
③ 承担教学任务的精神专科医院应按每床 6m² 另行增加教学设施的建设用地。
④ 配建机动车和非机动车停车场的用地面积，应另行增加。

3.2 建筑面积

3.2.1 国家规范要求

《精神专科医院建设标准》（征求意见稿）提出，精神专科医院急诊、门诊、住院、医技、工娱、保障、行政管理和院内生活用房等设施的床均建筑面积指标，宜满足表 4-6 的要求。

精神专科医院床均建筑面积指标（单位：m²/床）　　表 4-6

建设规模	70～199 床	200～499 床	500 床及以上
建筑面积指标	58	60	62

注：① 小于 70 床的精神专科医院建设，参照 70 床建筑面积标准执行。
② 精神专科医院内预防保健用房的建筑面积，应按编制批准的每位专职预防保健工作人员 20m² 增加建筑面积。
③ 承担医学科研任务的精神专科医院，应以副高及以上专业技术人员总数的 70%为基数，按每人 32m² 的标准增加科研用房建筑面积。
④ 医学院校的附属医院应按照 1.6～2m²/床，教学医院按照 0.8m²/床，实习医院按照 0.5m²/床增加教学用房面积。
⑤ 配套建设机动车和非机动车停车设施的建筑面积另行增加。
⑥ 根据建设项目所在地区的实际情况，需要配套建设采暖锅炉房和人民防空设施的，应按有关规定另行增加建筑面积。

《精神专科医院基本要求》（报批稿）规定，各级精神专科医院床均建筑面积指标应满足表 4-7 的要求。

各级精神专科医院床均建筑面积指标（单位：m²/床）　　表 4-7

建设规模	床均建筑面积
一级医院（≤199 床）	≥50
二级医院（200～499 床）	≥50
三级医院（≥500 床）	≥55

《医疗机构设置标准（试行）》规定，各级精神专科医院床均建筑面积指标应满足表 4-8 的要求。

各级精神专科医院床均建筑面积指标（单位：m^2/床）　　**表 4-8**

建设规模	床均建筑面积
一级医院（≤69 床）	≥35
二级医院（70～299 床）	≥40
三级医院（≥300 床）	≥45

3.2.2　相关研究

刘克林等在《北京市精神病医院建筑规模和用地标准调研报告》中提出北京市精神病医院的建筑规模建议标准（表 4-9）。

北京市精神病院的床均建筑面积建议标准（单位：m^2/床）　　**表 4-9**

建设规模	床均建筑面积
一级医院（≤199 床）	≥50
二级医院（200～499 床）	≥55
三级医院（≥500 床）	≥62

3.2.3　实例

部分城市精神专科医院建设规模　　**表 4-10**

序号	名称	建设规模（床）	建筑面积（m^2）	床均建筑面积（m^2/床）
1	昆明市精神病医院	500	30960	61.9
2	大同市第六人民医院	500	36370	72.7
3	呼伦贝尔市精神卫生中心	400	24000	60.0
4	黄山市精神病医院	300	20591	68.6
5	鄂尔多斯市精神卫生中心	200	11600	58.0
6	都江堰市精神病医院	200	12000	60.0
7	霞浦县精神病医院	160	8300	51.9

3.2.4　建筑面积取值建议

《精神专科医院建设标准》（征求意见稿）和《精神专科医院基本要求》（报批稿）对精神专科医院床均建筑面积指标的规定比较接近。《医疗机构基本标准（试行）》出台时间较早，规定的建筑面积指标相对偏低。

新建的精神专科医院实例基本符合《精神专科医院建设标准》（征求意见稿）规定的床均建筑面积指标。因此，建议精神专科医院按照《精神专科医院建设标准》（征求意见稿）的规定确定。根据《精神专科医院建设标准》（征求意见稿）规定的床均建筑面积指标进行计算，建议不同规模的精神专科医院建筑面积按照表 4-11 进行选取。

不同规模精神专科医院建筑面积指标　　表 4-11

医院等级	建设规模（床）	用地面积指标（m^2/床）	用地面积（m^2）
一级精神专科医院	70	58	4060
	100		5800
	150		8700
二级精神专科医院	200	60	12000
	300		18000
	400		24000
三级精神专科医院	500	62	31000
	600		37200
	700		43400

注：① 小于 70 床的精神专科医院建设，参照 70 床建筑面积标准执行。
② 精神专科医院内预防保健用房的建筑面积，应按编制批准的每位专职预防保健工作人员 $20m^2$ 增加建筑面积。
③ 承担医学科研任务的精神专科医院，应以副高及以上专业技术人员总数的 70%为基数，按每人 $32m^2$ 的标准增加科研用房建筑面积。
④ 医学院校的附属医院应按照 1.6～$2m^2$/床，教学医院按照 $0.8m^2$/床，实习医院按照 $0.5m^2$/床增加教学用房面积。
⑤ 配套建设机动车和非机动车停车设施的建筑面积另行增加。
⑥ 根据建设项目所在地区的实际情况，需要配套建设采暖锅炉房和人民防空设施的，应按有关规定另行增加建筑面积。

四、精神专科医院

4. 主要控制指标

4.1 容积率

4.1.1 国家规范要求

根据《精神专科医院建设标准》（征求意见稿）规定的床均用地面积和建筑面积指标（不考虑需要额外增加的科研教学等建设规模用房的情况），通过计算可以得出精神专科医院容积率为 0.54～0.59。

《精神卫生专业机构建设指导意见（试行）》提出，精神卫生专业机构（包括精神专科医院和有精神科特长的综合医院）的容积率宜为 0.5～0.8。

4.1.2 实例

部分城市精神专科医院容积率实例　　表 4-12

序号	名称	建设规模（床）	容积率
1	赤峰市安定医院	500	0.8
2	昆明市精神病医院	500	0.6
3	黄山市精神病医院	300	0.7
4	乐山市精神卫生中心	260	0.9
5	都江堰市精神病医院	200	0.7
6	霞浦县精神病医院	160	0.4

4.1.3 容积率取值建议

经分析精神专科医院实例，建议精神专科医院容积率按照《精神卫生专业机构建设指导意见（试行）》的规定确定。即容积率控制在0.5～0.8。中、小城市新建精神专科医院容积率可取下限，大城市新建精神专科医院容积率可取上限。

4.2 建筑密度

4.2.1 实例

汝城县精神病医院建筑密度26.8%，莆田市荔城区精神病防治院建筑密度24.4%，南昌市精神病医院建筑密度22%，遵义市精神病专科医院建筑密度28%，武汉市精神卫生中心（工农兵路院区）建筑密度19%。

4.2.2 建筑密度取值建议

考虑到精神专科医院应创造良好的空间环境，参考精神专科医院实例，建议精神专科医院建筑密度不大于25%。

4.3 建筑限高

4.3.1 国家规范要求

《精神专科医院建设标准》（征求意见稿）提出，精神专科医院宜为单层或多层建筑，建筑层高应根据不同功能与使用要求确定。

《精神专科医院建筑设计规范》提出，精神专科医院宜采用多层建筑，建筑层高应根据不同功能与使用要求确定。

4.3.2 实例

霞浦县精神病医院（160床）地上建筑5层，都江堰市精神卫生中心（200床）地上建筑4层，鄂尔多斯精神卫生中心（200床）地上建筑6层，昆明市精神病医院（500床）建筑高度22.4m，泉州市第三人民医院（430床）建筑高度26.8m，呼伦贝尔市精神卫生中心（650床）地上建筑7层，张家界市精神病院（500床）地上建筑7层。

4.3.3 建筑限高取值建议

参考相关规范及精神专科医院实例，建议精神专科医院建筑限高不大于28m。

4.4 绿地率

《城市绿化规划建设指标的规定》（城建【1993】784号）中提出，医院的绿地率不低于35%。建议精神专科医院绿地率不小于35%。

4.5 配建机动车停车位

4.5.1 国家规范要求

《城市停车规划规范》（征求意见稿）提出，专科医院停车位指标按照0.3

个/100m² 建筑面积为下限进行设置。

4.5.2 地方标准

部分城市医院（或专科医院）配建机动车停车位标准　　表 4-13

序号	城市	单位	标准
1	杭州	车位/100m² 建筑面积 车位/床	省、市级中心医院、专科医院 门诊部：Ⅰ区 0.8 车位/100m²；Ⅱ、Ⅲ区 1.0 车位/100m²； 住院部：Ⅰ区 0.15 车位/床；Ⅱ、Ⅲ区 0.2 车位/床
			区级综合医院、专科医院 门诊部：Ⅰ区 0.4 车位/100m²；Ⅱ、Ⅲ区 0.5 车位/100m²； 住院部：0.1 车位/床
2	深圳	车位/病床	Ⅰ类区域：0.5～0.8； Ⅱ类区域：0.6～1.0； Ⅲ类区域：0.8～1.3。 每 50 张病床设 1 个路旁港湾式小型客车停车位。 另设 2 个以上有盖路旁停车处，供救护车使用
3	重庆	车位/100m² 建筑面积	1.0
4	济南	车位/100m² 建筑面积	市级及市级以上综合医院、专科医院 Ⅰ区 1.0-1.2；Ⅱ区 0.9-1.1
			区级综合医院、专科医院 Ⅰ区 0.8-0.9；Ⅱ区 0.7-0.8
5	贵阳	车位/100m² 建筑面积	1.0
6	西安	车位/100m² 建筑面积	一、二级医院 1.0；三级医院 2.0
7	成都	车位/100m² 建筑面积	二环路以内：0.5 二环路以外：0.8

注：① 杭州标准中Ⅰ区指老城核心区，Ⅱ区指除Ⅰ区之外的老城区（上城区、下城区、江干区、拱墅区、西湖区、滨江区、杭州经济技术开发区），Ⅲ区指萧山区、余杭区。

② 深圳标准中Ⅰ类区域为停车策略控制区：全市的主要商业办公核心区和原特区内轨道车站周围 500m 范围内的区域。Ⅱ类区域为停车一般控制区：原特区内除一类区域外的其他区域、原特区外的新城中心、组团中心和原特区外轨道车站周围 500m 范围内的区域。Ⅲ类区域为全市范围内余下的所有区域。

③ 重庆标准中特大城市执行本标准、大城市不得低于该标准的 80%、中等城市不得低于该标准的 70%、小城市不得低于该标准的 60%。

④ 济南标准中Ⅰ区指中心城二环路以外区域，Ⅱ区指中心城二环路以内区域。

4.5.3 配建机动车停车位取值建议

参考《城市停车位规划规范》（征求意见稿）及地方标准对医院配建机动车停车位的相关要求，考虑到不同规模城市实际情况的差异，建议精神专科医院配建机动车停车位按照 0.6～1.0 个/100m² 建筑面积进行配置，小城市可取下限值，大、中城市可取上限值。通过计算可以得出不同规模精神专科医院配建机动车停车位数量（表 4-14）。

不同规模精神专科医院规划配建机动车停车位数量　　表 4-14

配建标准	医院等级	建设规模（床）	建筑面积（m²）	配建机动车停车位数量（个）
0.6～1.0（个/100m²建筑面积）	一级精神专科医院	70	4060	24～41
		100	5800	35～58
		150	8700	52～87
	二级精神专科医院	200	12000	72～120
		300	18000	108～180
		400	24000	144～240
	三级精神专科医院	500	31000	186～310
		600	37200	223～372
		700	43400	260～434

4.6　相关指标汇总

一级精神专科医院相关指标一览表　　表 4-15

相关指标＼建设规模（床）	70	100	150
用地面积（m²）	7560	10800	16200
建筑面积（m²）	4060	5800	8700
容积率	0.5～0.8	0.5～0.8	0.5～0.8
建筑密度（%）	≤25	≤25	≤25
建筑限高（m）	24	24	24
绿地率（%）	≥35	≥35	≥35
配建机动车停车位数量（个）	24～41	35～58	52～87

二级精神专科医院相关指标一览表　　表 4-16

相关指标＼建设规模（床）	200	300	400
用地面积（m²）	21000	31500	42000
建筑面积（m²）	12000	18000	24000
容积率	0.5～0.8	0.5～0.8	0.5～0.8
建筑密度（%）	≤25	≤25	≤25
建筑限高（m）	24	24	24
绿地率（%）	≥35	≥35	≥35
配建机动车停车位数量（个）	72～120	108～180	144～240

三级精神专科医院相关指标一览表　　表 4-17

相关指标＼建设规模（床）	500	600	700
用地面积（m²）	52500	63000	73500
建筑面积（m²）	31000	37200	43400

续表

相关指标 \ 建设规模（床）	500	600	700
容积率	0.5～0.8	0.5～0.8	0.5～0.8
建筑密度（%）	≤25	≤25	≤25
建筑限高（m）	30	30	30
绿地率（%）	≥35	≥35	≥35
配建机动车停车位数量（个）	186～310	223～372	260～434

注：① 小于70床的精神专科医院，参照70床建设标准执行。

② 用地面积指标：承担医学科研任务的精神专科医院，应以副高及以上专业技术人员总数的70%为基数，按每人30m² 的标准另行增加科研设施的建设用地；承担教学任务的精神专科医院应按每床6m² 另行增加教学设施的建设用地；配建机动车和非机动车停车场的用地面积，应另行增加。

③ 建筑面积指标：精神专科医院内预防保健用房的建筑面积，应按编制批准的每位专职预防保健工作人员20m² 增加建筑面积；承担医学科研任务的精神专科医院，应以副高及以上专业技术人员总数的70%为基数，按每人32m² 的标准增加科研用房建筑面积；医学院校的附属医院应按照1.6～2m²/床，教学医院按照0.8m²/床，实习医院按照0.5m²/床增加教学用房面积；配套建设机动车和非机动车停车设施的建筑面积另行增加；根据建设项目所在地区的实际情况，需要配套建设采暖锅炉房和人民防空设施的，应按有关规定另行增加建筑面积。

④ 容积率指标：中、小城市新建精神专科医院容积率可取下限，大城市新建精神专科医院容积率可取上限。

⑤ 配建机动车停车位数量指标：小城市可取下限值，大、中城市可取上限值。

5. 选址因素

（1）应选址在工程地质及水文地质条件较好、地形规整平坦、地质构造稳定、地势较高、不受洪水威胁、阳光充足、空气流动、场地干燥、排水畅通的宜建地段。严禁选址在地震、地质坍塌、暗河、洪涝等自然灾害易发的地段。

（2）应选址在位置适中，交通、水、电等公用基础设施便利的区域。临近城市道路，但同时避开繁忙的交通枢纽地带。

（3）应选址在有较大的缓坡或台地，并留有发展或改、扩建用地的地区。场地长宽比例适当，一般不宜超过5∶3，以利布置；场地应利于排水，地下水位较低，利于采光通风。

（4）选址应远离噪声源、振动源，避开闹市区、车站、空港、靶场、屠宰场等场所。

（5）精神专科医院与污染工业企业的卫生防护距离应符合附表A的规定。

（6）精神专科医院与易燃易爆场所的防火间距符合附表B的规定。

（7）精神专科医院与市政设施的安全卫生防护距离应符合附表C的规定。

6. 总体布局指引

在总体规划阶段，精神专科医院的布局通常按以下几个步骤进行：（1）确定规划精神专科床位总数；（2）确定新增精神专科床位数；（3）确定规划新增精神专科医院的数量和等级；（4）确定规划精神专科医院的布局。

（1）确定规划精神专科床位总数

根据《精神专科医院建设标准》（征求意见稿）提出的精神科床位计算标准，每万人 1.48 张和规划范围内人口规模，计算精神科床位总数。如有地方标准，应采用地方标准。

人口规模 50 万的城市，需要配置精神科床位总数为 74 张；人口规模 100 万的城市，需要配置精神科床位总数为 148 张；人口规模 200 万的城市，需要配置精神科床位总数为 296 张；人口规模 300 万的城市，需要配置精神科床位总数为 444 张；人口规模 400 万的城市，需要配置精神科床位总数为 592 张；人口规模 500 万的城市，需要配置精神科床位总数为 740 张；

考虑到规模过小不能形成规模效益，管理、运行成本相对较高。因此，人口规模低于 50 万的城市，原则上不鼓励设置精神专科医院，建议将床位配置纳入有条件的三级或二级综合医院的精神科。

（2）确定新增精神科床位数

考虑已有精神科床位的数量，结合规划精神科床位总数，确定新增精神科床位数。明确现状综合医院精神科和精神专科医院的处理方式（保留或改扩建），并明确现状保留或改扩建的综合医院精神科和精神专科医院的建设要求。

（3）确定规划新增精神专科医院的数量和等级

在明确现状综合医院精神科和精神专科医院规划要求的基础上，结合新增精神科床位数，确定规划新增精神专科医院的数量和等级。

（4）确定规划精神专科医院的布局

根据表 4-5 确定规划精神专科医院的用地面积，同时，考虑精神专科医院选址因素，确定规划精神专科医院的具体布局。

7. 详细规划指引

7.1 用地构成

精神专科医院用地由房屋建筑用地、场地及附属设施用地组成。

房屋建筑包括急诊、门诊、住院、医技、工娱、保障、行政管理和院内生活等设施用地；场地包括道路、绿地、室外活动场地和停车场等用地；附属设施包括污水处理、供电、垃圾收集等用地。

7.2 功能分区

（1）精神专科医院一般包括急诊部、门诊部、医技部、住院部、行政办公区、后勤保障区、室外公共活动及绿化区等功能。功能分区模式见图 4-1。

（2）总平面布局应综合考虑风向、朝向、城市交通等因素，各功能分区之间应联系方便，洁污流线清楚，避免交叉感染。

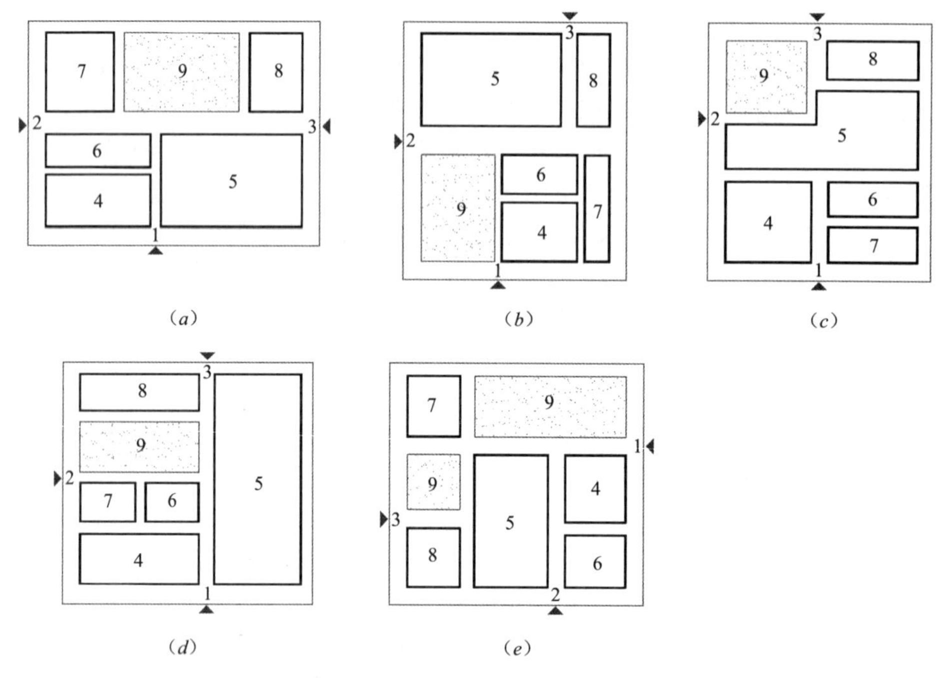

图 4-1　功能分区模式图

模式（*a*）中用地东西方向长、南北方向短，采用分散式的空间组织。各功能单元之间相对独立，但诊疗路线相对过长。

模式（*b*）中用地南北方向长、东西方向短，采用标准单元组合式的空间组织。住院区位于腹地内部，疗养环境较为安静。该布局有利于不断扩建，灵活多变。

模式（*c*）中用地南北方向长，东西方向短，采用混合式的空间组织。各功能区以连廊组合成建筑群，整体流线清晰，互相干扰少。

模式（*d*）基地为一方形用地，采用庭院式的空间组织。急诊、门诊、行政、医技可集中设置在高层的裙楼，与住院区相对分离。整体布局紧凑，便于多种形式的平面组合。

模式（*e*）基地为一方形用地，采用灵活的空间组织。为适应基地条件的不足，各功能区布局形式活泼多变，以避免地形等条件的限制。

7.3 场地布局

7.3.1 建筑区规划设计要求

（1）门诊部设在靠近医院交通入口处，与急诊部和医技部邻近；门诊部与急诊、医技部可组合为一体。

（2）病房、诊疗室等主要医疗用房应处于相对安静的位置。

（3）保障系统与院内生活部分可合并设置，并应考虑在院内独立成区，靠近后勤辅助出入口。

（4）教学科研部分可与保障系统与院内生活部分合并设置，也可与门诊楼组合设置。

（5）精神专科医院的净高应满足：诊察室不宜低于2.6m，病房不宜低于2.8m，公共走道不宜低于2.4m，电梯厅不宜低于3.0m。

7.3.2 室外活动及绿化区规划设计要求

（1）室外活动场地宜用围栏、绿篱划分限制活动空间；室外活动场地宜在适当位置配洗手池。

（2）建筑物外侧及围墙内外侧1.5m范围内不应种植密植形绿篱，3m范围内不应种植高大乔木；应有完整的绿化规划；应结合用地条件进行绿化规划。

7.3.3 停车场区规划设计要求

门诊、急诊和住院等主要出入口，应设置带雨棚的机动车停靠处；应按照规划与交通部门要求设置足够的车辆停放场地。

7.4 交通组织

（1）精神专科医院根据用地情况合理安排用地出入口位置和数量，一般宜设置1个主要出入口，2个次要出入口。主要出入口宜结合入口广场设置，宜在广场的两侧设置出口和入口。后勤出入口可作为行政入口，也可作为供应入口。污物的运送宜设置单独出入口。

（2）主要出入口通常设置在城市次干路上，以减少对城市干路的交通压力。后勤出入口一般设置于支路上，如与主入口设置在同一道路上时，则应拉开距离，以免混淆。污物出口一般设置在支路上，且应避免临近病人的生活区。

8. 案例介绍

8.1 案例一

所在城市：中部地区某特大城市

设施级别：二级精神专科医院

用地面积：17587.8m²

建筑面积：总建筑面积 27736.9m²，计容建筑面积 25686.9m²

容积率：1.46

建筑密度：19.0％

绿地率：30.4％

建设规模：497 床

机动车停车位：242 辆（其中地上 220 辆；地下 22 辆）

该精神专科医院为改扩建项目，故开发强度较高。地块位于两条城市道路的交界处，呈长条状。东侧为城市次干路，北侧为城市支路，南侧为城市居民区。车行主出入口设置在北侧城市支路，次出入口设置于东侧城市次干路上。内部形成环状交通，沿路设置停车场。

总平面采取分散式布局模式。在基地西北部设置住院楼，疗养环境相对安静；在东南部靠近出入口处设置业务用房，方便病人就诊；在南部设置行政办公和后勤保障等功能用房。基地中部设置中心花园为病人提供了室外活动空间。

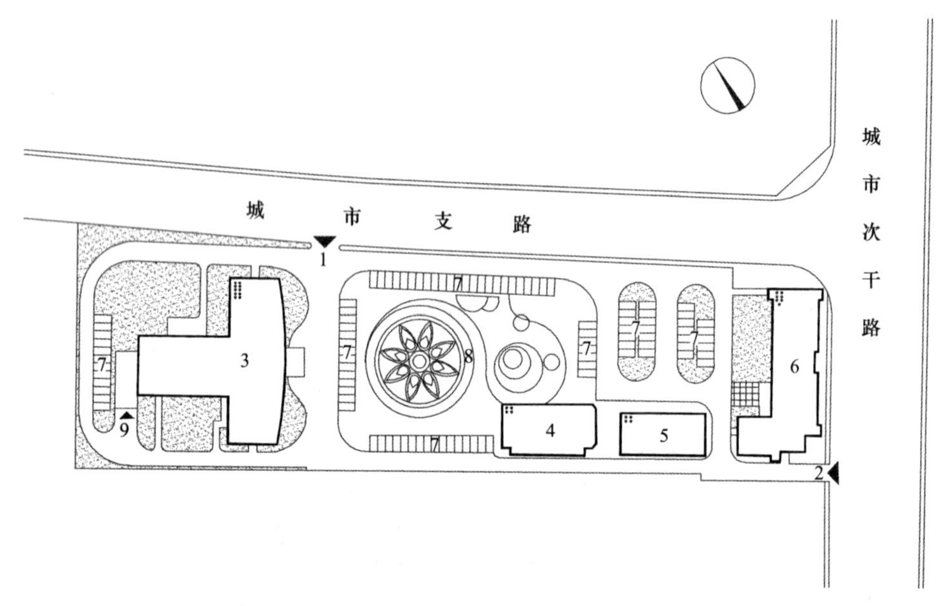

图 4-2　案例一总平面图

8.2　案例二

所在城市：中部地区某大城市

设施等级：三级精神专科医院

用地面积：25738m^2

建筑面积：总建筑面积 54982m^2，计容建筑面积 47129m^2

容积率：1.83

建筑密度：25.8%

绿地率：36.5%

建设规模：600 床

机动车停车位：425 辆（其中地上 151 辆；地下 274 辆）

基地位于城市边缘。地块南侧为城市主干路，西侧为城市次干路，东侧为行政办公区，北侧为工业区。人行主出入口设置在南侧道路，车行出入口设置在西侧道路，并结合车行出入口设置地下车库出入口。

建筑采用半围合组合式布局的方式，空间上形成一条南北向的轴线。急

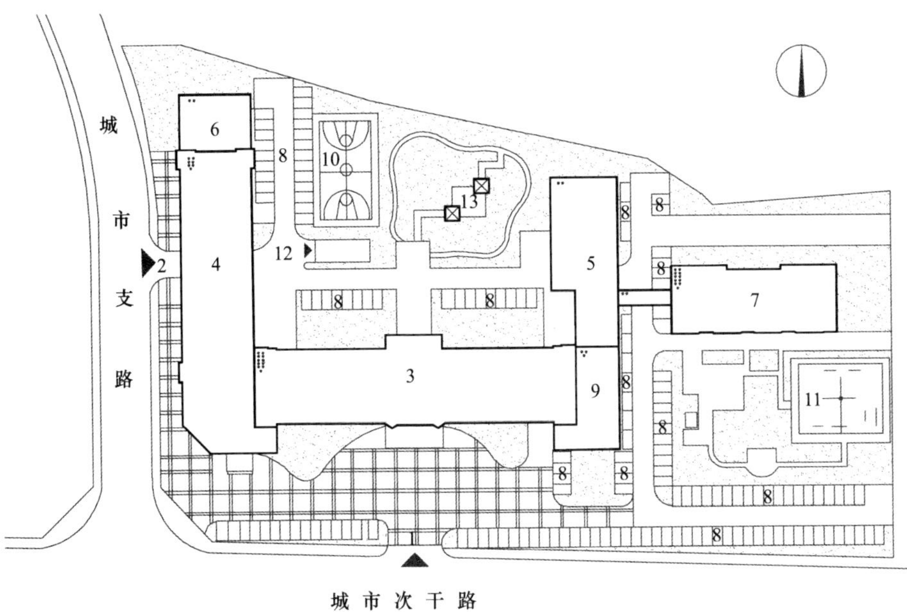

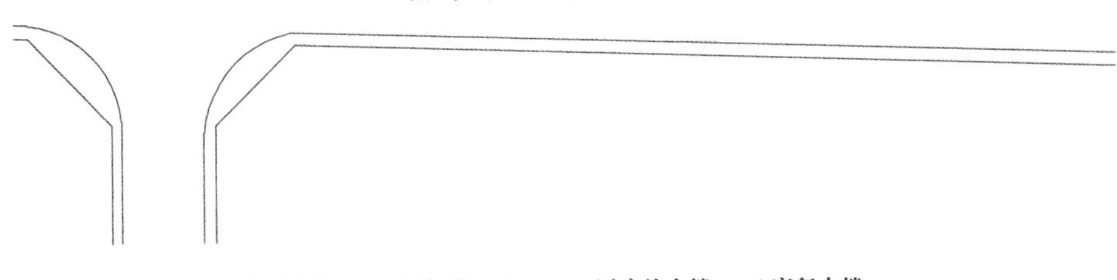

1 主要出入口　2 次要入口　3 医疗综合楼　4 康复大楼
5 后勤服务楼　6 行政办公楼　7 寄托中心　8 地面停车场
9 食堂　10 篮球场　11 门球场　12 地下车库出入口
13 庭院

图 4-3　案例二总平面图

门诊大楼位于轴线中央，靠近南侧主出入口，方便病人就诊。轴线东侧设置康复大楼和医技大楼，西侧设置食堂及后勤用房。基地东部建有1栋11层的寄托中心。基地规划两个公共活动空间。急门诊大楼北部为半围合庭院，设置小游园和篮球场。寄托中心南边建有手球场。这些室外空间为病人提供休闲、运动的空间，体现了人文关怀。

8.3 案例三

所在城市：西部地区某大城市

设施等级：三级精神专科医院

用地面积：54000m²

建筑面积：30959.93m²

容积率：0.57

建筑密度：12.12％

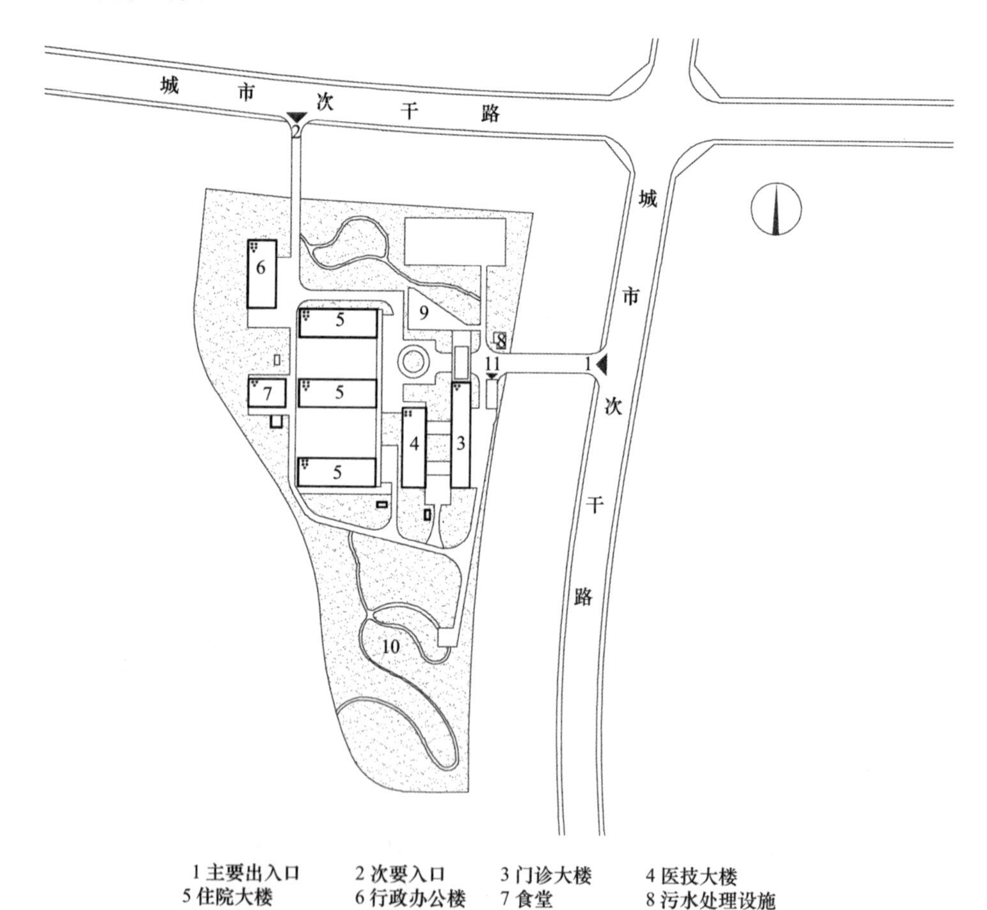

图4-4 案例三总平面图

绿地率：45.25%

设施规模：500床

机动车停车位：60辆（地下60辆）

该精神专科医院位于城市郊区地带，地形较为复杂，地势东北低西北高。

地块东侧和北侧为城市次干路。地块东侧设置主出入口，并结合主出入口设置地下车库出入口，北侧设置车行出入口，内部交通人车分行。

由于现状地形条件比较复杂，北区为建筑集中区，南区为山体保留区。北区的建筑群采取分散式布局模式。急诊、门诊大楼和医技楼靠近东侧主入口，方便病人就诊。住院部位于北区的中央，方便与其他各医疗功能用房之间的联系。后勤保障楼和行政办公楼位于北区西侧，相对独立且安静。南区结合地形集中设置大面积的康复农场区，在满足病人康复锻炼需求的同时，也形成了良好的室外景观环境。

8.4 案例四

所在城市：西部地区某大城市

用地面积：55803m²

建筑面积：总建筑面积75897m²，计容建筑面积58628m²

设施等级：三级精神专科医院

容积率：1.05

建筑密度：23.8%

绿地率：32%

设施规模：820床（其中精神专科550床；普通病人270床）

机动车停车位：422辆（地上80辆，地下342辆）

该医院为精神专科医院和普通医院的合建项目，以精神专科为主。

地块南侧紧邻城市次干路，西侧为城市临时道路。南侧城市次干路分别设置主出入口和次出入口，内部交通形成环路，实现人车分流。靠近出入口处设置两处地面停车场，环路西侧设置地下车库出入口。地块东部预留远期发展建设用地。

建筑整体采用组合式布局。急诊和门诊大楼靠近主出入口，方便病人就诊；住院部位于中部，方便与其他各医疗功能区联系；后勤保障用房和院内生活用房设置在基地北侧，并设置单独后勤出入口，避免干扰。建筑群通过连廊将各部分功能区连接在一起，形成有机整体。楼宇之间设置绿地、篮球场，为病人提供了休闲散步的场所。

整个规划结合基地地形高差，尊重原有地貌，利用综合医技楼、绿化庭院和台地将医院自然分为精神疾病和普通疾病两个宏观功能区，既做到病员活动空间隔离，又体现了随山就势的山地建筑特色。

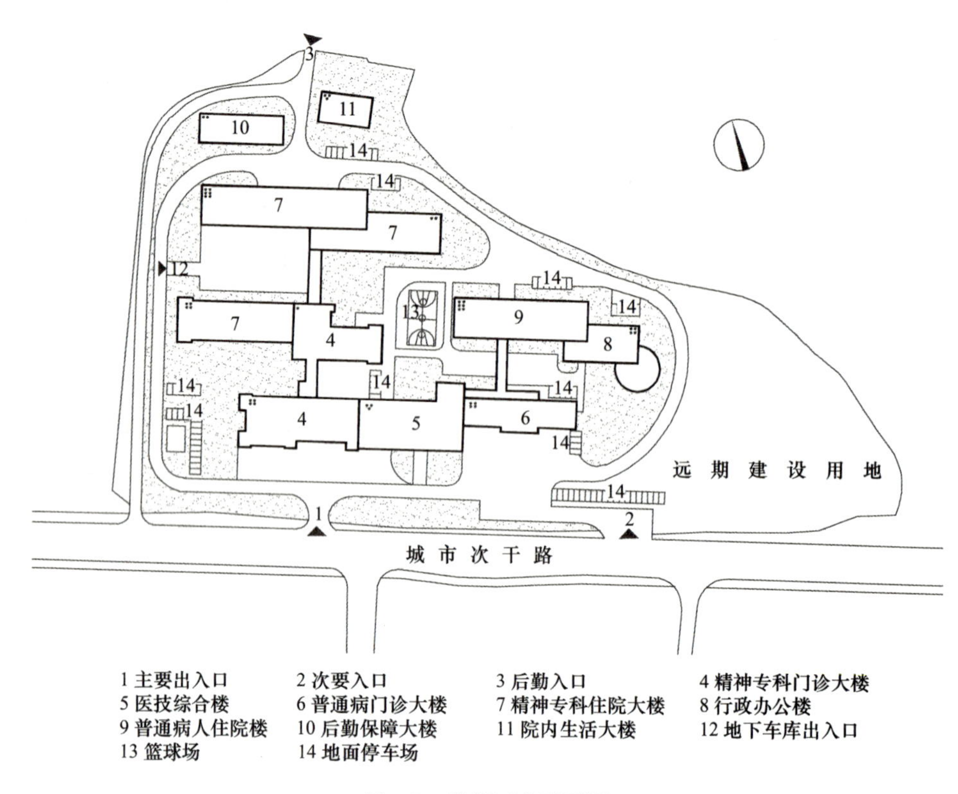

图 4-5　案例四总平面图

参考文献

［1］ 中华人民共和国卫生部. 精神专科医院建设标准（征求意见稿）［S］. 2009.

［2］ 中华人民共和国卫生部. 医疗机构基本标准（试行）［S］. 1994.

［3］ 中华人民共和国住房和城乡建设部、中华人民共和国国家质量监督检验检疫总局. 精神专科医院建筑设计规范（征求意见稿）［S］. 2012.

［4］ 中华人民共和国建设部、中华人民共和国国家质量监督检验检疫总局 . GB 5044-2008 城市公共设施规划规范［S］. 2008.

［5］ 中华人民共和国住房和城乡建设部. 城市停车规划规范（征求意见稿）［S］. 2009.

［6］ 中央预算内专项资金项目. 精神卫生专业机构建设指导意见［S］. 2008.

［7］ 中华人民共和国卫生部. 精神专科医院建筑设计方案参考图集［S］. 2009.

［8］ 上海市房屋土地资源管理局、上海市发展和改革委员会、上海市建设和交通委员会、上海市城市规划管理局. 上海市社会事业用地指南（试行）［Z］. 2008.

［9］ 深圳市发展和改革局. 深圳市医院建设标准指引（试行）［Z］. 2007.

［10］ 深圳市人民政府. 深圳市城市规划标准与准则［Z］. 2013

［11］ 杭州市人民政府. 杭州市城市建筑工程机动车停车位配建标准实施细则（试行）［Z］. 2009.

[12] 重庆市人民政府．重庆市建设项目停车位配建标准 [Z]．2012.
[13] 贵阳市人民政府．贵阳市城市规划技术管理规定 [Z]．2012.
[14] 济南市人民政府．济南市城乡规划管理技术规定（试行）[Z]．2012.
[15] 西安市人民政府．西安市建筑工程机动车非机动车停车位配建标准 [Z]．2012.
[16] 成都市人民政府．成都市建设用地配建机动车非机动车最小控制标准 [Z]．2008.
[17] 刘克林，王绍礼．北京市精神病院建筑规模和用地标准调研报告 [J]．中国医院，2013.

五、中医医院

1. 术语

以中医中药诊治为主，设有一定数量病床，具备针灸、推拿、中药制剂等中医特色科室和相应人员、设备的综合性医疗机构。

2. 设施规模

《中医医院建设标准》（建标【2008】97 号）规定，中医医院的建设规模按病床数量可分为 60 床、100 床、200 床、300 床、400 床、500 床 6 种。大于 500 床的中医医院建设，参照 500 床建设标准执行。

2.1 建筑面积

2.1.1 国家规范要求

（1）《中医医院建设标准》（建标【2008】97 号）规定，中医医院的急诊部、门诊部、住院部、医技科室和药剂科室等基本用房及保障系统、行政管理和院内生活服务等辅助用房的床均建筑面积应满足表 5-1 的要求。

中医医院建筑面积指标 表 5-1

建设规模	床 位	60	100	200	300	400	500
	日门（急）诊人次	210	350	700	1050	1400	1750
建筑面积（m^2/床）		69～72	72～75	75～78	78～80	80～84	84～87

注：① 根据中医医院建设规模、所在地区、结构类型、设计要求等情况选择上限或下限。
② 大于 500 床的中医医院建设，参照 500 床建设标准执行。
③ 表中的床均建筑面积只含地上功能区域的建筑面积，不含停车部分的面积（地下停车面积或者地上停车楼建筑面积）。
④ 当日门（急）诊人次与病床数之比值与表中取值相差较大时，可按每一日门（急）诊人次平均 $2m^2$，调整日门（急）诊部与其他功能用房建筑面积的比例关系。
⑤ 承担科研、教学和实习任务的中医医院，应以具有高级职称以上专业技术人员总数的 70% 为基数，按每人 $30m^2$ 的标准另行增加科研用房的建筑面积。
⑥ 中医药院校的附属医院、教学医院和实习医院的教学用房面积分别按 8～$10m^2$/学生、$4m^2$/学生、$2.5m^2$/学生来配置，学生的数量按上级主管部门核定的临床教学班或实习的人数确定。

(2)《医疗机构基本标准（试行）》（卫医发【1994】第 30 号）规定各级中医医院的建筑面积指标应满足表 5-2 的要求。

各级中医医院建筑面积指标　　表 5-2

建设规模	床均建筑面积（m^2/床）
一级中医医院（20～79 床）	≥30
二级中医医院（80～299 床）	≥35
三级中医医院（≥300 床）	≥45

2.1.2　地方标准

《杭州市城市规划公共服务设施基本配套规定》（2009）规定，中医院原则上 20～50 万人设置一处，建设规模为 200～500 床/院，最小建筑面积 10400m^2。

2.1.3　实例

部分城市中医医院建筑面积指标　　表 5-3

序号	名称	建设规模（床）	总建筑面积（m^2）	地上建筑面积（m^2）	地下建筑面积（m^2）	床均建筑面积（m^2/床）
1	安泽县中医医院	200	17285	14741	2544	86
2	南京市六合区中医院	406	51769	39009	12759	128
3	武汉市中医医院	500	55121	48381	6740	110
4	云阳县中医院	500	53728	43855	9782	107
5	长春市中医院	504	47433	38823	8610	94
6	化州市中医院	525	71592	69767	1825	136
7	滕州市中医医院	600	73000	61000	12000	122
8	惠州市中医医院	720	79200	62700	16500	110
9	无锡市中医医院	800	142299	120902	21396	178
10	普宁市新中医医院	800	95331	88250	7081	119
11	昆明市中医医院呈贡新区医院	1000	124041	90700	33341	124
12	天津中医药大学第一附属医院	1500	158000	151500	6500	105

2.1.4　建筑面积取值建议

《医疗机构基本标准（试行）》（卫医发【1994】第 30 号）发布的时间较早，对床均建筑面积的下限指标要求过低，缺乏参考意义。而在地方标准中，对中医医院明确提出床均建筑面积指标的城市较少，且不同城市对于中医医院床均建筑面积的要求存在较大的差异。

根据《中医医院建设标准》（建标【2008】97 号）对建设规模和床均建筑面积的规定，通过计算可以得出不同规模中医医院主体功能区建筑面积指标（表 5-4）。

中医医院建筑面积指标　　表 5-4

建设规模（床）	床均建筑面积（m^2/床）	建筑面积（m^2）
60	69～72	4140～4320
100	72～75	7200～7500
200	75～78	15000～15600
300	78～80	23400～24000
400	80～84	32000～33600
500	84～87	42000～43500

在《中医医院建设标准》（建标【2008】97 号）中，并未考虑停车建筑的面积。根据实例可见，各医院的床均建筑面积由于包含地下停车建筑，而大于相关标准的要求。根据下文"3.5 配建机动车停车位"中的停车标准配建标准 0.8 个/100m^2 建筑面积，建议停车建筑面积参照表 5-5 确定。

中医医院地下停车或者地上停车楼建筑面积取值建议　　表 5-5

建设规模（床）	主体建筑面积（m^2）	配建机动车停车位数量（个）	停车建筑比例及面积标准	停车建筑面积（m^2）
60	4140～4320	34～35	70%为地下停车库或地上停车楼 35m^2/个	840～875
100	7200～7500	58～60		1435～1470
200	15000～15600	120～125		2940～3080
300	23400～24000	188～192		4620～4725
400	32000～33600	256～269		6300～6615
500	42000～43500	336～348		8260～8540

建议中医医院的总建筑面积和总床均建筑面积取值参照表 5-6 确定。

中医医院建筑面积取值建议　　表 5-6

建设规模（床）	主体建筑面积（m^2）	停车建筑面积（m^2）	总建筑面积（m^2）	总床均建筑面积（m^2/床）
60	4140～4320	840～875	4980～5195	83～86
100	7200～7500	1435～1470	8635～8970	86～90
200	15000～15600	2940～3080	17940～18680	90～93
300	23400～24000	4620～4725	28020～28725	93～96
400	32000～33600	6300～6615	38300～40215	96～101
500	42000～43500	8260～8540	50260～52040	101～104

2.2 用地面积

2.2.1 国家规范要求

《中医医院建设标准》（建标【2008】97 号）规定新建建筑容积率宜控制在 0.6～1.5 之间。当改建、扩建用地紧张时，其建筑容积率可适当提高，但不宜超过 2.5。

根据《中医医院建设标准》（建标【2008】97 号）中对床位数和床均建筑面积以及容积率的规定，通过计算可以得出中医医院床均用地面积指标（表 5-7）。

中医医院床均用地面积指标　　表 5-7

床位		60	100	200	300	400	500
床均建筑面积（m^2/床）		69～72	72～75	75～78	78～80	80～84	84～87
新建	容积率	0.6～1.5					
	床均用地面积（m^2/床）	46～120	48～125	50～130	52～133	53～140	56～145
改扩建用地紧张	容积率	≤2.5					
	床均用地面积下限（m^2/床）	28～29	29～30	30～31	31～32	32～34	34～35

注：改、扩建用地紧张情况下，床均用地面积为容积率取 2.5 时的指标，为各个床位区间对应床均用地面积的下限极限值。

2.2.2 地方标准

部分城市新建中医医院用地面积指标要求　　表 5-8

序号	城市	建设规模（床）	用地面积（m^2）		床均用地面积（m^2/床）	
		—	中心城区	中心城外	中心城区	中心城外
1	上海	20～79	1740～6873	1940～7663	87	97
		80～299	6640～24817	7360～27508	83	92
		≥300	≥24600	≥27300	82	91
2	深圳	20～79	2600～10270		130	
		80～299	10400～38870			
3	杭州	最小规模(200)	13000		65～85	

注：上海市的中心城区指上海市外环线以内的地区，中心城外指上海市外环线以外的地区。

2.2.3 实例

部分城市中医医院用地面积情况　　表 5-9

序号	名称	建设规模（床）	用地面积（m^2）	床均用地面积（m^2/床）
1	天津市津南区中医医院	120	9989	83.2
2	安泽县中医医院	200	9125	45.6
3	南京市六合区中医院	406	37095	91.4
4	武汉市中医医院	500	33477	67.0
5	云阳县中医院	500	48853	97.7
6	长春市中医院	504	24891	49.4
7	化州市中医院	525	23865	45.5
8	惠州市中医医院	720	59065	82.0
9	无锡市中医医院	800	68935	86.2
10	普宁市新中医医院	800	46168	57.7
11	昆明市中医医院呈贡新区医院	1000	62552	62.6
12	天津中医药大学第一附属医院	1500	100000	66.7

2.2.4 用地面积取值建议

《中医医院建设标准》（建标【2008】97 号）中未对中医医院用地面积指标提出要求，而各城市的相关标准差异较大。建议通过中医医院的建筑面积指标和容积率计算用地面积指标。

《中医医院建设标准》（建标【2008】97 号）规定容积率宜为 0.6～1.5；建筑高度宜以多层为主，医院改建、扩建用地特别紧张时，可采用高层建筑；建筑密度宜为 25%～30%。根据这三个指标的规定并参考实例，建议容积率区间下限调整为 0.8。

结合实例分析，建议 300 床以下规模中医医院的容积率控制在 0.8～1.2，300～500 床（不含）规模中医医院的容积率控制在 1.0～1.5，500 床及以上规模中医医院的容积率控制在 1.5～2.0。通过计算，建议中医医院用地面积取值参照表 5-10 确定。

中医医院用地面积取值建议 **表 5-10**

建设规模（床）	总建筑面积（m^2）	容积率	用地面积（m^2）	总床均用地面积（m^2）
60	4980～5195	0.8～1.2	4150～6494	69～108
100	8635～8970		7196～11213	72～112
200	17940～18680		14950～23350	75～117
300	28020～28725	1.0～1.5	18680～28725	62～96
400	38300～40215		25533～40215	64～101
500	50260～52040	1.5～2.0	25130～34693	50～69

注：承担科研、教学和实习任务的中医医院，应根据相应的科研、教学用房面积和容积率取值增加用地面积。

3. 主要控制指标

3.1 容积率

3.1.1 国家规范要求

《中医医院建设标准》（建标【2008】97 号）规定新建建筑容积率宜控制在 0.6～1.5 之间。当改建、扩建用地紧张时，其建筑容积率可适当提高，但不宜超过 2.5。

3.1.2 实例

部分城市中医医院建设指标情况 **表 5-11**

序号	名称	建设规模（床）	容积率
1	天津市津南区中医医院	120	1.20
2	安泽县中医医院	200	1.80

续表

序号	名称	建设规模（床）	容积率
3	南京市六合区中医院	406	1.05
4	天全县中医医院	482	1.69
5	武汉市中医医院	500	1.45
6	云阳县中医院	500	0.90
7	长春市中医院	504	1.52
8	滕州市中医医院	600	1.27
9	惠州市中医医院	720	1.06
10	无锡市中医医院	800	1.75
11	昆明市中医医院呈贡新区医院	1000	1.45
12	天津中医药大学第一附属医院	1500	1.52

3.1.3 容积率取值建议

根据实例分析，我国已有较多中医医院的容积率超过1.5，少数中医医院甚至超过了2.0。尤其城市中心区用地有限，往往难以达到《中医医院建设标准》（建标【2008】97号）的要求。

《中医医院建设标准》（建标【2008】97号）规定容积率宜为0.6～1.5；建筑高度宜以多层为主，医院改建、扩建用地特别紧张时，可采用高层建筑；建筑密度宜为25%～30%。通过实例分析，结合这三个指标的规定，建议容积率区间下限调整为0.8。

建议300床以下规模中医医院的容积率控制在0.8～1.2，300～500床（不含）规模中医医院的容积率控制在1.0～1.5，500床及以上规模中医医院的容积率控制在1.5～2.0。

3.2 建筑密度

《中医医院建设标准》（建标【2008】97号）规定，建筑密度宜为25%～30%。

3.3 建筑限高

3.3.1 国家规范要求

《中医医院建设标准》（建标【2008】97号）规定，中医医院建筑宜以多层为主，医院改建、扩建用地特别紧张时，可采用高层建筑。

3.3.2 实例

部分城市中医医院建筑高度情况 **表5-12**

序号	名称	建设规模（床）	建筑高度
1	天津市津南区中医医院	120	8层
2	安泽县中医医院	200	8层

续表

序号	名称	建设规模（床）	建筑高度
3	南京市六合区中医院	406	14层/62.3m
4	天全县中医医院	482	14层/56.3m
5	武汉市中医医院	500	17层
6	云阳县中医院	500	14层
7	长春市中医院	504	10层/49.8m
8	化州市中医院	525	9层/41.6m
9	滕州市中医医院	600	8层/32.0m
10	惠州市中医医院	720	7层/29.0m
11	无锡市中医医院	800	12层
12	普宁市新中医医院	800	18层
13	昆明市中医医院呈贡新区医院	1000	11层
14	天津中医药大学第一附属医院	1500	23层

根据实例分析，目前我国中医医院中的门诊楼、医技楼多为多层，住院楼已出现较多高层，保障系统、行政管理和院内生活服务等辅助用房为多层或高层。高层建筑形式在医院中已较为普遍，尤其是规模较大的中医医院的住院楼，由于建筑面积较大而用地有限，为便于使用，往往采用高层的形式。

3.3.3 建筑限高取值建议

结合实例分析和其他相关指标，建议300床以下规模中医医院宜为多层建筑，300～500床（不含）规模中医医院可采用不大于60m的高层建筑，500床及以上规模中医医院可采用不大于80m的高层建筑。

3.4 绿地率

3.4.1 国家规范要求

《中医医院建设标准》（建标【2008】97号）规定新建中医医院的绿地率宜为30%～35%。

《城市绿化规划建设指标的规定》（城建【1993】784号）规定医院的绿地率不低于35%。

3.4.2 绿地率取值建议

为营造中医医院的良好环境，建议中医医院的绿地率不低于35%。

3.5 配建机动车停车位

3.5.1 国家规范要求

中医医院为综合性医院，《城市停车规划规范》（征求意见稿）规定的综合医院机动车配建停车位标准，为0.4个/100m^{2}建筑面积。

《中医医院建设标准》（建标【2008】97号）规定，新建中医医院要充分考虑医院用车特点，机动车和非机动车停车场的用地面积、停车的数量，可按当地有关部门的规定执行，中医医院停车位配建可参照 2～3 个/1000m² 建筑面积标准。

3.5.2 地方标准

部分城市中医医院配建机动车停车位标准　　表 5-13

<table>
<tr><th>序号</th><th>城市</th><th colspan="2">类别</th><th>单位</th><th>配建标准</th></tr>
<tr><td>1</td><td>上海</td><td colspan="2">综合性医院</td><td>个/100m² 建筑面积</td><td>一类区域 0.6，二类区域 0.8，三类区域 1.0</td></tr>
<tr><td rowspan="2">2</td><td rowspan="2">杭州</td><td rowspan="2">省、市级中心医院、专科医院</td><td>门诊部</td><td>个/100m² 建筑面积</td><td>Ⅰ区 1.0，Ⅱ区 1.3，Ⅲ区 1.5</td></tr>
<tr><td>住院部</td><td>个/床</td><td>Ⅰ区 0.3，Ⅱ区 0.3，Ⅲ区 0.3</td></tr>
<tr><td>3</td><td>深圳</td><td colspan="2">中医医院</td><td>个/床</td><td>一类区域 0.8～1.2，二类区域 1.0～1.4，三类区域 1.2～1.8</td></tr>
<tr><td rowspan="2">4</td><td rowspan="2">天津</td><td rowspan="2">综合医院、专科医院</td><td>门诊部</td><td>个/100m² 建筑面积</td><td>1.0</td></tr>
<tr><td>住院部</td><td>个/床</td><td>0.3</td></tr>
<tr><td>5</td><td>重庆</td><td colspan="2">医院</td><td>个/100m² 建筑面积</td><td>一区 0.5，二区 0.7</td></tr>
<tr><td rowspan="2">6</td><td rowspan="2">长沙</td><td colspan="2">市级及市级以上医院</td><td>个/100m² 建筑面积</td><td>0.8</td></tr>
<tr><td colspan="2">其他医院</td><td>个/100m² 建筑面积</td><td>0.6</td></tr>
</table>

注：① 上海市标准中一类区域指内环线内区域，二类区域指内外环间区域，三类区域指外环外区域。
② 杭州市标准中Ⅰ区指老城核心区，Ⅱ区指除Ⅰ区之外的老城区（上城区、下城区、江干区、拱墅区、西湖区、滨江区），Ⅲ区指萧山区、余杭区。
③ 深圳市标准中一类区域为停车策略控制区：全市的主要商业办公核心区和原特区内轨道车站周围 500m 范围内的区域。二类区域为停车一般控制区：原特区内除一类区域外的其他区域、原特区外的新城中心、组团中心和原特区外轨道车站周围 500m 范围内的区域。三类区域为全市范围内余下的所有区域。
④ 重庆市标准中一区指渝中半岛地区（以控规编码为界）；二区指主城一区以外都市区以内地区。

3.5.3 配建机动车停车位取值建议

《城市停车规划规范》（征求意见稿）对配建机动车停车位的标准较低，而地方标准较高，考虑实际使用中停车需求量大而医院停车位往往不能满足的状况，宜采用较高的标准。建议中医医院配建机动车停车位配建标准为 0.8 个/100m² 建筑面积，不同等级中医医院配建机动车停车位数量参照表 5-14。

中医医院规划配建机动车停车位数量　　表 5-14

<table>
<tr><th>建设规模（床）</th><th>主体建筑面积（m²）</th><th>配建标准</th><th>配建机动车停车位数量（个）</th></tr>
<tr><td>60</td><td>4140～4320</td><td rowspan="6">0.8 个/100m² 建筑面积</td><td>34～35</td></tr>
<tr><td>100</td><td>7200～7500</td><td>58～60</td></tr>
<tr><td>200</td><td>15000～15600</td><td>120～125</td></tr>
<tr><td>300</td><td>23400～24000</td><td>188～192</td></tr>
<tr><td>400</td><td>32000～33600</td><td>256～269</td></tr>
<tr><td>500</td><td>42000～43500</td><td>336～348</td></tr>
</table>

通过各项控制指标的计算和实例分析，建议地面停车位比例为 30%，地下停车库或地上停车楼的停车位比例为 70%。

3.6 相关指标汇总

中医医院相关指标一览表　　表 5-15

建设规模（床） 相关指标	60	100	200	300	400	500
地上主体功能区建筑面积（m^2）	4140～4320	7200～7500	15000～15600	23400～24000	32000～33600	42000～43500
总建筑面积（m^2）	4980～5195	8635～8970	17940～18680	28020～28725	38300～40215	50260～52040
用地面积（m^2）	3450～5400	6000～10753	12500～19500	15600～24000	21333～33600	21000～29000
容积率	0.8～1.2	0.8～1.2	0.8～1.2	1.0～1.5	1.0～1.5	1.5～2.0
建筑密度（%）	25～30	25～30	25～30	25～30	25～30	25～30
建筑限高（m）	24	24	24	60	60	80
绿地率（%）	≥35	≥35	≥35	≥35	≥35	≥35
配建机动车停车位数量(个)	34～35	58～60	120～125	188～192	256～269	336～348

注：① 大于 500 床的中医医院建设，参照 500 床建设标准执行。

② 承担科研、教学和实习任务的中医医院，应以具有高级职称以上专业技术人员总数的 70% 为基数，按每人 30m² 的标准另行增加科研用房的建筑面积，同时根据容积率要求相应地增加用地面积。

③ 中医药院校的附属医院、教学医院和实习医院的教学用房 8～10m²/学生、4m²/学生、2.5m²/学生来配置，学生的数量按上级主管部门核定的临床教学班或实习的人数确定，同时根据容积率要求相应地增加用地面积。

4. 选址因素

（1）应选址在地质条件、水文条件较好的地方。

（2）应选址在患者就医方便、卫生环境好、噪声较小、水电源充足的地方。

（3）应在市政基础设施完善的地段。

（4）应远离托儿所、幼儿园及中小学等，与周围食品生产经营单位、肉菜市场之间物理分隔应符合卫生及预防疾病要求。

（5）应远离高压线路及其设施，避免强电磁场干扰。

（6）地形宜平坦，地势应保证不受洪水威胁。

（7）用地形状宜规整，长宽比例适当，一般不宜超过 5∶3，以利布置。

（8）中医医院与污染工业企业的卫生防护距离应符合附表 A 的规定。

（9）中医医院与易燃易爆场所的防火间距应符合附表 B 的规定。

（10）中医医院与市政设施的安全卫生防护距离应符合附表 C 的规定。

5. 总体布局指引

在总体规划阶段，中医医院的布局通常按以下几个步骤进行：（1）确定中医医院床位需求总量；（2）确定规划各级中医医院的配置标准；（3）确定规划中医医院的数量、规模和布局。

（1）确定中医医院床位需求总量

《中医医院建设标准》（建标【2008】97号）、《县中医医院建设指导意见》（2009）和《地市级以上中医医院建设指导意见》（2009）规定，中医医院的建设规模，应结合所在地区的经济发展水平、卫生资源、中医医疗服务需求等因素，以拟建中医医院所在地区的区域人口数确定建设规模，每千人口中医床位数宜按0.22～0.27张床测算。建设项目人口稀少地区可适当上浮。

（2）确定规划各级中医医院的配置标准

部分省市相关规划中医医院配置目标　　表5-16

序号	省、市	规划	目标时间	中医医院配置
1	上海市	《上海市中医药事业发展“十二五”规划》（沪卫中医【2012】025号）	2015年	每个区县都建有公立中医医疗机构。区县公立中医医疗机构指区、县政府举办的中医、中西医结合医院和门诊部
2	河南省	《河南省“十二五”卫生事业发展规划》（豫政【2011】94号）	2015年	各省辖市建好1所市级公立中医院，每个县（市）建好1所县中医院
3	江西省	《江西省区域卫生规划（2011—2020年）》	2020年	每个县设置一所中医医院；以设区市为单位，非省会城市按合理布局的原则设1～3所综合医疗机构，1所中医医疗机构
4	四川省	《四川省2008—2020年卫生资源配置标准（2014修订版）》（川卫办发【2014】401号）	2020年	省级：根据事业发展需要设置中医医疗服务机构 市（州）级：根据实际需要设置中医医院 县（市、区）级：人口10万以上的县（市）设置一所中（藏）医院；10万人口以下的县，可将县人民医院、县中（藏）医院合并为一所综合医疗机构

参考《全国医疗卫生服务体系规划纲要（2015-2020年）》（国办发【2015】14号）、《县中医医院建设指导意见》（2009）、《地市级以上中医医院建设指导意见》（2009）中对中医医院配置的相关要求，建议规划各级中医医院按如下标准进行配置。

在县级区域：人口规模低于20万的城市（县），有条件的设置1所中医医院（或民族医院，下同），床位数宜为60床，也可在综合医院中设置中医科（或民族科室，下同）；人口规模在20～50万的城市（县），宜设置1所中医医院，床位数为60～150床；人口规模在50～100万的城市（县），宜设置1所中医医院，床位数为150～300床；人口规模大于100万的城市（县），宜设置1～2所中医医院，总床位数宜为300～500床。

在地市级区域：人口规模低于50万的城市，宜设置1所中医医院，床位数为60～150床；人口规模在50～100万的城市，宜设置1所市级中医医院，床位数为150～300床，各区宜设置1所区级中医医院，床位数为60～150床；人口规模大于100万的城市，宜设置1所市级中医医院，床位数为500～800床，其所辖各区宜分别设置1所区级中医医院，床位数按人口规模确定。

在省会城市：宜增设1所省级中医医院，床位数宜为500～800床。

（3）确定规划中医医院的数量、规模和布局

对现状中医医院进行分析，对规模能够满足需求的中医医院予以保留，对规模不足且用地充足的中医医院进行扩建，对规模严重不足且无扩建余地或选址存在重大问题的中医医院应另选址进行迁建。在此基础上，根据规划中医医院床位总量和中医医院数量，确定规划新增中医医院的数量和规模，结合保留中医医院的分布，同时考虑选址因素，确定中医医院的布局。

6. 详细规划指引

6.1 用地构成

中医医院的建设用地应包括：建筑用地；道路、广场、停车用地；绿化用地。

6.2 功能分区

中医医院一般可分为医疗区、行政办公区、后勤保障区、室外活动及绿化区，具有教学科研功能的中医医院还应有教学科研区。其中医疗区包括门诊部、急诊部、医技部、住院部和药剂房。

中医医院总平面布置，功能分区应明确，满足医疗、卫生、防火、防灾、隔离等要求。

石媛在《中西医结合背景下陕西省市级中医院空间构成研究》中提出，中医医院的布局方式主要分为三种类型：分散式布局、集中式布局、混合式布局。

分散式布局采光、通风和隔离条件好，但功能较为分散，联系不便，消耗资源；集中式布局联系便利，降低能耗，但采光、通风和隔离条件较差；混合式布局适应多功能多维度，布局形式灵活多样，兼具分散式和集中式布

局的优点，较多中医医院采用这种模式。

中医医院三种布局类型的常见功能分区模式有 6 种（图 5-1）。

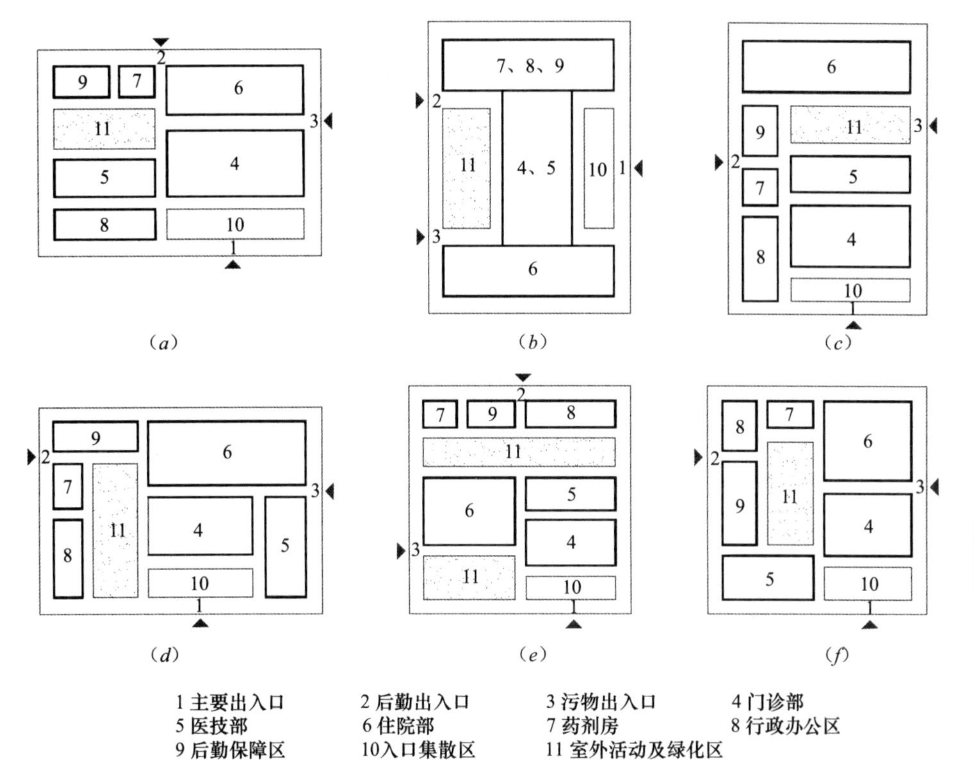

图 5-1　中医医院功能分区模式图

图（*a*）中用地方向东西方向长、南北方向短，呈分散式布局，也可在中间以南北向医院街串联，形成一组联系紧密的建筑群，形成混合式布局。

图（*b*）中用地方向南北方向长、东西方向短，呈集中式布局，形成“高层＋裙房”的形式，布局紧凑，空间集约，在用地规模有限的情况下，中小规模的中医医院可采用这种模式。

图（*c*）中用地方向南北方向长、东西方向短，呈分散式布局，通风采光条件较好，但管线设备消耗较多。

图（*d*）中用地方向东西方向长、南北方向短，呈混合式布局。用地紧凑，就诊便利，地块中心为核心绿地，将主体功能建筑与其他建筑分隔开。

图（*e*）中用地方向南北、东西向较为均等，呈分散式布局，也可通过调整建筑间距、增加建筑廊道等方式加强主体医疗区的联系，形成混合式布局，住院部南北两侧均有绿地，通风采光条件和景观环境较好，有利于疗养。

图（*f*）中用地方向南北、东西向较为均等，呈分散式布局，建筑布置在四周，中间为核心绿地，形成围合式空间。

6.3 场地布局

6.3.1 医疗区规划设计要求

(1) 核心功能为门急诊部、医技部和住院部，全成在《传统中医理论视角下的现代中医医院建筑与环境设计》中提出，当用地充足时宜形成三栋独立的建筑，当用地不足时可将医技功能向门急诊和住院转移，当用地十分受限时则可按照下、中、上的顺序将三者布置于一个建筑综合体内。

(2) 中医医院50%以上的病房，应有良好的日照。门诊部、急诊部和病房应充分利用自然通风和天然采光。

(3) 住院、手术、功能检查等用房应有较安静的环境，避免环境噪声的干扰，特别是避免交通噪声的干扰。

(4) 太平间应设于隐蔽处，与其他功能区域相隔离。

(5) 药剂房主要为煎药室、制剂室和药库，有条件的设置药材晾晒场地。中药饮片、中成药及灭菌制剂等用房的周围环境应整洁、无污染。煎药室与主要医疗用房、周围院外房屋之间应处理好噪声、气味对周边环境的影响。

6.3.2 行政办公区规划设计要求

(1) 中小规模中医医院的行政办公区可结合医疗区建筑布置。

(2) 大型中医医院的行政办公区宜单独设置一栋建筑，具有教学科研功能的学校可结合教学科研建筑设置行政办公功能。

6.3.3 教学科研区规划设计要求

教学科研区可与行政办公结合设置，具有一定的独立性，同时与医疗区联系便捷，环境宜安静，出入交通宜便捷。

6.3.4 后勤保障区规划设计要求

(1) 生活垃圾与医疗垃圾的设施应分开设置，并应远离诊疗区域。

(2) 食堂、锅炉房、厨房、动物饲养房、发电机房、冷冻机房等与主要医疗用房、周围院外房屋之间应处理好噪声、气味对周边环境的影响。

6.3.5 室外活动及绿化区规划设计要求

(1) 医院的入口处是人流和车流聚集的地方，应设置集散空间。

(2) 住院楼周边宜有良好的绿化景观和活动场地。

(3) 结合建筑布局可设置庭院空间，加强通风采光、调节小气候、增加等候和休息的空间。

(4) 鼓励设置屋顶绿化和竖向绿化，以增加绿化空间。

(5) 结合中医理论设计绿化空间，利用中草药进行景观种植，起到宣传中医药知识的作用。

6.3.6　停车区规划设计要求

机动车停车应充分利用地下空间，以地下停车为主、地面停车为辅，地面停车场和地下停车场的出入口宜设在门诊部、住院部出入口附近。

6.4　交通组织

（1）至少应有 2 个出入口，以满足安全疏散和洁污分流的要求。

（2）感染性疾病科应设独立出入口，避免交叉感染。

（3）院内交通通道设置合理，标识清晰，科学地组织人流和物流。

（4）人流、物流、车流及医疗垃圾通道宜分开布置。

（5）太平间宜单独设通向院外的通道，避免与主要人流出入院路线交叉。

（6）朱声传在《论中医医院建筑设计》中提出，中医理论中风为百病之长，风邪常与其他病邪结合而致病，故中医医院在主要用房之间宜设连廊连接。同时，这也便于患者就医，减少了垂直交通负担，并使得室外的道路交通更有序和安全。

7. 案例介绍

7.1　案例一

所在城市：华北地区某特大城市

用地面积：9989m^2

建筑面积：12000m^2

容积率：1.20

建筑密度：24.0%

绿地率：35.0%

建设规模：120 床

该中医医院位于城市新区，地势平坦，为区级中医医院。

项目基地为南北较长、东西较短的规整长方形，为新建项目。基地南侧临城市主干路，设有一个主入口和一个次入口，内部道路形成环路，沿车行道两侧设置地面停车位。

该中医医院建筑采用集中式布局。住院、门急诊综合布置在主体建筑中，设于基地中央位置，其北侧为后勤保障区，设置附属用房。集中绿地位于医院东北面，形状方整，环境优美，绿树成荫，为医院病人提供一个散步、休闲的场所。同时，在医院南面主入口处，利用道路防护绿地形成约 20m 宽的入口绿化景观，为医院提供宁静的就医环境，并隔离了南侧道路对医院的影响。

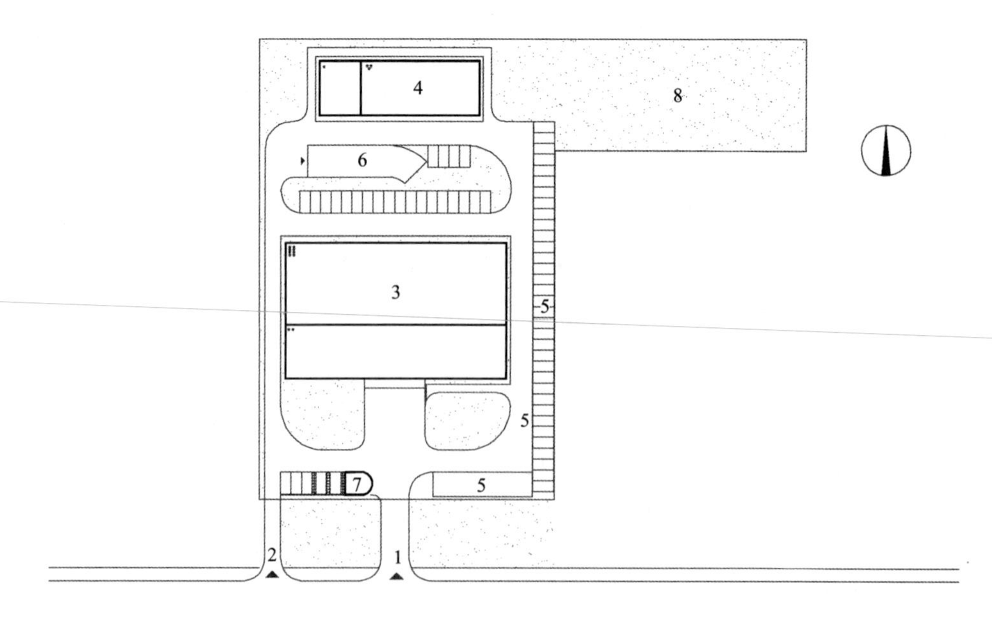

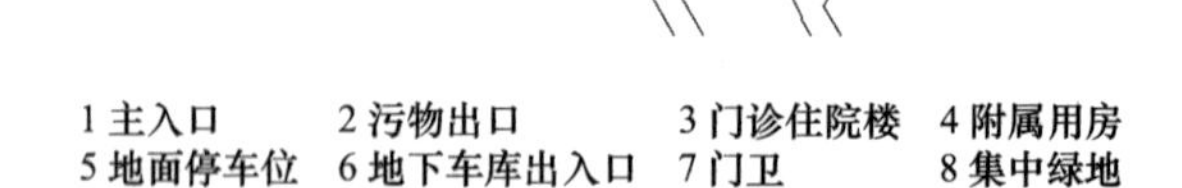

图 5-2　案例一总平面图

7.2　案例二

所在城市：华北地区某大城市

用地面积：24900m²

建筑面积：15790m²

容积率：0.63

建筑密度：22.0%

绿地率：42.0%

建设规模：150 床

该中医医院位于城市新区，地势平坦，为区级中医医院。

项目基地为南北较长、东西较短的规整长方形，为新建项目。基地北侧为城市主干路，东、南、西三侧均临城市支路。在基地南侧设一个主入口，在东、西两侧各设一个次入口，内部形成环形通畅的道路网络。基地东侧设置了集中地面停车场，主要供外来车辆停放；内部车辆停放在主要车行道两侧的停车位，减少外部车辆对医院内部的干扰。

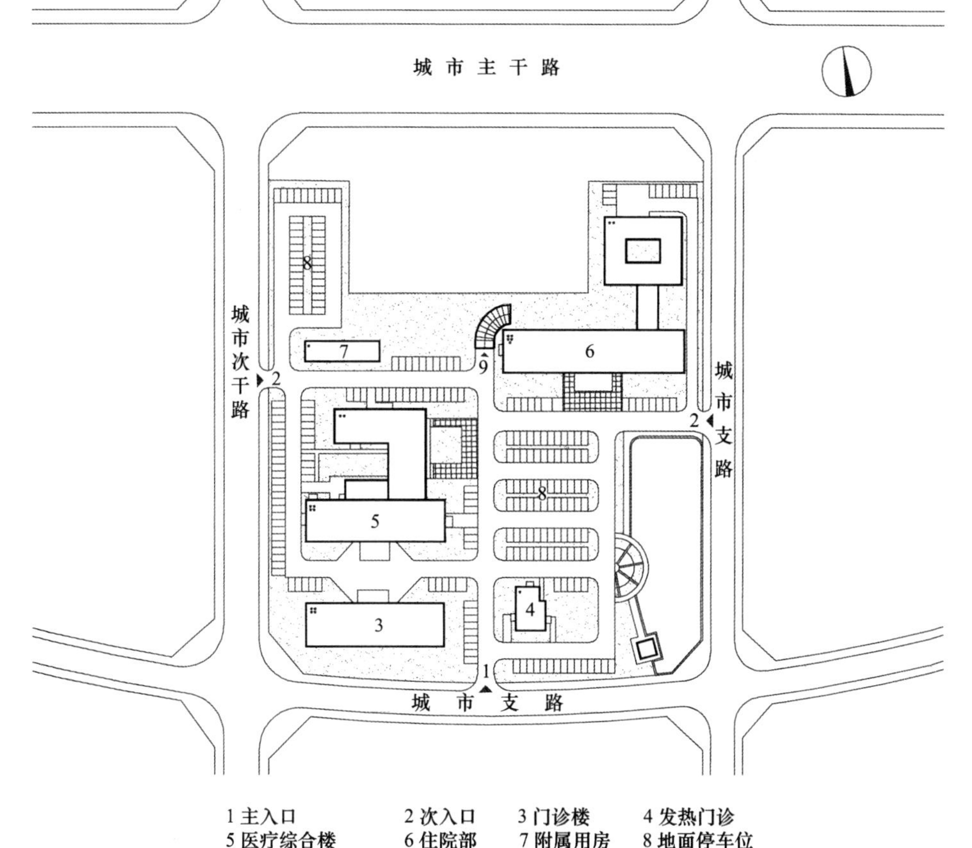

图 5-3 案例二总平面图

建筑采用分散式布局。医疗综合楼、门诊楼和附属用房位于基地西南；东北侧设置住院部；南侧靠近主入口设置发热门诊，方便就医，避免与其他病人交叉感染。建筑采用欧式风格，深红色坡屋顶设计，建筑立面风格典雅大气。基地东南设有一处集中的绿地，形状较为方整，并有一处较大的水景，绿树碧水，环境优美，为病人提供一个优良的就医环境。

7.3 案例三

所在城市：华东地区某特大城市

用地面积：37094m²

建筑面积：38995m²

容积率：1.05

建筑密度：24.0%

绿地率：35.0%

建设规模：406 床

该中医医院位于城市新区，地势平坦，为区级中医医院。

项目基地为不规则形，且为新建项目。基地南、北两侧为城市主干路，东侧为城市次干路，西侧为下穿的城市支路。南侧城市主干路上设置一主一次两个出入口，并在北、西两条道路上设置 3 处次出入口，内部道路形成环路。靠近车行出入口和车行环路两侧设置地面停车位，减少外部车辆对医院中心区域的干扰。

医院项目建筑采用组合式布局，沿纵向轴线布置。门诊楼、医技楼、病房楼和行政后勤楼自由南往北依次排列布局，通过纵向连廊紧密衔接，内部流线便捷清晰。感染科布置在医技楼西侧，独立设置出入口，避免交叉感染。建筑为现代风格，建筑立面简约大气。集中绿地主要位于医院东北面，结合地块形状布局，绿化环境优美，为病人提供优良的就医空间。

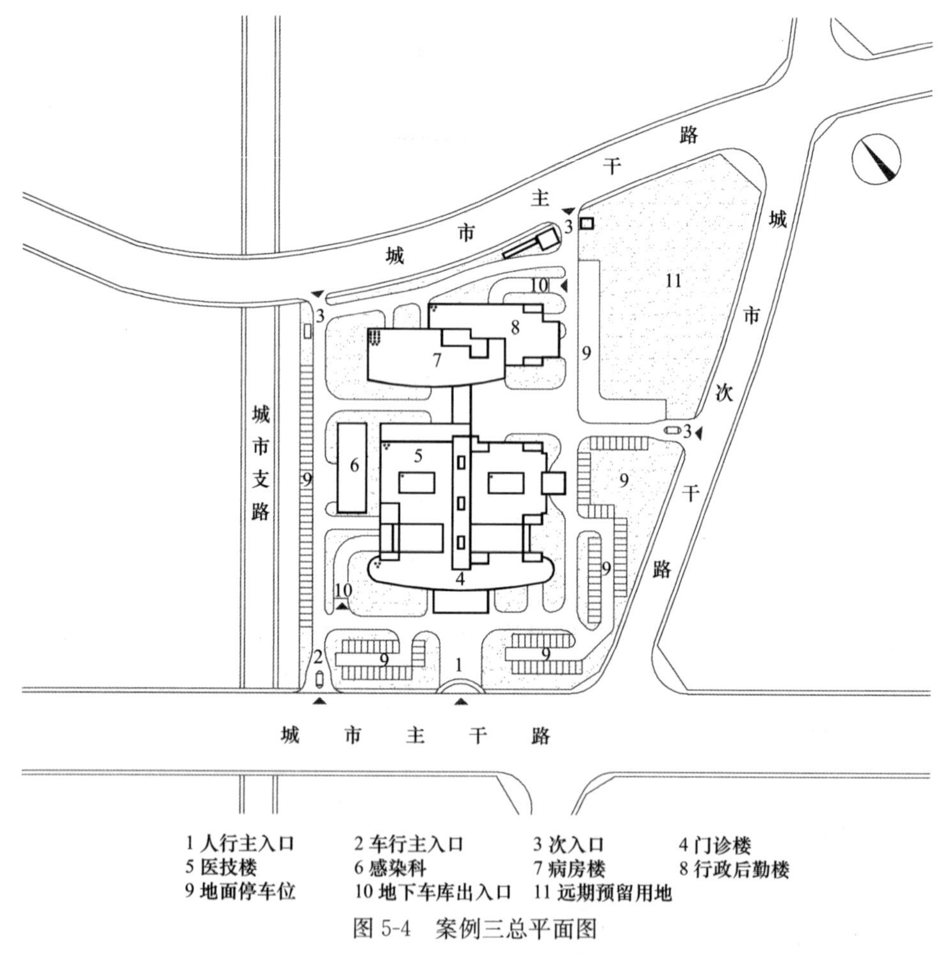

图 5-4 案例三总平面图

7.4 案例四

所在城市：西南地区某县

用地面积：48853m²
建筑面积：43946m²
容积率：0.90
建筑密度：24.0%
绿地率：24.0%
建设规模：500 床

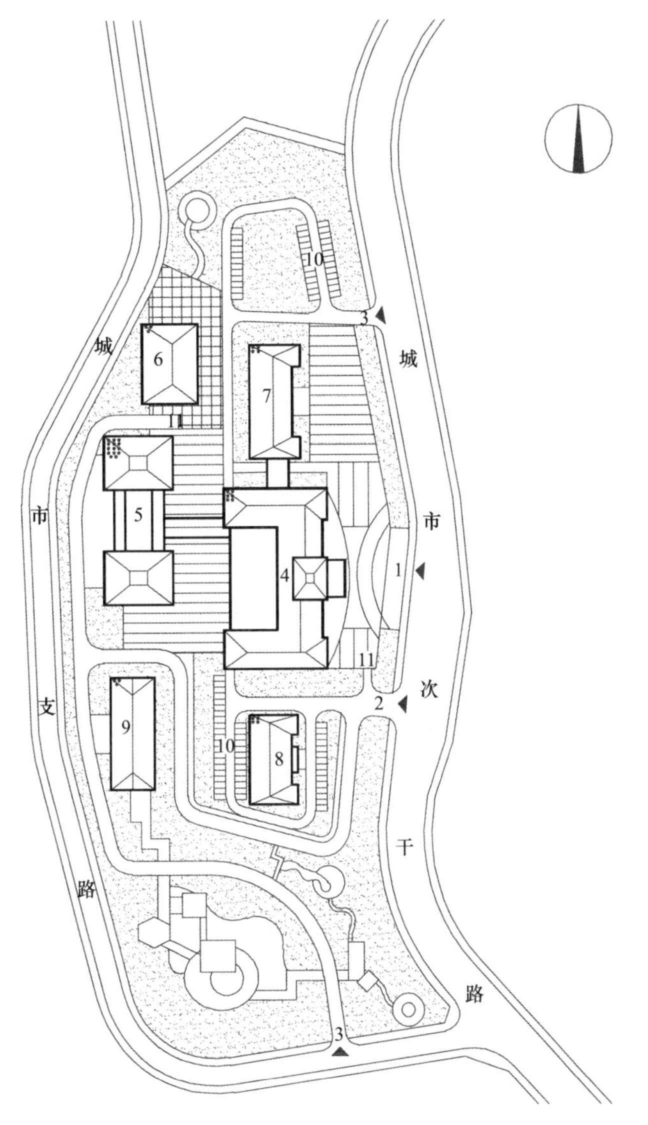

1 人行主入口　2 车行主入口　3 次入口　4 门急诊综合楼
5 住院部　6 后勤辅助综合楼　7 行政办公楼　8 中医培训体检中心
9 传染病房楼　10 地面停车位　11 地下车库出入口

图 5-5　案例四总平面图

该中医医院位于某县城，略有地形起伏，为县级中医医院。

项目基地为不规则形，呈南北向狭长状，为新建项目。基地东侧临城市次干路，南侧和西侧临城市支路。在基地东侧设一个人行主入口和两个车行次入口，在南侧设一个车行次入口，内部形成人车分行的交通网络。项目在基地北面设置集中的地面停车位，并设置地下停车库，避免对医院内部交通带来影响。

基地采用分散式布局，由 6 个主体建筑组成阵列式布局。门急诊综合楼和住院部位于基地正中，正对东面主入口，医技部和辅助用房位于北面。中医培训体检中心位于综合楼南侧，相对独立，单独设置出入口，避免与医院的流线交错。传染病房楼位于西南侧，从南面次入口直接设置独立通道进出，避免与其他部分病人的交叉感染。基地南侧规划小游园，在基地北侧设置景观绿地。医院整体环境优美，绿树成荫，为病人提供一个优良的就医环境。

参考文献

[1] 中华人民共和国国家中医药管理局、中华人民共和国住房和城乡建设部、中华人民共和国国家发展和改革委员会·建标【2008】97 号　中医医院建设标准［S］. 北京：中国计划出版社，2008-08-01.

[2] 中华人民共和国卫生部. 卫医发（1994）第 30 号　医疗机构基本标准（试行）［S］. 1994-09-02.

[3] 中华人民共和国卫生部、中华人民共和国中医药管理局、中华人民共和国国家国家发展和改革委员会. 县中医医院建设指导意见［S］. 2009.

[4] 中华人民共和国卫生部、中华人民共和国中医药管理局、中华人民共和国国家国家发展和改革委员会. 地市级以上中医医院建设指导意见［S］. 2009.

[5] 国务院办公厅. 国办发【2015】14 号　全国医疗卫生服务体系规划纲要（2015—2020 年）［S］. 2015.

[6] 上海市房屋土地资源管理局、上海市发展和改革委员会、上海市建设和交通委员会、上海市城市规划管理局. 上海市社会事业用地指南（试行）［Z］. 2008.

[7] 深圳市卫生局. 深卫医发【2004】57 号　深圳市医疗机构设置规范［Z］. 2004.

[8] 杭州市人民政府. 杭州市城市规划公共服务设施基本配套规定［Z］. 2009.

[9] 深圳市人民政府. 深圳市城市规划标准与准则［Z］. 2013.

[10] 上海市卫生局. 沪卫中医【2012】025 号　上海市中医药事业发展“十二五”规划. 2012.

[11] 河南省人民政府. 豫政【2011】94 号　河南省“十二五”卫生事业发展规划. 2011.

[12] 江西省卫生厅、江西省发展和改革委员会、江西省财政厅、江西省人力资源和社会保障厅. 江西省区域卫生规划（2011—2020 年）. 2013.

[13] 四川省卫生厅、四川省发展和改革委员会、四川省财政厅. 川卫办发【2014】401

号　四川省2008—2020年卫生资源配置标准（2014修订版）. 2014.
[14] 罗运湖. 现代医院建筑设计 [M]. 北京：中国建筑工业出版社，2009.
[15] 朱声传. 论中医医院建筑设计 [J]. 北京：建筑学报，1997.
[16] 全成. 传统中医理论视角下的现代中医医院建筑与环境设计 [D]. 西安：长安大学，2012.
[17] 石媛. 中西医结合背景下陕西省市级中医院空间构成研究 [D]. 西安：西安建筑科技大学，2012.

六、技 工 院 校

1. 术语

由国家人力资源和劳动与社会保障部门主管，招收初高中毕业生或者具有同等学力人员为主，实施职业教育、承担职业技能鉴定和就业服务等任务的职业培训机构。

2. 设施分类、 分级

2.1 设施分类

依据办学水平和培养目标，技工院校分为三类：技工学校、高级技工学校和技师学院。

（1）技工学校

也叫普通技工学校、中级技工学校，简称技校。是由国家人力资源和劳动与社会保障部门主管，以招收初中毕业生为主，培养适应现代化生产服务需要的中级技工的学校，同时面向社会开展各类职业技能培训，并承担职业技能鉴定和就业服务等任务。

（2）高级技工学校

由国家人力资源和劳动与社会保障部门主管，以招收高中毕业生或具有同等学力（中等专业学校、技工学校、职业高中）人员为主，培养适应现代化生产服务需要的中级技工和高级技工的学校。同时面向社会开展各类职业技能培训和师资培训，并承担职业技能鉴定和就业服务等任务。

（3）技师学院

是由国家人力资源和劳动与社会保障部门主管，以招收高中毕业生或具有同等学力（中等专业学校、技工学校、职业高中）人员为主，重点培养适应现代化生产服务需要的高级技工和预备技师的学校。同时面向社会开展各类职业技能培训和师资培训，并承担企业技师和高级技师的提升培训与研修交流、考核鉴定与评价等任务。技师学院是在高级技工学校的基础上通过评估达标后才能取得办学牌照。

2.2 设施分级

依据教育教学的质量评价，技工院校可分为省三类、省二类、省一类、省重点、国家级重点等。

3. 设施规模

3.1 技工学校

3.1.1 办学规模

《技工学校设置标准（试行）》（人社部发【2012】8号）规定，技工学校设立3年内培养规模应达到1600人。其中，学制教育在校生规模800人以上，年职业培训规模800人次以上。学校应紧密结合区域经济发展需要设置专业，常设专业不少于3个。

3.1.2 用地面积

《技工学校设置标准（试行）》（人社部发【2012】8号）规定，技工学校校园用地面积不少于3万m^2。企业办校的占地面积可包括企业用于职工培训的相关场所面积。

3.1.3 建筑面积

《技工学校设置标准（试行）》（人社部发【2012】8号）规定，技工学校校舍建筑面积不少于1.8万m^2，生均[1]校舍建筑面积不少于20m^2。其中，实习、实验场所建筑面积不少于0.5万m^2。企业办校的建筑面积可包括企业用于职工培训的相关场所面积。

3.2 高级技工学校

3.2.1 办学规模

《高级技工学校设置标准（试行）》（人社部发【2012】8号）规定，高级技工学校培养规模应达到4000人以上。其中，学制教育在校生规模不低于2000人，年职业培训规模2000人次以上。设立高级技工学校3年内高级技工学制教育在校生规模应不低于50%，高级技工以上年培训规模应不低于800人次。

3.2.2 用地面积

《高级技工学校设置标准（试行）》（人社部发【2012】8号）规定，高级

[1] “生”指学制教育在校的学生。

技工学校校园占地面积不少于6.6万m^2。企业办校的占地面积可包括企业用于职工培训的相关场所面积。

3.2.3 建筑面积

《高级技工学校设置标准（试行）》（人社部发【2012】8号）规定，校舍建筑面积不少于5万m^2。其中，实习、实验场所建筑面积不少于1.5万m^2。企业办校的建筑面积可包括企业用于职工培训的相关场所面积。

3.3 技师学院

3.3.1 办学规模

《技师学院设置标准（试行）》（人社部发【2012】8号）规定，技师学院培养规模应达到5000人以上。其中，学制教育在校生规模不低于3000人，年职业培训规模2000人次以上。设立技师学院3年内高级技工、预备技师（技师）在校生规模不低于60%，高级技工、技师、高级技师年培训规模不低于1000人次。

3.3.2 用地面积

《技师学院设置标准（试行）》（人社部发【2012】8号）规定，技师学院校园占地面积不少于10万m^2。企业办校的占地面积可包括企业用于职工培训的相关场所面积。

3.3.3 建筑面积

《技师学院设置标准（试行）》（人社部发【2012】8号）规定，校舍建筑面积不少于8万m^2。其中，实习、实验场所建筑面积不少于2.5万m^2。企业办校的建筑面积可包括企业用于职工培训的相关场所面积。

3.4 国家级重点技工学校、国家级高级技工学校和国家级技师学院

3.4.1 国家级重点技工学校

（1）办学规模：《国家级重点技工学校评估标准》（人社部发【2013】9号）规定，国家级重点技工学校培养规模应达到3000人以上。其中学制教育在校生规模不低于1500人，年职业培训规模1500人次以上。

（2）用地面积：《国家级重点技工学校评估标准》（人社部发【2013】9号）规定，国家级重点技工学校校园占地面积不少于5.3万m^2，建筑面积不少于4万m^2，其中实习、实验场所建筑面积不少于1.2万m^2。具备满足体育教学和学生体育锻炼需要的设备设施和运动场所，运动场地面积不少于6000m^2。具备满足师生需求的图书馆、阅览室。

3.4.2 国家级重点高级技工学校

（1）办学规模：《国家级重点高级技工学校评估标准》（人社部发【2013】9号）规定，国家级重点高级技工学校培养规模应达到5000人以上。其中学

制教育在校生规模不低于2500人，年职业培训规模2500人次以上。高级技工学制教育在校生规模不低于50%，高级技工以上年培训量不低于1000人次。

（2）用地面积：《国家级重点高级技工学校评估标准》（人社部发【2013】9号）规定，国家级重点高级技工学校校园占地面积不少于8万m^2，建筑面积不少于6.5万m^2，其中一体化教学与实习、实验场所建筑面积不少于2万m^2。具备满足体育教学和学生体育锻炼需要的设施设备和运动场所，运动场地面积不少于1万m^2。具备满足师生需求的图书馆、阅览室。

3.4.3 国家级重点技师学院

（1）办学规模：《国家级重点技师学院评估标准》（人社部发【2013】9号）规定，国家级重点技师学院培养规模达到8000人以上。其中学制教育在校生规模不低于4000人，年职业培训规模4000人次以上。高级技工、预备技师（技师）学制教育在校生规模不低于60%，高级技工、技师、高级技师年培训量不低于1200人次。

（2）用地面积：《国家级重点技师学院评估标准》（人社部发【2013】9号）规定，国家级重点技师学院校园占地面积不少于13万m^2，建筑面积不少于12万m^2，其中一体化教学与实习、实验场所建筑面积不少于3.5万m^2。具备满足体育教学和学生体育锻炼需要的设施设备和运动场所，体育运动场地面积不少于1.5万m^2。具备满足师生需求的图书馆、阅览室。图书馆面积不少于2000m^2。

4. 主要控制指标

技工学校与中等职业学校都是以招收初中毕业生为主的职业教育学校，技工学校的部分指标可参考中等职业学校。高级技工学校与高等职业学校都是以招收高中毕业生或者具有高中同等学历人员为主的、培养后备高技能人才的职业教育学校，高级技工学校的部分指标可参考高等职业学校。根据《关于规范技师学院管理的有关工作的通知》（劳社厅发【2006】30号），技师学院是高等职业教育的组成部分，技师学院的部分指标可参照高等职业学校。

4.1 容积率

4.1.1 国家规范要求

按照《技工学校设置标准（试行）》、《高级技工学校设置标准（试行）》、《技师学院设置标准（试行）》（人社部发【2012】8号）中提出的用地面积和建筑面积进行计算，技工学校的容积率约0.6，高级技工学校的容积率约0.8，技师学院的容积率约0.8。

4.1.2 实例

部分城市技工院校容积率指标 表 6-1

序号	学校名称	学校类别	容积率
1	桂林市商贸旅游技工学校	技工学校	0.90
2	张家界市技工学校	技工学校	0.86
3	南京市玄武区孝陵卫街道技工学校	技工学校	1.50
4	广西二轻技工学校	技工学校	1.05
5	锦州汽车技工学校	技工学校	0.71
6	江苏省溧阳中等专业学校	技工学校	0.94
7	邯郸工程高级技工学校	高级技工学校	0.72
8	郴州技师学院	技师学院	1.00
9	武汉船舶职业技术学院	高等职业学校	0.95
10	连云港中医药高等职业技术学校	高等职业学校	0.72
11	淮北职业技术学院	高等职业学校	0.77

4.1.3 容积率取值建议

《技工学校设置标准（试行)》、《高级技工学校设置标准（试行)》、《技师学院设置标准（试行)》（人社部发【2012】8 号）中提出的用地面积和建筑面积均为下限值，因此计算得出的容积率并不是上下限值而只是个约值。参考技工院校的实例，可以看到容积率的取值一般为 0.7～1.0。

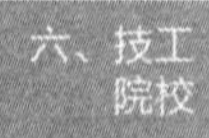

参考国家规范和技工院校实例，综合考虑节约集约用地的要求，建议技工学校、高级技工学校、技师学院的容积率为 0.7～1.0。若技工院校为新建，容积率可以取下限值；若技工院校为改造，容积率可以取上限值。

4.2 建筑限高

4.2.1 实例

部分城市技工院校建筑层数 表 6-2

序号	学校名称	学校类别	建筑层数
1	桂林市商贸旅游技工学校	技工学校	7
2	邯郸工程高级技工学校	高级技工学校	6
3	郴州技师学院	技师学院	15

4.2.2 建筑限高取值建议

由于国家规范没有对技工学校的建筑限高提出规定和要求，因此技工学校的建筑限高可以参照《中等职业学校建设标准》（征求意见稿）的相关规定，教学用房、办公用房、学生宿舍宜设计成多层建筑。建议技工学校的建筑高度不大于 24m。

由于国家规范没有对高级技工学校和技师学院的建筑限高提出规定和要

求，因此高级技工学校和技师学院的建筑限高可以参照《高等职业学校建设标准》（征求意见稿）的相关规定，教学用房、学生宿舍等宜设计为多层建筑。建议高级技工学校和技师学院的建筑高度不大于 24m，部分办公用房和科研用房，根据使用和节约土地的要求，建筑层数可适当提高。

4.3 建筑密度

建议技工院校建筑密度为 20%～25%。

若技工院校为新建，建筑密度可以取下限值；若技工院校为改造，建筑密度可以取上限值。

4.4 绿地率

《城市绿化规划建设指标的规定》（城建【1993】784 号）规定，学校的绿地率不低于 35%。建议技工学校、高级技工学校和技师学院的绿地率不小于 35%。

4.5 配建机动车停车位

4.5.1 国家规范要求

《中等职业学校建设标准》（征求意见稿）的规定，按 35%教师数配置机动车地面停车场。

4.5.2 配建机动车停车位取值建议

《技工学校设置标准（试行）》（人社部发【2012】8 号）提出，技工学校的学制教育师生比不低于 1∶20；《高级技工学校设置标准（试行）》（人社部发【2012】8 号）提出，高级技工学校的学制教育师生比不低于 1∶20；《技师学院设置标准（试行）》（人社部发【2012】8 号）提出，技师学院的学制教育师生比不低于 1∶18。

参考《中等职业学校建设标准》（征求意见稿）关于地面停车场用地的规定，按 35%的教师数配置机动车地面停车位，每个停车位占地 30m^2。建议技工学校按每千学生设置 17.5 个机动车停车位的标准配建；高级技工学校按每千学生设置 17.5 个机动车停车位的标准配建；技师学院按每千学生设置 19.5 个机动车停车位的标准配建。

4.6 相关指标汇总

技工院校相关指标一览表　　表 6-3

相关指标 \ 学校类别	技工学校	高级技工学校	技师学院
用地面积（万 m^2）	≥3.0	≥6.6	≥10.0

续表

学校类别 / 相关指标	技工学校	高级技工学校	技师学院
建筑面积（万 m^2）	≥1.8	≥5.0	≥8.0
容积率	0.7～1.0	0.7～1.0	0.7～1.0
建筑密度（%）	20～25	20～25	20～25
建筑限高（m）	24	24	24
绿地率（%）	≥35	≥35	≥35
配建机动车停车位数量（个/千学生）	17.5	17.5	19.5

注：容积率指标选取：若技工院校为新建，容积率可以取下限值；若技工院校为改造，容积率可以取上限值。

5. 选址因素

（1）应选在地质条件较好、环境适宜、交通方便、地形开阔、地势较高、阳光充足、具备必要基础设施的地段。

（2）应避开地震危险地段、地质塌陷、泥石流、洪涝及风口、悬崖边、崖底等自然灾害易发地段。

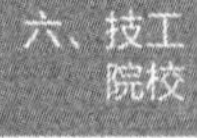

（3）学校的基础教学用房应保证良好的朝向，达到当地的日照标准。

（4）周边应有良好的交通条件，用地宜有两面临接城市道路。校园用地应完整，不应有校外道路穿越校区。

（5）应避开高压供电走廊、高压输气管道、输油管道、通航河道。应与铁路、公路干道、机场及飞机起降航线有足够的安全、卫生防护距离。

（6）不应与集贸市场、娱乐场所、医院传染病房、太平间、殡仪馆、垃圾及污水处理站等喧闹杂乱、不利于学生学习和身心健康的场所毗邻，不应与生产经营贮藏有毒有害危险品、易燃易爆物品等危及学生安全的场所毗邻。

（7）技工院校与污染工业企业的卫生防护距离应符合附表 A 的规定。

（8）技工院校与易燃易爆场所的防火间距应符合附表 B 的规定。

（9）技工院校与市政设施的安全卫生防护距离应符合附表 C 的规定。

6. 设施设置要求

《关于大力推进技工院校改革发展的意见》（人社部发【2010】57 号）提出，到“十二五”末，地级以上城市都要建成 1 所符合当地经济发展需要的高级技工学校或技师学院；全国建设 50 所示范性技师学院、200 所示范性高级技工学校、500所示范性普通技工学校和100个示范性公共实训基地。要结合区域经济发展和产业布局，立足技工教育发展基础，加强规划引导，形成以技师学院为龙头、高级技工学校为骨干、普通技工学校为基础的覆盖城乡劳动者的技工教育培训网络。

《高等职业学校建设标准》（征求意见稿）提出，各地区可依据工业园区、产业开发区、高新技术园区、科技园区及产业集聚区等建设规划，规划设置由多所高等职业学校组成的高等职业教育园区。高等职业教育园区的设置宜有利于校企合作，有利于为企业定向培养高技能人才，有利于学生就近实训实习，有利于提高公共设施的使用效率。高等职业教育园区，省（自治区、直辖市）、地区（州、市）根据当地工（产）业园区规划，宜规划设置由多所高等职业学校组成的高等职业教育园区。各所学校设置的主干专业应各具特色，园区内宜统筹规划建设公共实训实习基地和体育、公共图书、后勤、生活等公共设施，资源共享，提高使用效益。

按照以上有关文件和国家规范的相关要求，建议地级以上城市应建成1所符合当地经济发展需要的高级技工学校或技师学院；工业园区、产业开发区、高新技术园区、科技园区及产业集聚区，可设置多所高等职业学校，并组成高等职业教育园区。

7. 详细规划指引

7.1 用地构成

技工院校建设用地主要包括建筑用地、室外体育设施用地、绿化用地、道路广场及停车场用地，并为学校发展、校企合作留有余地。

7.2 功能分区

校园总平面可划分为教学实训区、体育运动区、生活后勤区、集中绿化区等。

总平面布局应该做到分区明确、布局合理、联系方便、互不干扰。各功能区的建筑组合应紧凑，教学实训用房应具有通用性、灵活性，以适应专业改变、设备更新的需要。

图（*a*）适用于场地较为狭长的地块，将教学实训区分置两端并结合入口，体育运动区放在教学实训区前方，生活后勤区布局在较为内侧，集中绿化区考虑到可达性，布局在各区均能较便捷到达的区域。

图（*b*）场地较为方正，将教学实训区分置两端并结合入口，在生活后勤区设置一个次入口，集中绿化区考虑可达性。

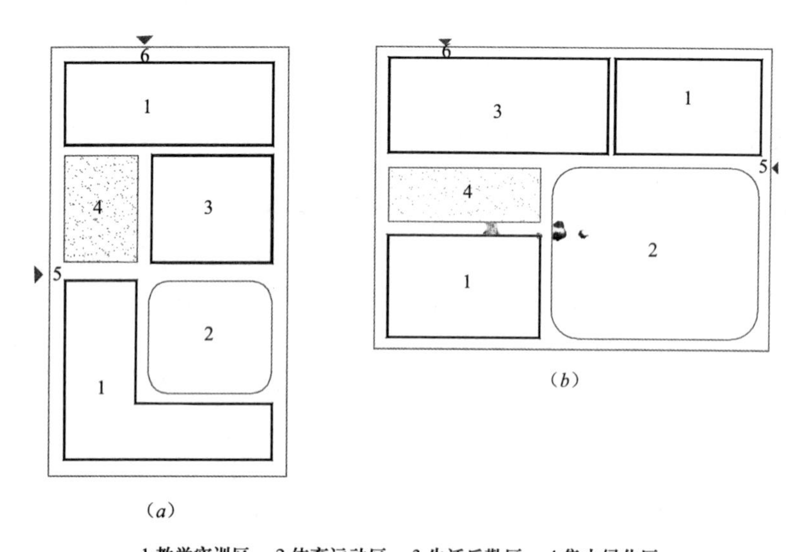

图 6-1 技工院校功能分区模式图

7.3 场地布局

7.3.1 教学实训区规划设计要求

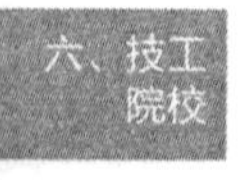

(1) 技工院校应配备与办学规模、办学层次和专业设置相适应的实习、实验设备设施，保证每生有实习工位。具备满足师生需求的图书馆、阅览室；具备满足多媒体、网络教学和信息化管理需要的软硬件设备设施。

(2) 基础教学用房应布置在校园的静区，保证良好的朝向，达到当地的日照标准。普通教室冬至日满窗日照不应少于 2h。

(3) 各类教室的外窗与相对的教学用房或室外运动场地边缘间的距离不应小于 25m。

7.3.2 体育运动区规划设计要求

(1) 体育活动场地与基础教学用房之间，既有一定分隔，也便于联系。

(2) 学校应具备满足体育教学和学生锻炼身体需要的体育设备设施和运动场所。高级技工学校的运动场地面积不少于 $6000m^2$。技师学院运动场地面积不少于 $10000m^2$。

(3) 学校应设有环形跑道田径运动场和篮、排球场。办学规模在 1000 人及以下的，应设置一片 300m 环形跑道（四条跑道）的田径运动场及一定数量的篮（排）球场；办学规模在 2000～3000 人的，应设置一片 300m 环形跑道（六条跑道）的田径运动场及一定数量的篮（排）球场；办学规模在 3000 人以上的，应设置一片 400m 环形跑道（八条跑道）的田径运动场及一定数量的篮（排）球场。体育活动用地面积指标应符合表 6-4 的规定。

（4）室外田径场及足球、篮球、排球等各种球类场地的长轴宜南北向布置。长轴南偏东宜小于20°，南偏西宜小于10°。

（5）位于交通干线旁的学校，宜将运动场沿干路布置，作为噪声隔离带。

体育活动用地面积指标表 **表6-4**

规模	300m环形跑道（4道）	300m环形跑道（6道）	400m环形跑道（8道）	篮球场（个）	用地面积（m^2）	生均面积指标（m^2）
1000人	1	—	—	2	9000	9.00
2000人	—	1	—	4	11000	5.50
3000人	—	1	—	6	12000	4.00
4000人	—	—	1	8	20800	5.20
5000人	—	—	1	10	21800	4.36

7.3.3 生活后勤区规划设计要求

（1）生活后勤区应具备完善的学生生活设施。

（2）生活服务用房，为保障其对外联系方便及不干扰校内的正常活动，宜设有独立出入口，能自成一区。

（3）食堂与室外公厕、垃圾站等污染源间的距离应大于25m。食堂不应与教学用房合并设置，宜设在校园的下风向。

（4）学生宿舍不得设在地下室或半地下室；宿舍与教学用房不宜在同一栋建筑中分层合建，可在同一栋建筑中以防火墙分隔贴建，便于自行封闭管理，不得与教学用房合用建筑的同一个出入口；学生宿舍必须男女分区设置，分别设出入口，满足各自封闭管理的要求。

7.3.4 集中绿化区规划设计要求

集中绿化用地指单片面积在400m^2以上的专用绿化用地，不含建筑物周边及道路两侧的零星绿地，应不小于校园建设用地面积的15%，且生均集中绿地面积应不小于5m^2。

7.4 交通组织

校园道路应按使用要求确定其等级和路网。校园道路网的布置应便捷通畅，主要交通道路应根据人流、车流及消防通行要求设置，尽量做到人车分流，确保安全。

8. 案例介绍

8.1 案例一

所在城市：华南地区某省份特大城市

设施类别：技工学校

用地面积：13000m²

建筑面积：11687m²

容积率：0.90

建筑密度：25.0%

绿地率：27.0%

办学规模：在校生规模约1000人

该学校位于城市核心区，地形复杂，坡度较大。距离南侧的国家考古遗址公园约1.5km。

学校用地形状为不规则三角形。该学校1979年建校，2013年在原地进行了改扩建。东侧为城市主干路，北侧为城市支路。北侧为家具城，东侧为汽修厂。在地块东南侧道路上设置2个出入口，一个为近期出入口，一个为规

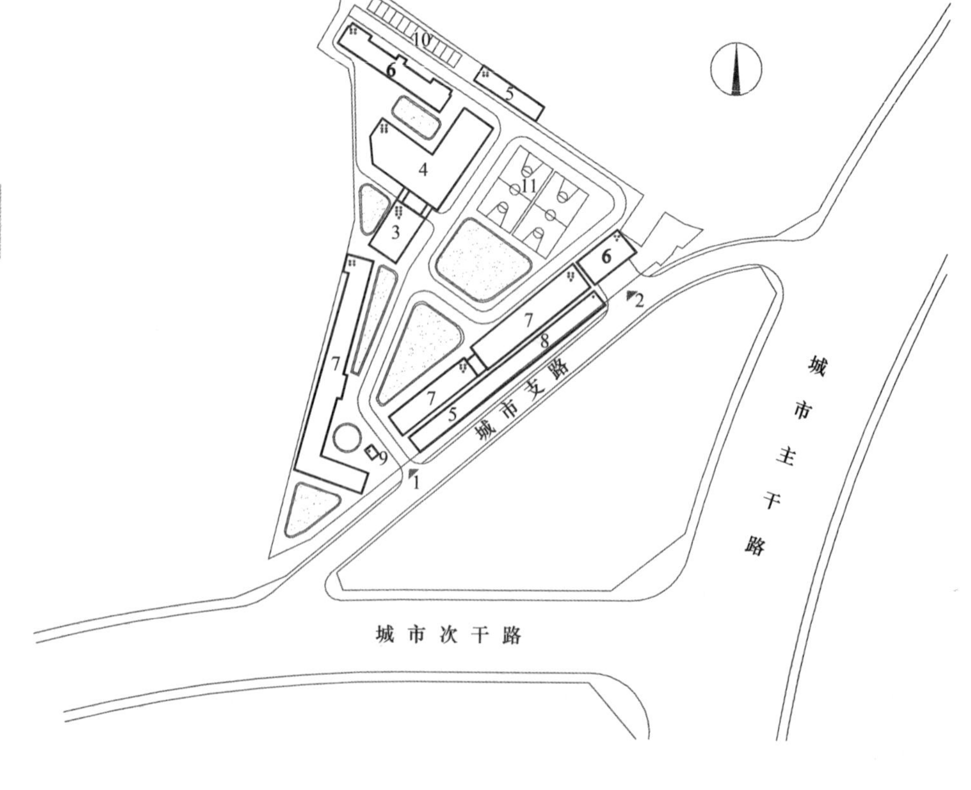

图6-2 案例一总平面图

划远期出入口。内部交通形成环路。在西北角设置了小型停车场。

总体布局采用道路交通组织方式。建筑布局为围合式。中央是集中绿化区和体育运动区，体育运动区内设置两个篮球场，办公楼、住宅楼、宿舍楼环绕周边布局，西北侧为教学实训区。该学校建筑为现代风格，简洁大方。基地中心规划中央绿地和球场，方便学生锻炼身体、休闲散步。

8.2 案例二

所在城市：华北地区某省份特大城市

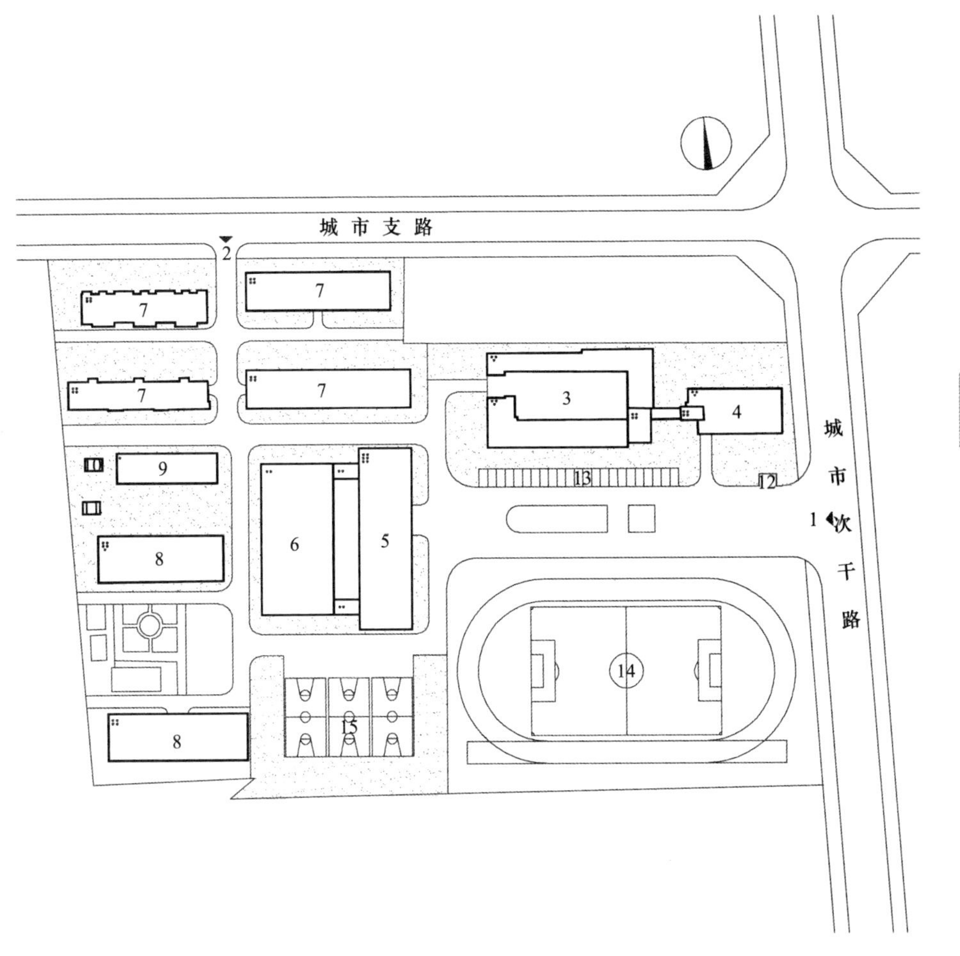

图 6-3 案例二总平面图

设施类别：高级技工学校
用地面积：41587m²
建筑面积：29962m²
容积率：0.72
建筑密度：19.0%
绿地率：34.0%
办学规模：在校生近2000人
该学校位于城市边缘，地形复杂，坡度较大，南侧约500m为城市公园。
基地形状为长方形。该学校1978年建校，2013年进行了改扩建。东侧为城市次干路，北侧为城市支路。周边为居住小区和中小学。基地规划有2个出入口，主要入口位于东侧道路上，次要入口位于北侧城市次干路上。

基地总体上在中部形成一条东西向轴线，轴线串联主出入口和综合楼，轴线南侧是实训楼、篮球场和运动场地，北侧是教学楼、宿舍楼和办公楼。地块西北侧为生活后勤区，包括宿舍楼和餐厅。西南侧为实训楼。该学校建筑为现代风格，简洁大方。

8.3 案例三

所在城市：华中地区某省份大城市
设施类别：技师学院
用地面积：219100m²
建筑面积：219721m²
容积率：1.00
建筑密度：17.8%
绿地率：37.5%
办学规模：全日制在校生规模近8000人
该学校位于城市核心区，地形条件较为复杂，坡度较大。
基地形状为不规则长条形。该学校于2009年创建，2010年进行了改扩建。西侧为城市主干路和城市景观水系及其绿带。基地周边有餐饮、超市等。西侧城市主干路上设置出入口。地块内部为主干-枝状路网。

基地总体上在中部形成一条南北轴线，建筑和场地依次布局在主轴线两侧。建筑为分散式布局。教学实训区位于北部和南部，包括教学楼、综合楼、实训楼等；体育运动区位于中部，包括15个篮球场、6个羽毛球场、1个运动场和1个体艺馆；生活后勤区位于中部和南部，包括学生宿舍、食堂、教职工公寓等；集中绿化区位于北部和南部。该学校建筑为现代风格，简洁大方。学校的中部规划了较多的活动场地，为学生提供了锻炼身体的场所。

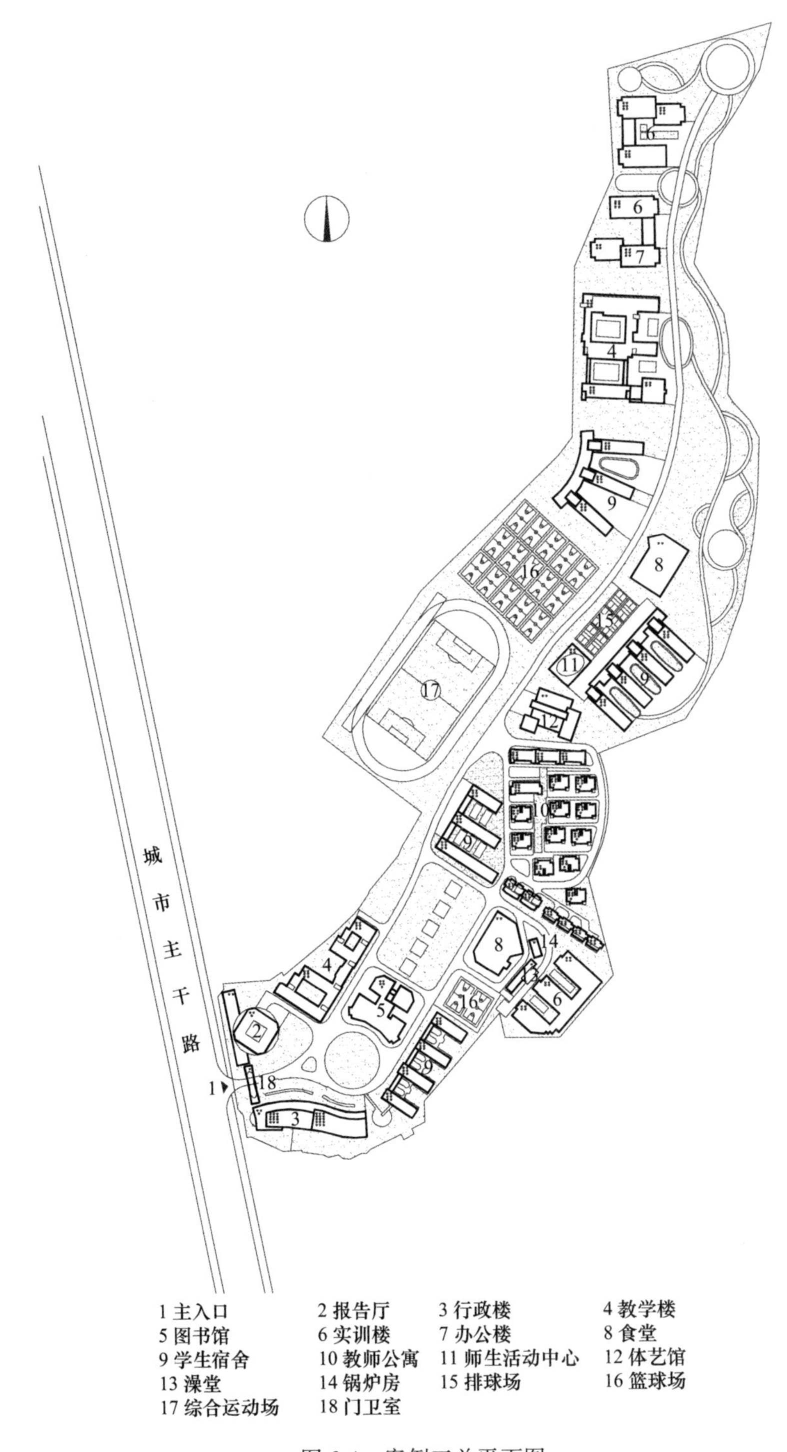
城市主干路
1 主入口
2 报告厅
3 行政楼
4 教学楼
5 图书馆
6 实训楼
7 办公楼
8 食堂
9 学生宿舍
10 教师公寓
11 师生活动中心
12 体艺馆
13 澡堂
14 锅炉房
15 排球场
16 篮球场
17 综合运动场
18 门卫室

图 6-4　案例三总平面图

参考文献

［1］ 人力资源和社会保障部. 人社部发【2012】8 号技工学校设置标准（试行）、高级技工学校设置标准（试行）、技师学院设置标准（试行）[S]. 2012-1-31.

［2］ 人力资源和社会保障部. 人社部发【2013】9 号国家级重点技工学校评估标准、国家级重点高级技工学校评估标准、国家级重点技师学院评估标准 [S]. 2013-1-28.

［3］ 劳动和社会保障部. 劳社厅发【2006】30 号关于规范技师学院管理的有关工作的通知 [Z]. 2006-12-4.

［4］ 人力资源和社会保障部. 人社部发【2010】57 号关于大力推进技工院校改革发展的意见 [Z]. 2010-8-23.

［5］ 人力资源和社会保障部. 人社部发【2012】63 号关于做好技工院校审批管理工作的通知 [Z]. 2012-10-22.

七、中等职业学校

1. 术语

经教育行政部门批准、以招收初中毕业生为主、实施高中阶段教育、承担政府指令的非学历教育培训任务的全日制中等专业学校、中等职业技术学校、职业高中（职教中心），学制为三年。不含成人中专、技师学院和技工学校。

2. 设施分类

按照专业设置，中等职业学校可分为农业类学校、制造业类学校、服务业类学校和综合类学校。

（1）农业类学校：以农、林、牧、渔类专业为主体专业的中等职业学校。

（2）制造业类学校：以采矿业，加工制造业，电力业、燃气的生产和供应业、水的生产和供应业，建筑业为主体专业的中等职业学校。

（3）服务业类学校：以教育、卫生、住宿和餐饮业、计算机服务和软件业等现代服务类专业为主体专业的中等职业学校。

（4）综合类学校：设置多类专业，主体专业不突出的中等职业学校。

3. 设施规模

《中等职业学校建设标准》（征求意见稿）提出，中等职业学校的办学规模宜控制在1000人以上、5000人以内，3000～5000人比较合适，主干专业设置以2～5个为宜。承担政府指令的非学历教育培训任务的学校，可按照所培训的人次、时间折算成在校生规模，折算规模（生）＝年培训总人次×平均培训天数/200天。

3.1 用地规模

《中等职业学校建设标准》（征求意见稿）规定，按照学校产业类别和办学规模确定生均建设用地面积指标，农业类、制造业类、服务业类学校的生均用地面积应符合表 7-1 的要求，综合类学校按照各类学生的比例采用加权平均法计算。

中等职业学校生均建设用地指标（单位：m^2/生） **表 7-1**

学校类型 \ 规模	1000 人	2000 人	3000 人	4000 人	5000 人
农业类学校	44.94	38.88	35.32	34.66	32.05
制造业类学校	45.57	39.44	35.82	35.09	32.43
服务业类学校	43.69	37.75	34.32	33.78	31.30

注：① 学校实际办学规模介于表列两个规模之间的采用插入法计算；学校的实际规模小于或大于表中最小或最大规模时，分别采用表中最小或最大规模的指标。
② 农业类学校可与附近现有农场、林场或农村集体经济组织合作，建立农场、牧场、鱼塘等专门实习用地；如需独立建设，应另行申报。
③ 制造业类学校如采用学校出土地、企业建工厂的引厂入校的办法建立生产性实训实习基地，其建筑面积和用地面积如需增加，应另行申报。
④ 服务类学校实验实训基地可对外开放，提供实习服务（如宾馆、餐厅、美容美发厅），并应与校区相对隔离。其建筑面积和用地面积如需增加，应另行申报。

根据《中等职业学校建设标准》（征求意见稿）规定的生均用地面积指标，通过计算可以得出不同办学规模的各类中等职业学校的用地面积指标（表 7-2），综合类学校按照各类学生的比例采用加权平均法计算。

中等职业学校建设用地面积指标（单位：m^2） **表 7-2**

学校类型 \ 规模	1000 人	2000 人	3000 人	4000 人	5000 人
农业类学校	44940	77760	105960	138640	160250
制造业类学校	45570	78880	107460	140360	162150
服务业类学校	43690	75500	102960	135120	156500

注：学校实际办学规模介于表列两个规模之间的采用插入法计算；学校的实际规模小于 1000 人时，按表 7-1 选取最小规模生均用地指标计算用地面积；学校的实际规模大于 5000 人时，按表 7-1 选取最大规模生均用地指标计算用地面积。

3.2 建筑面积

中等职业学校的校舍建筑包括基础教学和生活用房及校内实训实习基地。

基础教学和生活用房由教室、图书阅览室、风雨操场、教学办公用房、行政用房、学生宿舍、食堂、单身教工宿舍、生活及附属用房组成。

农业类学校校内实验实训基地包括专业实验室、温室等用房。制造业类学校校内实验实训基地包括专业实验室、实训工厂（车间）等用房。服务业类学校校内实验实训基地包括各专业教学需要的专用教室、专业训练用房或模拟实训用房。

《中等职业学校建设标准》（征求意见稿）规定，中等职业学校的校舍建筑面积应满足表 7-3 的要求。

中等职业学校校舍生均建筑面积指标（单位：m^2/生）　　**表 7-3**

学校类型 \ 规模		1000 人	2000 人	3000 人	4000 人	5000 人
农业类学校	指标	25.37	24.07	22.77	21.47	20.17
	折减后指标	22.72	21.47	20.22	18.97	17.72
制造业类学校	指标	25.87	24.52	23.17	21.82	20.47
	折减后指标	23.22	21.92	20.62	19.32	18.02
服务业类学校	指标	24.37	23.17	21.97	20.77	19.57
	折减后指标	21.72	20.57	19.42	18.27	17.12

注：① 学校实际办学规模介于表列两个规模之间的采用插入法计算；学校的实际规模小于或大于表中最小或最大规模时，分别采用表中最小或最大规模的指标。
② 因三年级学生全部到实习单位顶岗实习，但有时要回校集中，教室和学生宿舍的总数量可按班级数量和学生数量的 75%折减设置。

根据《中等职业学校建设标准》（征求意见稿）规定的校舍生均建筑面积指标，通过计算可以得出不同办学规模的各类中等职业学校的校舍总建筑面积（表 7-4），综合类学校按照各类学生的比例采用加权平均法计算。

中等职业学校校舍建筑面积指标（单位：m^2）　　**表 7-4**

学校类型 \ 规模		1000 人	2000 人	3000 人	4000 人	5000 人
农业类学校	指标	25370	48140	68310	85880	100850
	折减后指标	22720	42940	60660	75760	88600
制造业类学校	指标	25870	49040	69510	87280	102350
	折减后指标	23220	43840	61860	77280	90100
服务业类学校	指标	24370	46340	65910	83080	97850
	折减后指标	21720	41140	58260	73080	85600

注：① 学校实际办学规模介于表列两个规模之间的采用插入法计算；学校的实际规模小于 1000 人时，按表 7-3 选取最小规模生均指标计算校舍建筑面积；学校的实际规模大于 5000 人时，按表 7-3 选取最大规模生均指标计算校舍建筑面积。
② 因三年级学生全部到实习单位顶岗实习，但有时要回校集中，教室和学生宿舍的总数量可按班级数量和学生数量的 75%折减设置。

4. 主要控制指标

4.1　容积率

《中等职业学校建设标准》（征求意见稿）规定，中等职业学校的建设用地面积容积率宜小于 0.55。

根据《中等职业学校建设标准》（征求意见稿）中规定的中等职业学校用地与校舍建筑面积指标，通过计算可以得出不同办学规模的各类中等职业学校的容积率（表 7-5）。

不同规模的中等职业学校容积率指标　　　　表 7-5

项目 \ 规模	1000 人	2000 人	3000 人	4000 人	5000 人
农业类学校	0.506	0.552	0.572	0.547	0.553
制造业类学校	0.510	0.556	0.576	0.551	0.556
服务业类学校	0.497	0.545	0.566	0.541	0.547

4.2　建筑密度

中等职业学校主体建筑（包括教学楼、实训楼、学生宿舍等）一般为 4～6 层，其他附属建筑（包括室内体育馆、食堂等）一般为 1～2 层，平均层数一般为 3～4 层。按照 0.55 的容积率和平均层数 3～4 层进行计算，建议中等职业学校建筑密度控制在 15％～20％。

4.3　建筑限高

《中等职业学校建设标准》（征求意见稿）规定基础教学和生活用房宜建成多层楼房，实验实训用房应根据使用要求和相关行业建筑设计规范合理确定建筑层数。

因此，建议中等职业学校基础教学和生活用房建筑高度不宜大于 24m。

4.4　绿地率

《中等职业学校建设标准》（征求意见稿）规定，中等职业学校的绿地率不低于 30％；《城市绿化规划建设指标的规定》（城建【1993】784 号）规定学校绿地率不低于 35％。考虑到学校环境品质，建议中等职业学校的绿地率不低于 35％。

4.5　配建机动车停车位

《中等职业学校建设标准》（征求意见稿）规定，中等职业学校师生比按 1∶20 计算，按 35％的教师数配备地面机动车停车场。由此可以得出，中等职业学校每千学生需按 17.5 个机动车停车位的标准配建，每个停车位占地 $30m^2$。

4.6　相关指标汇总

中等职业学校相关指标一览表　　　　表 7-6

相关指标 \ 学校规模（学生数）		1000 人	2000 人	3000 人	4000 人	5000 人
生均用地面积（m^2/生）	农业类	44.94	38.88	35.32	34.66	32.05
	制造业类	45.57	39.44	35.82	35.09	32.43
	服务业类	43.69	37.75	34.32	33.78	31.30

续表

学校规模（学生数） 相关指标		1000人	2000人	3000人	4000人	5000人
用地面积（m^2）	农业类	44940	77760	105960	138640	160250
	制造业类	45570	78880	107460	140360	162150
	服务业类	43690	75500	102960	135120	156500
生均建筑面积（m^2/生）	农业类	22.72	21.47	20.22	18.97	17.72
	制造业类	23.22	21.92	20.62	19.32	18.02
	服务业类	21.72	20.57	19.42	18.27	17.12
建筑面积（m^2）	农业类	22720	42940	60660	75888	88600
	制造业类	23220	43840	61860	77280	90100
	服务业类	21720	41140	58260	73080	85600
容积率		0.55	0.55	0.55	0.55	0.55
建筑密度（%）		15～20	15～20	15～20	15～20	15～20
建筑限高（m）		24	24	24	24	24
绿地率（%）		≥35	≥35	≥35	≥35	≥35
配建机动车停车位数量（个）		18	35	53	70	88
		配建标准为17.5车位/1000生				

5. 选址因素

（1）应选择在地质条件较好、环境适宜、交通方便、地形开阔平坦、地势较高、阳光充足、具备必要基础设施的地段。

（2）应避开地震危险地段和可能发生地质灾害的地段，应避开输气管道和高压供电走廊等。

（3）周边应有良好的交通条件，用地宜有两面临接城市道路。

（4）校园用地应完整，不应有校外道路穿越校区。

（5）应与铁路、公路干道、机场及飞机起降航线有足够的安全、卫生防护距离。

（6）不应与集贸市场、娱乐场所、医院传染病房、太平间、殡仪馆、垃圾及污水处理站等喧闹杂乱、不利于学生学习和身心健康的场所毗邻，不应与生产经营贮藏有毒有害危险品、易燃易爆物品等危及学生安全的场所毗邻。

（7）中等职业学校的基础教学用房应保证良好的朝向，达到当地的日照标准。

（8）中等职业学校与污染工业企业的卫生防护距离应符合附表A的规定。

（9）中等职业学校与易燃易爆场所的防火间距应符合附表B的规定。

（10）中等职业学校与市政设施的安全卫生防护距离应符合附表C的规定。

6. 设施设置标准

（1）规划中等职业学校的数量

按照《中等职业学校建设标准》（征求意见稿）的规定，15万人至40万人的城市设立1所中等职业学校，40万人至80万人的城市设立2所，80万人以上的城市设立3所。15万人以下（少数民族地区、边远地区为10万人以下）的县级城镇，一般不单独设立中等职业学校，宜由地（州）、市统筹设立综合类职业教育中心或中等职业学校。

（2）规划新增中等职业学校的类型

应根据所在地区主导产业和新兴产业的发展需求，确定以培养技能型人才为重点的骨干学校和专业；应根据当地社会文化特点，确定以培养特殊工艺、民间艺术人才为重点的特色学校和专业。

7. 详细规划指引

7.1 用地构成

中等职业学校建设用地包括基础教学与生活建筑用地、实训实习基地用地、体育活动用地、集中绿化用地和地面停车场用地。

7.2 功能分区

（1）校园总平面应按基础教学、实训实习、体育活动、生活等不同功能进行分区，可主要划分为基础教学区、实训实习区、体育运动区、生活区和绿化区。

（2）各区之间应联系方便，且互不干扰。

（3）不同类型的中等职业学校的实训实习区差别较大，其中以加工制造业为主体专业的中等职业学校需设置实训工厂（车间），产生较大的噪声干扰，应尽量避免对基础教学区的干扰；农业类和服务业类学校实训用房噪声干扰较小，可与基础教学区结合设置，便于使用。

图（*a*）中用地南北方向长、东西方向短，基础教学区与体育运动区成南北布置，运动场噪声对教学区有干扰，运动场地边界至教学楼建筑边界距离不宜小于25m。制造业类学校应将噪声较大的实训用房设置在与基础教学区

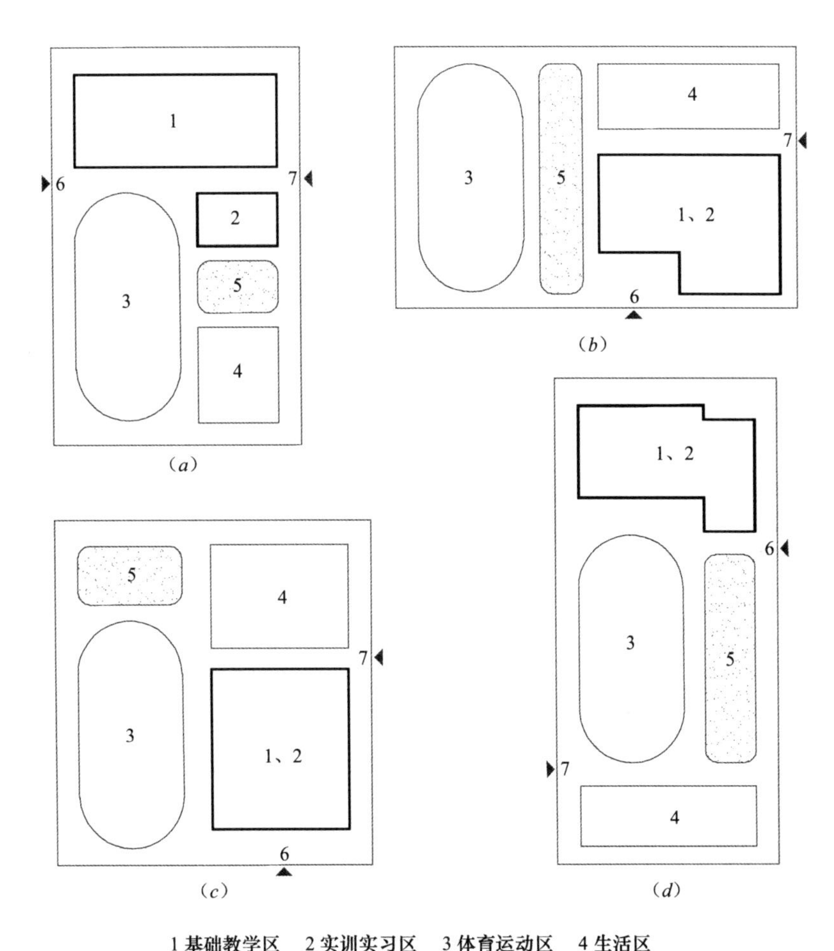

图 7-1 农业类和服务业类中等职业学校功能分区模式图

距离较远的另一端。

图（*b*）用地形状较图（*c*）进深稍大，教学区内的建筑布局更具灵活性，此类用地形状较为理想。

图（*c*）基本为一方形用地，为保证运动场长轴的南北向布局，教学区形成南北长、东西短的用地形式。此种情况下，教学楼可采取单元式组合，或采用短栋楼以廊组合成建筑组群，以满足各种教学用房的南北向布置要求。制造业类学校可将实训用房与体育活动区结合设置，组成校园的“动区”，与基础教学楼组成的“静区”分开。

相比图（*a*），图（*d*）的用地更为狭长，东西向宽度不足以并列设置体育运动区和生活区是，可采用教学区与生活区各据一端的组合方式，便于运动场的使用。

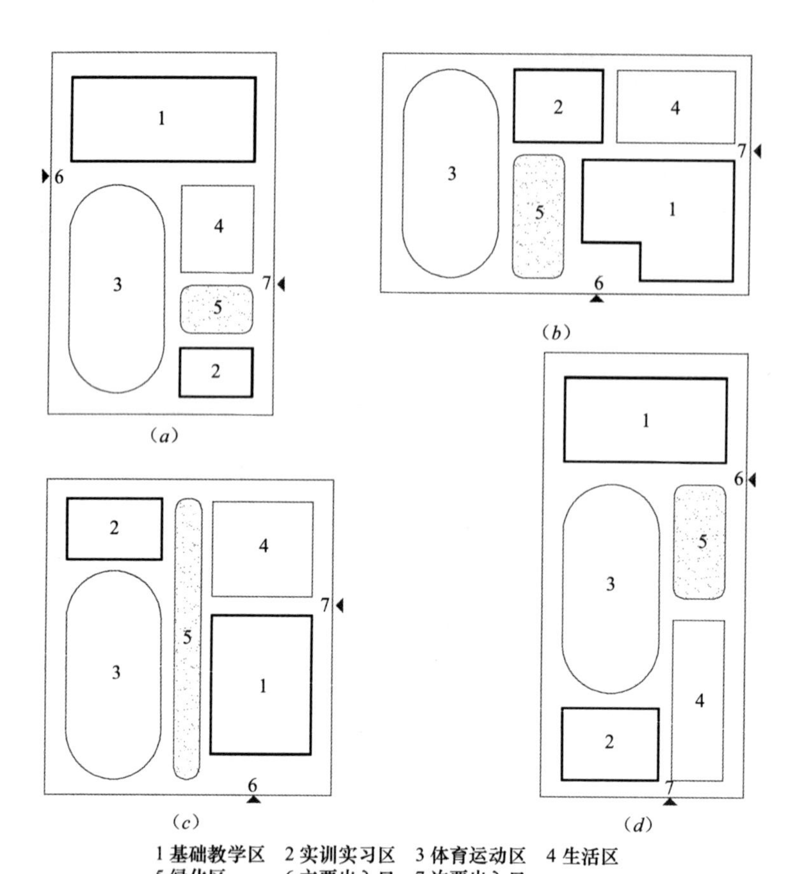

图 7-2 制造业类中等职业学校功能分区模式图

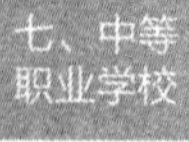

7.3 场地布局

7.3.1 基础教学区规划设计要求

（1）基础教学用房应布置在校园的静区，保证良好的朝向，达到当地的日照标准。

（2）普通教室冬至日满窗日照不应少于 2h。

（3）各类教室的外窗与相对的教学用房或室外运动场地边缘间的距离不应小于 25m。

7.3.2 实训实习区规划设计要求

（1）农业类学校的应包括专业实验室、温室等用房。温室或大棚应建在农（林）场内。

（2）制造业类学校的应包括专业实验室、实训工厂（车间）等用房。实训工厂（车间）应按标准化厂房建设，机器设备布局按照真实生产条件设计。工厂（车间）内应有现场教学空间。

（3）服务业类学校的包括各专业教学需要的专用教室、专业训练用房或模拟实训用房。每个专业至少应有能容纳一个班级同时训练或实训的用房以及与专业规模相适应的实训场地。服务类学校实验实训基地可对外开放，提供实习服务（如宾馆、餐厅、美容美发厅），并应与校区相对隔离。

7.3.3 体育运动区规划设计要求

（1）室外运动场地的设计应符合下列要求：

体育活动场地与基础教学用房之间，既有一定分隔，又便于联系。

办学规模在1000人及以下的，应设置一片300m环形跑道（四条跑道）的田径运动场及2个篮（排）球场；2000～3000人的，应设置一片300m环形跑道（六条跑道）的田径运动场及4至6个篮（排）球场；3000人以上的，应设置一片400m环形跑道（八条跑道）的田径运动场及8个以上篮（排）球场。

室外田径场及足球、篮球、排球等各种球类场地的长轴宜南北向布置。长轴南偏东宜小于20°，南偏西宜小于10°。

位于交通干线旁的学校，宜将运动场沿干路布置，作为噪声隔离带。

（2）风雨操场的设计应符合下列要求：

风雨操场内设置一个篮球场，并附设体质测试用房及必要的体育器械库、体育教研室、更衣室、厕所、浴室等用房。

风雨操场应综合利用，兼有集会、演出的功能，可在风雨操场内设置小型舞台。

7.3.4 生活区规划设计要求

（1）生活服务用房，为保障其对外联系方便及不干扰校内的正常活动，宜设有独立出入口，能自成一区。

（2）食堂与室外公厕、垃圾站等污染源间的距离应大于25m。食堂不应与教学用房合并设置，宜设在校园的下风向。

（3）学生宿舍不得设在地下室或半地下室；宿舍与教学用房不宜在同一栋建筑中分层合建，可在同一栋建筑中以防火墙分隔贴建，便于自行封闭管理，不得与教学用房合用建筑的同一个出入口；学生宿舍必须男女分区设置，分别设出入口，满足各自封闭管理的要求。

7.3.5 绿化区规划设计要求

应设置集中绿地，集中绿地的宽度不应小于8.0m。

7.3.6 其他规划设计要求

（1）旗杆、旗台应设置在校园中心广场或主要运动场区等显要位置。

（2）由当地政府确定为避难疏散场所的学校应满足下列相关规定进行设计：

紧急避震疏散场所用地不宜小于1000m^2，人均有效避难面积不小于

1.0m^2，避震疏散通道有效宽度不宜低于4.0m；固定避震疏散场所不宜小于10000m^2，人均有效避难面积不小于2.0m^2，避震疏散主通道有效宽度不宜低于7.0m。

（3）在改建、扩建项目中宜充分利用原有的场地、设施及建筑。需要进行扩建的学校，应尽量符合相关建设标准，首先应满足用地规模要求，如因用地条件限制无法满足用地扩建要求的，则应满足建筑规模要求，并保证有一定规模的运动场地。

7.4 交通组织

（1）校园内的主要交通道路应根据学校人流、车流、消防要求布置。路线要通畅便捷，道路的高差处宜设坡道。

（2）校园内道路应与各建筑的出入口及走道衔接。校园道路每通行100人道路净宽为0.7m，每一路段的宽度不宜小于3.0m，人流集中的道路不宜设置台阶。此外，应设置净宽度和净空高度均不小于4.0m的消防车道。

（3）停车场地及地下车库的出入口不应直接通向师生人流集中的道路。

（4）应设置不少于2个出入口，有条件的学校宜设置机动车专用出入口。校园出入口不宜设置在城市主干路或国省道上，不应设置在交叉口范围内，宜设置距交叉口范围100m以外。校园出入口距校门的距离宜大于12.0m。校门外应设置人流缓冲区。

8. 案例介绍

8.1 案例一

所在城市：华北地区某超大城市

设施类别：综合类学校

用地面积：154948m^2

建筑面积：71219m^2

容积率：0.46

建筑密度：9.1%

绿地率：35.0%

办学规模：90班

该学校位于城市新区，地形平坦。

本项目基地为东西较长的长方形，为新建项目。基地东、西两侧为城市次干路，南、北两侧为城市支路。基地外围是农田。学校主入口设置在地块南侧和东侧，西侧设有两个次出入口，沿基地边界形成交通环路，内部为一横一纵两条主路，实现局部人车分流。停车主要集中在南侧横向主路上。

基地中部形成一条南北向轴线，结合轴线组织四个功能区，轴线南段以教学楼和图书馆为核心，结合实训楼，形成教学实训区。轴线北侧核心为一个人工湖，是校园的景观中心，形成景观休闲区。基地东北为后勤宿舍区，布局宿舍和食堂，并设置大型非机动车停车场。轴线西侧为体育运动区。后勤生活区和体育运动区相距较远，学生活动流线较不方便。

校园建筑为简欧风格，沉稳中有活泼，庄重中有雅致，营造了特别的校园文化特质。

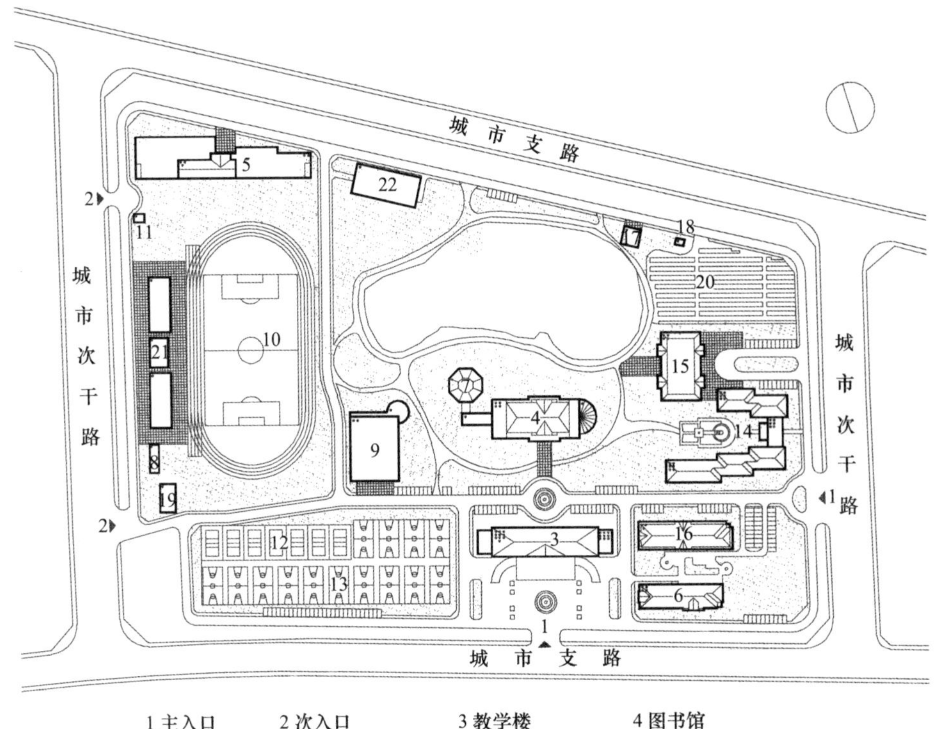

1 主入口　2 次入口　3 教学楼　4 图书馆
5 实训基地　6 实训楼　7 报告厅　8 雨水提升泵房
9 体育馆　10 体育场　11 公共厕所　12 排球场
13 篮球场　14 学生宿舍　15 食堂　16 新建实训楼
17 储藏间　18 煤气调压站　19 中水处理中心　20 非机动车停车场
21 新建看台　22 现代农业温室

图 7-3　案例一总平面图

8.2　案例二

所在城市：华东地区某中等城市

用地面积：85400m²
建筑面积：45700m²
容积率：0.54
建筑密度：16.4％
绿地率：35.0％

该学校位于城市核心区，地势平坦。

本项目为新建项目，基地呈东西较长的三角形，仅南面临路，为城市次干路，东西两侧均为行政办公设施，北侧为河流。主出入口设置在地块南侧中央，次出口设置在西南角，北侧沿河流绿带设置步行出入口。校园内部形成交通环路，基地南侧靠近出入口处设置停车场。

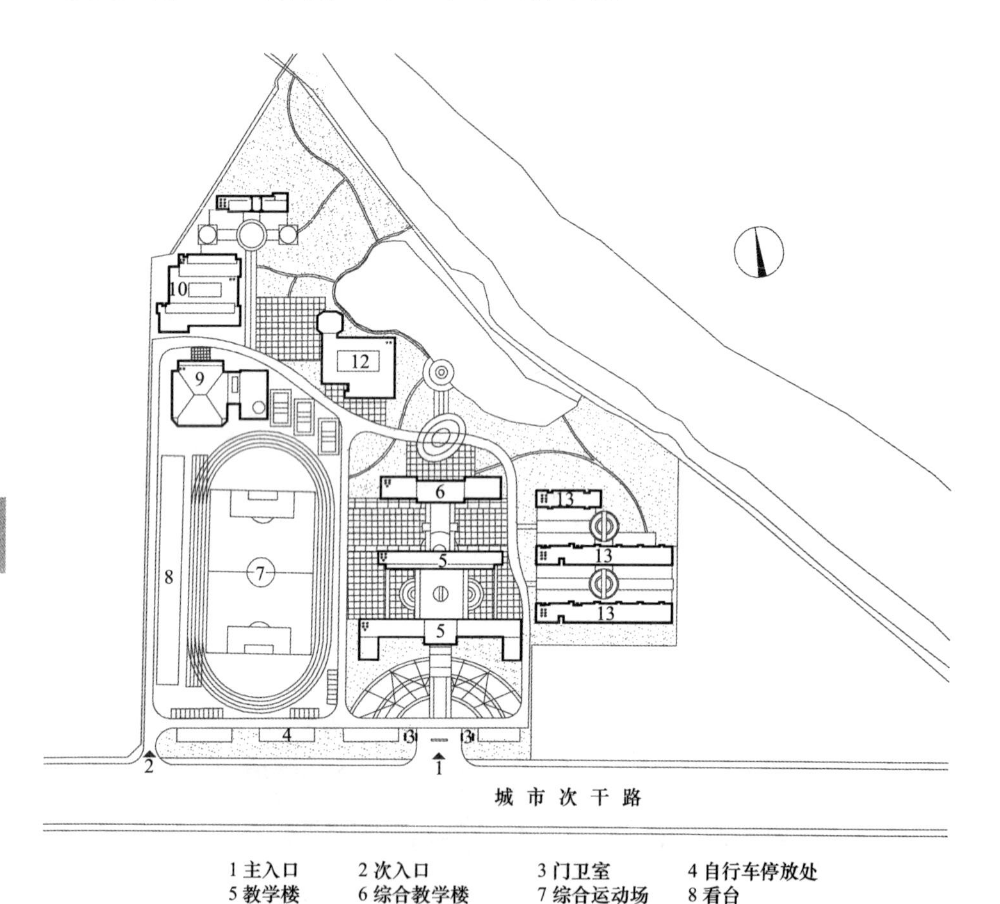

图 7-4　案例二总平面图

学校采用分散式的布局方式。校园内结合主出入口和步行出入口形成一条南北向的景观轴，贯穿教学区。轴线东侧是学生生活区，轴线西北侧为教工宿舍和后勤区，西南为体育运动区。由于学生生活区与后勤区、体育运动区距离较远，学生生活较不方便。基地北部结合河流形成滨河公园绿带，环境优美，为教工学生提供了休闲娱乐的场所。

8.3 案例三

所在城市：华东地区某小城市

设施类别：综合类学校

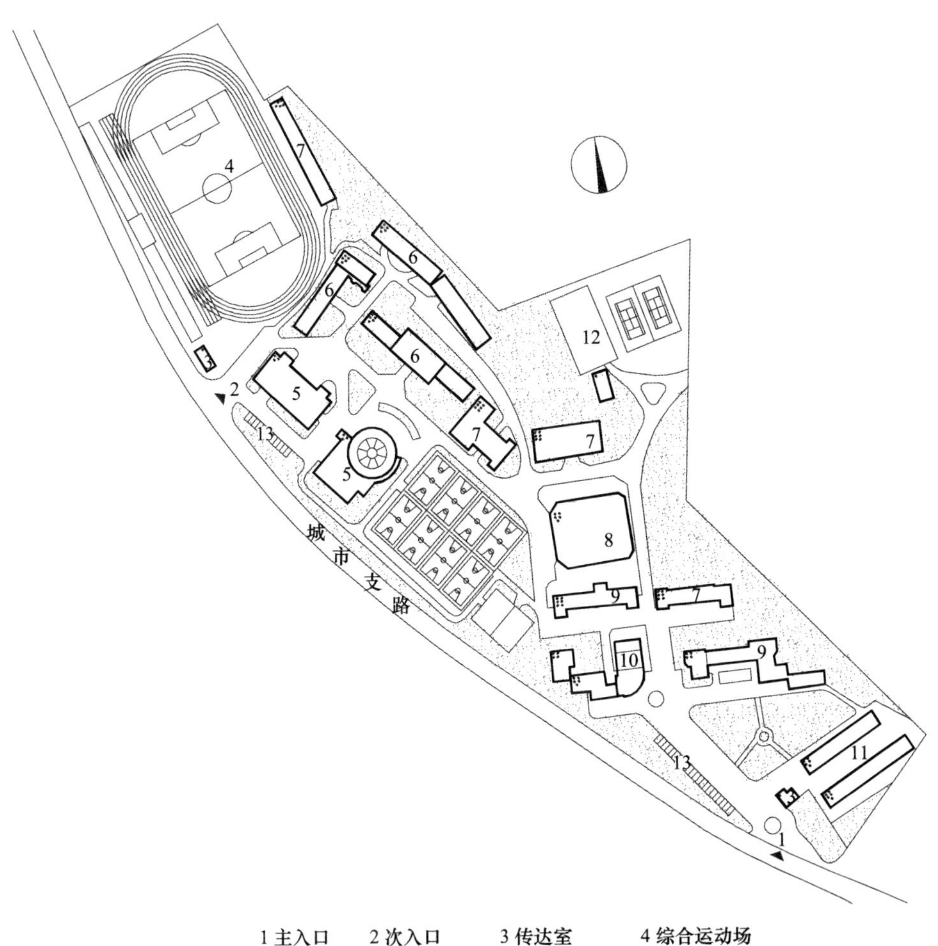

1 主入口　2 次入口　3 传达室　4 综合运动场
5 食堂　6 学生宿舍　7 实训楼　8 体艺馆
9 教学楼　10 综合楼　11 教工宿舍　12 游泳池
13 停车位

图 7-5　案例三总平面图

用地面积：106700m²
建筑面积：50435m²
容积率：0.47
建筑密度：14.2%
绿地率：34.0%
办学规模：60班3200生
该学校位于城市边缘，地形略微起伏。

本项目为新建项目，基地是不规则的狭长地块。用地仅西南面一侧临路，为城市支路，西侧和北侧为自然山体绿地，东侧为中专学校用地。沿城市支路分别设置一主一次两个出入口，校园内形成环状交通，沿道路分散设置停车位，便于使用。

建筑为分散式布局，沿基地展开，由北到南分别为体育运动区、宿舍后勤区、教学实训区、教工宿舍区。校园功能分区明确，流线合理，联系方便。校园建筑为现代风格，简洁大方，塑造了活力向上的校园氛围。

8.4 案例四

所在城市：华南地区某中等城市
设施类别：综合类学校
用地面积：362200m²
建筑面积：162000m²
容积率：0.45
建筑密度：12.7%
绿地率：45.0%
办学规模：10000生
该学校位于城市边缘，地形略微起伏。

本项目为新建项目，基地是南北向较长的长方形用地。基地四周均为城市支路，支路外为自然山体。校园主出入口设置在地块北侧，其余三侧各设有一个次出入口，内部形成交通环路。基地西南、西北设有集中式停车场，避免对基地内部造成干扰。

校园整体为分散式布局，沿一条南北向的中心景观轴组织空间。中心景观轴连接南北两侧的出入口，综合楼位于轴线中央，是校园的地标建筑。基地北部为实训实习区，轴线西侧和东侧分别为实训中心一期和二期，分别由实训楼围合成独立院落。基地中部，轴线西侧为基础教学区，东侧为体育活动区，中间有绿地隔离，降低了体育活动区对教学区的噪声干扰。基地南部为后勤生活区。学校建筑采取现代中式风格设计，大气沉稳而不失文化韵味，为学生塑造了一个良好的学习环境。

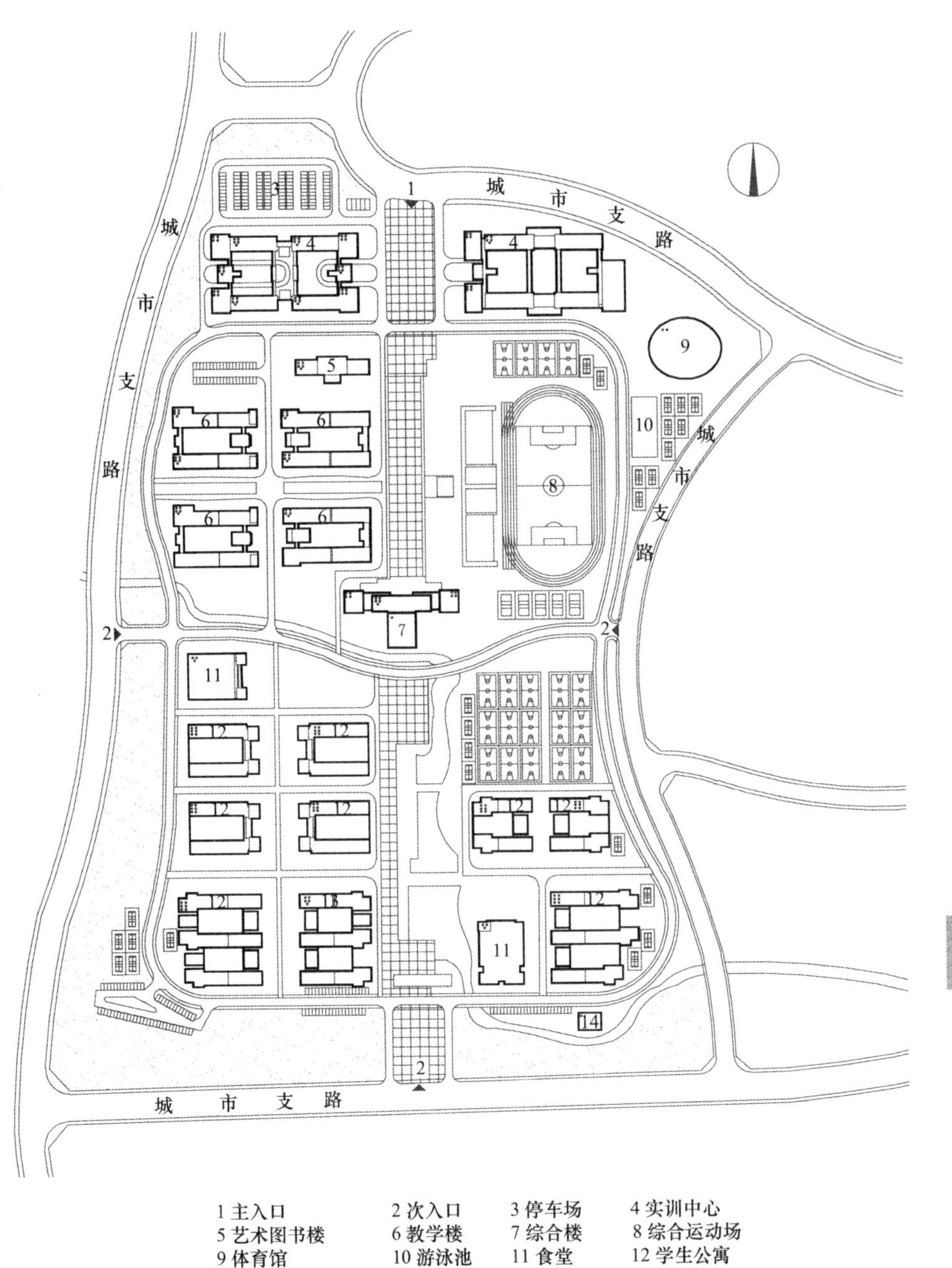

1 主入口　2 次入口　3 停车场　4 实训中心
5 艺术图书楼　6 教学楼　7 综合楼　8 综合运动场
9 体育馆　10 游泳池　11 食堂　12 学生公寓
13 教师工作用房　14 电房

图 7-6　案例四总平面图

参考文献

[1]　中华人民共和国住房和城乡建设部、中华人民共和国国家发展和改革委员会、中华

人民共和国教育部. 中等职业学校建设标准（征求意见稿）[S]. 2014.
[2] 中华人民共和国住房和城乡建设部、中华人民共和国国家质量监督检验检疫总局. GB 50099—2011 中小学校设计规范. 北京：中国建筑工业出版社，2011.
[3] 中华人民共和国公安部. 中小学与幼儿园校园周边道路交通设施设置规范 GA/T 1215—2014. 2015.
[4] 张宗尧，李志民. 中小学建筑设计 [M]. 北京：中国建筑工业出版社，2009.
[5] 中华人民共和国建设部、中华人民共和国国家发展计划委员会、中华人民共和国教育部. 建标【2002】102 号 城市普通中小学校校舍建设标准 [S]. 2002-07-01.
[6] 中华人民共和国建设部、中华人民共和国国家质量监督检验检疫总局. GB 50413—2007 城市抗震防灾规划标准 [S]. 2007.
[7] 中华人民共和国住房和城乡建设部、中华人民共和国国家质量监督检验检疫总局. GB 50118—2010 民用建筑隔声设计规范 [S]. 2010.

八、高级中学

1. 术语

对青年实施高级中等教育，使学生获得知识、价值观，行为养成的重要场所，具有培养人才、传播文化等功能，共有3个年级。

2. 设施分类

高级中学可分为普通高级中学和寄宿制高级中学两类。

普通高级中学指一般独立设置的高级中学。寄宿制高级中学指为所有学生提供寄宿条件的高级中学。

3. 设施规模

《城市普通中小学校校舍建设标准》（建标【2002】102号）规定高级中学办学规模可分为18班、24班、30班、36班，每班50人。

参考南京、杭州、深圳等地方标准，建议普通高级中学办学规模以18班、24班、30班、36班为主，寄宿制高级中学办学规模以30班、36班、48班、60班为主。

3.1 用地面积

3.1.1 地方标准

部分城普通高级中学市用地面积指标 **表8-1**

序号	城市	学校规模（班）	用地面积（m^2）	生均用地面积（m^2）
1	北京	24	19000	16.70～19.12
		30	23000	
		36	28000	
2	青岛	24	30689	25.57
		30	35636	23.76

续表

序号	城市	学校规模（班）	用地面积（m²）	生均用地面积（m²）
2	青岛	36	47126	26.18
		48	56158	23.40
		60	65255	21.75
3	天津	—	18594～20660	18～20
4	南京	18	21555	23.95
		24	27240	22.70
		30	33510	22.34
		36	43704	24.28
5	珠海	18	16200	18～21
		24	21600	
		30	27000	
		36	32400	
6	深圳	18	16200～18900	18～21
		24	21600～25200	
		30	27000～31500	
		36	32400～37800	

注：① 北京标准提出高级中学应设不低于400m环形跑道和100m直跑道。
② 天津标准提出高级中学宜设400m环形跑道和100m直跑道。
③ 南京标准提出18班、24班、30班高级中学设置300m环形跑道和100m直跑道，36班高级中学设置400m环形跑道和100m直跑道。
④ 珠海和深圳标准提出普通高级中学应设200m～400m环形跑道，其中含不小于60m的直跑道。

部分城市寄宿制高级中学用地面积指标　　表8-2

序号	城市	学校规模（班）	用地面积（m²）	生均用地面积（m²）
1	杭州	30	59775	39.85
		36	69516	38.62
		48	93600	39.00
		60	111390	37.13
2	青岛	36	57600～63000	32～35
		48	76800～84000	32～35
		60	96000～100000	32～33.33
3	珠海	36	57600	32～35
		48	76800	
		60	96000	
4	深圳	36	39600～54000	22～30
		48	52800～72000	
		60	66000～90000	

注：① 杭州标准提出高级中学需设300m或400m环形跑道，篮球或排球场按每4个班设1个。
② 珠海和深圳标准提出寄宿制高级中学应设400m标准环形跑道，含不小于100m的直跑道。

3.1.2 用地面积取值建议

(1) 普通高级中学

鉴于我国各城市用地条件等实际情况的不同，各地对规划普通高级中学用地面积指标要求有一定差异。如北京标准中的普通高级中学生均用地面积在 17m²～19m²，天津、珠海和深圳等标准中的普通高级中学生均用地面积在 18m²～21m²，青岛和南京标准中的普通高级中学生均用地面积在 22m²～26m²。

参考各地方标准，考虑用地条件差异，提出规划普通高级中学用地面积取值建议。首先，确定 36 班普通高级中学生均用地面积指标下限值为 18.0m²，学校规模越小生均用地面积指标越大，依此确定不同办学规模学校的生均用地面积指标下限值；其次，在生均用地面积指标下限值基础上增长一定的比例作为生均用地面积指标上限值，提出的生均用地面积指标上限值在各地方标准规定的取值范围内；最后，结合生均用地面积指标取值范围和学生规模确定不同办学规模学校的用地面积指标。

建议普通高级中学用地面积指标按照表 8-3 确定。

普通高级中学用地面积指标 **表 8-3**

学校规模（班）	用地面积（m²）	生均用地面积（m²）
18	18000～21600	20.0～24.0
24	22800～27400	19.0～22.8
30	27800～33300	18.5～22.2
36	32400～38900	18.0～21.6

注：① 用地条件紧张地区、老城区可取下限值，一般新建地区可取上限值。
② 部分学生寄宿学校，应根据寄宿学生数量增加用地面积。根据《城市普通中小学校校舍建设标准》（建标【2002】102 号）规定的寄宿制学校学生宿舍生均使用面积和学校容积率指标进行计算，每位寄宿学生可增加 7.0m²～10.0m² 用地面积。
③ 运动场设置要求：18 班、24 班普通高级中学宜设 300m 环形跑道和 100m 直跑道，30 班和 36 班普通高级中学宜设 400m 环形跑道和 100m 直跑道。

(2) 寄宿制高级中学

寄宿制高级中学与普通高级中学相比，一方面，生活服务用房用地面积和室外运动场地面积会有所增加；另一方面，为了满足学生学习与活动的使用需求，教学及教学辅助用房用地面积也可能根据需要有所增加。

鉴于我国各城市用地条件等实际情况的不同，各地对规划寄宿制高级中学用地面积指标要求有一定差异。如深圳标准中的寄宿制高级中学生均用地面积在 22m²～30m²，青岛和珠海标准中的寄宿制高级中学生均用地面积在 32m²～35m²，杭州标准中的寄宿制高级中学生均用地面积在 37m²～40m²。

参考各地方标准，考虑用地条件差异，提出规划寄宿制高级中学用地面积指标取值建议。首先，确定 60 班寄宿制高级中学生均用地面积指标下限值为 27.0m²，学校规模越小生均用地面积指标越大，依此确定不同办学规模学校的生均用地面积指标下限值；其次，在生均用地面积指标下限值基础上增长一定的比例作为生均用地面积指标上限值，提出的生均用地面积指标上限值在各地方标准规定的取值范围内；最后，结合生均用地面积指标取值范围和学生规模确定不同办学规模学校的用地面积指标。

建议寄宿制高级中学用地面积指标按照表 8-4 确定。

寄宿制高级中学用地面积指标 **表 8-4**

学校规模（班）	用地面积（m^2）	生均用地面积（m^2）
30	43500～52200	29.0～34.8
36	50400～60500	28.0～33.6
48	66000～79200	27.5～33.0
60	81000～97200	27.0～32.4

注：① 用地条件紧张地区、老城区可取下限值，一般新建地区可取上限值。

② 运动场设置要求：寄宿制高级中学宜设 400m 环形跑道和 100m 直跑道。

3.2 建筑面积

3.2.1 国家规范要求

《城市普通中小学校校舍建设标准》（建标【2002】102 号）规定，城市普通高级中学建筑面积和生均建筑面积指标应满足表 8-5 的要求。

高级中学建筑面积指标 **表 8-5**

项目名称	18 班	24 班	30 班	36 班
建筑面积（m^2）	9292	11970	13789	15915
生均面积（m^2）	10.4	10.0	9.2	8.9

注：① 重点学校、示范性学校、民族学校以及有特殊要求的学校，经主管部门批准增列的校舍用房，可另行增加面积指标。

② 表中不含学生宿舍面积，寄宿制学校学生宿舍生均使用面积不宜低于 3.0m^2，使用系数 K=0.6，则寄宿制学校以每寄宿学生 5.0m^2 的生均建筑面积标准作为附加指标计入学校建筑面积中。

③ 表中不含自行车存放面积。自行车的存放面积应按 1.0m^2/辆计，学校应根据实际情况报经主管部门审批后另行增加，并宜在建筑物内设半地下室解决。

3.2.2 地方标准

部分城市普通高级中学建筑面积指标 **表 8-6**

序号	城市	学校规模（班）	建筑面积（m^2）	生均建筑面积（m^2）
1	北京	24	13000	11.42～12.28
		30	16000	
		36	19000	
2	青岛	24	11460	9.55
		30	14575	9.72
		36	17398	9.67
		48	22015	9.17

续表

序号	城市	学校规模（班）	建筑面积（m^2）	生均建筑面积（m^2）
2	青岛	60	26690	8.90
3	天津	—	11363	11
4	南京	18	24.28	11.23
		24	12948	10.79
		30	14848	9.90
		36	16977	9.43
5	珠海	18	7650～9450	8.5～10.5
		24	10200～12600	
		30	12800～15800	
		36	15300～18900	
6	深圳	18	7650～9450	8.5～10.5
		24	10200～12600	
		30	12800～15800	
		36	15300～18900	

部分城市寄宿制高级中学建筑面积指标 **表 8-7**

序号	城市	学校规模（班）	建筑面积（m^2）	生均建筑面积（m^2）
1	杭州	30	35465	23.64
		36	41532	23.07
		48	53987	22.49
		60	66497	22.17
2	青岛	36	36000～39600	20～22
		48	48000～52800	20～22
		60	60000～66000	20～22
3	珠海	36	36000～39600	20～22
		48	48000～52800	
		60	60000～66000	
4	深圳	36	32400～39600	18～22
		48	43200～52800	
		60	54000～66000	

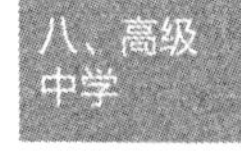

3.2.3 建筑面积取值建议

(1) 普通高级中学

在满足国家规范要求的基础上，参考各地方标准，考虑学校情况差异，提出规划普通高级中学建筑面积取值建议。首先，以国家规范要求的指标作为不同办学规模学校的生均建筑面积指标下限值；其次，在生均建筑面积指标下限值基础上增长一定的比例作为生均建筑面积指标上限值，提出的生均建筑面积指标上限值在各地方标准规定的取值范围内；最后，结合生均建筑面积指标取值范围和学生规模确定不同办学规模学校的建筑面积指标。

建议普通高级中学建筑面积按照表 8-8 确定。

普通高级中学建筑面积指标 **表 8-8**

学校规模（班）	建筑面积（m^2）	生均建筑面积（m^2）
18	9300～10800	10.4～12.0
24	12000～13800	10.0～11.5
30	13800～15900	9.2～10.6
36	15900～18400	8.9～10.2

注：① 普通学校可取下限值，重点学校、示范性学校、民族学校以及有特殊要求的学校可取上限值。

② 部分学生寄宿的学校，应根据寄宿学生数量增加建筑面积。根据《城市普通中小学校校舍建设标准》（建标【2002】102 号）的规定，每寄宿学生可增加 5.0m^2 建筑面积。

（2）寄宿制高级中学

寄宿制高级中学与普通高级中学相比，一方面生活服务用房会有所增加，如学生宿舍、浴室、锅炉房（采暖地区的学校）、食堂等用房；另一方面，为了满足学生学习与活动使用需求，教学及教学辅助用房也可能根据需要有所增加，如天文台、礼堂、游泳馆等用房。

参考各地方标准，考虑学校情况差异，提出规划寄宿制高级中学建筑面积取值建议。首先，确定 60 班寄宿制高级中学生均建筑面积指标下限值为 17.0m^2，学校规模越小生均建筑面积指标越大，依此确定不同办学规模学校的生均建筑面积指标下限值；其次，在生均建筑面积指标下限值基础上增长一定的比例作为生均建筑面积指标上限值，提出的生均建筑面积指标上限值在各地方标准规定的取值范围内；最后，结合生均建筑面积指标取值范围和学生规模确定不同办学规模学校的建筑面积指标。

建议寄宿制高级中学建筑面积按照表 8-9 确定。

寄宿制高级中学建筑面积指标 **表 8-9**

学校规模（班）	建筑面积（m^2）	生均建筑面积（m^2）
30	28500～32900	19.0～21.9
36	32400～37300	18.0～20.7
48	42000～48300	17.5～20.1
60	51000～58800	17.0～19.6

注：普通学校可取下限值，重点学校、示范性学校、民族学校以及有特殊要求的学校可取上限值。

4. 主要控制指标

4.1 容积率

根据地方标准中对高级中学用地面积、建筑面积指标的规定，通过计算可以得出普通高级中学容积率多在0.5～0.7，如天津、珠海、深圳、南京等标准中的普通高级中学容积率均在0.5～0.6，北京标准中的普通高级中学容积率在0.7；寄宿制高级中学容积率多在0.6～0.8，如杭州、青岛、珠海等标准中的寄宿制高级中学容积率均在0.6～0.7，深圳标准中的寄宿制高级中学容积率在0.7～0.8。

建议普通高级中学容积率为0.5～0.7，寄宿制高级中学容积率为0.6～0.8。高级中学用地面积为下限值时，容积率可取上限值；用地面积为上限值时，容积率可取下限值。

4.2 建筑密度

高级中学主体建筑多在4～6层，其他附属建筑多在1～2层，平均层数多在3～4层。按照0.5～0.7的容积率和平均层数3～4层进行计算，建议高级中学建筑密度不大于20%。

4.3 建筑限高

《中小学校设计规范》（GB 50099—2011）规定各类中学的主要教学用房不应设在5层以上。因此，高级中学的主要教学用房应设在5层及以下，办公用房可设在6层。建议高级中学建筑高度不大于24m。

4.4 绿地率

《城市绿化规划建设指标的规定》（城建【1993】784号）规定学校绿地率不低于35%。建议高级中学绿地率不小于35%。

4.5 配建机动车停车位

4.5.1 国家规范要求

《城市停车规划规范》（征求意见稿）规定中学机动车停车位按照0.5个/100师生进行设置。

4.5.2 地方标准

部分省市高级中学配建机动车停车位标准　　表8-10

序号	省市	单位	配建标准
1	杭州市	个/100人	【教工】：Ⅰ区：12.0；Ⅱ区：12.0；Ⅲ区：15.0
		个/每班	【学生接送】：Ⅰ区：0.8；Ⅱ区：0.8；Ⅲ区：1.0
2	天津市	个/100学生	3.0
3	哈尔滨市	个/100师生	普通中学：0.6；重点中学：5.0
4	武汉市	个/班	1.0
5	珠海市	个/100学生	0.7～1.5

续表

序号	省市	单位	配建标准
6	深圳市	个/100 学生	0.7～1.5
7	山东省	个/100 师生	0.5
8	江苏省	个/100 学生	1.0

注：① 杭州标准中Ⅰ区指老城核心区，Ⅱ区指除老城核心区外的地区（上城区、下城区、江干区、拱墅区、西湖区、滨江区、杭州经济技术开发区），Ⅲ区指萧山区、余杭区。

② 武汉、珠海和深圳标准提出校址范围内至少设 2 个校车停车处。

4.5.3 配建机动车停车位取值建议

考虑到不同规模城市实际情况的差异，参考《城市停车规划规范》（征求意见稿）和各地方标准对中学配建机动车停车位的相关要求，建议高级中学按照 0.5～1.0 个/100 师生配建机动车停车位。其中，城市人口规模不满 50 万的城市可取下限值，城市人口规模 50 万以上的经济发达地区城市可取上限值，城市人口规模 50 万以上的非经济发达地区城市可取中间值。

《关于制定中小学教职工编制标准的意见》规定，高级中学师生比为 1：12.5。根据师生比和学生人数计算不同办学规模学校的师生人数，18 班高级中学师生人数为 972 人，24 班高级中学师生人数为 1296 人，30 班高级中学师生人数为 1620 人，36 班高级中学师生人数为 1944 人，48 班高级中学师生人数为 2592 人，60 班高级中学师生人数为 3240 人。

根据机动车停车位配建标准和师生人数，通过计算可以得出不同办学规模学校规划配建的机动车停车位数量（表 8-11）。

高级中学规划配建机动车停车位数量　　表 8-11

学校规模（班）	配建标准（个/100 师生）	配建机动车停车位数量（个）
18	0.5～1.0	5～10
24		7～13
30		8～17
36		10～20
48		13～26
60		17～33

注：城市人口规模不满 50 万的城市可取下限值，城市人口规模 50 万以上的经济发达地区城市可取上限值，城市人口规模 50 万以上的非经济发达地区城市可取中间值。

4.6 相关指标汇总

普通高级中学相关指标一览表　　表 8-12

相关指标 \ 学校规模（班）	18	24	30	36
生均用地面积（m^2）	20.0～24.0	19.0～22.8	18.5～22.2	18.0～21.6
用地面积（m^2）	18000～21600	22800～27400	27800～33300	32400～38900

续表

相关指标 \ 学校规模（班）	18	24	30	36
生均建筑面积（m^2）	10.4～12.0	10.0～11.5	9.2～10.6	8.9～10.2
建筑面积（m^2）	9300～10800	12000～13800	13800～15900	15900～18400
容积率	0.5～0.7	0.5～0.7	0.5～0.7	0.5～0.7
建筑密度（%）	≤20	≤20	≤20	≤20
建筑限高（m）	24	24	24	24
绿地率（%）	≥35	≥35	≥35	≥35
配建机动车停车位数量（个）	5～10	7～13	8～17	10～20

注：① 用地面积指标选取：用地条件紧张地区、老城区可取下限值，一般新建地区可取上限值。
② 建筑面积指标选取：普通学校可取下限值，重点学校、示范性学校、民族学校以及有特殊要求的学校可取上限值。
③ 容积率指标选取：规划普通高级中学用地面积为下限值时，容积率可取上限值；用地面积为上限值时，容积率可取下限值。
④ 配建机动车停车位数量指标选取：城市人口规模不满 50 万的城市可取下限值，城市人口规模 50 万以上的经济发达地区城市可取上限值，城市人口规模 50 万以上的非经济发达地区城市可取中间值。

寄宿制高级中学相关指标一览表 **表 8-13**

相关指标 \ 学校规模（班）	30	36	48	60
生均用地面积（m^2）	29.0～34.8	28.0～33.6	27.5～33.0	27.0～32.4
用地面积（m^2）	43500～52200	50400～60500	66000～79200	81000～97200
生均建筑面积（m^2）	19.0～21.9	18.0～20.7	17.5～20.1	17.0～19.6
建筑面积（m^2）	28500～32900	32400～37300	42000～48300	51000～58800
容积率	0.6～0.8	0.6～0.8	0.6～0.8	0.6～0.8
建筑密度（%）	≤20	≤20	≤20	≤20
建筑限高（m）	24	24	24	24
绿地率（%）	≥35	≥35	≥35	≥35
配建机动车停车位数量（个）	8～17	10～20	13～26	17～33

注：① 用地面积指标选取：用地条件紧张地区、老城区可取下限值，一般新建地区可取上限值。
② 建筑面积指标选取：普通学校可取下限值，重点学校、示范性学校、民族学校以及有特殊要求的学校可取上限值。
③ 容积率指标选取：规划寄宿制高级中学用地面积为下限值时，容积率可取上限值；用地面积为上限值时，容积率可取下限值。
④ 配建机动车停车位数量指标选取：城市人口规模不满 50 万的城市可取下限值，城市人口规模 50 万以上的经济发达地区城市可取上限值，城市人口规模 50 万以上的非经济发达地区城市可取中间值。

5. 选址因素

（1）应选址在地质条件较好、地势平坦开阔、环境适宜、阳光充足、空气流动、场地干燥、排水通畅的地段，具备布置运动场地和设置基础市政设施的条件。严禁建设在地震、地质塌裂、暗河、洪涝等自然灾害易发地段。

（2）应选址在交通方便的地段，用地至少有一面临接城市次干路或城市支路。

（3）应避开高层建筑的阴影区。普通教室冬至日满窗日照不应少于 2h。

（4）不应与集贸市场、公共娱乐场所、交通枢纽、医院传染病房、太平间、殡仪馆、公安看守所等不利于学习和身心健康，以及危及学生安全的场所毗邻。与网吧等公共娱乐场所间的距离不得小于 200m。

（5）主要教学用房设置窗户的外墙与铁路路轨的距离不应小于 300m，与高速路、地上轨道交通线或城市主干路的距离不应小于 80m。当距离不足时，应采取有效地隔声设施。

（6）应避开高压电线、长输天然气管道、输油管道。

（7）选址和用地形状宜有利于 300m～400m 环形跑道长轴的南北向设置。18 班和 24 班高级中学用地的南北向边长宜不小于 130m，东西向边长宜不小于 70m；30 班、36 班、48 班和 60 班高级中学用地的南北向边长宜不小于 170m，东西向边长宜不小于 100m。

（8）高级中学与污染工业企业的卫生防护距离应符合附表 A 的规定。

（9）高级中学与易燃易爆场所的防火间距应符合附表 B 的规定。

（10）高级中学与市政设施的安全卫生防护距离应符合附表 C 的规定。

6. 总体布局指引

在总体规划阶段，高级中学的布局通常按以下几个步骤进行：（1）确定高中生源数量；（2）确定规划新增高级中学班级总量；（3）确定规划新增高级中学数量、班级数量及其布点；（4）确定规划高级中学具体布局。

（1）确定高中生源数量

首先，根据规划人口规模和地方生源标准（千人指标）计算高中生源数量，如无地方高中生源计算标准，可参考表 8-14 及当地现状高中生千人指标进行确定；其次，根据当地教育部门的规定，并适当考虑周边农村地区的就学需求，增加周边生源。

部分城市高中生源计算标准　　　　表 8-14

序号	城市	生源计算标准
1	北京	19 生/千人
2	杭州	5.5 生/百户
3	重庆	28 生/千人
4	青岛	15 生/千人
5	天津	21 生/千人

（2）确定规划新增高级中学班级总量

按照每班 50 人的标准计算规划高中班级总量。对现状中学未来发展情况进行分析，确定保留、扩建和迁建的学校的高中班级数量，并结合规划高中班级总量，确定规划新增高级中学班级总量。

（3）确定规划新增高级中学数量、班级数量及其布点

综合考虑当地教育部门的要求、生源分布情况和现状中学分布情况，并满足规划新增高级中学班级总量，确定规划新增高级中学数量、班级数量及其布点。

（4）确定规划高级中学具体布局

根据表 8-3、表 8-4 确定规划高级中学的用地面积。同时，考虑高级中学选址因素，确定规划高级中学的具体布局。

7. 详细规划指引

7.1 用地构成

高级中学用地应包括建筑用地、体育用地、绿化用地、道路及广场、停车场用地。有条件时宜预留发展用地。

其中，建筑用地应包括教学及教学辅助用房（如普通教室、专用教室、公共教学用房）、行政办公用房（如会议室、广播室、值班室）和生活服务用房（如卫生间、设备用房、食堂）等建筑的用地，有住宿生的学校还包括宿舍用地；体育用地应包括田径项目用地、球类用地、体操项目及武术项目用地、场地间的专用甬路等；绿化用地宜包括集中绿地、零星绿地、水面和供教学实践的种植园及小动物饲养园。

7.2 功能分区

（1）校园总平面设计宜按教学、体育运动、生活等不同功能进行分区，高级中学可划分为教学区、体育运动区、生活区、绿化区等。功能分区模式见图 8-1、图 8-2。

（2）各区之间应联系方便，且互不干扰。体育运动场、生活服务用房的布置既要方便使用，也应尽量避免自身产生的噪声干扰教学区。

（3）寄宿制高级中学用地规模一般较大，各功能区之间路径距离增加。在总平面布局中，需既保持各区的相对独立又注重各区之间的联系方便。一方面，教学空间是校园最主要的使用空间，应以教学空间为核心，使其与其他分区均能保持较好的联系；另一方面，严格的功能分区可能会导致使用上的不便，在大的功能分区内布置少量的其他功能空间，可以方便交流或者开

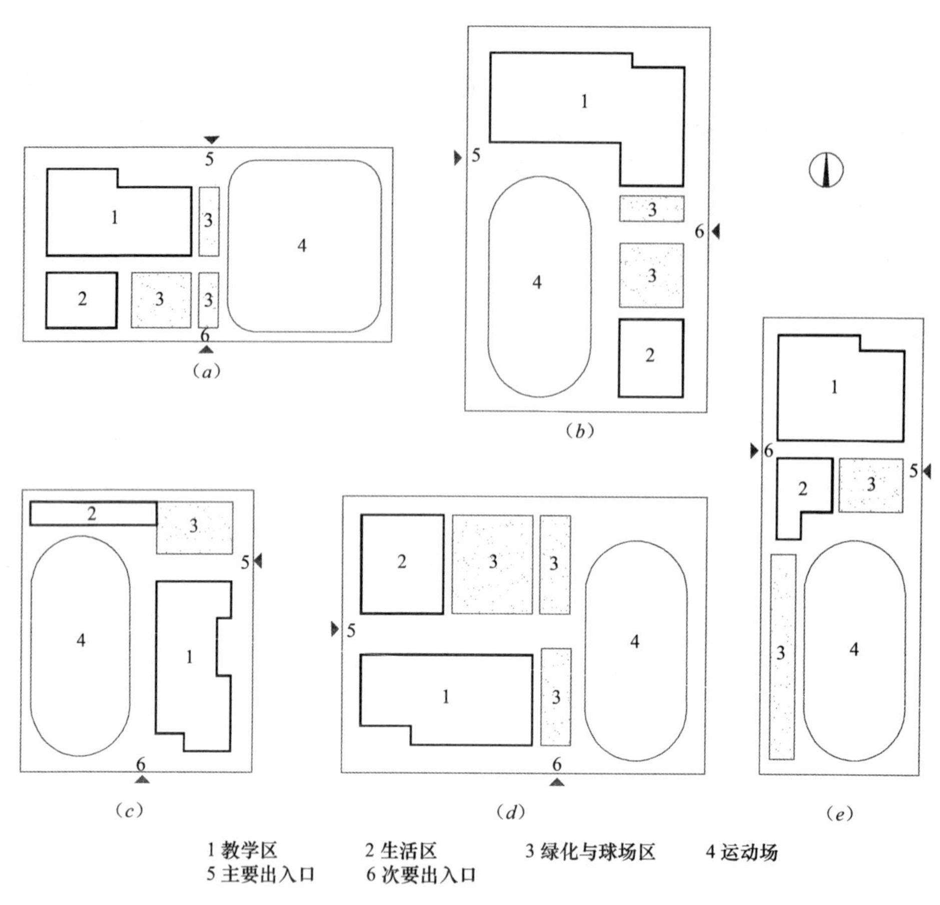

图 8-1 普通高级中学功能分区模式图❶

展活动，使校园空间更加丰富，功能更加合理，布局更加人性化。

图（*a*）中用地东西方向长、南北方向短，运动场难以布置成长轴为南北向。如图示，将教学区与体育运动区分别设于东西两侧，有利于分区，并便于疏散，主要道路简短，运动场噪声对教学区干扰小。

图（*b*）中用地南北方向长、东西方向短，教学区与体育运动区成南北布置，运动场噪声对教学区有干扰，运动场地边界至教学楼建筑边界距离不宜小于 25m。

图（*c*）基本为一方形用地，为保证运动场长轴的南北向布局，教学区形成南北长、东西短的用地形式。此种情况下，教学楼可采取单元式组合，或采用短栋楼以廊组合成建筑组群，以满足各种教学用房的南北向布置要求。

图（*d*）用地形状较图（*a*）进深稍大，较大改善了运动场的使用功能，同时教学区内的建筑布局更具灵活性，此类用地形状较为理想。

---

❶ 张宗尧，李志民．中小学建筑设计［M］．北京：中国建筑工业出版社，2009：38.

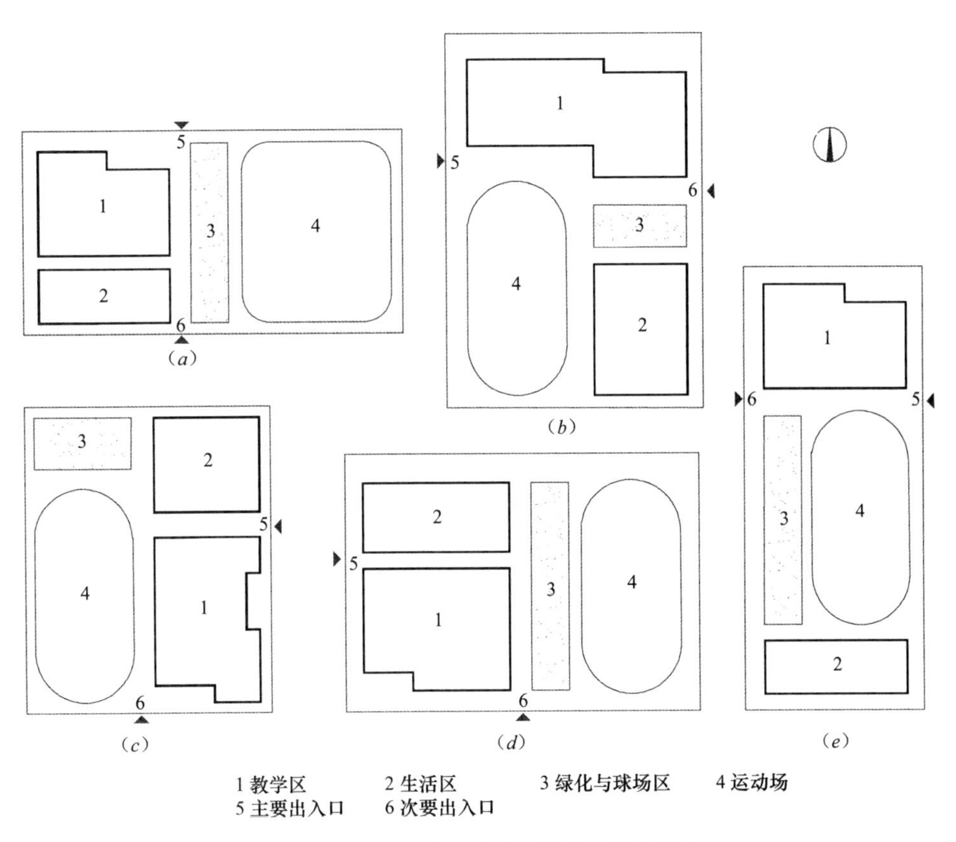

图 8-2 寄宿制高级中学功能分区模式图❶

图（*e*）为南北向用地，分区上可采用教学区与体育运动区各据一端（如图 8-1 所示）的组合方式，其他部分在两者之间作为噪声隔离带，也可采用教学区与生活区各据一端（如图 8-2 所示）的组合方式，便于运动场的使用。

7.3 场地布局

7.3.1 教学区规划设计要求

（1）教室、图书室、实验用房应布置在校园的安静区域，教室应有良好的建筑朝向。

（2）办公用房应布置在对外联系便捷、对内管理方便的区域。

（3）普通教室冬至日满窗日照不应少于 2h，至少应有 1 间科学教室或生物实验室的室内能在冬季获得直射阳光。

（4）各类教室的外窗与相对的教学用房或室外运动场地边缘间的距离不

❶ 张宗尧，李志民. 中小学建筑设计［M］. 北京：中国建筑工业出版社，2009：38.

应小于 25m。

7.3.2 体育运动区规划设计要求

(1) 室外田径场及足球、篮球、排球等各种球类场地的长轴宜南北向布置。长轴南偏东宜小于 20°，南偏西宜小于 10°。

(2) 18 班和 24 班高级中学宜设 300m 环形跑道和 100m 直跑道，30 班、36 班、48 班和 60 班高级中学宜设 400m 环形跑道和 100m 直跑道。此外，宜设 $150m^2$～$300m^2$ 的体育器械场地，每 6 个班有 1 个篮球场或排球场。寄宿制学校可在上述要求基础上适当增加室外运动场地。

(3) 气候适宜地区的学校宜在体育场地周边的适当位置设置洗手池、洗脚池等附属设施。

(4) 体育建筑设施包括风雨操场、游泳池或游泳馆，其位置应邻近室外体育场，并宜便于向社会开放。高级中学宜设 1 座风雨操场或室内体育馆、1 个游泳池。

(5) 位于交通干路旁的学校，宜将运动场沿干路布置，作为噪声隔离带。

(6) 运动场不宜布置在邻近居民区的一侧，尽量避免对居民生活造成影响。

7.3.3 生活区规划设计要求

(1) 生活服务用房应对外联系方便且不干扰校内的正常活动，宜自成一区，设有独立出入口。

(2) 食堂与室外公厕、垃圾站等污染源间的距离应大于 25m。食堂不应与教学用房合并设置，宜设在校园的下风向。

(3) 学生宿舍不得设在地下室或半地下室；宿舍与教学用房不宜在同一栋建筑中分层合建，可在同一栋建筑中以防火墙分隔贴建，便于自行封闭管理，不得与教学用房合用建筑的同一个出入口；学生宿舍必须男女分区设置，分别设出入口，满足各自封闭管理的要求。

7.3.4 绿化区规划设计要求

应设置集中绿地，集中绿地的宽度不应小于 8m。

7.3.5 其他规划设计要求

(1) 旗杆、旗台应设置在校园中心广场或主要运动场区等显要位置。

(2) 校园应设校门、门卫传达室、围墙或隔离设施，并设置安防设施。

(3) 由当地政府确定为避难疏散场所的学校，根据《城市抗震防灾规划标准》(GB 50413—2007) 的规定，应满足下列设计要求：紧急避震疏散场所用地不宜小于 0.1 万 m^2，人均有效避难面积不小于 $1m^2$，避震疏散通道有效宽度不宜低于 4m；固定避震疏散场所不宜小于 1 万 m^2，人均有效避难面积不小于 $2m^2$，避震疏散主通道有效宽度不宜低于 7m。

(4) 在学校扩建项目中宜充分利用原有的场地、设施及建筑。应尽量符合相关建设标准，首先应满足用地面积要求，如因用地条件限制无法满足用地扩建要求的，则应满足建筑面积要求，并留有一定规模的运动场地。

7.4 交通组织

（1）校园内的主要交通道路应根据学校人流、车流、消防要求布置。路线通畅便捷，道路的高差处宜设坡道。校园道路不应穿越运动场地。

（2）校园内道路应与各建筑的出入口及走道衔接。校园道路每通行100人道路净宽为0.7m，每一路段的宽度不宜小于3m，人流集中的道路不宜设置台阶。此外，应设置净宽度和净空高度均不小于4m的消防车道。

（3）停车场地及地下车库的出入口不应直接通向师生人流集中的道路。

（4）应至少设置2个出入口，有条件的学校宜设置机动车专用出入口。出入口不应直接与城市主干路连接，其位置应符合教学、安全、管理的需要，避免人流、车流交叉。主要出入口应设置缓冲场地。

8. 案例介绍

8.1 案例一

所在城市：华中地区某特大城市

设施类别：寄宿制高级中学

用地面积：91133m^2

建筑面积：33218m^2

容积率：0.36

建筑密度：14.0%

绿地率：39.0%

办学规模：24班

该学校位于中心城生态旅游风景区内，环境优美。

项目基地为不规则地块，且为新建建筑。地块南侧两条道路均为城市支路，共设3个出入口，靠近主要车行道两侧设置地面停车位。

基地内东北侧为教学区，设置综合教学楼和行政办公楼，综合教学楼采用围合的建筑布局形式，形成两个内庭院，是学生课间休息、交往、游戏的场所；西北和中部为体育运动区，设置400m运动场、篮球场和风雨操场；南侧为生活区，设置食堂及生活服务中心、学生宿舍和教师公寓。学校内部绿化与周边环境相呼应，为寄宿学生提供一个优良的氛围。

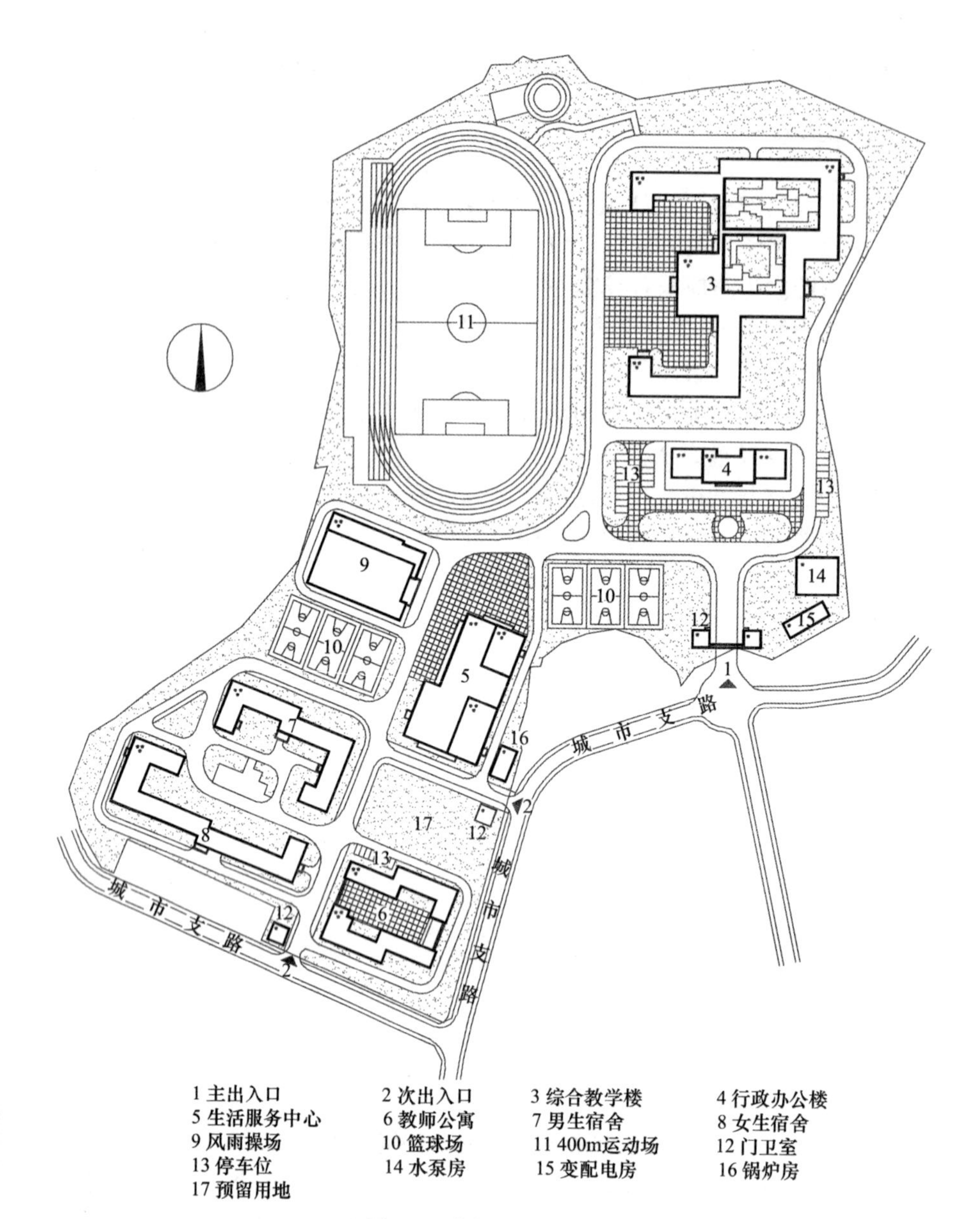

图 8-3　案例一总平面图

8.2　案例二

所在城市：华中地区某特大城市

设施类别：寄宿制高级中学

用地面积：95000m^2

建筑面积：34372m^2

容积率：0.36

建筑密度：11.0%

绿地率：35.0％

办学规模：30 班

该学校位于城市边缘，地形平坦，临近城市主要水系和城市级景观绿带。

项目基地形状较为规整，且为新建建筑。基地南侧为城市主干路，地块东、西、北侧均为城市支路。北侧道路上设置车行主出入口，东侧设置车行次出入口和人行次出入口，南侧设置人行主出入口。基地主要靠近车行出入口设置地面停车位。

基地内一条贯穿南北的景观廊道组织园内步行交通。基地内东南侧为教学区，设置教学楼、实验楼、图书馆、科技楼和行政大楼，各栋建筑通过连廊相连接；东北侧为生活区，设置食堂、学生宿舍；西侧为体育运动区，设置 400m 运动场、篮球场、排球场和体育馆等，并通过绿化与教学区进行适当的隔离，避免其对教学的干扰。

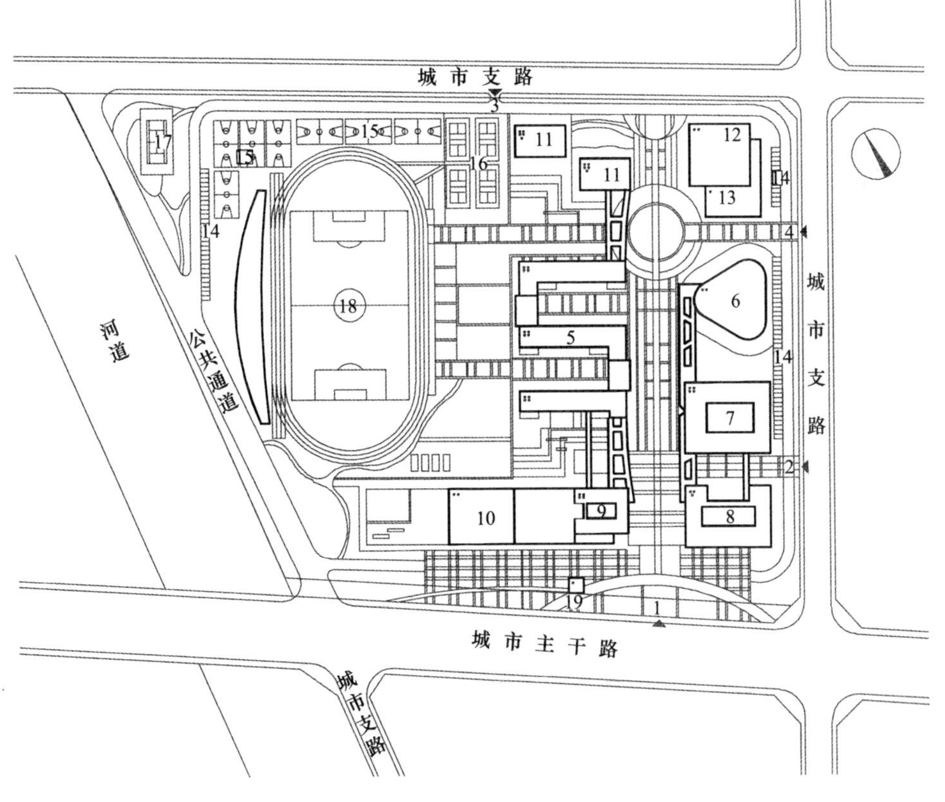

1 人行主出入口	2 人行次出入口	3 车行主出入口	4 车行次出入口
5 教学楼	6 图书馆报告厅	7 实验楼	8 科技楼
9 行政大楼	10 室内体育馆	11 学生宿舍	12 食堂
13 自行车棚	14 停车位	15 篮球场	16 排球场
17 网球场	18 400m运动场	19 门卫室	

图 8-4　案例二总平面图

8.3　案例三

所在城市：华东地区某大城市

设施类别：寄宿制高级中学

用地面积：54737m²

建筑面积：37062m²

容积率：0.68

建筑密度：20.0%

绿地率：20.0%

办学规模：36 班

该学校位于城市中心区，地形平坦。

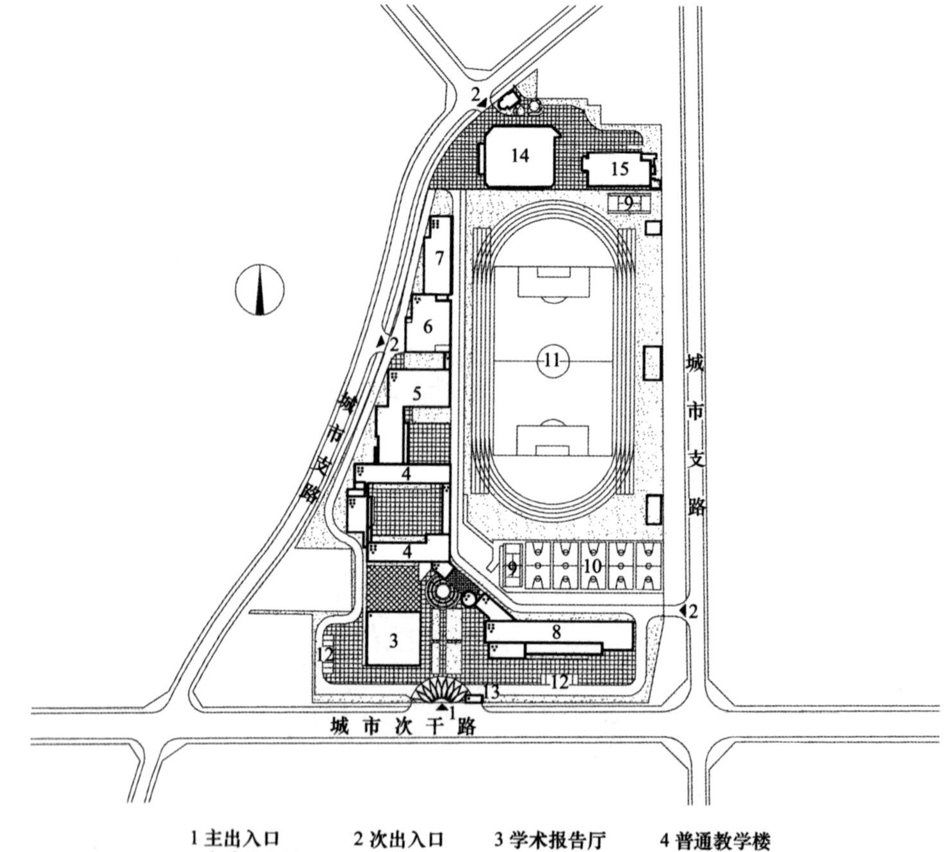

图 8-5　案例三总平面图

项目基地为三角形，且为改扩建建筑。地块南侧为城市次干路，西侧、东侧为城市支路。南侧城市次干路上设置主出入口，东、西侧城市支路上设置次出入口。基地主要靠近车行出入口设置地面停车位。

基地内南侧为教学区，设置教学楼、实验楼、办公楼和学术报告厅，各栋建筑通过连廊相连接；东侧为体育运动区，设置 400m 运动场、篮球场、乒乓球台；西北侧为生活区，设置学生宿舍和食堂。建筑风格典雅，环境优良，为学生提供一个良好的学习氛围。

8.4 案例四

所在城市：华东地区某中等城市

设施类别：寄宿制高级中学

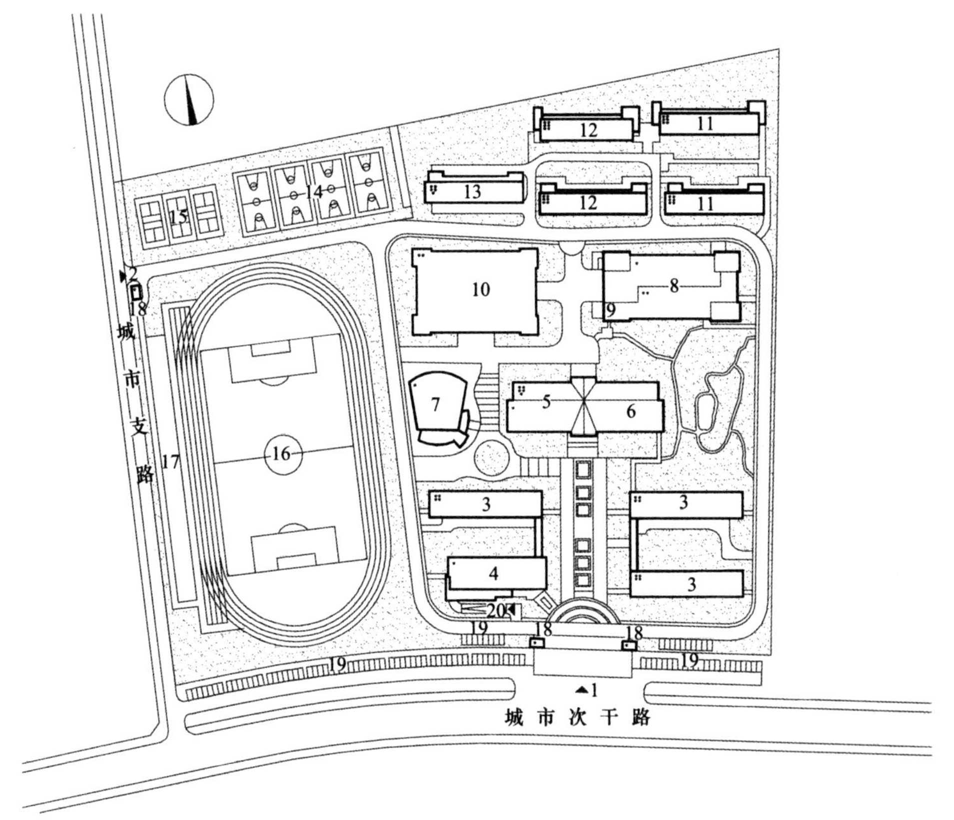

图 8-6 案例四总平面图

用地面积：84111m²
建筑面积：48773m²
容积率：0.58
建筑密度：18.0%
绿地率：35.0%
办学规模：36 班
该学校位于城市新区，地形平坦。

项目基地形状较为规整，且为新建建筑。基地南侧为城市次干路，西侧为城市支路。主出入口设置在南侧道路上，次出入口设置在西侧道路上，内部形成交通环路。基地主要靠近车行出入口设置地面停车位。

基地内东南侧为教学区，设置教学楼、行政楼、图书馆、科技楼、报告厅等；东北为生活区，设置学生宿舍、教职工单身宿舍和食堂；西侧为体育运动区，设置 400m 运动场、风雨操场、排球场和篮球场。

8.5 案例五

所在城市：华东地区某中等城市
设施类别：寄宿制高级中学
用地面积：113115m²
建筑面积：77984m²
容积率：0.69
建筑密度：19.0%
绿地率：35.0%
办学规模：60 班
该学校位于城市新区，地形平坦，紧邻城市风景区，自然环境秀美，文化底蕴深厚。

项目基地形状较为规整，且为新建建筑。基地南侧为城市主干路，西侧为城市次干路，北侧、东侧为城市支路。西侧城市次干路上设置主出入口，北侧、东侧城市支路上各设置一个次出入口。结合 3 个入口均设置机动车停车位，且在东侧主出入口处预留了学生接送临时车位。

基地西南为教学区，设置教学楼、实验楼、行政楼和报告厅；东侧为体育运动区，设置 400m 运动场、体艺馆、篮球场、运动场、游泳池、排球场等；北侧为生活区，设置学生宿舍、教工宿舍和食堂，并有景观河道贯穿，环境优美宜人。地块中间北侧通过建筑形式围合成一块绿化广场，环境较好。

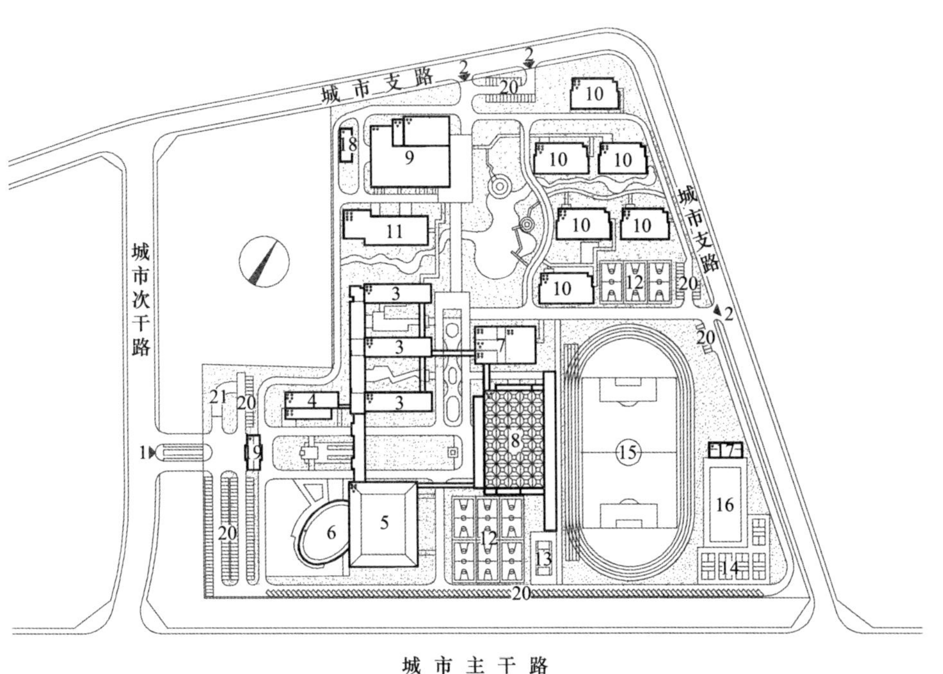

1 主出入口　2 次出入口　3 教学楼　4 行政楼
5 教学实验楼　6 报告厅　7 图书馆科技楼　8 体艺馆
9 食堂　10 学生宿舍　11 教工宿舍　12 篮球场
13 网球场　14 排球场　15 400m运动场　16 游泳池
17 泳池辅助房　18 设备用房　19 门卫室　20 停车位
21 非机动车停车位

图 8-7　案例五总平面图

8.6　案例六

所在城市：华东地区某大城市

设施类别：寄宿制高级中学

用地面积：102780m²

建筑面积：49050m²

容积率：0.48

建筑密度：12.0%

绿地率：41.0%

办学规模：60 班

该学校位于城市中心区，交通便捷，地形平坦，临近城市主要水系和城市级景观绿带。

项目基地形状不规则，且为改扩建建筑。地块南侧为城市主干路，东、

西、西北三侧为城市次干路，北侧为城市支路。主出入口设置在西侧城市次干路上，正对教学主楼，形成一条东西向的中轴线，西北城市次干路上设置次出入口。

基地通过建筑围合出一条东西向轴线，轴线两侧为教学区，设置教育楼、科技楼等，各栋建筑通过连廊相连接。东南为体育运动区，设置400m运动场、体艺馆、篮球场、排球场、网球场、游泳池等。北侧为生活区，设置学生宿舍和食堂。学校建筑风格典雅，内部绿化与周边环境相呼应，为学生提供一个优良的氛围。

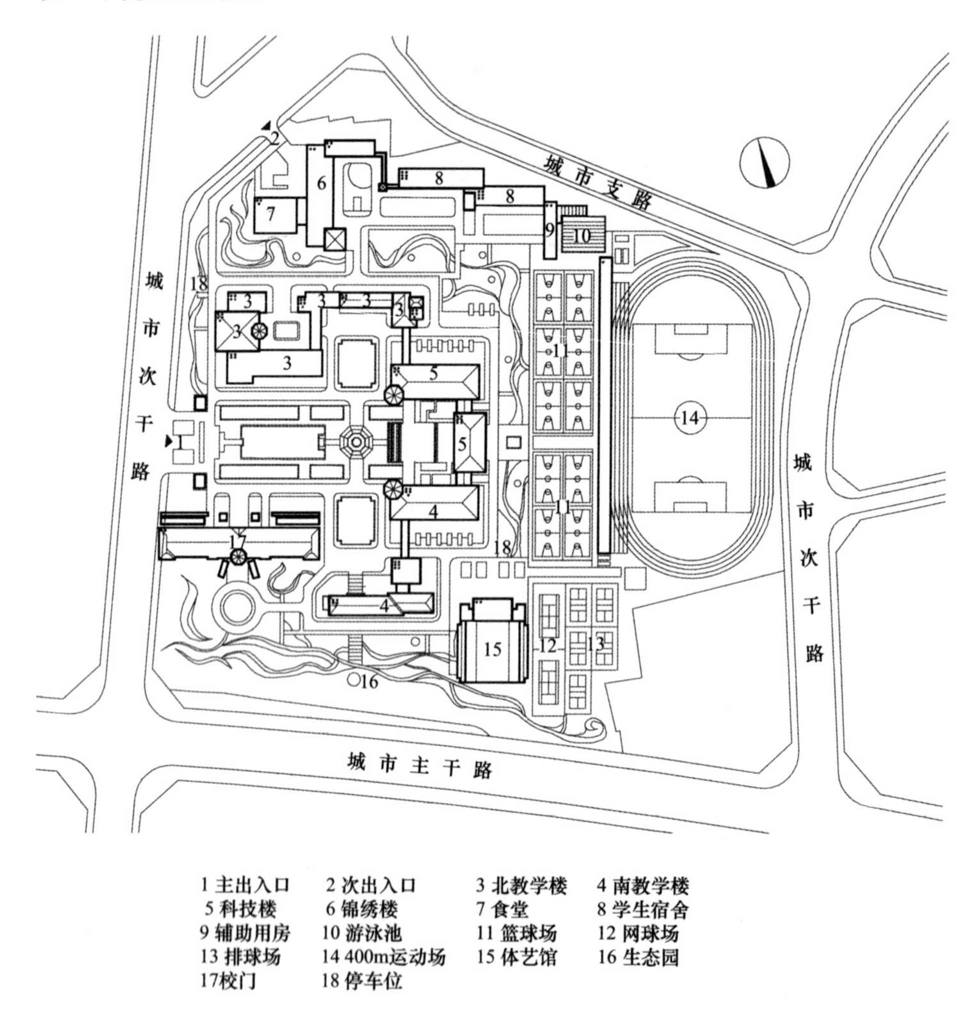

图 8-8 案例六总平面图

8.7 案例七

所在城市：华南地区某中等城市

设施类别：寄宿制高级中学

用地面积：145970m²（不包含山体）

总建筑面积：71271m²

容积率：0.49

建筑密度：14.0%

绿地率：37.0%

办学规模：100 班

该学校位于城市新区，依山而建。

项目基地形状不规则，且为新建建筑。地块南侧为城市次干路，设置一主一次两个出入口，在内部形成交通环路。基地主要靠近车行出入口设置地面停车位。

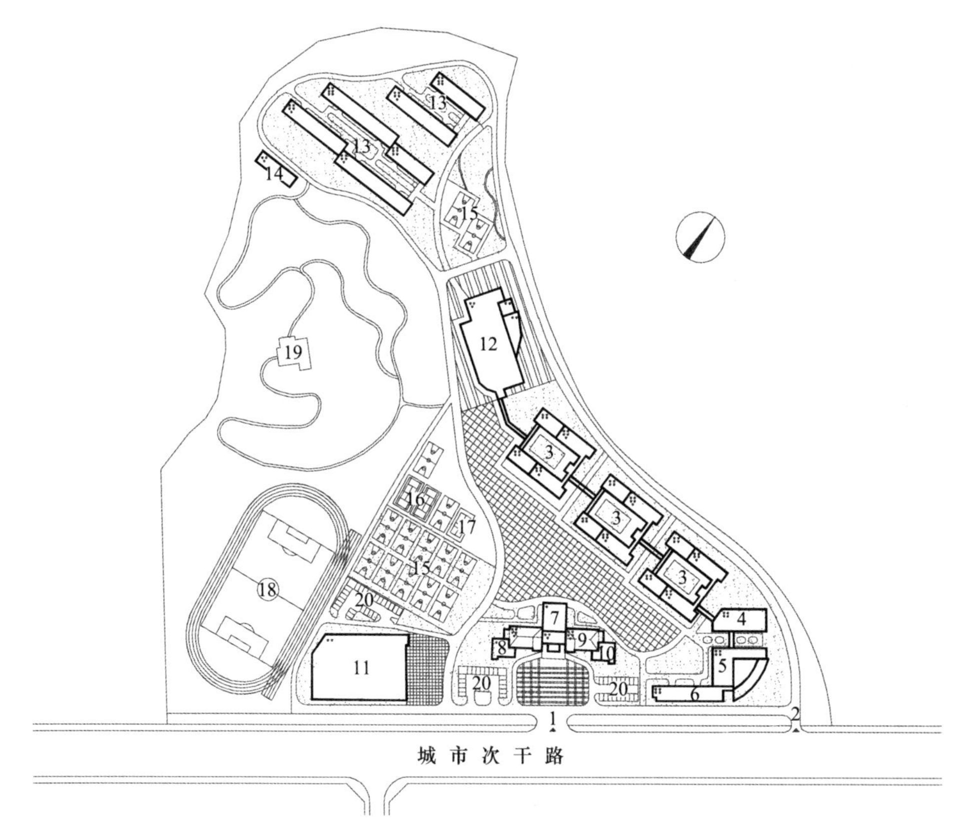

1 主出入口　2 次出入口　3 教学楼　4 多功能教室
5 图书馆　6 实验楼　7 报告厅　8 荣誉室
9 行政楼　10 会议室　11 体育馆　12 食堂
13 学生宿舍　14 教工宿舍　15 篮球场　16 网球场
17 排球场　18 400m运动场　19 科普区　20 停车位

图 8-9　案例七总平面图

基地内东侧为教学区，设置教学楼、图书馆、实验楼、行政办公楼等，教学楼以连廊相连。西南为体育运动区，设置 400m 运动场、体育馆、篮球场、排球场等；西北侧结合山体地形设置科普区，增强教学乐趣；北侧为生活区，设置学生宿舍、教师公寓和食堂。

参考文献

[1] 中华人民共和国住房和城乡建设部、中华人民共和国国家质量监督检验检疫总局. GB 50099—2011 中小学校设计规范 [S]. 北京：中国建筑工业出版社，2011.

[2] 中华人民共和国建设部、中华人民共和国国家发展计划委员会、中华人民共和国教育部. 建标【2002】102 号城市普通中小学校校舍建设标准 [S]. 2002-07-01.

[3] 中华人民共和国住房和城乡建设部、中华人民共和国国家发展和改革委员会、中华人民共和国教育部. 城市普通中小学校建设标准（征求意见稿）[S]. 2011.

[4] 张宗尧，李志民. 中小学建筑设计 [M]. 北京：中国建筑工业出版社，2009.

[5] 北京市规划委员会. 北京市居住公共服务设施规划设计指标 [Z]. 2006.

[6] 杭州市人民政府. 杭州市城市规划公共服务设施基本配套规定 [Z]. 2009.

[7] 青岛市规划局. 青岛市市区公共服务设施配套标准及规划导则（试行）[Z]. 2010.

[8] 天津市建设管理委员会. 天津市居住区公共服务设施配置标准 [Z]. 2008.

[9] 南京市人民政府. 南京新建地区公共设施配套标准规划指引 [Z]. 2006.

[10] 深圳市人民政府. 深圳市城市规划标准与准则 [Z]. 2013.

[11] 珠海市规划局. 珠海市城市规划技术标准与准则 [Z]. 2008.

[12] 中华人民共和国建设部、中华人民共和国国家质量监督检验检疫总局. GB 50413—2007 城市抗震防灾规划标准 [S]. 北京：中国建筑工业出版社，2007.

[13] 中华人民共和国国务院办公厅. 关于制定中小学教职工编制标准的意见 [Z]. 2001.

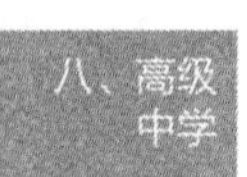

九、特殊教育学校

1. 术语

由政府、企业、社会团体、其他社会组织及公民个人依法举办的专门对残疾儿童、青少年实施义务教育的机构，包括教学、体育活动、康复训练和职业教育等功能。

本手册所称特殊教育学校是指九年制义务教育阶段招收盲、聋、智障学生的学校。

2. 设施分类

特殊教育学校分为单一型特殊教育学校和综合型特殊教育学校，其中单一型特殊教育学校包括盲校、聋校、培智学校三类，综合型特殊教育学校包括盲、聋综合学校，盲、培智综合学校，聋、培智综合学校和盲、聋、培智综合学校四类。

3. 设施规模

3.1 办学规模

3.1.1 国家规范要求

《特殊教育学校建设标准》（建标156—2011）提出，盲校、聋校、培智学校办学规模为9班、18班、27班，盲校、聋校每班12人，培智学校每班8人。

3.1.2 地方标准

(1)《北京市特殊教育学校办学条件标准》（京教基二【2013】15号）规定，特殊教育学校适宜办学规模应满足表9-1的要求。

北京市特殊教育学校适宜办学规模　　表9-1

学校类型	适宜规模（班）	班额	学制
盲校	9～18	≤12人	九年一贯制学校
聋校	9～18	≤12人	九年一贯制学校
培智学校	9～18	≤8人	九年一贯制学校
综合学校	9～18	根据三类校确定	九年一贯制学校

（2）《山东省特殊教育学校基本办学条件标准》（鲁教基字【2012】26 号）规定，特殊教育学校适宜办学规模应满足表 9-2 的要求。

山东省特殊教育学校适宜办学规模 **表 9-2**

学校类型	适宜规模（班）	班额
盲校	9～27	≤12 人
聋校	9～27	≤12 人
培智学校	9～27	≤8 人
综合学校	18～36	根据三类校确定

3.1.3 办学规模取值建议

（1）单一型特殊教育学校

通过比较可以看出国家规范和地方标准对单一型特殊教育学校的办学规模要求基本一致。因此，单一型特殊教育学校适宜办学规模建议按照《特殊教育学校建设标准》（建标 156—2011）的规定进行设置。盲校、聋校、培智学校适宜办学规模为 9 班、18 班、27 班，盲校、聋校班额不宜超过 12 人，培智学校班额不宜超过 8 人。

（2）综合型特殊教育学校

国家规范对综合型特殊教育学校的办学规模未做规定，参考部分地方标准的相应规定，建议盲、聋综合学校，盲、培智综合学校，聋、培智综合学校适宜办学规模为 18 班、27 班、36 班；盲、聋、培智综合学校适宜办学规模为 27 班、36 班，盲、聋校班额不宜超过 12 人，培智学校班额不宜超过 8 人。

3.2 建筑面积

3.2.1 国家规范要求

（1）单一型特殊教育学校

根据《特殊教育学校建设标准》（建标 156—2011）的规定，盲校、聋校、培智学校校舍总建筑面积和班均建筑面积指标应分别满足表 9-3、表 9-4、表 9-5 的要求。

盲校校舍建筑面积指标（单位：m^2） **表 9-3**

项目名称	必备指标					选配指标		
	一级指标		二级指标					
	9 班	18 班	9 班	18 班	27 班	9 班	18 班	27 班
教学及教学辅助用房使用面积	1023	1530	1379	2109	2656	101	121	121
公共活动及康复用房使用面积	384	549	542	814	914	60	312	312

续表

项目名称	必备指标					选配指标		
	一级指标		二级指标					
	9班	18班	9班	18班	27班	9班	18班	27班
办公用房使用面积	440	687	597	999	1216	60	60	122
生活用房使用面积	1022	1927	1263	2409	3439	216	432	648
使用面积合计	2869	4693	3781	6331	8225	437	925	1203
建筑面积合计	4782	7822	6302	10552	13708	728	1542	2005
班均建筑面积	531	435	700	586	508	81	86	74

注：平面利用系数K=0.6。

聋校校舍建筑面积指标（单位：m^2）　　**表9-4**

项目名称	必备指标					选配指标		
	一级指标		二级指标					
	9班	18班	9班	18班	27班	9班	18班	27班
教学及教学辅助用房使用面积	930	1325	1263	1779	2647	91	91	91
公共活动及康复用房使用面积	297	396	451	692	792	370	650	990
办公用房使用面积	440	687	597	999	1216	60	60	122
生活用房使用面积	823	1527	1036	1955	2759	216	432	648
使用面积合计	2490	3935	3347	5425	7414	737	1233	1851
建筑面积合计	4150	6558	5578	9042	12357	1228	2055	3085
班均建筑面积	461	364	620	502	458	136	114	114

注：平面利用系数K=0.6。

培智学校校舍建筑面积指标（单位：m^2）　　**表9-5**

项目名称	必备指标					选配指标		
	一级指标		二级指标					
	9班	18班	9班	18班	27班	9班	18班	27班
教学及教学辅助用房使用面积	687	1127	867	1536	2220	176	237	352
公共活动及康复用房使用面积	405	486	513	666	727	30	30	30
办公用房使用面积	440	687	597	999	1216	60	60	122
生活用房使用面积	743	1404	913	1745	2499	144	288	432
使用面积合计	2275	3704	2890	4946	6662	410	615	936
建筑面积合计	3792	6173	4817	8243	11103	683	1025	1560
班均建筑面积	421	343	535	458	411	76	57	58

注：平面利用系数K=0.6。

必备指标是根据学校规模、班额和办学需要必须配备校舍的面积指标，选配指标是指根据当地经济发展水平和特殊教育发展需求、残疾学生康复及改善教职工工作条件的需要，在必备指标的基础上，宜增加的校舍面积指标。新建学校应满足必备指标加选配指标的要求，如果学校分期建设，其首期建设的校舍建筑面积不应低于必备指标。在必备指标中一级指标适用于县级城镇的特殊教育学校，二级指标适用于地（州）、市级及以上的特殊教育学校。

根据《特殊教育学校建设标准》（建标 156—2011）对特殊教育学校建筑面积和班额的规定进行计算，可以得出单一型特殊教育学校的生均建筑面积（表 9-6）。

单一型特殊教育学校生均建筑面积指标（单位：m^2/生）　　**表 9-6**

项目名称	必备指标					选配指标		
	一级指标		二级指标					
	9 班	18 班	9 班	18 班	27 班	9 班	18 班	27 班
盲校	44	36	58	49	42	7	7	6
聋校	38	30	52	42	38	11	10	10
培智学校	53	43	67	57	51	10	7	7

（2）综合型特殊教育学校

《特殊教育学校建设标准》（建标 156—2011）提出，综合型特殊教育学校的教学及教学辅助用房和生活用房分别按照各类班级规模及所属类别的指标执行，公共活动及康复用房和办公用房选择三类学校同一指标中的高值执行，图书阅览、多功能教室、体育康复训练室、风雨操场等用房应适合不同类别的学生共享共用。

根据上述要求，通过计算可以得出综合型特殊教育学校建筑面积指标（表 9-7）。

综合型特殊教育学校建筑面积指标（单位：m^2）　　**表 9-7**

学校类别	必备指标		选配指标
	一级指标	二级指标	
18 班盲、聋综合学校	8390	11257	2223
18 班盲、培智综合学校	7852	10392	1682
18 班聋、培智综合学校	7260	9617	2228
27 班盲、聋、培智综合学校	—	12263	3427

注：平面利用系数 K=0.6。

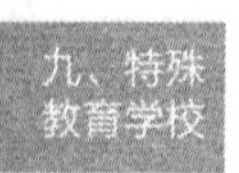

3.2.2　地方标准

《北京市特殊教育学校办学条件标准》（京教基二【2013】15 号）和《河南省特殊教育学校标准化建设标准》（教基二【2013】287 号）规定新建特殊教育学校参照《特殊教育学校建设标准》（建标 156—2011）执行。

《山东省特殊教育学校基本办学条件标准》（鲁教基字【2012】26 号）规

定，特殊教育学校校舍建筑面积应满足表 9-8 的要求。

山东省特殊教育学校建筑面积指标（单位：m^2）　　表 9-8

学校类别	项目名称	必备指标					选配指标		
		一级指标		二级指标					
		9 班	18 班	9 班	18 班	27 班	9 班	18 班	27 班
盲校	建筑面积	5207	8397	6577	10827	14012	718	1498	1962
	班均建筑面积	578.5	466.5	730.7	601.5	519.0	79.8	83.2	72.7
聋校	建筑面积	4557	7175	5720	9285	12495	1230	2057	2987
	班均建筑面积	506.3	398.6	635.6	515.8	462.8	136.7	114.3	110.6
培智学校	建筑面积	4393	6953	5208	8635	11690	723	1065	1433
	班均建筑面积	488.1	386.3	578.7	479.7	433.0	80.4	59.2	53.1

注：表中建筑面积按平面利用系数 K=0.6 计算。

此外，《杭州市城市规划公共服务设施基本配套规定》（2009 年）、《青岛市市区公共服务设施配套标准及规划导则》（2010 年）、《贵州省特殊教育学校办学条件标准》和《厦门市城市规划管理技术规定》（2010 年）也对特殊教育学校的建筑面积进行了规定（表 9-9）。

部分省市特殊教育学校建筑面积指标　　表 9-9

序号	城市	学校类别	学校规模	建筑面积（m^2）	生均建筑面积（m^2/生）
1	杭州	聋哑学校	9 班	4005	32
			18 班	6480	26
		弱智学校	9 班	3880	31
			18 班	6103	24
2	青岛	聋哑学校	9 班	4005	32
			18 班	6480	26
		弱智学校	9 班	3330	31
			18 班	5238	24
3	厦门	盲校	9 班	5166	41
		聋校	9 班	3906	31
		盲校/聋校	18 班	9072	36
		弱智学校	9 班	3240	30
			18 班	5184	24
4	贵州	盲校	9 班	5170	41
			18 班	8492	34
		聋校	9 班	4007	32
			18 班	6476	26
		启智学校	9 班	3325	31
			18 班	5232	24

3.2.3 实例

部分城市特殊教育学校建筑面积 表 9-10

序号	学校名称	学校类别	学校规模	建筑面积（m²）	生均面积（m²/生）	建设时间
1	北京市盲人学校	盲校	27 班	31400	98	2012 年
2	浙江省盲人学校	盲校	23 班	13060	54	1989 年
3	荣成市特殊教育学校	聋校	15 班	12000	77	2013 年
4	漳州市聋哑学校	聋校	10 班	7000	50	2005 年
5	上海闵行区启智学校	培智学校	13 班	4685	41	1993 年
6	中山市特殊教育学校	盲、聋综合学校	32 班	20000	52	2003 年
7	阜南县特殊教育学校	聋、培智综合学校	17 班	9000	58	2013 年
8	广州番禺区培智学校	聋、培智综合学校	26 班	15000	45	1997 年
9	株洲市特殊教育学校	盲、聋、培智综合学校	22 班	12500	53	1985 年

3.2.4 建筑面积取值建议

北京市和河南省的规定与《特殊教育学校建设标准》（建标 156—2011）一致，山东省的规定略高于《特殊教育学校建设标准》（建标 156—2011）。杭州、青岛、厦门、贵州四省市的标准由于在《特殊教育学校建设标准》（建标 156—2011）颁布之前制定，其建筑面积指标低于《特殊教育学校建设标准》（建标 156—2011），但是与《特殊教育学校建设标准（试行）》（1994 年）吻合。

从实例中可以看出，2012 年之后建设的特殊教育学校满足《特殊教育学校建设标准》（建标 156—2011）的规定。2012 年之前建设的特殊教育学校实例低于《特殊教育学校建设标准》（建标 156—2011）的规定，但满足《特殊教育学校建设标准（试行）》（1994 年）的规定。实例中部分特殊教育学校现有生均面积超出标准给定的生均指标，可能是因为学校实际规模没达到设计规模。

综上所述，地方标准基本参照国家规范执行，实际建设也符合国家规范的规定，建议特殊教育学校的建筑面积按照《特殊教育学校建设标准》（建标 156—2011）的规定执行。

《特殊教育学校建设标准》（建标 156—2011）规定用地面积指标分为 I 类和 II 类，为了与用地面积指标分类相对应，将《特殊教育学校建设标准》（建标 156-2011）中的建筑面积指标类型进行转换。将必备指标下的一级指标加选配指标归为 I 类指标，必备指标下的二级指标加选配指标归为 II 类指标。

（1）单一型特殊教育学校

根据《特殊教育学校建设标准》（建标 156—2011）对单一型特殊教育学校建筑面积指标的规定，建议单一型特殊教育学校建筑面积按照表 9-11 进行选取。

单一型特殊教育学校建筑面积指标（单位：m²） **表 9-11**

学校类别	项目名称	建筑面积指标				
		Ⅰ类		Ⅱ类		
		9班	18班	9班	18班	27班
盲校	建筑面积	5510	9364	7030	12094	15713
	生均建筑面积	51.0	43.4	65.1	56.0	48.5
聋校	建筑面积	5378	8613	6806	11097	15442
	生均建筑面积	49.8	39.9	63.0	51.4	47.7
培智学校	建筑面积	4475	7198	5500	9268	12663
	生均建筑面积	62.2	50.0	76.4	64.4	58.6

注：县级城镇的特殊教育学校选用Ⅰ类指标，地（州）、市级及以上的特殊教育学校选用Ⅱ类指标。

（2）综合型特殊教育学校

根据《特殊教育学校建设标准》（建标 156—2011）对综合型特殊教育学校的教学及教学辅助用房和生活用房的规定，可以得出综合型特殊教育学校建筑面积（表 9-12）。

综合型特殊教育学校建筑面积指标（单位：m²） **表 9-12**

学校类别	项目名称	建筑面积指标	
		Ⅰ类	Ⅱ类
18 班盲、聋综合学校	建筑面积	10613	13480
	生均建筑面积	49.1	62.4
18 班盲、培智综合学校	建筑面积	9533	12073
	生均建筑面积	53.0	67.1
18 班聋、培智综合学校	建筑面积	9488	11845
	生均建筑面积	52.7	65.8
27 班盲、聋、培智综合学校	建筑面积	—	15690
	生均建筑面积	—	54.5

注：县级城镇的特殊教育学校选用Ⅰ类指标，地（州）、市级及以上的特殊教育学校选用Ⅱ类指标。

此外，本手册未给出指标的其他综合型特殊教育学校的建筑面积按照下列原则确定：综合型特殊教育学校的教学及教学辅助用房和生活用房分别按照各类班级规模及所属类别的指标执行，公共活动及康复用房和办公用房选择三类学校同一指标中的高值执行，图书阅览、多功能教室、体育康复训练室、风雨操场等用房应适合不同类别的学生共享共用。

3.3 用地面积

3.3.1 国家规范要求

（1）单一型特殊教育学校

《特殊教育学校建设标准》（建标 156—2011）规定，特殊教育学校建设用地包括建筑用地、体育活动用地、集中绿化用地和地面停车场用地，学校用地面积指标应满足表 9-13 的要求。

单一型特殊教育学校用地面积（单位：m^2）　　**表 9-13**

学校类别	项目名称	建设用地指标				
		Ⅰ类		Ⅱ类		
		9 班	18 班	9 班	18 班	27 班
盲校	建筑用地	6887	11704	8787	15117	19641
	体育活动场地	4628	4628	4628	4628	4628
	集中绿化用地	1310	1877	1522	2256	2790
	地面停车场用地	279	558	279	558	837
	用地面积合计	13104	18767	15216	22559	27896
聋校	建筑用地	6723	10767	8508	13871	19302
	体育活动场地	5186	5744	5186	5744	6302
	集中绿化用地	1354	1897	1553	2241	2938
	地面停车场用地	279	558	279	558	837
	用地面积合计	13542	18966	15526	22414	29379
培智学校	建筑用地	5594	8998	6875	11585	15829
	体育活动场地	5186	5744	5186	5744	6302
	集中绿化用地	1234	1710	1376	1997	2567
	地面停车场用地	324	648	324	648	972
	用地面积合计	12338	17100	13761	19974	25670

注：表中Ⅰ类建设用地指标是指满足校舍总建筑面积一级指标加选配指标的建筑用地和其他各项用地之和所需的建设用地面积；Ⅱ类建设用地指标是指满足校舍总建筑面积二级指标加选配指标的建筑用地和其他各项用地之和所需的建设用地面积。

根据国家规范中规定的用地面积指标和班额指标进行计算，可以得出单一型特殊教育学校的生均用地面积（表 9-14）。

单一型特殊教育学校生均用地面积指标（单位：m^2/生）　　**表 9-14**

学校类别	生均指标				
	Ⅰ类		Ⅱ类		
	9 班	18 班	9 班	18 班	27 班
盲校	121.3	86.9	140.8	104.4	86.1
聋校	125.4	87.8	143.8	103.8	90.7
培智学校	171.4	118.8	191.1	138.7	118.8

注：县级城镇的特殊教育学校选用Ⅰ类指标，地（州）、市级及以上的特殊教育学校选用Ⅱ类指标。

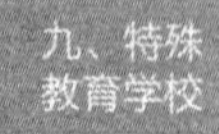

（2）综合型特殊教育学校

综合型特殊教育学校建设用地包括建筑用地、体育活动用地、地面停车场用地和集中绿化用地。

① 建筑用地

建筑用地包括建筑物、构筑物基底占地面积，建筑物周围通道，房前屋后的零星绿地及建筑组群之间的小片活动场地，校园道路及广场用地。建筑用地面积等于建筑面积除以建筑容积率，《特殊教育学校建设标准》（建标156—2011）规定建筑容积率不大于0.8。通过计算可以得出综合型特殊教育学校建筑用地面积指标（表9-15）。

综合型特殊教育学校建筑用地面积指标（单位：m^2）　表9-15

学校类别	建筑用地面积	
	Ⅰ类	Ⅱ类
18班盲、聋综合学校校	13266	16850
18班盲、培智综合学校	11916	15091
18班聋、培智综合学校	11860	14806
27班盲、聋、培智综合学校	—	19613

注：县级城镇的特殊教育学校选用Ⅰ类指标，地（州）、市级及以上的特殊教育学校选用Ⅱ类指标。

② 体育活动用地

按照《特殊教育学校建设标准》（建标156—2011）的规定，18班盲、聋综合学校和18班盲、培智综合学校应设1片200m环形跑道田径场加1片篮球场，18班聋、培智综合学校和27班盲、聋、培智综合学校应设1片200m环形跑道田径场加2片篮球场。根据《特殊教育学校建设标准》（建标156—2011）规定的单一型特殊教育学校体育活动用地面积指标，可以得出综合型特殊教育学校体育活动用地指标（表9-16）。

综合型特殊教育学校体育活动用地面积指标　表9-16

学校类别 / 项目	18班盲、聋综合学校	18班盲、培智综合学校	18班聋、培智综合学校	27班盲、聋、培智综合学校
200m环形跑道（片）	1	1	1	1
篮球场（片）	1	1	2	2
占地面积（m^2）	5186	5186	5744	5744

③ 地面停车场用地

《特殊教育学校建设标准》（建标156—2011）规定，地面停车场用地按教职工数的30%配置机动车地面停车场，每个停车位占地$30m^2$。学校教职工人数按照盲校、聋校师生比1∶3.5，培智学校师生比1∶2计算。按照上述规定，通过计算可以得出综合型特殊教育学校地面停车场用地面积（表9-17）。

综合型特殊教育学校地面停车场用地面积　表9-17

学校类别	学生数（人）	教职工数（人）	配建机动车停车位数量（个）	停车场用地面积（m^2）
18班盲、聋综合学校	216	62	19	570
18班盲、培智综合学校	180	67	20	600
18班聋、培智综合学校	180	67	20	600
27班盲、聋、培智综合学校	288	98	29	870

④ 集中绿化用地

《特殊教育学校建设标准》（建标 156—2011）规定，集中绿化用地不应小于校园建设用地面积的 10%。

3.3.2 地方标准

《北京市特殊教育学校办学条件标准》（京教基二【2013】15 号）和《河南省特殊教育学校标准化建设标准》（教基二【2013】287 号）规定，新建特殊教育学校用地面积参照《特殊教育学校建设标准》（建标 156—2011）执行。

《山东省特殊教育学校基本办学条件标准》（鲁教基字【2012】26 号）规定，特殊教育学校用地面积应满足表 9-18 的要求。

山东省特殊教育学校用地面积指标（单位：m^2） **表 9-18**

学校类别	用地名称	建设用地指标				
		Ⅰ类		Ⅱ类		
		9 班	18 班	9 班	18 班	27 班
盲校	用地面积	13681	19506	15584	22880	28209
	班均用地	1520	1084	1732	1271	1045
聋校	用地面积合计	14110	19824	15726	22756	29436
	班均用地	1568	1101	1747	1264	1090
培智学校	用地面积	13088	18098	14220	20433	26167
	班均用地	1454	1005	1580	1135	969

《杭州市城市规划公共服务设施基本配套规定》（2009 年），《青岛市市区公共服务设施配套标准及规划导则》（2010 年），《贵州省特殊教育学校办学条件标准》，《厦门市城市规划管理技术规定》（2010 年）也对特殊教育学校的用地面积进行了规定。

部分省市特殊教育学校用地面积指标 **表 9-19**

序号	城市	学校类别	学校规模	用地面积（m^2）	生均用地面积（m^2/生）
1	杭州	聋哑学校	9 班	11115	88
			18 班	15624	62
		弱智学校	9 班	9954	79
			18 班	15876	63
2	青岛	聋哑学校	9 班	11115	88
			18 班	15624	62
		弱智学校	9 班	8550	79
			18 班	13680	63
3	厦门	盲校	9 班	10458	83
		聋校	9 班	11088	88
		盲校/聋校	18 班	16884	67
		弱智学校	9 班	8532	79
			18 班	13608	63

续表

序号	城市	学校类别	学校规模	用地面积（m^2）	生均用地面积（m^2/生）
4	贵州	盲校	9 班	10458	83
			18 班	16884	67
		聋校	9 班	11088	88
			18 班	15624	62
		启智学校	9 班	8532	79
			18 班	13608	63

3.3.3 实例

部分特殊教育学校建筑面积 **表 9-20**

序号	学校名称	学校类别	学校规模	用地面积（m^2）	生均面积（m^2/生）	建设时间
1	北京市盲人学校	盲校	27 班	29700	93	2012 年
2	浙江省盲人学校	盲校	23 班	36465	151	1989 年
3	荣成市特殊教育学校	聋校	15 班	20001	129	2013 年
4	漳州市聋哑学校	聋校	10 班	13334	95	2005 年
5	上海闵行区启智学校	培智学校	13 班	9800	85	1993 年
6	中山市特殊教育学校	盲、聋综合学校	32 班	33335	87	2003 年
7	阜南县特殊教育学校	聋、培智综合学校	17 班	13400	87	2013 年
8	广州番禺区培智学校	聋、培智综合学校	26 班	53000	160	1997 年
9	株洲市特殊教育学校	三者综合学校	25 班	20001	85	1985 年

3.3.4 用地面积取值建议

北京市和河南省的规定与《特殊教育学校建设标准》（建标 156—2011）一致，山东省的规定略高于《特殊教育学校建设标准》（建标 156—2011）。杭州、青岛、厦门、贵州四省市的标准由于在《特殊教育学校建设标准》（建标 156—2011）颁布之前制定，其用地面积指标低于《特殊教育学校建设标准》（建标 156—2011），但是与《特殊教育学校建设标准（试行）》（1994 年）吻合。

从实例中可以看出，2012 年之后建设的特殊教育学校实例基本满足《特殊教育学校建设标准》（建标 156—2011）的规定。2012 年之前建设的特殊教育学校实例低于《特殊教育学校建设标准》（建标 156—2011）的规定，但满足《特殊教育学校建设标准（试行）》（1994 年）的规定。实例中部分特殊教育学校现有生均面积超出标准给定的生均指标，可能是因为学校实际规模没达到设计规模。

综上所述，地方标准基本参照国家规范执行，实际建设也符合国家规范的规定，建议特殊教育学校的用地面积按照《特殊教育学校建设标准》（建标 156—2011）的规定执行。

（1）单一型特殊教育学校

根据《特殊教育学校建设标准》（建标 156—2011）对单一型特殊教育学校用地面积指标的规定，建议单一型特殊教育学校用地面积按照表 9-21 进行选取。

单一型特殊教育学校用地面积指标（单位：m²） **表 9-21**

学校类别	项目名称	建设用地指标				
		Ⅰ类		Ⅱ类		
		9 班	18 班	9 班	18 班	27 班
盲校	用地面积	13104	18767	15216	22559	27896
	生均用地	121.3	86.9	140.8	104.4	86.1
聋校	用地面积	13542	18966	15526	22414	29379
	生均用地	125.4	87.8	143.8	103.8	90.7
培智学校	用地面积	12338	17100	13761	19974	25670
	生均用地	171.4	118.8	191.1	138.7	118.8

注：县级城镇的特殊教育学校选用Ⅰ类指标，地（州）、市级及以上的特殊教育学校选用Ⅱ类指标。

（2）综合型特殊教育学校

根据《特殊教育学校建设标准》（建标 156—2011）的规定，对综合型特殊教育学校用地面积指标进行计算，建议综合型特殊教育学校用地面积按照表 9-22 进行选取。

综合型特殊教育学校用地面积控制一览表（单位：m²） **表 9-22**

学校类别	用地名称	建设用地面积	
		Ⅰ类	Ⅱ类
18 班盲、聋综合学校	用地面积	21136	25118
	生均用地	97.9	116.3
18 班盲、培智综合学校	用地面积	19669	23197
	生均用地	109.3	128.9
18 班聋、培智综合学校	用地面积	20227	23500
	生均用地	112.4	130.6
27 班盲、聋、培智综合学校	用地面积	—	29141
	生均用地	—	101.2

注：县级城镇的特殊教育学校选用Ⅰ类指标，地（州）、市级及以上的特殊教育学校选用Ⅱ类指标。

4. 主要控制指标

4.1 容积率

根据《特殊教育学校建设标准》（建标 156—2011）规定的用地面积与建

筑面积指标进行计算，可以得出单一型特殊教育学校容积率指标（表 9-23）和综合型特殊教育学校容积率指标（表 9-24）。

单一型特殊教育学校容积率一览表　　　　表 9-23

学校类别	容积率				
	Ⅰ类指标		Ⅱ类指标		
	9 班	18 班	9 班	18 班	27 班
盲校	0.4	0.5	0.5	0.5	0.6
聋校	0.4	0.5	0.4	0.5	0.5
培智学校	0.4	0.4	0.4	0.5	0.5

综合型特殊教育学校容积率一览表　　　　表 9-24

学校类别	容积率	
	Ⅰ类指标	Ⅱ类指标
18 班盲、聋综合学校	0.5	0.5
18 班盲、培智综合学校	0.5	0.5
18 班聋、培智综合学校	0.5	0.5
27 班盲、聋、培智综合学校	—	0.5

4.2　建筑限高

4.2.1　国家规范要求

《特殊教育学校建设标准》（建标 156—2011）规定，学校的普通教室、专用教室应安排在四层（含四层）以下。设有培智特殊教育学校教学用房超过 2 层（含 2 层）时宜设无障碍电梯。

《特殊教育学校建筑设计规范》（JGJ 76—2003）规定，教学及生活用房在无电梯情况下，盲学校学生用房不应设置在三层以上；聋学校学生用房不应设置在四层以上；培智学校学生用房不应设置在二层以上。食堂、厨房、多功能活动室等用房宜为单层建筑。

4.2.2　建筑限高取值建议

特殊教育学校教学用房应设在 4 层及以下，为就近看护，办公用房可设在 5 层，建议特殊教育学校建筑限高控制为 20m。

4.3　建筑密度

特殊教育学校主体建筑多为 3～4 层，其他附属建筑宜为单层，平均层数一般不大于 3 层，按照 0.4～0.6 的容积率和不大于 3 层的平均层数计算，特殊教育学校建筑密度一般不大于 20%。建议新建特殊教育学校建筑密度按不大于 20%控制。

4.4 绿地率

《特殊教育学校建筑设计规范》（JGJ 76—2003）规定，特殊教育学校绿地率不应小于35%。

4.5 配建机动车停车位

《特殊教育学校建设标准》（建标156—2011）规定，特殊教育学校按教职工数的30%配建机动车地面停车场。学校教职工人数按照盲校、聋校师生比1∶3.5，培智学校师生比1∶2计算。按照上述规定，通过计算可以得出特殊教育学校配建机动车停车位数量（表9-25）。

特殊教育学规划校配建机动车停车位数量 **表9-25**

学校类别	学校规模（班）	教职工数（人）	配建机动车停车位数量（个）
盲校、聋校	9	31	9
	18	62	19
	27	93	28
培智学校	9	36	11
	18	72	22
	27	108	32
18班盲、聋综合学校	18	62	19
18班盲、培智学综合校	18	67	20
18班聋、培智学综合校	18	67	20
27班盲、聋、培智综合学校	27	98	29

4.6 相关指标汇总

盲校相关指标一览表 **表9-26**

相关指标 \ 学校规模（班）	Ⅰ类		Ⅱ类		
	9班	18班	9班	18班	27班
生均用地面积（m²/生）	121.3	86.9	140.8	104.4	86.1
用地面积（m²）	13104	18767	15216	22559	27896
生均建筑面积（m²/生）	51.0	43.4	65.1	56.0	48.5
建筑面积（m²）	5510	9364	7030	12094	15713
容积率	0.4	0.5	0.5	0.5	0.6
建筑密度（%）	≤20	≤20	≤20	≤20	≤20
建筑限高（m）	20	20	20	20	20
绿地率（%）	≥35	≥35	≥35	≥35	≥35
配建机动车停车位数量（个）	9	19	9	19	28

注：县级城镇的盲校选用Ⅰ类指标，地（州）、市级及以上的盲校选用Ⅱ类指标。

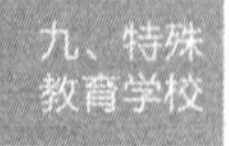

聋校相关指标一览表 **表 9-27**

相关指标 \ 学校规模（班）	Ⅰ类		Ⅱ类		
	9 班	18 班	9 班	18 班	27 班
生均用地面积（m^2/生）	125.4	87.8	143.8	103.8	90.7
用地面积（m^2）	13542	18966	15526	22414	29379
生均建筑面积（m^2/生）	49.8	39.9	63.0	51.4	47.7
建筑面积（m^2）	5378	8613	6806	11097	15442
容积率	0.4	0.5	0.4	0.5	0.5
建筑密度（%）	≤20	≤20	≤20	≤20	≤20
建筑限高（m）	20	20	20	20	20
绿地率（%）	≥35	≥35	≥35	≥35	≥35
配建机动车停车位数量（个）	9	19	9	19	28

注：县级城镇的聋校选用Ⅰ类指标，地（州）、市级及以上的聋校选用Ⅱ类指标。

培智学校相关指标一览表 **表 9-28**

相关指标 \ 学校规模（班）	Ⅰ类		Ⅱ类		
	9 班	18 班	9 班	18 班	27 班
生均用地面积（m^2/生）	171.4	118.8	191.1	138.7	118.8
用地面积（m^2）	12338	17100	13761	19974	25670
生均建筑面积（m^2/生）	62.2	50.0	76.4	64.4	58.6
建筑面积（m^2）	4475	7198	5500	9268	12663
容积率	0.4	0.4	0.4	0.5	0.5
建筑密度（%）	≤20	≤20	≤20	≤20	≤20
建筑限高（m）	20	20	20	20	20
绿地率（%）	≥35	≥35	≥35	≥35	≥35
配建机动车停车位数量（个）	11	22	11	22	32

注：县级城镇的培智学校选用Ⅰ类指标，地（州）、市级及以上的培智学校选用Ⅱ类指标。

综合型特殊教育学校相关指标一览表 **表 9-29**

相关指标 \ 学校类别	Ⅰ类			Ⅱ类			
	18 班盲、聋综合学校	18 班盲、培智综合学校	18 班聋、培智综合学校	18 班盲、聋综合学校	18 班盲、培智综合学校	18 班聋、培智综合学校	27 班盲、聋、培智综合学校
生均用地面积(m^2/生)	97.9	109.3	112.4	116.3	128.9	130.6	101.2
用地面积（m^2）	21136	19669	20227	25118	23197	23500	29141
生均建筑面积(m^2/生)	49.1	53.0	52.7	62.4	67.1	65.8	54.5
建筑面积（m^2）	10613	9533	9488	13480	12073	11845	15690
容积率	0.5	0.5	0.5	0.5	0.5	0.5	0.5
建筑密度（%）	≤20	≤20	≤20	≤20	≤20	≤20	≤20
建筑限高（m）	20	20	20	20	20	20	20

续表

学校类别 相关指标	Ⅰ类			Ⅱ类			
	18班盲、聋综合学校	18班盲、培智综合学校	18班聋、培智综合学校	18班盲、聋综合学校	18班盲、培智综合学校	18班聋、培智综合学校	27班盲、聋、培智综合学校
绿地率（%）	≥35	≥35	≥35	≥35	≥35	≥35	≥35
配建机动车停车位数量（个）	19	20	20	19	20	20	29

注：县级城镇的综合型特殊教育学校选用Ⅰ类指标，地（州）、市级及以上的综合型特殊教育学校选用Ⅱ类指标。

5. 选址因素

（1）应选址在地质条件较好、环境适宜、地形平坦、阳光充足、地势较高，具备必要基础设施的地段。避开地震危险地段、泥石流易发地段、滑坡体、悬崖边及崖底、风口、洪水沟口、输气管道和高压走廊等。

（2）应选址在交通方便的地段，用地至少有一面临接城市道路。学校校门不应直接设置在交通繁忙的城市主干路和公路旁侧。应避开公路干线、无立交设施的铁路、无安全通行防护设施的河流及水域。

（3）宜选址在环境比较安静的城市郊区，邻近文化教育设施、医疗康复机构、福利机构及公园绿地等设置。

（4）选址和布局应避开高层建筑的阴影区，普通教室应保证冬至日底层满窗日照不少于3h。

（5）选址和用地形状宜有利于200m环形跑道长轴的南北向设置，用地的南北向边长宜不小于95m，东西向边长宜不小于55m。

（6）不应与集贸市场，娱乐场所，医院太平间，殡仪馆，消防站等不利于学生学习、身心健康和危及学生安全的场所毗邻，与上述场所的距离宜大于1000m。

（7）特殊教育学校与污染工业企业的卫生防护距离应符合附表A的规定。

（8）特殊教育学校与易燃易爆场所的防火距离应符合附表B的规定。

（9）特殊教育学校与市政设施的安全卫生防护距离应符合附表C的规定。

6. 总体布局指引

在总体规划阶段，特殊教育学校的规划布局通常按以下几个步骤进行：(1) 确定特殊教育学校生源数量；(2) 确定是否需要配置特殊教育学校；(3) 确定特殊教育学校的类型；(4) 确定新增特殊教育学校班级数量；(5) 确定新增特殊教育学校数量；(6) 确定特殊教育学校的具体布局。

（1）确定特殊教育学校生源数量

特殊教育学校生源数量以当地残疾人联合会或相关部门统计数据为准，当地有地方生源标准（千人指标）规定时，应按地方生源标准进行计算，如无地方生源标准规定，可参考表 9-30 进行选取。

根据总人口和千人指标，确定特殊教育学校生源总量，再根据视力残疾、听力残疾和智力残疾三类残疾学生比例（表 9-31），确定各类残疾生生源数量。

现状全国和部分城市特殊教育学校千人指标　　表 9-30

序号	城市	在校残疾学生数量（人）	总人口（万人）	千人指标（生/千人）
1	全国	380851	135404	0.13
2	北京市	8670	2069	0.13
3	成都市	4625	1635	0.10
4	温州市	2564	900	0.10

特殊教育学校三类残疾学生比例（单位：%）　　**表 9-31**

区域	智力残疾	听力残疾	视力残疾
东部地区	48.4	44.2	7.4
中部地区	33.0	61.7	5.3
西部地区	29.1	63.8	7.1
总计	39.9	53.4	6.7

注：东部地区是指辽宁、天津、北京、山东、河北、上海、江苏、浙江、福建、广东、海南；中部地区是指黑龙江、吉林、河南、湖北、湖南、江西、安徽、山西；西部地区是指内蒙古、陕西、宁夏、甘肃、西藏、云南、四川、重庆、广西、新疆。

根据全国总体千人指标和三类残疾学生比例，可计算出不同人口规模的城市特殊教育学校生源数量（表 9-32）。

不同规模城市特殊教育学校生源数量　　表 9-32

总人口规模（万人）	100	200	300	400	500	800	1000
视障生（人）	9	18	27	35	44	71	88
听障生（人）	71	141	212	282	353	565	706
智障生（人）	53	106	158	211	264	422	528
合计	133	265	397	528	661	1058	1322

（2）确定是否需要配置特殊教育学校

按照盲校、聋校每班 12 人，培智学校每班 8 人的标准计算各类残疾生班级总量，结合 9 班的适宜办学规模下限要求，确定是否需要配置特殊教育学校。

（3）确定特殊教育学校的类型

根据各类残疾生班级数量确定特殊教育学校的类型，如有多种选择，对于用地紧张地区宜优先选择综合型特殊教育学学校。

例如，总人口 400 万人的城市，应配置 3 班盲校、24 班聋校和 27 班培智学校，考虑到土地集约性和使用者的特殊性，宜配置 1 所 27 班的盲、聋综合学校和 1 所 27 班培智学校。

（4）确定新增特殊教育学校班级数量

对现状特殊教育学校进行分析，确定保留、改扩建特殊教育学校的班级数量，并结合规划特殊教育学校的班级数量，确定规划新增特殊教育学校班级总量。

（5）确定新增特殊教育学校数量

根据特殊教育学校的适宜规模，确定新增特殊教育学校数量。

（6）确定特殊教育学校具体布局

根据表 9-21 和表 9-22 确定规划特殊教育学校的用地面积，同时，考虑特殊教育学校选址因素，确定规划特殊教育学校的具体布局。

7. 详细规划指引

7.1 用地构成

特殊教育学校用地由建筑用地、体育活动用地、集中绿化用地和停车场用地等部分组成。总平面布置应预留一定面积的发展用地。

其中建筑用地包括建筑物、构筑物占地面积、建筑物周围通道，房前屋后的零星绿地及建筑组群之间的小片活动场地；体育活动用地包括体育课、课间操及课外活动使用的成片场地；集中绿化用地包括校园专用绿地和生物科技园地等。

7.2 功能分区

特殊教育学校总平面布局模式可分为集中式和分散式两种。[1]

（1）集中式布局有利于加强各个功能区之间的联系，缩短步行流线，保证残疾儿童的生活、学习与康复等功能都发生在一个相对安全的环境当中，使用上简单直接，便于教师的控制。18 班以下的特殊教育学校或用地面积较紧张的特殊教育学校，宜采用集中式布局。

（2）分散式布局交通流线相对较长，但功能分区明确，空间形态较为丰富，不同功能流线、动静区间干扰小，亦有利于学校分期建设的发展需求。18 班以上的特殊教育学校或用地面积较充裕的特殊教育学校，宜采用分散式布局。

特殊教育学校可划分为教学区、体育运动区、绿化区、康复训练区、职业教育区、生活区等。各功能区应布局合理、联系方便。体育运动场、生活服务用房的布置既要方便使用，也应尽量避免自身产生的噪声干扰教学区。常见特殊教育学校功能分区模式有 5 种（图 9-1）。

[1] 陈明扬，盲校规划及建筑设计研究［D］. 广州：华理工大学，2012：57-79.

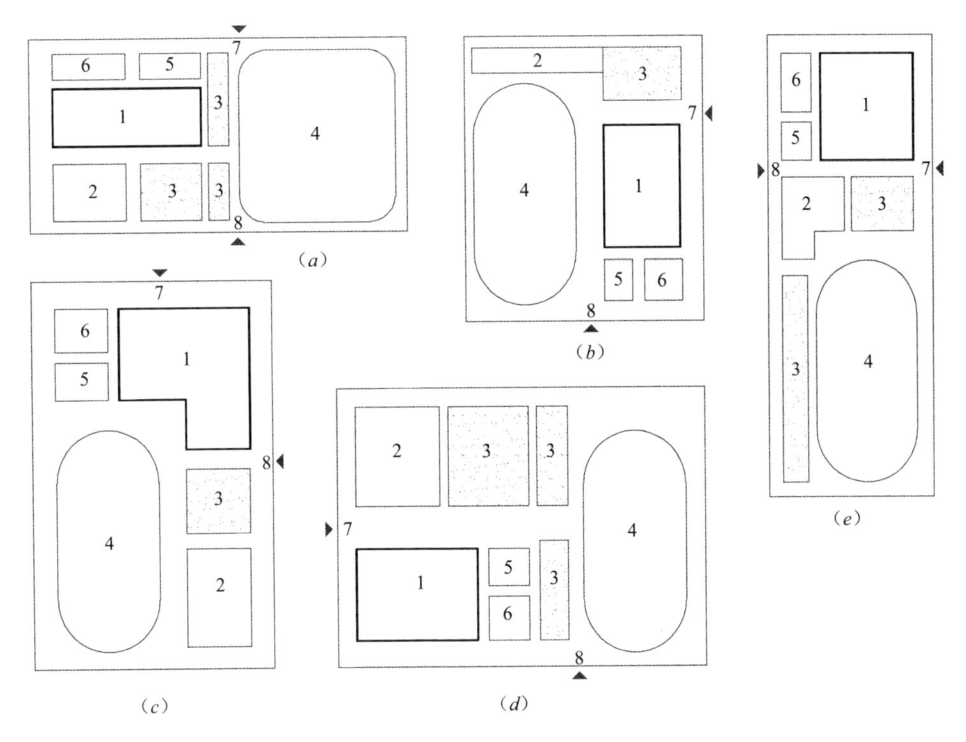

图 9-1　功能分区模式图

模式（a）中用地东西方向长、南北方向短，田径场难以布置成长轴为南北向。如图示，将教学区与体育运动区分别设于东西两侧，有利于分区，并便于疏散，主要道路简短，运动场噪声对教学区干扰小。

模式（b）基本为一方形用地，为保证田径场长轴的南北向布局，教学区形成南北长、东西短的用地形式。教学区与体育运动区平行布置，运动场噪声对教学区有干扰，两者之间的距离不宜小于 25m。

模式（c）中用地南北方向长、东西方向短，教学区与体育运动区成斜角布置，运动场噪声对教学区有干扰，两者之间的距离不宜小于 25m。

模式（d）用地形状较图（a）进深稍大，较大改善了运动场的使用功能，同时教学区内的建筑布局更具灵活性，此类用地形状较为理想。

模式（e）为南北向用地，分区上采用教学区与体育运动区各据一端的组合方式，其他部分布局在两者之间作为噪声隔离带。

7.3　场地布局

7.3.1　教学区规划设计要求

（1）教学用房与学生宿舍应安排在校内安静区，应有良好的日照与自然通风，并应保证冬至日底层满窗日照不少于 3h。

（2）教学用房与宿舍楼宜就近布置，并且用连廊连在一起，提高安全系数。教室不宜面对运动场布置，当必须面向运动场时，窗与运动场之间的距离不应小于 25m。

（3）盲校、培智学校教学区建筑组合、水平及垂直联系空间应简洁明晰，流线通畅，严禁采用弧形平面组合。

7.3.2 运动区规划设计要求

（1）田径场地及球类场地的长轴应为南北向，为避免对校舍和周边居民的噪声干扰，应在场地周围设置绿化带。

（2）盲校应设一片 200m 环形跑道运动场。9 班聋校、培智学校应设一片 200m 环形跑道运动场加 1 片篮球场，18 班聋校、培智学校设一片 200m 环形跑道运动场加 2 片篮球场，27 班聋校、培智学校设一片 200m 环形跑道运动场加 3 片篮球场。

（3）体育活动场地除少部分为硬地外，大部分场地宜铺设草坪，并在适宜的地方布置沙坑、戏水池等适合残疾学生活动的体育设施和游戏场地。

7.3.3 绿化区规划设计要求

（1）集中绿化用地不应小于校园用地面积的 10%。

（2）特殊教育学校绿化用地内，严禁种植带刺或有毒的植物。

7.3.4 康复训练区规划设计要求

康复训练及职业技术训练场地用地面积应为 $4m^2$/人，总用地面积不应小于 $400m^2$。

7.3.5 生活区规划设计要求

（1）学生宿舍的设计必须符合防火与安全疏散要求。

（2）学生宿舍不宜与教学楼合建，男女生宿舍应分区设置。

7.3.6 其他规划设计要求

（1）学校应设置旗杆、旗台，并宜位于校园中心广场或主要运动场区的显要位置。

（2）校园、校舍应整体性强。建筑组合应紧凑、集中，学校的主要建筑之间宜有廊连系。

（3）校门的位置应退后城市干道红线 5m 以上，形成相应的缓冲空间。

7.4 交通组织

（1）学校道路网的布置应便捷，校园内的主要交通道路应根据学校人流、车流、消防要求布置，路线要通畅便捷，不能与人流交叉。

（2）学校出入口应尽量远离人流集散的区域，并与公交车站、地铁站、人行天桥保持适当距离，避免人流交叉干扰。学校的主出入口不宜设在主要交通干道边上，校门外侧应设置人流缓冲区。

(3) 校园内的道路应创造无障碍通行环境，道路有高差变化时，应设坡度不超过 1∶12 的坡道；高差超过 0.60m 时，坡道两侧应设高度为 0.60m～0.65m 的扶手。

8. 案例介绍

8.1 案例一

所在城市：东部地区某中等城市

设施分类：盲校

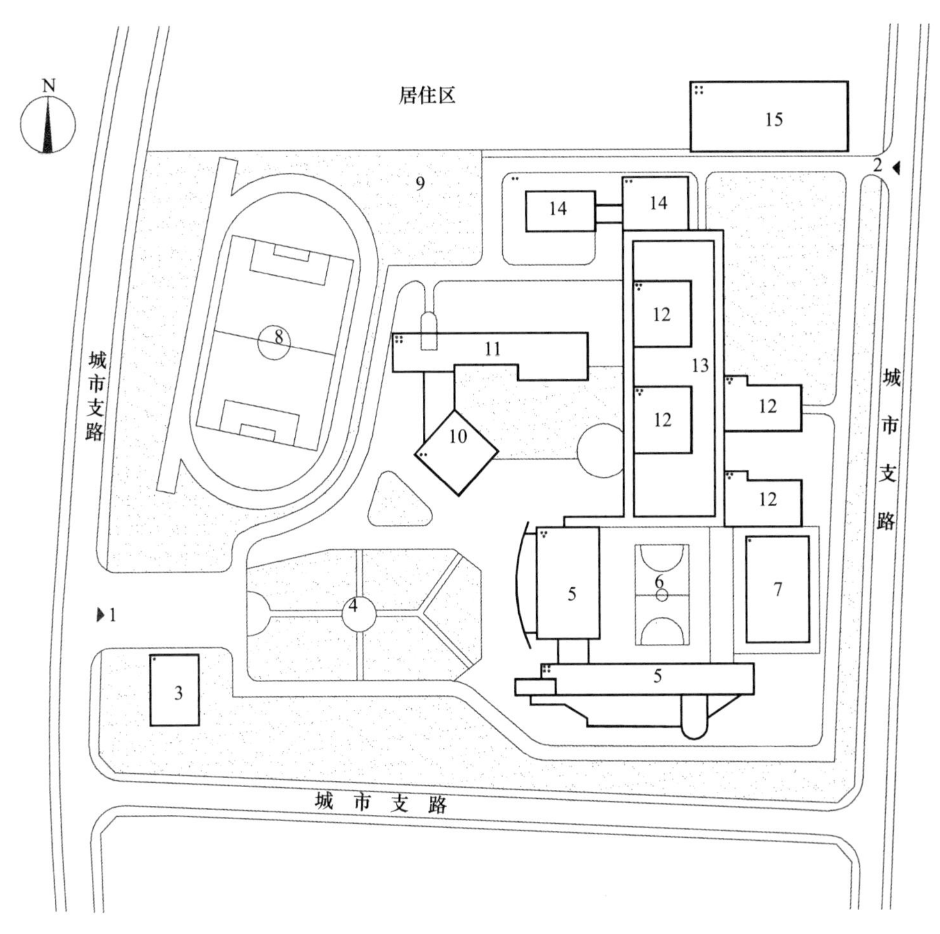

1 主入口　2 次入口　3 门卫室　4 前庭广场

5 教学楼　6 篮球场　7 风雨操场　8 200m运动场

9 游戏场地　10 报告厅　11 旧教学楼　12 宿舍

13 连廊　14 食堂　15 康复职教楼（新楼）

图 9-2　案例一总平面图

用地面积：36465m²
建筑面积：13060m²
容积率：0.36
建筑密度：20.0%
绿地率：36.0%
办学规模：23 班（含学前班、高中班）

该特殊教育学校位于城市郊区，基地呈方形，为扩建项目。地块北侧为居住区，东、西、南三侧紧邻城市支路，在西侧和东侧道路上分别设置主次入口，利于学校双向进出，与外界联系方便。

总平面采用分散式布局模式，功能分区明确。中部和东南部为教学区，由新旧两栋“L”形形态的教学楼组成；东部为生活区，由 4 栋宿舍楼和食堂组成，教学区和生活区形成“品”字形空间布局，并用 2 条风雨连廊串在一起，各个单体建筑都能就近利用周边空间，围合出不同的室外活动场地，形成丰富的交往空间。西部为运动区，设有 200m 运动场，位置独立，对其他功能区干扰小。北部紧邻次入口设有康复职教楼，方便对外服务。

该项目为扩建项目，采取分期建设的模式，并注重各期功能的关联，二期建设的教学楼与三期建设的康复楼均能有效融入到学校整体空间体系中。

8.2 案例二

所在城市：东部地区某大城市
设施分类：培智学校
用地面积：11177m²
建筑面积：5588m²
容积率：0.50
建筑密度：19.0%
绿地率：35.0%

该特殊教育学校位于城市郊区，为新建项目。

基地东边紧邻该市聋哑学校，北边为山体，西边和南边为农村居民点。地块南侧和东侧均为城市支路，分别设置主次入口。基地内通过一条环形道路组织车行交通，停车场分别布置于学校门卫室旁和北面校园主路两侧，使车辆停放在建筑外围，人流集中在内部，实现学生活动流线和车行流线的分离，为学生提供一个安全便捷的步行环境。

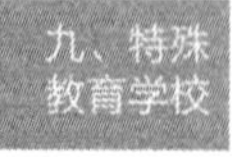

学校总平面采用组合式布局模式，功能分区较为清晰。西部为教学区和生活区，通过连廊连接各个独立的功能楼，为学生提供了一个全天候无风雨的步行系统。东部为运动区，设有 200m 运动场。教学区与运动区并行分开设置，各自独立，有利于减少运动场噪声对教学生活区的干扰。

建筑平面呈“E”字形布局，建筑与建筑间围合成一个个供室外活动的庭院，建筑外围通过防护绿地与周边道路隔离，以减少负面影响。

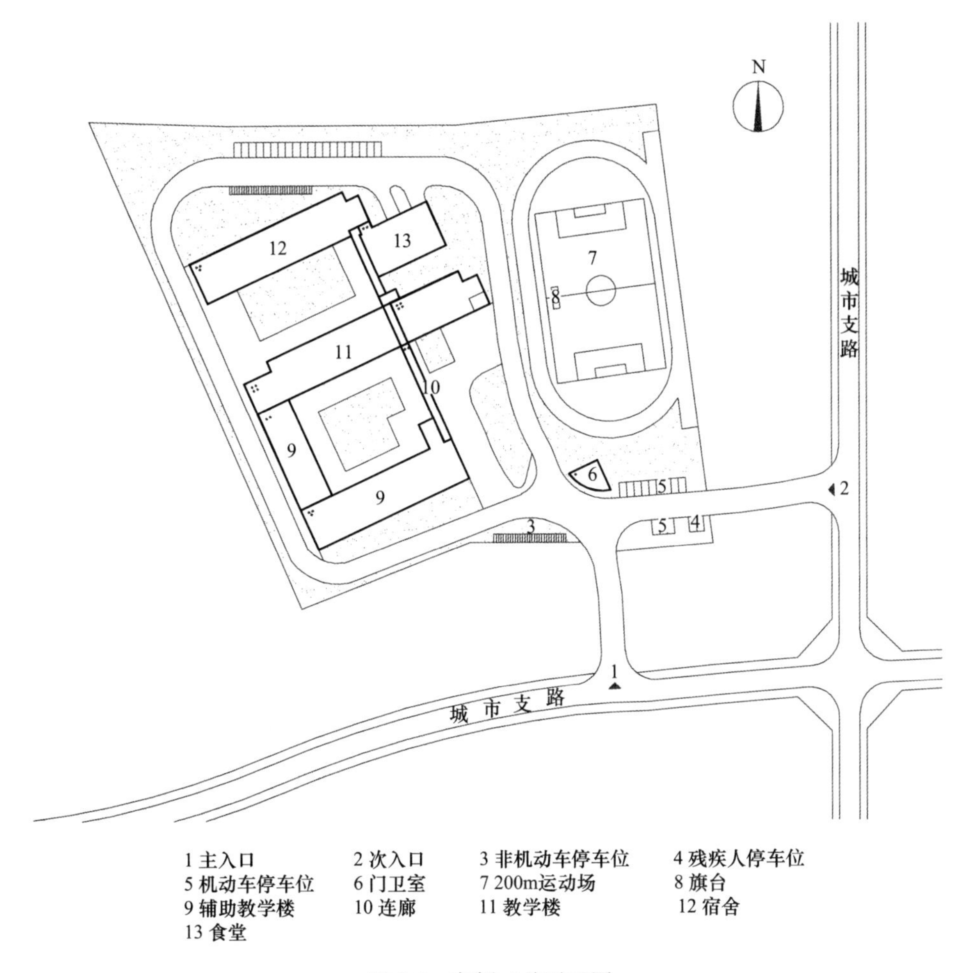

图 9-3　案例二总平面图

8.3　案例三

所在城市：中部地区某中等城市

设施分类：盲、聋综合学校

用地面积：26668m^2

建筑面积：8173m^2

容积率：0.31

建筑密度：15.0％

绿地率：46.0％

办学规模：24 班（含学前班和高中班）

该特殊教育学校位于城市新区的大学园区，为新建项目。

基地呈长方形，三面临路，西侧和南侧为城市次干路，东侧为城市支路。基地在西侧道路和东侧道路上分别设置人行主次入口，在南侧道路和西侧道路上分别设置车行主次入口。校园内部形成交通环路，与各出入口相接，并在出入口附近设置停车场。

学校总平面采用分散式布局模式，动静分区明确。中部为教学区，设有教学楼、实验楼和职教楼，三者通过连廊连接。北侧为生活区，设有宿舍和食堂。南侧靠近出入口设有学前部。东侧靠近城市支路布置为运动区，设有运动场、篮球场和器械区，运动区紧邻人行出入口，方便对外联系。

建筑平面呈行列式布局，序列感强。建筑南北间距较大，有利于创造良好的采光和通风环境。规划形成一条从人行主入口到运动场的东西向景观轴线，丰富了校园的景观。同时各建筑外围都有室外活动场地和绿化空间，方便学生交往活动。

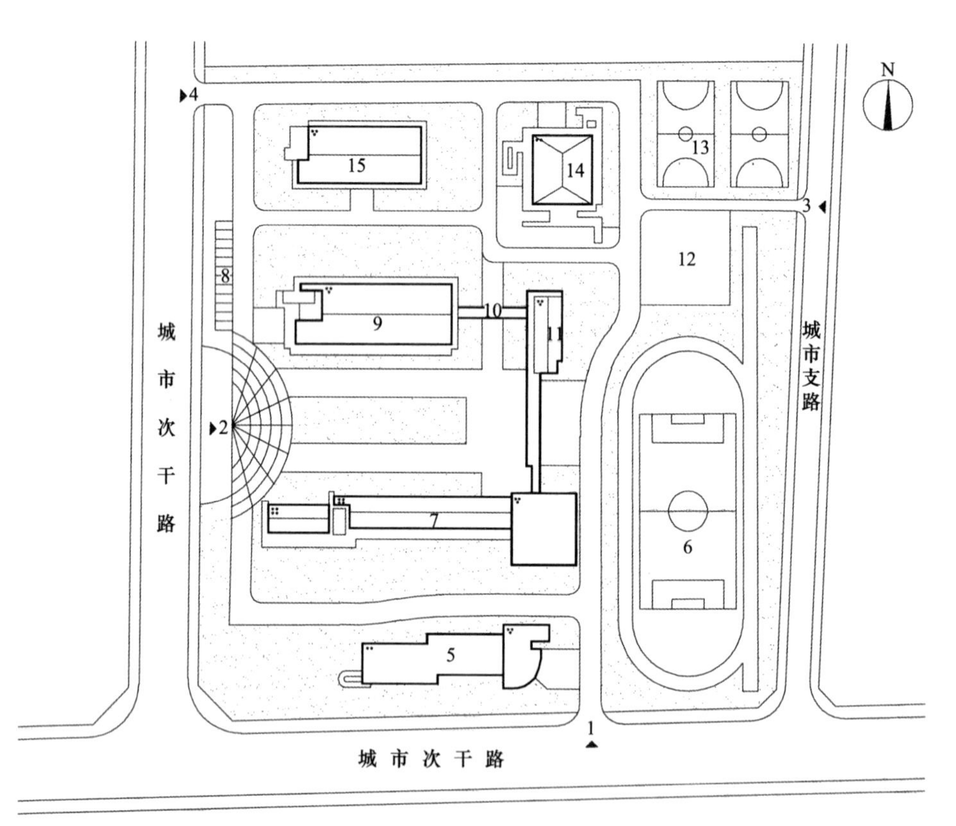

1 车行主入口　2 人行主入口　3 人行次入口　4 车行次入口
5 学前部　6 200m运动场　7 教学楼　8 机动车停车位
9 实验楼　10 连廊　11 职教楼　12 器械区
13篮球场　14 食堂　15 宿舍

图 9-4　案例三总平面图

8.4 案例四

所在城市：东部地区某特大城市

设施分类：聋、培智综合学校

用地面积：8614m²

建筑面积：5928m²

容积率：0.69

建筑密度：17.0%

绿地率：45.0%

办学规模：9 班

该特殊教育学校位于城市中心区，是一所与普通小学合建的新建特殊教育学校。

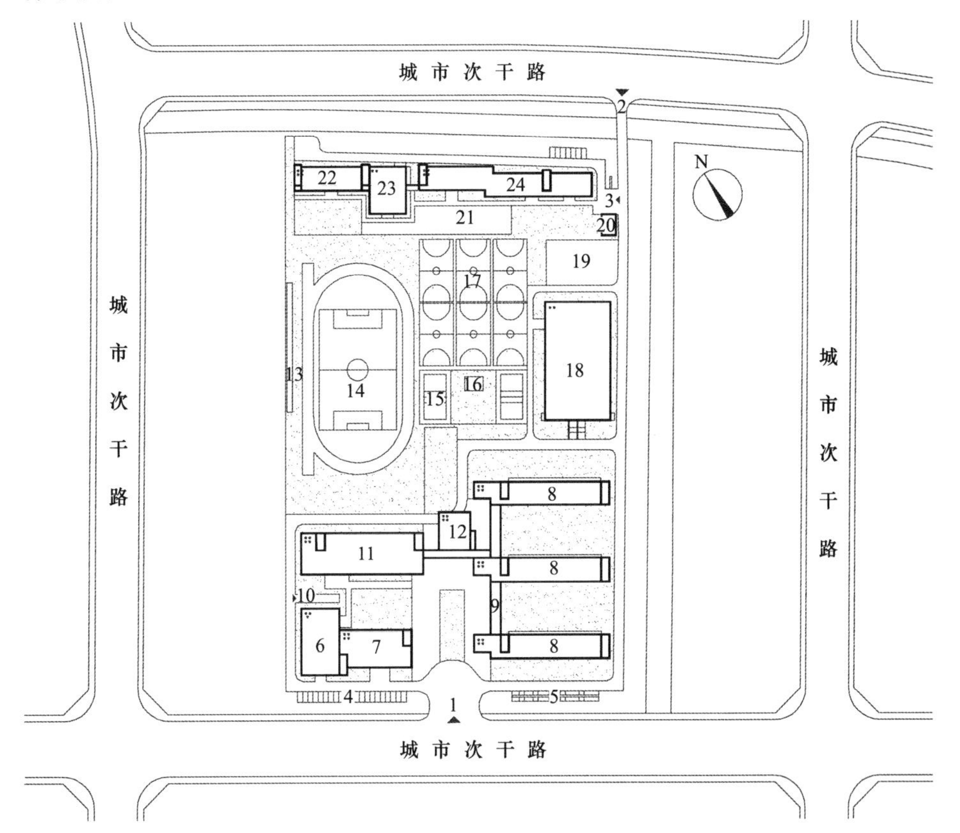

1 主入口　2 次入口　3 特殊教育学校出入口　4 机动车停车位
5 非机动车停车位　6 报告厅　7 行政楼　8 普通教学楼
9 连廊　10 地下车库出入口　11 综合楼　12 阶梯教室
13看台　14 200m环形运动场　15 排球场　16 旗台
17 篮球场　18 食堂　19器械区　20 门卫
21 出操广场　22 宿舍　23 食堂及多功能厅　24 教学行政办公楼

图 9-5　案例四总平面图

基地呈正方形，北侧和东侧临城市河道，东西两侧规划有城市绿带。基地南、北为城市次干路，分别设置主次入口，并在出入口附近设置停车场，通过一条南北向的内部道路联系两个校区。

基地北部为特殊教育学校，用尽端式的道路组织形式，南部为普通小学。运动区布置于基地中部，方便两校共用，采取集中布置的方式，设有200m运动场、排球场、篮球场和器械区。

特殊教育学校建筑采用集中式布局模式，建筑平面呈“一”字形布局，各功能区的联系紧密，步行流线简短。西部为生活区，设有宿舍、食堂及多功能厅；东部为教学区，设有教学行政办公楼。

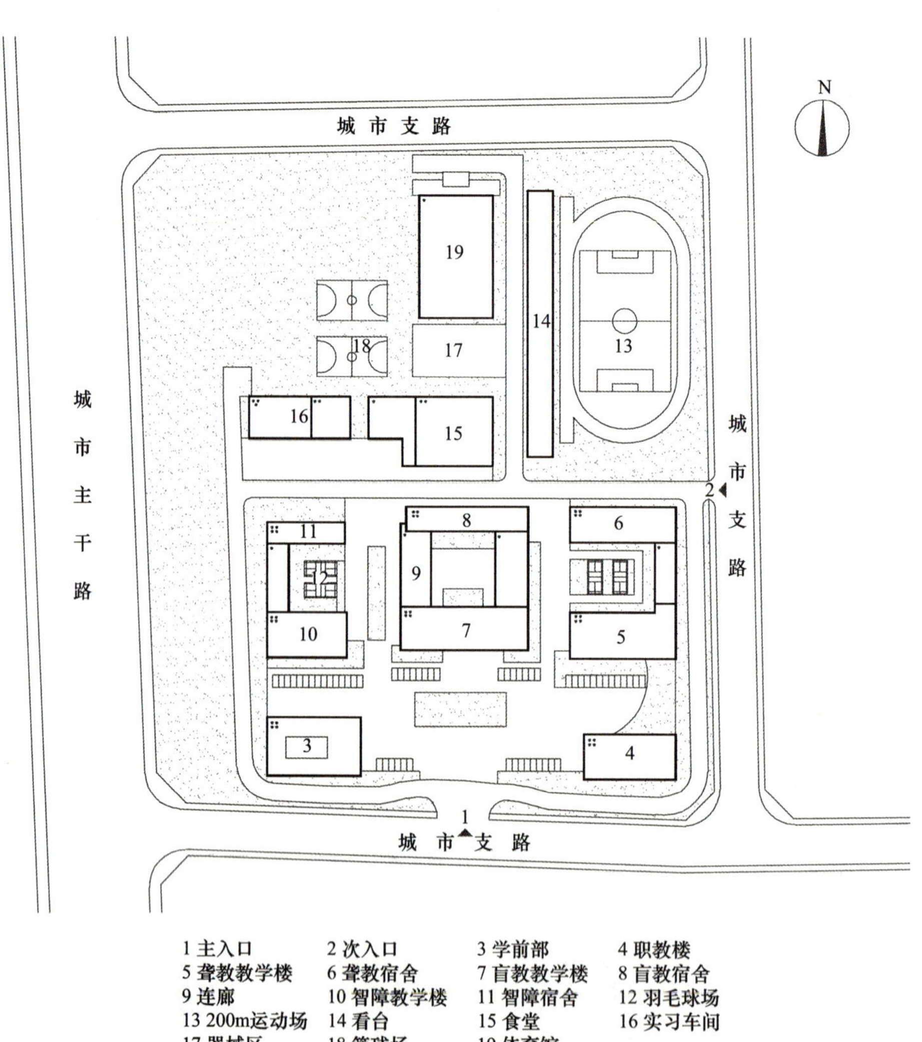

图9-6 案例五总平面图

8.5 案例五

所在城市：北部地区某中等城市

设施分类：盲、聋、培智三者综合学校

用地面积：43129m²

建筑面积：27417m²

容积率：0.64

建筑密度：20.0%

绿地率：36.0%

该特殊教育学校位于城区内，是新建项目。周边有大型职业教育学校和普通中学，是城市教育板块的重要组成部分。

基地呈长方形，四面临路，西侧为城市主干路，南侧、东侧和北侧为城市支路。在南侧和东侧道路上分别设置主次出入口，通过内部环路组织交通。停车场结合学校南侧主入口设置，以确保不干扰内部的交通，保证师生安全。

学校总平面采用分散式布局模式。南部为教学生活区，盲、聋、培智分部设置，各分部相对独立。每个部分均南侧为教学楼，北侧为宿舍，通过连廊进行联系，方便学生学习和生活。分部建筑各自形成庭院空间，庭院内设有羽毛球场，方便学生使用。基地北部为后勤运动区，设有食堂、体育馆、200m 运动场、篮球场和器械区等多项运动场地。

西侧临近城市主干路，设有一条防护绿带，以减少对教学生活的负面影响。

8.6 案例六

所在城市：东部地区某特大城市

设施分类：盲校

用地面积：7200m²

建筑面积：10054m²

容积率：1.40

建筑密度：37.0%

绿地率：40.0%

办学规模：17 班

该特殊教育学校位于城市中心城区，为改建项目。

基地呈不规则方形，东侧临城市次干路，南侧为城市支路，西侧和北侧均为居住区。在东侧和南侧道路上分别设置主次出入口，东侧的入口下穿主体建筑。内部道路连接两个出入口，呈半环形。

受用地的限制，总平面采用集中式布局模式。各功能空间联系紧密，建筑内部围合出的中庭和走廊构成学生课余活动的主要场所。主体建筑为回字形的教学楼和一字形的宿舍楼。两者的连接部分为办公区。由于用地有限，学校未设 200m 环形跑道，在建筑围合的 U 字形空地上，设有一个篮球场和一条 5 道 100m 的直跑道。

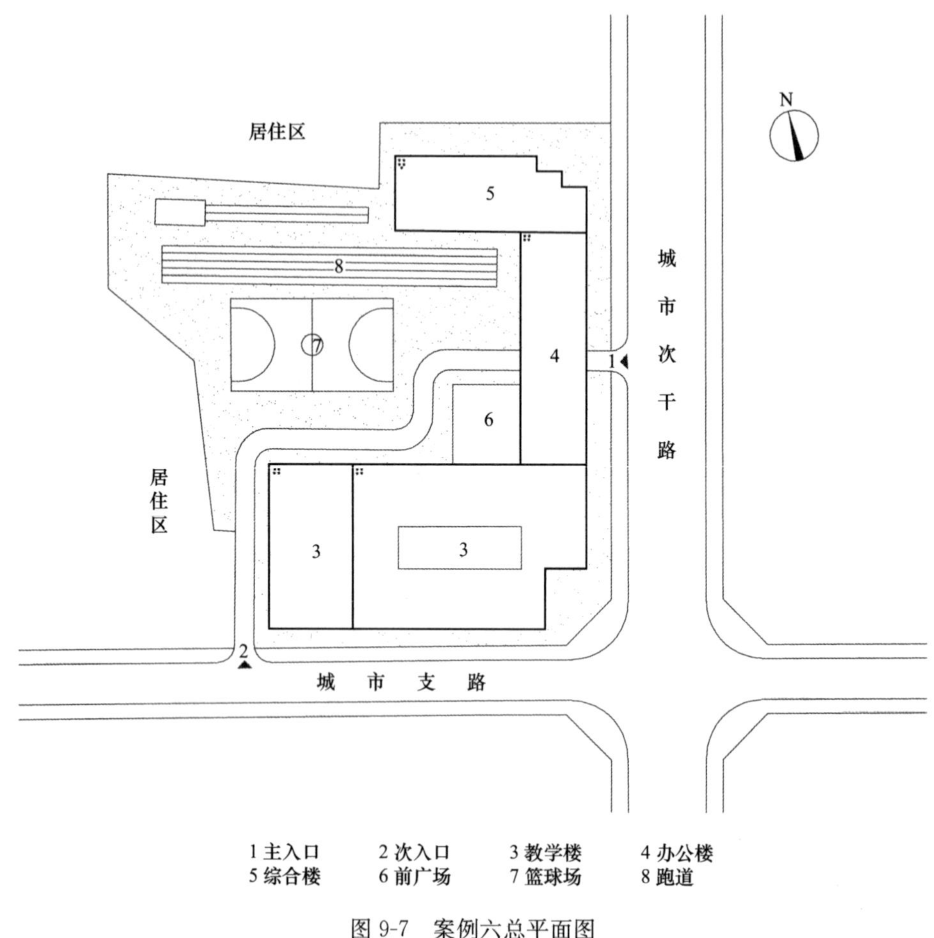

图 9-7 案例六总平面图

参考文献

［1］ 中华人民共和国住房和城乡建设部、中华人民共和国国家发展和改革委员会．建标 156—2011 特殊教育学校建设标准［Z］．北京：中国计划出版社，2011.

［2］ 中华人民共和国建设部．JGJ 76—2003 特殊教育学校建筑设计规范［S］．北京：中国建筑工业出版社，2004.

［3］ 杭州市人民政府．杭州市城市规划公共服务设施基本配套规定［Z］．2009.

［4］ 青岛市人民政府．青岛市市区公共服务设施配套标准及规划导则［Z］．2010.

［5］ 厦门市人民政府．厦门市城市规划管理技术规定［Z］．2010.

［6］ 京教基二［2013］15 号北京市特殊教育学校办学条件标准.

[7] 山东省教育厅. 山东省特殊教育学校基本办学条件标准 [Z]. 2012.
[8] 黑龙江省教育厅. 黑龙江省特殊教育学校标准化建设标准 [Z]. 2010.
[9] 河南省教育厅. 河南省特殊教育学校标准化建设标准 [Z]. 2013.
[10] 彭荣斌. 我国特殊教育学校设计分析 [D]. 浙江大学硕士学位论文，2007.
[11] 牟彦茗. 特殊教育学校交往空间设计研究 [D]. 广州：华南理工大学，2010.
[12] 郑虎. 当代国内特殊教育学校设计新趋势 [D]. 大连：大连理工大学，2010.
[13] 陈明扬. 盲校规划及建筑设计研究 [D]. 广州：华南理工大学，2012.
[14] 孙岩等. 北京市特殊教育学校布局和选址研究 [J]. 中国特殊教育. 2014.
[15] 王雁等. 我国特殊教育学校学生分布情况调查 [J]. 中国特殊教育. 2013.
[16] 孙颖等. 特殊教育设施布局需求分析与发展规划研究——以北京市为例 [J]. 中国特殊教育. 2013.

十、儿童福利院

1. 术语

为孤、弃、残等儿童提供养护、医疗、康复、教育和技能培训、托管等服务的社会福利机构。

2. 设施分级

《儿童福利院建设标准》（建标【2010】145 号）规定，儿童福利院的建设规模按服务覆盖区常住人口数量划分为四级，应满足表 10-1 的要求。

儿童福利院建设规模分级 **表 10-1**

级别	床位数（张）	服务覆盖区常住人口数（万人）
一级	350～450	400～600
二级	250～349	300～400
三级	150～249	200～300
四级	100～149	100～200

注：① 二、三、四级儿童福利院所对应的人口数量不含上限。
② 接近人口数低值的，其建设规模宜采用床位数低值；接近人口数高值的其建设规模宜采用床位数高值；中间部分采用插值法确定。
③ 服务覆盖区常住人口超过 600 万的，可按实际需要适当增加床位数量或分点建设；常住人口在 100 万以下的，在确保服务功能的前提下，建设规模可参照四级标准下限执行或适当减少设置床位数，也可在综合福利机构中设置儿童部以满足功能需求。
④ 地广人稀的特殊地区，建设规模可提高一个级别。

3. 设施规模

3.1 建筑面积

3.1.1 国家规范要求

《儿童福利院建设标准》（建标【2010】145 号）规定儿童福利院床位数和床均指标应满足表 10-2 的要求。

儿童福利院床位数和床均指标 **表 10-2**

级别	床位数（张）	床均指标（m^2/床）
一级	350～450	35～37
二级	250～349	37～39
三级	150～249	39～41
四级	100～149	41～43

注：① 接近床位数低值的，其床均建筑面积指标宜采用高值；接近床位数高值的，其床均建筑面积指标宜采用低值，中间部分采用插值法确定。

② 床位数超过 450 张的，按一级标准的床均指标下限执行；床位数在 100 张以下的，按四级标准的床均指标上限执行。

3.1.2 地方标准

《杭州市城市规划公共服务设施基本配套规定》（2009）规定市儿童福利院至少设置一所，规模宜为 300～500 床位，平均每床位建筑面积不小于 $40m^2$，总建筑面积不小于 $12000m^2$。

3.1.3 实例

部分城市儿童福利院建筑面积指标 **表 10-3**

序号	名称	建筑面积（m^2）	床位数	床均指标（m^2/床）
1	潍坊市儿童福利院	18000	500	36.00
2	济南市儿童福利院	35000	1000	35.00
3	无锡市儿童福利院	14000	400	35.00
4	杭州市儿童福利院	19500	500	39.00

3.1.4 建筑面积取值建议

根据《儿童福利院建设标准》（建标【2010】145 号）对床位数和床均指标的规定，结合地方标准及实例分析，通过计算可以得出不同规模的儿童福利院建筑面积指标（表 10-4）。

儿童福利院房屋建筑面积指标 **表 10-4**

床位数（张）	100	150	200	250	300	350	400	450
床均指标（m^2/床）	43	41	40	39	38	37	36	35
建筑面积（m^2）	4300	6150	8000	9750	11400	12950	14400	15750

建议不同规模的儿童福利院建筑面积指标可以参照表 10-4 确定。

3.2 用地面积

3.2.1 国家规范要求

《儿童福利院建设标准》（建标【2010】145 号）规定儿童福利院容积率为 0.6～1.0。根据《儿童福利院建设标准》（建标【2010】145 号）中对床均指标和容积率的规定，通过计算可以得出儿童福利院的床均用地面积指标（表 10-5）。

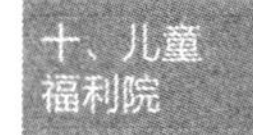

儿童福利院床均用地面积指标 表 10-5

级别	床位数（张）	床均指标（m²/床）	容积率	床均用地面积指标（m²/床）
一级	350～450	35～37	0.6～1.0	35.0～61.7
二级	250～349	37～39		37.0～65.0
三级	150～249	39～41		39.0～68.3
四级	100～149	41～43		41.0～71.7

3.2.2 地方标准

《杭州市城市规划公共服务设施基本配套规定》（2009）中指出，市儿童福利院至少设置一所，规模宜为 300～500 床位，平均每床位用地面积不小于 50m²，总用地面积不小于 15000m²。

3.2.3 实例

部分城市儿童福利院用地面积指标 表 10-6

序号	名称	用地面积（m²）	床位（张）	床均用地指标（m²/床）
1	潍坊市儿童福利院	20000	500	40.0
2	无锡市儿童福利院	17440	400	43.6
3	泰安市儿童福利院	13340	180	74.1
4	北京市儿童福利院	32153	500	64.3
5	上海市儿童福利院	73000	1000	73.0

3.2.4 用地面积取值建议

根据《儿童福利院建设标准》（建标【2010】145 号）对床位数和床均指标以及容积率的规定，结合地方标准及实例分析，通过计算可以得出不同规模儿童福利院的用地面积指标（表 10-7）。

儿童福利院房屋用地面积指标 表 10-7

床位数（张）	100	150	200	250	300	350	400	450
床均指标（m²/床）	43	41	40	39	38	37	36	35
容积率	0.6～1.0							
床均用地面积（m²/床）	43.0～71.7	41.0～68.3	40.0～66.7	39.0～65.0	38.0～63.3	37.0～61.7	36.0～60.0	35.0～58.3
用地面积（m²）	4300～7170	6150～10245	8000～13340	9750～16250	11400～18990	12950～21595	14400～24000	15750～26235

建议不同规模的儿童福利院用地面积指标可以参照表 10-7 确定。

建议床位数超过 450 张的，用地面积可参照一级标准的上限执行；床位数在 100 张以下的，用地面积可参照四级标准的下限执行。

4. 主要控制指标

4.1 容积率

4.1.1 国家规范要求

《儿童福利院建设标准》（建标【2010】145 号）规定儿童福利院容积率宜为 0.6～1.0。

4.1.2 地方标准

《杭州市城市规划公共服务设施基本配套规定》（2009）中指出，儿童福利院规模宜为 300～500 床位，平均每床位建筑面积不小于 40m²，平均每床位用地面积不小于 50m²，由此可以得出杭州市儿童福利院容积率为 0.8。

4.1.3 实例

部分城市儿童福利院容积率指标　　表 10-8

序号	名称	床位数	容积率
1	潍坊市儿童福利院	500	0.90
2	无锡市儿童福利院	400	0.80
3	泰安市儿童福利院	180	0.85
4	北京市儿童福利院	500	0.71
5	上海市儿童福利院	1000	0.64

4.1.4 容积率取值建议

综合《儿童福利院建设标准》（建标【2010】145 号）和地方标准以及儿童福利院实例，建议儿童福利院容积率按照《儿童福利院建设标准》（建标【2010】145 号）的规定执行，宜为 0.6～1.0。

规划儿童福利院用地面积为下限值时，容积率可取上限值；用地面积为上限值时，容积率可取下限值。

4.2 建筑限高

4.2.1 国家规范要求

《儿童福利院建设标准》（建标【2010】145 号）规定儿童用房宜为低层或多层建筑，层高应为 3.0m～3.3m。

4.2.2 实例

目前我国儿童福利院建筑高度以多层为主，一般院内最高的建筑为 4～6 层。

部分城市儿童福利院主体建筑层数　　表 10-9

序号	名称	主体层数
1	潍坊市儿童福利院	4
2	济南市儿童福利院	5

续表

序号	名称	主体层数
3	乌鲁木齐市儿童福利院	6
4	南通市儿童福利院	6

4.2.3 建筑限高取值建议

结合《儿童福利院建设标准》(建标【2010】145号)和实例，建议儿童福利院建筑不超过6层，层高应为3.0m～3.3m，建筑高度不大于20m。

4.3 建筑密度

4.3.1 国家规范要求

《儿童福利院建设标准》(建标【2010】145号)规定儿童福利院建筑密度宜为25%～30%。

4.3.2 实例

目前我国儿童福利院的建筑密度一般不大于30%。

部分城市儿童福利院建筑密度指标 **表10-10**

序号	名称	建筑密度
1	潍坊市儿童福利院	22.5%
2	泰安市儿童福利院	24.7%
3	上海市儿童福利院	26.6%

4.3.3 建筑限高取值建议

结合《儿童福利院建设标准》(建标【2010】145号)和实例，建议儿童福利院的建筑密度不大于30%。

4.4 绿地率

参考《城市绿化规划建设指标的规定》(城建【1993】784号)中对医院绿地率的规定，建议儿童福利院绿地率不小于35%。

4.5 配建机动车停车位

参考《城市停车规划规范》(征求意见稿)中对专科医院配建机动车停车位的规定，建议儿童福利院机动车位按照0.3个/100m^{2}建筑面积进行设置。

根据儿童福利院建筑面积指标的要求，通过计算可以得出不同规模儿童福利院的配建机动车停车位指标(表10-11)。

儿童福利院房屋建筑面积指标 **表10-11**

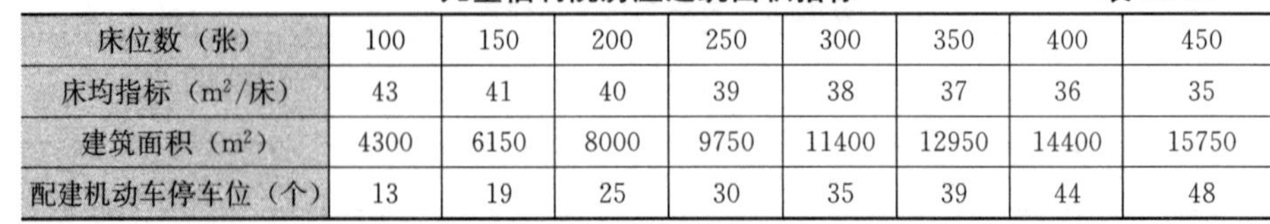

床位数(张)	100	150	200	250	300	350	400	450
床均指标(m^2/床)	43	41	40	39	38	37	36	35
建筑面积(m^2)	4300	6150	8000	9750	11400	12950	14400	15750
配建机动车停车位(个)	13	19	25	30	35	39	44	48

4.6 相关指标汇总

不同规模儿童福利院相关指标一览表　　表 10-12

相关指标 \ 床位数（张）	100	150	200	250	300	350	400	450
用地面积（m^2）	4300～7170	6150～10245	8000～13340	9750～16250	11400～18990	12950～21595	14400～24000	15750～26235
建筑面积（m^2）	4300	6150	8000	9750	11400	12950	14400	15750
容积率	0.6～1.0	0.6～1.0	0.6～1.0	0.6～1.0	0.6～1.0	0.6～1.0	0.6～1.0	0.6～1.0
建筑密度（%）	≤30	≤30	≤30	≤30	≤30	≤30	≤30	≤30
建筑限高（m）	20	20	20	20	20	20	20	20
绿地率（%）	≥35	≥35	≥35	≥35	≥35	≥35	≥35	≥35
配建机动车停车位数量（个）	13	19	25	30	35	39	44	48

注：① 接近床位数低值的，其床均建筑面积指标宜采用高值；接近床位数高值的，其床均建筑面积指标宜采用低值，中间部分采用插值法确定。
② 建议床位数超过 450 张的，按一级标准的床均建筑指标下限执行；床位数在 100 张以下的，按四级标准的床均建筑指标上限执行。
③ 建议床位数超过 450 张的，用地面积可参照一级标准的上限执行；床位数在 100 张以下的，用地面积可参照四级标准的下限执行。

5. 选址因素

（1）应选址在工程地质和水文地质条件较好的位置，避开自然灾害易发区。

（2）应选址在交通便利，供电、给排水、通信等市政条件较好的位置。

（3）应选址在避开商业繁华区、公共娱乐场所。与高噪声、污染源的防护距离符合有关安全卫生规定。

（4）宜靠近居住区，便于利用周边的生活、教育和医疗卫生等社会公共服务设施。

（5）儿童福利院与污染工业企业的卫生防护距离应符合附表 A 的规定。

（6）儿童福利院与易燃易爆场所的防火间距应符合附表 B 的规定。

（7）儿童福利院与市政设施的安全卫生防护距离应符合附表 C 的规定。

6. 总体布局指引

在总体规划阶段，儿童福利院的布局通常按以下几个步骤进行：（1）确定规划儿童福利院的总量；（2）确定规划新增儿童福利院的数量和等级；（3）确定规划儿童福利院的布局。

（1）确定规划儿童福利院的总量

根据服务覆盖区常住人口规模确定需要规划儿童福利院的数量，即服务区常住人口在100～600万之间，只需设置一处相应床位数的儿童福利院；服务区常住人口超过600万的，可按实际需要适当增加床位数量或分设两处；服务区常住人口在100万以下的，在确保服务功能的前提下，建设规模可参照四级标准下限执行或适当减少设置床位数，也可在综合福利机构中设置儿童部以满足功能需求。

（2）确定规划新增儿童福利院的数量和等级。

对现状已有设施，综合考虑其规模大小及保留、改扩建计划，确定规划新增设施数量，如现状没有儿童福利院的，则按规划要求的数量新增儿童福利院；如现状有儿童福利院，但规模较小已无法满足规划床位数需求并且用地紧张不具备改扩建条件的，可选址新建儿童福利院以补足床位数需求；如现状有儿童福利院，且其具备改扩建条件的，可对现状设施进行改扩建后满足规划床位数需求。

（3）确定规划儿童福利院的布局

根据表10-12确定的不同规模儿童福利院相关指标一览表，同时考虑儿童福利院的选址因素，确定具体布局。

7. 详细规划指引

7.1 用地构成

儿童福利院建设用地应包括建筑、绿化、室外活动和停车等用地。

7.2 功能分区

（1）儿童福利院的总平面布局分为儿童综合建筑区（其中包括儿童生活区、儿童教育培训区、儿童医疗康复区）、室外绿化区、儿童活动区、行政办公区、后勤服务区。

（2）儿童用房宜按照养护要求和服务流程实行连体布局，也可按照功能要求设置单体建筑，但宜采用建筑连廊连接。

图（*a*）采用集中式布局，主体功能集中在一栋建筑中，方便工作人员随时照顾到儿童的各方面生活，建筑南侧设置活动场地，入口处设置绿化景观区。

图（*b*）采用组合式布局，将儿童生活、教育、康复功能分开布局在单栋建筑内，由连廊相连形成综合功能区，与行政办公及后勤服务区围合室外活动区，入口处设置绿化景观区。

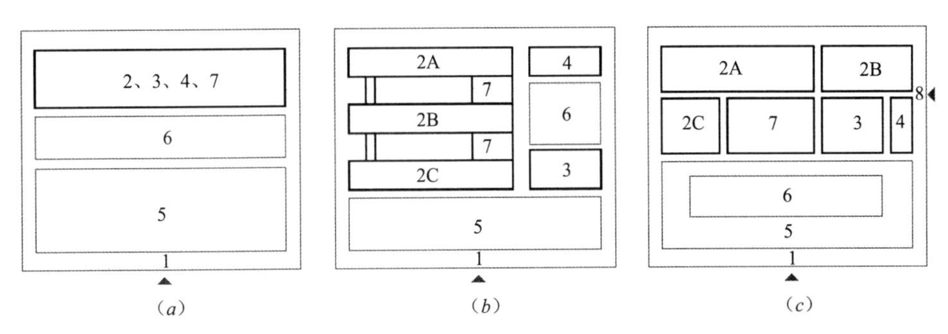

1 主要出入口　2 儿童综合功能区（2A-儿童生活区 2B-儿童教育培训区 2C-儿童医疗康复区）
3 行政办公区　4 后勤服务区　5 室外绿化区　6 室外活动区　7 室内活动大厅　8 次要出入口

图 10-1　儿童福利院功能分区模式图

图（c）采用组合式布局，以室内活动大厅联系儿童各项功能区及行政办公等功能，将室外活动区设于室外绿化区内，充分利用景观环境，在用地一侧设置一处次入口，方便货物进出。

7.3　场地布局

（1）室外活动场地布局需考虑儿童好动的天性以及残疾儿童的室外康复要求，设置方便残疾儿童使用的设施，做好场地无障碍坡道设计。

（2）室外活动空间宜动静结合，宜设置中心活动广场、休息坐凳、树阵等，不仅具有观赏性，也提供康复健身活动场所。

（3）在儿童福利院入口门卫室附近应设置婴儿安全岛，面积 $2.5m^2$。用于接收弃婴，并对其进行检查及初步治疗后转入医院治疗或直接转入院内。

7.4　交通组织

（1）合理组织人行流线和车辆流线，建议在地块边界组织机动车流线，避免对儿童的生活产生干扰，内部交通满足消防车辆要求。

（2）儿童福利院应至少设置一个出入口，主入口应避免设置在交通量大的主干路上。

7.5　绿化景观

儿童福利院应十分注重绿化景观的组织建设，为儿童的身心发展创造一个优美的生活环境。植物种植应做好四季景观的设计，色彩丰富、品种多样。

8. 案例介绍

8.1　案例一

所在城市：华东地区某大城市

用地面积：13340m²
建筑面积：11445m²
容积率：0.85
建筑密度：24.7%
绿地率：59.8%
建设规模：180 床

该儿童福利院项目位于城市中心区，地形平坦，临近火车站。

项目基地为较规整，为改建扩建项目。该儿童福利院南侧为城市主干路，西侧为城市次干路。基地设置两个出入口，主入口位于南侧城市主干路上，次入口位于西侧城市次干路，基地内部形成环状交通，靠近车行出入口设置地面停车位。

项目总体上采用组合式的平面布局形式，利用中央活动大厅整合各个功能分区以及交通流线的关系，较好地衔接了新建教学及辅助用房。活动大厅西侧为宿舍及教学辅助用房，东北侧为幼儿用房，兼顾教学、治疗、活动、饮食、住、观演等功能，南侧为活动场地，为福利院的儿童提供一个优良的环境。

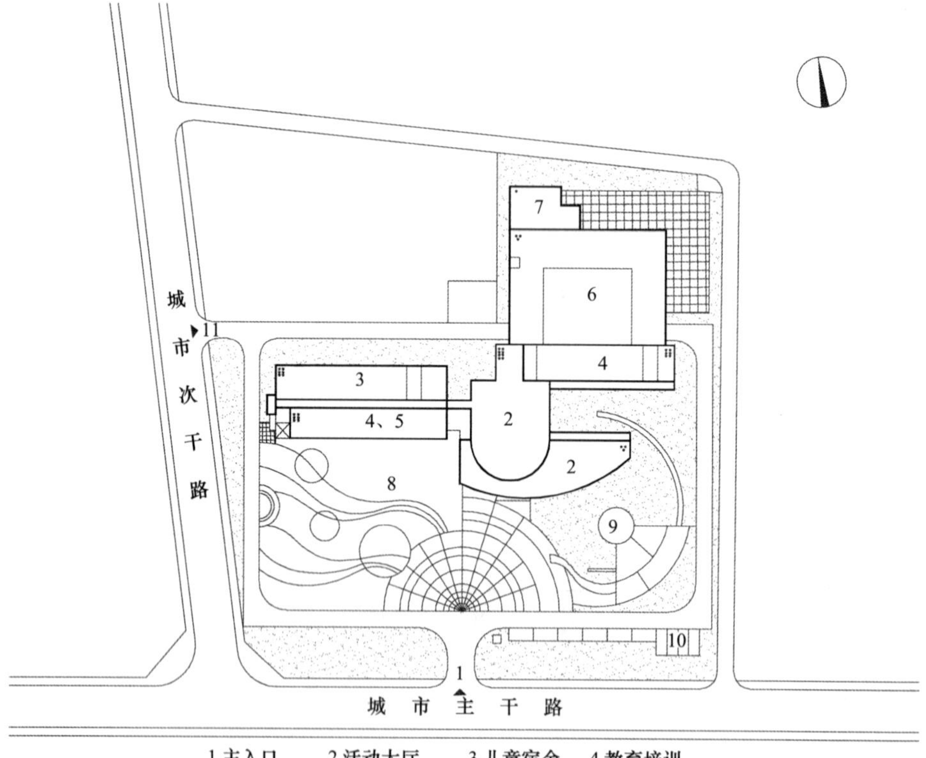

图 10-2　案例一总平面图

8.2 案例二

所在城市：华东地区某超大城市

用地面积：3300m²

建筑面积：4083m²

容积率：1.24

建筑密度：41.2％

绿地率：24.7％

建设规模：100床

该儿童福利院位于城市郊区，地形平坦。

项目基地为较规整，为新建项目。地块东侧及南侧临路，东侧为城市次干路、南侧为城市支路，设置一条车行出入口在南侧支路上。基地主要机动车道为L形。

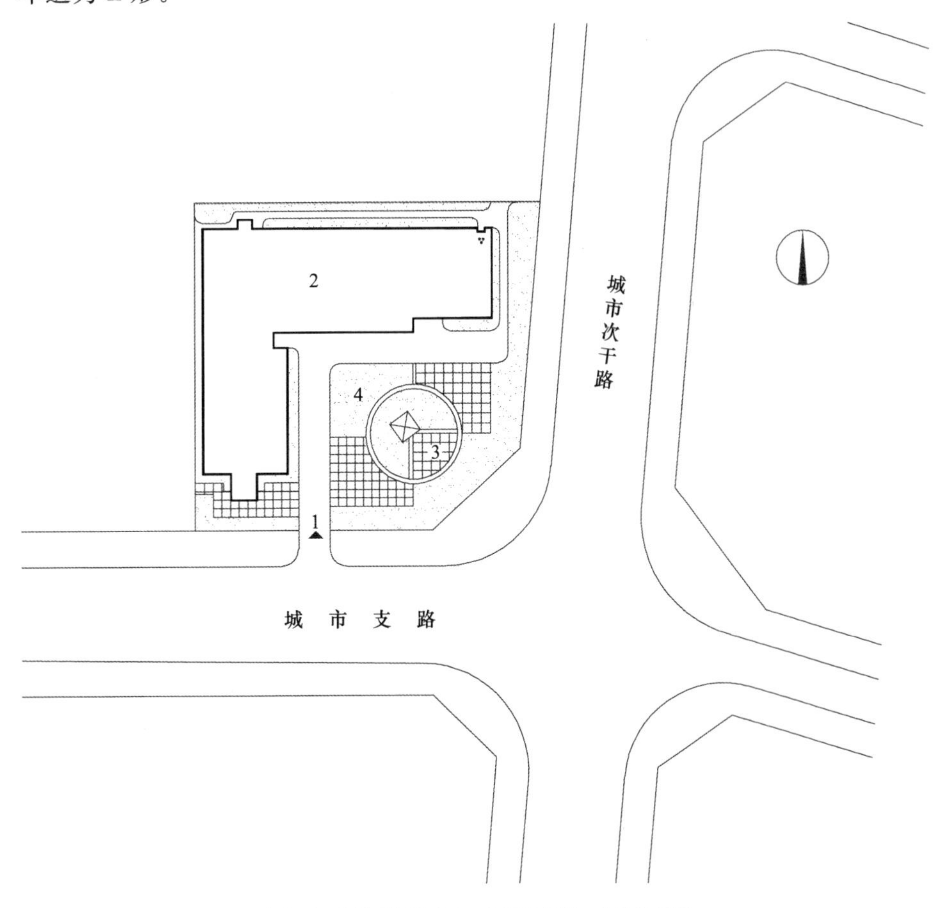

1主入口　2儿童福利中心　3活动空间　4公共绿地

图10-3　案例二总平面图

项目空间上以集中式布局，主体建筑集办公、儿童养护、教育、医疗等为一体，建筑平面呈“L”形布局，地块东南角临交叉口设置绿化及儿童活动场地，为福利院的儿童提供一个优良的环境。

8.3　案例三

所在城市：华东地区某大城市

用地面积：33000m²

建筑面积：13510m²

容积率：0.41

建筑密度：10.8%

绿地率：63.9%

建设规模：630 床

该儿童福利院基地位于城市郊区，地形平坦。

项目基地为不规则形，为新建建筑。基地南侧为城市主干路，设置主入

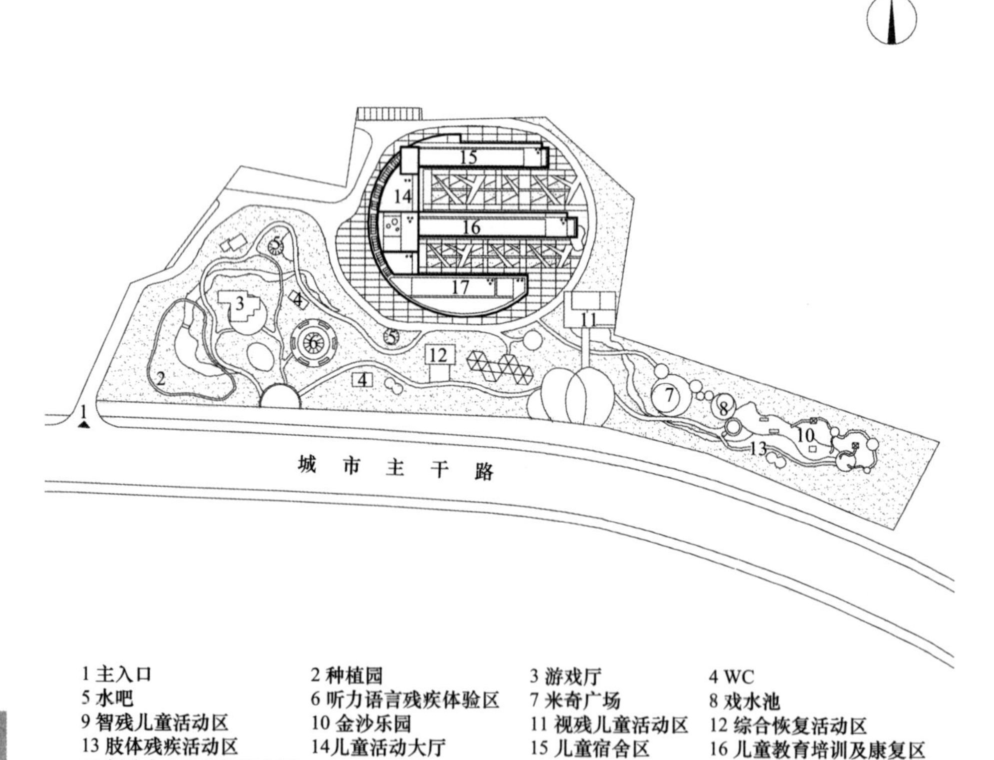

图 10-4　案例三总平面图

口。西侧为福利院原有建筑，北侧为居住用地，西北侧临湖，南侧紧邻森林公园，景观条件良好。

儿童福利院主体建筑位于基地北部，南侧为儿童活动场地。儿童福利院整体建筑布局呈组合式布局，将儿童宿舍、教育培训、康复等功能串联成一个整体，南侧场地结合儿童乐园，设置了游戏厅、米奇广场、金沙乐园等，并充分考虑了残障儿童的需求，有针对性地设计了特殊活动场地及设施，体现人文关怀。

参考文献

[1] 中华人民共和国民政部、中华人民共和国住房和城乡建设部、国家发展和改革委员会. 建标【2010】145号儿童福利院建设标准. 2011-03-01.

[2] 薛洁如. 儿童福利院建筑设计探析 [J]. 南通：南通纺织职业技术学院学报，2012.

[3] 周欣. 泰安市儿童福利院综合楼方案设计体会 [J]. 泰安：价值工程，2011.

[4] 丁平. 完美人生——徐州市儿童福利院的设计构想 [J]. 福建建筑，2010.

[5] 颜文明. 浅谈儿童福利院休闲活动空间的人性化设计 [J]. 工艺与设计，2014.

[6] 杭州市人民政府. 杭州市城市规划公共服务设施基本配套规定 [Z]. 2009.

十一、残疾人康复机构

1. 术语

以康复医学为基础，运用医疗、工程、教育、职业、心理、社会等手段，对残疾人进行康复治疗和训练服务，提高或恢复其功能，使他们能够重返社会的场所，是残疾人康复的示范窗口和技术资源中心。残疾人康复机构包括康复中心、听力语言康复中心、辅助器具服务中心。

2. 设施分级

《残疾人康复机构建设标准》（建标 165—2013）规定，残疾人康复机构应分为一级、二级、三级三个级别，三个级别的机构共同组成了残疾人康复机构完整的服务体系。残疾人康复机构项目进行建设时，首先应依据机构所在辖区的残疾人人口数确定机构的建设级别；当辖区残疾人人口数不确定时，则应依据机构所在辖区的常住人口数确定机构的建设级别。各级机构服务人口数区间应符合表 11-1 的规定。

各级机构服务人口数区间表（万人） **表 11-1**

建设级别	一级	二级	三级
辖区残疾人人口数	≤4.4	>4.4～≤50	>50
辖区常住人口数	≤70	>70～≤800	>800

3. 设施规模

3.1 建筑面积

3.1.1 国家规范要求

《残疾人康复机构建设标准》（建标 165—2013）规定，残疾人康复机构中，综合康复设施及各项儿童康复设施的建设规模应根据各项设施相应的床位数、在园儿童数等数值分别确定，各项设施的建筑面积应根据相应的床均建筑面积指标、人均建筑面积指标分别确定。辅助器具中心设施的建筑面积应根据机构所在辖区的残疾人人口数直接确定。各项设施的床位数、在园儿童数等规模控制指标宜符合表 11-2 的规定，各项设施的建筑面积指标或建筑面积计算公式应符合表 11-2 的规定。

各项设施规模控制指标及建筑面积指标表　　　　表 11-2

序号	设施名称	指标	一级	二级	三级
1	综合康复设施	康复治疗床位数计算公式（床）	20+15.8(r−0.6)	100+1.75(r−4.4)	200+0.51(r−50)
		床位数区间（床）	20～80	100～180	200 以上
		床均建筑面积指标（m^2/床）	74	81	92
2	儿童听力语言康复设施	在园儿童数计算公式（人）	20+7.9（r−0.6）	60+0.66（r−4.4）	100+0.08（r−50）
		儿童数区间（人）	20～50	60～90	100 以上
		人均建筑面积指标（m^2/人）	44	47	49
3	儿童智力康复设施	在园儿童数计算公式（人）	10+5.3（r−0.6）	40+0.44（r−4.4）	70+0.05（r−50）
		儿童数区间（人）	10～30	40～60	70 以上
		人均建筑面积指标（m^2/人）	47	46	46
4	孤独症儿童康复设施	在园儿童数计算公式（人）	10+5.3（r−0.6）	40+0.44（r−4.4）	70+0.05（r−50）
		儿童数区间（人）	10～30	40～60	70 以上
		人均建筑面积指标（m^2/人）	47	46	46
5	脑瘫儿童康复设施	在园儿童数计算公式（人）	20+7.9（r−0.6）	60+0.66（r−4.4）	100+0.08（r−50）
		儿童数区间（人）	20～50	60～90	100 以上
		人均建筑面积指标（m^2/人）	47	48	48
6	辅助器具中心设施	建筑面积计算公式（m^2）	600+160（r−0.6）	1600+33（r−4.4）	3800+3.5（r−50）
总计		建筑面积计算公式（m^2）	3312.22+2546.3r	17857.11+277.93r	35201+62.78r

注：① 表格中 r 值辖区残疾人人口数（万人）；当辖区残疾人人口数不确定时，则按辖区常住人口数的 6.3%来计算辖区残疾人人口数。
② 当辖区残疾人人口数小于 0.6 万人时，计算公式中 r=0.6。
③ 在进行计算时，床位数、在园儿童数及总建筑面积的数值均四舍五入至个位数。
④ 较严重的需要治疗康复的脑瘫儿童宜收住在综合康复设施中，其人均建筑面积应按综合康复设施的面积指标执行。
⑤ 残疾人康复机构建设项目如有特别业务要求，且所需建筑规模本建设标准不能涵盖时，可向上一级政府主管部门据实单独申报。

当残疾人康复机构中各项设施分别独立建设时，各项设施的建筑面积应由表 11-2 的计算结果得出。当多项设施组合建设成为综合的残疾人康复机构时，机构总建筑面积原则上应为组合的各项设施建筑面积的总和，但有些重复设置的房间，如社区指导用房、管理用房、辅助用房中的部分房间等在组合建设时刻根据需求适当减少或合并。

3.1.2　建筑面积取值建议

根据《残疾人康复机构建设标准》（建标 165—2013）对综合康复设施及各项儿童康复设施的建设规模的规定，通过内插法计算，可以得出不同等级残疾人康复机构的建筑面积指标（表 11-3）。

残疾人康复机构建筑面积指标　　**表 11-3**

设施等级	康复治疗床位数	在园儿童数	建筑面积（m^2）
一级	20	60	4840
	50	110	9372
	80	160	13903
二级	100	200	19080
	150	263	27021
	180	300	31786
三级	200	340	38340
	300	391	50650
	400	442	62960

注：表中康复治疗床位数/在园儿童数处于两个数值区间的，采用直线内插法确定其建筑面积。

3.2　用地面积

3.2.1　国家规范要求

国家规范中未对残疾人康复机构的用地面积提出明确的要求，因此残疾人康复机构的用地面积可通过建筑面积和容积率指标进行计算。

根据《残疾人康复机构建设标准》（建标 165—2013）中对建筑面积以及容积率的规定，通过计算可以得出用地面积指标（表 11-4）。

残疾人康复机构用地面积指标　　**表 11-4**

设施等级	康复治疗床位数	在园儿童数	建筑面积（m^2）	容积率	用地面积（m^2）
一级	20	60	4840	0.8～1.8	2689～6050
	50	110	9372		5207～11715
	80	160	13903		7724～17379
二级	100	200	19080		10600～23850
	150	263	27021		15012～33776
	180	300	31786		17659～39733
三级	200	340	38340		21300～47925
	300	391	50650		28139～63313
	400	442	62960		34978～78700

注：表中康复治疗床位数/在园儿童数处于两个数值区间的，采用直线内插法确定其建筑面积和用地面积。

3.2.2 用地面积取值建议

残疾人康复机构应提供良好的环境，因此残疾人康复机构容积率取值为0.8～1.5。根据残疾人康复机构的建筑面积指标和建议容积率指标，通过计算可得出残疾人康复机构的用地面积（表11-5）。

残疾人康复机构用地面积指标　　表11-5

设施等级	康复治疗床位数	在园儿童数	建筑面积（m^2）	容积率	用地面积（m^2）
一级	20	60	4840	0.8～1.5	3227～6050
	50	110	9372		6248～11715
	80	160	13903		9269～17379
二级	100	200	19080		12720～23850
	150	263	27021		18014～33776
	180	300	31786		21191～39733
三级	200	340	38340		25560～47925
	300	391	50650		33767～63313
	400	442	62960		41973～78700

注：表中康复治疗床位数/在园儿童数处于两个数值区间的，采用直线内插法确定其建筑面积和用地面积。

4. 主要控制指标

4.1 容积率

4.1.1 国家规范要求

《残疾人康复机构建设标准》（建标165—2013）规定残疾人康复机构单独建设时，容积率宜按0.8～1.8控制。

4.1.2 实例

部分城市残疾人康复机构容积率指标　　表11-6

序号	名称	容积率
1	上海市残疾人康复职业培训中心	0.88
2	孝感市残疾人康复中心	1.25
3	吉林省残疾人康复中心	1.07
4	六安市残疾人康复中心	0.80
5	辽宁省残疾人康复中心	1.43
6	长春市残疾人康复中心	0.98
7	泰安市残疾人康复中心	0.96
8	台州市黄岩区残疾人康复中心	1.11
9	青岛市残疾人康复中心	1.20
10	武汉市残疾人康复中心	1.28
11	北京市康复中心	1.13
12	重庆市江津区残疾人康复中心	1.35

4.1.3 容积率取值建议

通过分析部分城市残疾人康复机构实例，可以看到容积率分布区间为0.8～1.5。根据《残疾人康复机构建设标准》（建标165—2013）的规定和实例分析，康复机构应提供良好的环境，因此建议残疾人康复机构容积率为0.8～1.5。

4.2 建筑密度

4.2.1 国家规范要求

《残疾人康复机构建设标准》（建标165—2013）规定，建筑密度不宜超过40%。

《综合医院建设标准》（建标【2008】164号）规定，建筑密度宜为25%～30%。

4.2.2 建筑密度取值建议

残疾人康复机构作为一类特殊的医疗建筑，应提供良好的环境，建议残疾人康复机构的建筑密度不大于30%。

4.3 建筑限高

4.3.1 国家规范要求

《残疾人康复机构建设标准》（建标165—2013）规定，综合康复设施的房屋建筑宜以多层为主，各项儿童康复设施及辅助器具中心设施宜以三层及三层以下为主。

4.3.2 建筑高度取值建议

建议残疾人康复机构宜为多层建筑，建筑高度不大于24m。

4.4 绿地率

4.4.1 国家规范要求

《残疾人康复机构建设标准》（建标165—2013）规定，残疾人康复机构绿地率宜为30%，且应符合当地城乡规划的规定。

《城市绿化规划建设指标的规定》（城建【1993】784号）规定，医院的绿地率不低于35%。

《综合医院建设标准》（建标【2008】164号）规定，综合医院绿地率不应低于35%。

4.4.2 绿地率取值建议

建议残疾人康复机构的绿地率不小于35%。

4.5 配建机动车停车位

4.5.1 国家规范要求

《城市停车规划规范》（征求意见稿）规定医疗建筑机动车停车位按照0.3～

0.4 个/m^2 建筑面积进行设置。

《残疾人康复机构建设标准》（建标 165—2013）规定，机动车停车位中，残疾人专用停车位不应少于停车位总数的 20%。

4.5.2 实例

参考部分城市残疾人康复机构的实例，根据实例中建筑面积指标和机动车位数量，可计算得出配建机动车停车位指标约 0.5～0.9 个/100m^2。

部分城市残疾人康复机构配建机动车停车位指标　　表 11-7

序号	项目名称	建筑面积（m^2）	机动车位（个）	配建机动车停车位指标（个/100m^2）
1	六安市残疾人康复中心	10600	94	0.90
2	武汉市残疾人康复中心	13700	102	0.70
3	宣城市残疾人康复中心	10600	73	0.70
4	宿迁市残疾人康复中心	35142	292	0.80
5	宁波市北仑区市残疾人康复中心	24035	113	0.50
6	青岛市残疾人康复中心	80000	606	0.75

4.5.3 配建机动车停车位取值建议

参考部分城市残疾人康复机构的实例，可以看到实际建设中的配建停车位指标要高于国家规范的要求。考虑实际使用中停车需求量大而停车位往往不能满足的状况，建议残疾人康复机构的配建机动车停车位指标取 0.7 个/100m^2 建筑面积进行设置，其中残疾人专用机动车停车位指标取 0.14 个/100m^2 建筑面积进行设置。不同等级的残疾人康复机构配建机动车停车位数量参照表 11-8。

残疾人康复机构规划配建机动车停车位指标　　表 11-8

设施等级	康复治疗床位数	在园儿童数	建筑面积（m^2）	配建标准	配建机动车停车位数量（个）	其中残疾人专用机动车停车位数量（个）
一级	20	60	4840	0.7 个/100m^2 建筑面积	34	7
	50	110	9372		66	13
	80	160	13903		97	19
二级	100	200	19080		134	27
	150	263	27021		189	38
	180	300	31786		223	45
三级	200	340	38340		268	54
	300	391	50650		355	71
	400	442	62960		441	88

注：表中康复治疗床位数/在园儿童数处于两个数值区间的，采用直线内插法确定其建筑面积和配建机动车停车位数量。

4.6 相关指标汇总

残疾人康复机构相关指标一览表　　表 11-9

设施等级	一级			二级			三级		
康复治疗床位数（个）	20	50	80	100	150	180	200	300	400
在园儿童数（个）	60	110	160	200	263	300	340	391	442
用地面积（m^2）	3227～6050	6248～11715	9269～17379	12720～23850	18014～33776	21191～39733	25560～47925	33767～63313	41973～78700
建筑面积（m^2）	4840	9372	13903	19080	27021	31786	38340	50650	62960
容积率	0.8～1.5	0.8～1.5	0.8～1.5	0.8～1.5	0.8～1.5	0.8～1.5	0.8～1.5	0.8～1.5	0.8～1.5
建筑密度（%）	≤30	≤30	≤30	≤30	≤30	≤30	≤30	≤30	≤30
建筑限高（m）	≤24	≤24	≤24	≤24	≤24	≤24	≤24	≤24	≤24
绿地率（%）	≥35	≥35	≥35	≥35	≥35	≥35	≥35	≥35	≥35
配建机动车停车位数量（个）	34	66	97	134	189	223	268	355	441
残疾人专用机动车停车位数量（个）	7	13	19	27	38	45	54	71	88

注：表中康复治疗床位数/在园儿童数处于两个数值区间的，采用直线内插法确定其建筑面积、用地面积和配建机动车停车位数量。

5. 选址因素

（1）残疾人康复机构的选址应充分考虑残疾人的特殊性。

（2）应选择工程地质和水文地质条件较好、地势较平坦的地段。

（3）周边市政基础设施应较完备。

（4）宜布置在城区或近郊区且方便残疾人出入、公共交通服务便利的地段。

（5）宜与医疗、教育等社会公共服务设施临近。

（6）应远离污染源和有易燃、易爆等危险源威胁的地区。

（7）各项儿童康复设施的选址应方便家属接送，避免交通干扰，并应保证场地干燥、日照充足、排水通畅、环境优美。

（8）残疾人康复机构与污染工业企业的卫生防护距离应符合附表 A 的规定。

（9）残疾人康复机构与易燃易爆场所的防火间距应符合附表 B 的规定。

（10）残疾人康复机构与市政设施的安全卫生防护距离应符合附表C的规定。

6. 设施设置要求

根据《残疾人康复和托养设施建设指导意见》，残疾人康复机构分为省（自治区、直辖市）、市（地、州、盟）、县（市、区、旗）三级。

R来表示辖区常住人口数，r表示辖区残疾人人口数。根据表11-2，当辖区残疾人人口数不确定时，按辖区常住人口数的6.3%来计算辖区残疾人人口数，则一级康复设施的建筑面积计算公式为3312.22＋160.4169×R，二级康复设施的建筑面积计算公式为17857.11＋17.50959×R，三级康复设施的建筑面积计算公式为35201＋3.95514×R。

根据《残联系统康复机构建设规范（试行）》，省级残疾人康复机构要按照三级标准建设。当省人口数为2000万人时，省级康复机构建筑面积为43111m^2，用地面积28741m^2～53889m^2；当省人口数为5000万人时，省级康复机构建筑面积为54977m^2，用地面积36651m^2～68721m^2；当省人口数为10000万人时，省级康复机构建筑面积为74752m^2，用地面积49835m^2～93441m^2。

根据《残联系统康复机构建设规范（试行）》，地市级、县级康复机构可根据当地经济社会发展状况、人口数量及残疾人的数量与康复需求，合理确定建设级别。辖区残疾人人口数小于等于4.4万（辖区残疾人人口数不确定时，满足辖区常住人口数小于等于70万）时，设置1处一级残疾人康复机构；辖区残疾人人口数大于4.4万，小于等于50万时（辖区残疾人人口数不确定时，满足辖区常住人口数大于70万，小于等于800万）时，设置1处二级残疾人康复机构；辖区残疾人人口数大于50万（辖区残疾人人口数不确定时，满足辖区常住人口数大于800万）时，设置1处三级残疾人康复机构。

市、县级残疾人康复机构设置要求　　　　表11-10

设施等级	辖区常住人口数	康复治疗床位数	在园儿童数	建筑面积（m^2）	容积率	用地面积（m^2）
一级	10	20	60	4840	0.8～1.5	3227～6050
	40	50	110	9372		6248～11715
	70	80	160	13903		9269～17379
二级	75	100	200	19080		12720～23850
	500	150	263	27021		18014～33776
	800	180	300	31786		21191～39733
三级	810	200	340	38340		25560～47925
	1000	207	343	39156		26104～48945

注：表中康复治疗床位数/在园儿童数处于两个数值区间的，采用直线内插法确定其建筑面积和用地面积。

7. 详细规划指引

7.1 用地构成

残疾人康复机构项目的建设内容应包括房屋建筑、建筑设备及场地。

房屋建筑应由综合康复设施、儿童听力预言康复设施、儿童智力康复设施、孤独症儿童康复设施、脑瘫儿童康复设施、辅助器具中心设施等六项设施的各功能用房构成。

建筑设备应包括建筑给排水系统及设备、暖通空调系统及设备、建筑供配电系统及设备、弱电系统及设备和无障碍设施等。

场地应包括建设用地范围内的道路、停车场地、绿化场地、室外康复训练场地、儿童室外活动场地。

残疾人康复机构的用地应包括：房屋建筑和建筑设备用地、道路、停车场地、绿化场地、室外康复训练场地、儿童室外活动场地。

7.2 功能分区

残疾人康复机构可划分为综合康复区、儿童康复区、辅助器具中心区、室外康复活动及绿化区等。总平面布置应功能分区明确、总体布局合理、各区联系方便、互不干扰。

残疾人康复机构常见功能分区模式有 2 种（图 11-1）。

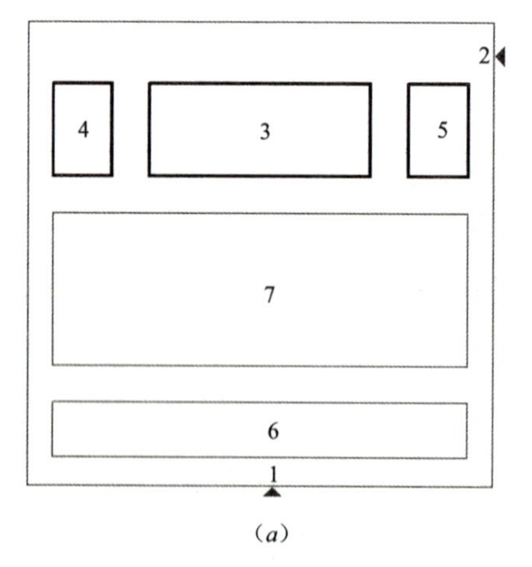

（*a*）

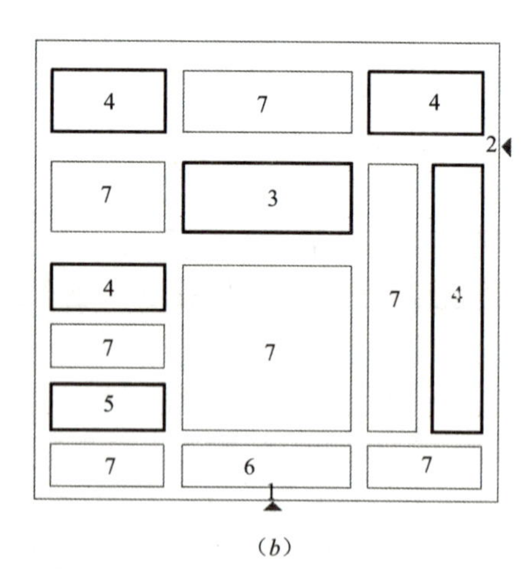

（*b*）

1 主要出入口　2 后勤出入口　3 综合康复设施　4 儿童康复设施
5 辅助器具中心设施　6 入口集散区　7 室外康复活动及绿化区

图 11-1　残疾人康复机构功能分区模式图

图（a）中采用集中式布局，综合康复设施采用集中布局的形式，布局紧凑，空间集约，可留置大面积的康复活动区，中小规模的残疾人康复机构可采用这种模式。

图（b）中以康复主楼为核心，采用围合形式，分散布局，综合康复设施和儿童康复设施均有活动空间，便于康复训练的同时改善了通风采光条件、景观环境。

7.3 场地布局

7.3.1 综合康复区规划设计要求

（1）综合康复区为残疾人提供医疗、教育、职业、社会等康复服务。功能由急诊部、门诊部、医技部、住院部、康复部、社区指导部、科研教学用房、管理用房、文体活动用房、辅助用房等组成。

（2）应按功能要求、服务流程和残疾人的特点要求等进行建筑布局，做到分区合理、流线通畅。

（3）应设置完善、清晰、醒目的标识系统，并可设置指导视力残疾和听力残疾的触摸式语音提示系统、光学识别提示系统等。

（4）建筑设计和环境设计应有利于残疾人生理、心理健康，体现清新、典雅、朴素的建筑风格，并与周边环境相协调。

（5）对废弃物的处理，应作出妥善的安排，并应符合有关环境保护法令、法规的规定。

7.3.2 儿童康复区规划设计要求

（1）儿童康复区由儿童听力语言康复设施、儿童智力康复设施、孤独症儿童康复设施、脑瘫儿童康复设施组成。各项设施可单独建设，也可合并建设。

（2）以残疾儿童为服务对象的康复场所，色彩设计、装饰应适合儿童患者的心理特点。

7.3.3 辅助器具中心区规划设计要求

辅助器具中心区为残疾人提供基本辅助器具服务保障技术管理、残疾人辅助器具展示和体验、居家无障碍改造、残疾人辅助器具评估适配等专业化服务。

7.3.4 室外康复活动及绿化区规划设计要求

（1）入口处是人流和车流聚集的地方，应设置集散空间。

（2）应合理安排室外康复训练场地与儿童室外活动场地。除紧急情况外，机动车和非机动车不得穿越室外康复训练活动场地或儿童室外活动场地。新建残疾人康复机构中康复训练场地（综合康复设施）应按 2.0m^2/床进行设置，儿童活动场地（各项儿童康复设施）面积应按 4.0m^2/床进行设置，可将部分康复训练场地设于屋顶平台处。

（3）康复设施周边宜有良好的绿化景观和活动场地，两者宜结合设置。

7.3.5 无障碍规划设计要求

（1）凡残疾人所到之处，其建筑出入口及室外室内场地，均应有无障碍设施。地面防滑，走廊墙壁应有扶手装置。

（2）建筑为二层以上的应设置无障碍电梯或升降平台，有困难的地区也可设置轮椅坡道。

（3）机动车停车位中，残疾人专用停车位不应少于停车位总数的 20%。

（4）二级、三级残疾人康复机构在有条件的情况下可结合人防设施等建设地下车库。当机构设有地下车库时，地下车库的建筑面积应另行计算，不计入建筑面积指标中。

（5）应将通行方便、行走距离路线最短的停车位设为无障碍机动车停车位。

（6）无障碍机动车停车位一侧，应设宽度不小于 1.2m 的通道，供乘轮椅者从轮椅通道直接进入人行道和到达无障碍出入口。

（7）无障碍机动车停车位的地面应涂有停车线、轮椅通道线和无障碍标志。

7.4 交通组织

（1）残疾人康复机构的交通流线组织应畅通便捷，主要出入口人、车分流。标志清晰。

（2）建筑物周围应设环形消防车道（可利用交通道路）。如设环形车道有困难时，可沿建筑物的两个长边设置消防车道。消防车道宽度不应小于 4.0m，道路上空遇有障碍物时，其净高不应小于 4.0m。

（3）出入口不宜少于 2 个，宜布置在不同的城市道路上。

（4）当残疾人康复机构与其他服务于残疾人的建筑合并建设时，宜各自设有独立的出入口；当残疾人康复机构与其他类型的建筑合并建设时，应各自设有独立的出入口。

8. 案例介绍

8.1 案例一

所在城市：华东地区特大城市

设施类别：二级残疾人康复机构

用地面积：13318m²

建筑面积：10580m²

容积率：0.80

建筑密度：13.2%

绿地率：31.5%

建设规模：120 床位

本项目位于城市郊区，地势平坦，附近有市立医院、滨河公园等。

本残疾人康复机构项目为新建项目，基地为 L 形。基地东侧、南侧均为城市支路。基地西南为派出所。基地主路口位于南侧道路上，并在入口处设置地下车库入口。基地次入口位于东侧道路上，并结合入口设置地面停车场，基地西侧设集中停车场。

空间上采用集中布局，在一幢主体建筑内设置各项主体功能，辅楼设置配套功能。建筑风格采用现代风格，造型简洁典雅，环境安静祥和，为残疾人康复创造一个宁静的环境。主楼南侧设置室外广场和景观庭院，环境优美，提供一个良好的康复活动场地。

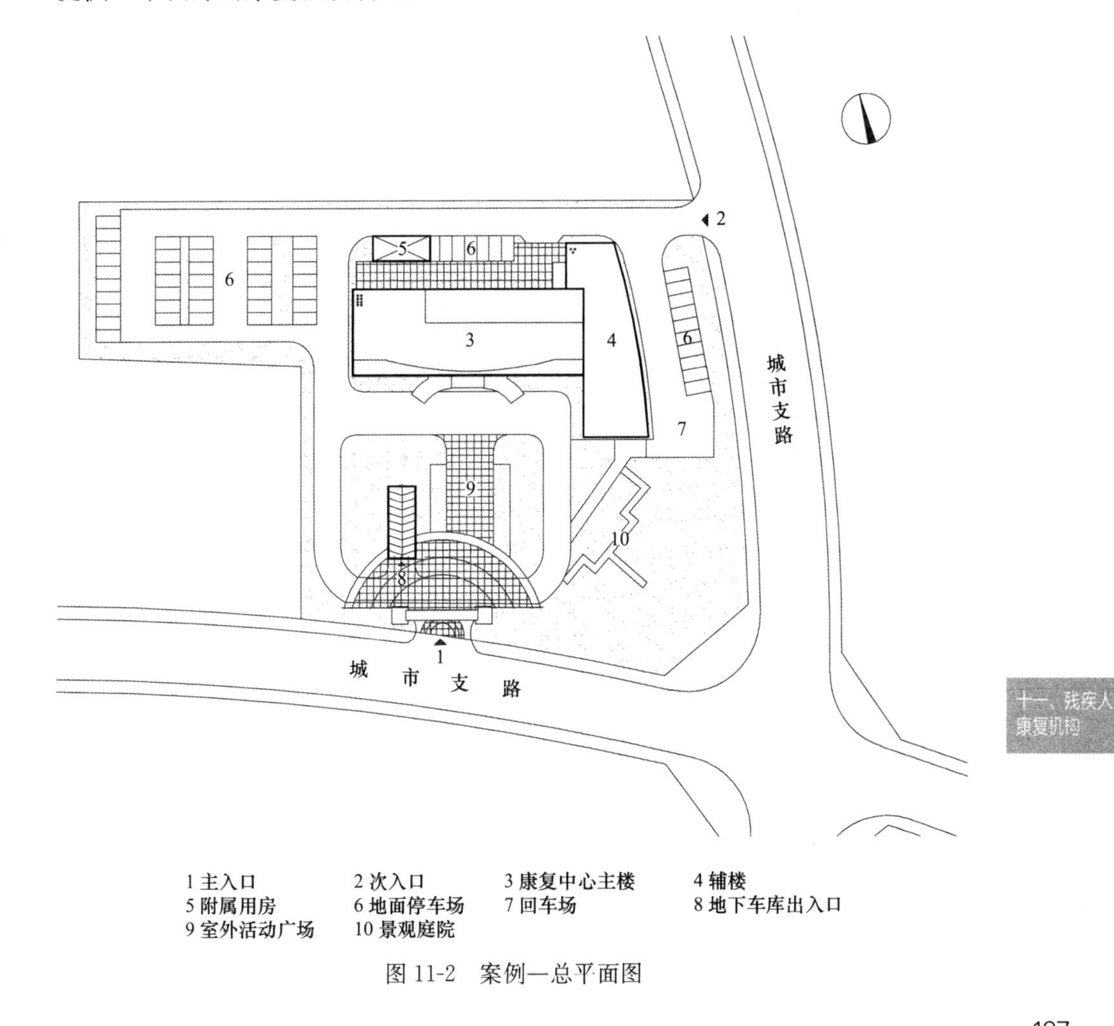

图 11-2　案例一总平面图

8.2 案例二

所在城市：华东地区某特大城市

设施类别：二级残疾人康复机构

用地面积：39900m^2

建筑面积：38290m^2

容积率：0.96

建筑密度：14.5%

绿地率：41.8%

建设规模：300 床位

本项目位于城市高新技术开发区，地势平坦，周边有医学院、中药技术学院等。

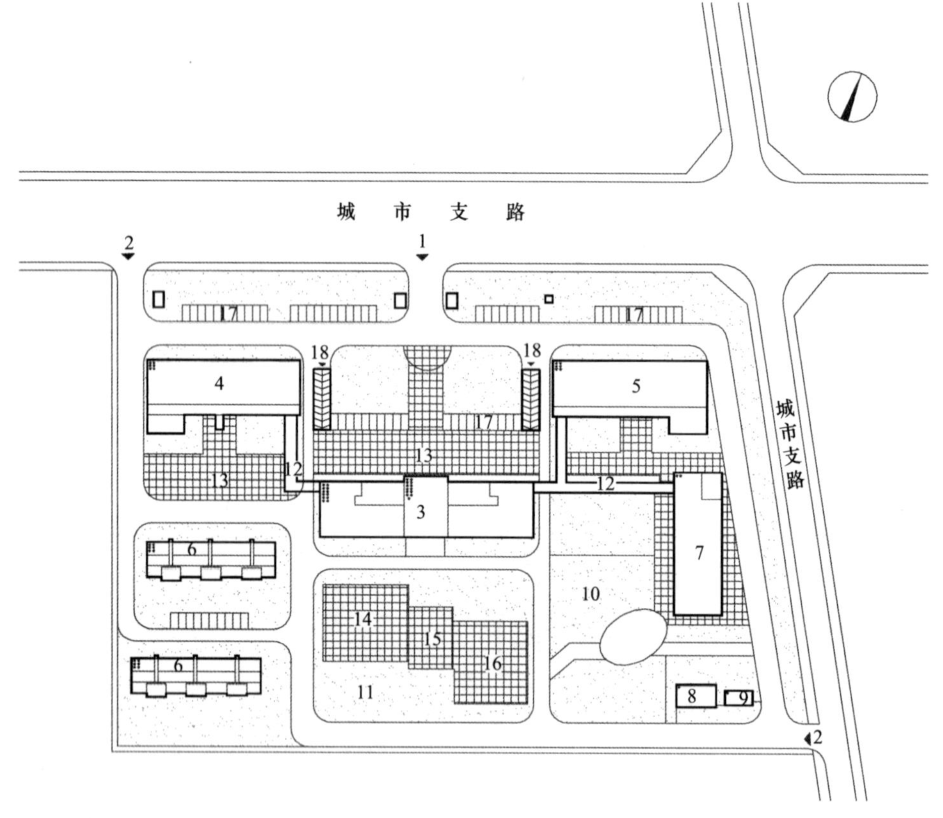

1 主入口　2 次入口　3 康复中心、病房大楼　4 综合服务中心、托养中心

5 辅助器具中心、工疗康复中心、就业指导中心　6 残疾人康复公寓

7 餐厅　8 处理中心　9 热交换站　10 医疗康复训练区

11 室外康复训练区　12 连廊　13 室外活动场地　14 成人活动区

15 老人活动区　16儿童活动区　17 地面停车位　18 地下车库出入口

图 11-3　案例二总平面图

本项目基地为北窄南宽的梯形，为新建项目。北侧为城市次干路，东侧为城市支路。基地东侧和南侧为医学院校区。基地共设置一主两次三个出入口：北侧城市次干路上设置一主一次两个出入口，东侧支路上设置一个次入口。基地内部形成环路，结合主入口设置地下车库入口和地面停车场。

主楼的建筑布局以组合式为主，中央为空间布局上沿主入口和康复中心主楼形成一条轴线。西侧是托养中心和残疾人康复公寓等；东侧是后勤区，设置康复中心、餐厅、处理中心和热交换站；南侧为室外活动场地。建筑风格采用现代风格，色彩使用暖色调，塑造温暖祥和的气氛，一改医疗建筑冷冰冰的氛围。康复主楼南侧北侧均规划绿地广场，为残疾人提供良好的室外康复空间。

8.3 案例三

所在城市：华中地区特大城市

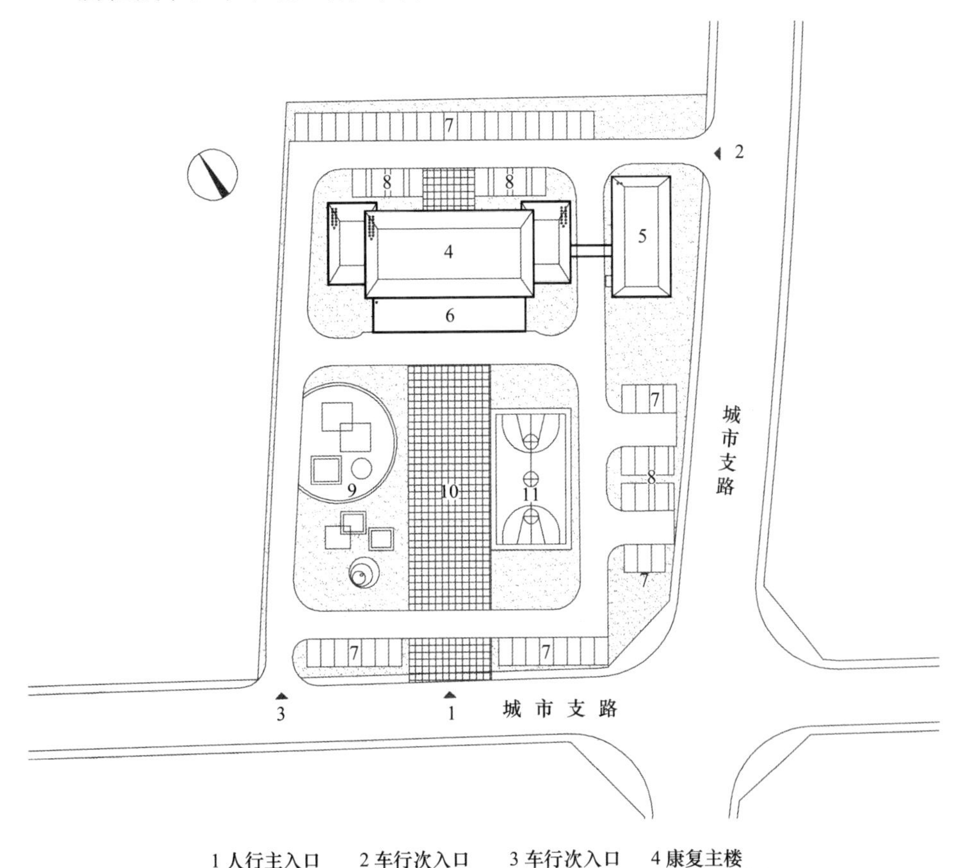

图 11-4　案例三总平面图

设施类别：三级残疾人康复机构

用地面积：10903m²

建筑面积：13938m²

容积率：1.28

建筑密度：11.6%

绿地率：35.5%

建设规模：200 床位

本项目位于城市新区，地势平坦，周边有市中医医院、滨江公园等。

本项目基地为长方形，为新建项目，东侧、南侧均为城市支路。基地北侧为市中医医院、西侧为绿地。东侧道路设置车行主路口，南侧道路设置人行主入口和车行次入口。基地内部形成一条环路。结合出入口设置地面停车场。

空间布局上基地内部形成一条轴线，将康复中心大楼、人行主出入口和室外活动场地串联起来。建筑布局为组合式，2 幢建筑通过连廊联系。基地内北侧设置康复楼，南侧为室外活动区。建筑风格为现代中式风格，典雅大气，端庄风华，塑造了良好的形象。主楼南侧规划了室外场地，设置有儿童室外游乐场、绿化休闲广场和篮球场，方便残疾人进行室外康复训练等活动。

参考文献

[1] 中国残疾人联合会，残疾人康复和托养设施建设指导意见（2011 年试行本）.

[2] 中国残疾人联合会，残联系统康复机构建设规范（试行）（2011）.

[3] 中华人民共和国住房和城乡建设部、中华人民共和国国家发展和改革委员会，建标 165—2013 残疾人康复服务机构建设标准 [S]. 北京：中国计划出版社，2013.

[4] 中华人民共和国住房和城乡建设部，GB 50763—2012 无障碍设计规范 [S]. 北京：中国建筑工业出版社，2012.

[5] 中华人民共和国住房和城乡建设部、中华人民共和国国家发展和改革委员会，建标 110—2008 综合医院建设标准 [S]. 北京：中国计划出版社，2008.

十二、殡　仪　馆

1. 术语

为社会提供遗体接运、存放、防腐、整容、火化以及骨灰寄存和悼念逝者等殡葬服务的社会福利设施。

2. 设施分级

按照年火化量的不同，殡仪馆可分为特大型、大型、中型和小型四级（表 12-1）。

殡仪馆设施分级　　表 12-1

序号	等级	年火化量（具）
1	特大型	15000 以上
2	大型	10000～15000（含 15000）
3	中型	5000～10000（含 10000）
4	小型	5000 以下（含 5000）

3. 设施规模

3.1　建筑面积

3.1.1　实例

部分特大型殡仪馆建筑面积　　表 12-2

序号	殡仪馆名称	年火化量（具）	建筑面积（m^2）	单具建筑面积（m^2/具）
1	广州银河园殡仪馆	40000	48000	1.2
2	北京八宝山殡仪馆	20000	23314	1.2
3	宁波殡仪馆	20000	24571	1.2
4	汉口殡仪馆新馆	20000	26000	1.3

部分大型殡仪馆建筑面积　　　　表 12-3

序号	殡仪馆名称	年火化量（具）	建筑面积（m^2）	单具建筑面积（m^2/具）
1	天津市第一殡仪馆	15000	21375	1.4
2	福州市殡仪馆	15000	16524	1.1
3	西安奉正塬殡仪馆	15000	16196	1.1
4	临沂市殡仪馆	13000	13000	1.0
5	沈阳市殡仪馆	13000	12325	0.9
6	天津市第二殡仪馆	13000	12108	0.9

部分中型殡仪馆建筑面积　　　　表 12-4

序号	殡仪馆名称	年火化量（具）	建筑面积（m^2）	单具建筑面积（m^2/具）
1	昆明市北郊殡仪馆	10000	13200	1.3
2	无锡市殡仪馆	8500	8000	0.9
3	武昌殡仪馆	8000	12000	1.5
4	马鞍山殡仪馆	8000	10207	1.3
5	宜兴殡仪馆	8000	7248	0.9
6	苏州市吴江区殡仪馆	6000	10086	1.7
7	江阴市长泾殡仪馆	6000	9000	1.5

部分小型殡仪馆建筑面积　　　　表 12-5

序号	殡仪馆名称	年火化量（具）	建筑面积（m^2）	单具建筑面积（m^2/具）
1	上海市奉贤区殡仪馆	4000	5318	1.3
2	宁国市殡仪馆	3000	2600	0.9
3	天津市第三殡仪馆	2000	3000	1.5
4	鱼台县殡仪馆	2700	3387	1.3

3.1.2 建筑面积取值建议

目前，我国涉及殡仪馆的相关标准规范中均没有对殡仪馆的用地面积和建筑面积指标作出规定。通过对不同等级殡仪馆实例的建筑面积进行分析，可以看出殡仪馆单具建筑面积大多为 1.0m^2～1.5m^2。按照 1.0～1.5m^2/具的单具建筑面积指标进行计算，可以得出不同规模殡仪馆建筑面积（表 12-6）。

不同规模殡仪馆建筑面积指标　　　　表 12-6

序号	年火化量（具）	建筑面积（m^2）
1	15000	15000～22500
2	10000	10000～15000
3	5000	5000～7500

3.2 用地面积

3.2.1 实例

部分特大型殡仪馆用地面积 **表 12-7**

序号	殡仪馆名称	年火化量（具）	用地面积（m^2）	单具用地面积（m^2/具）
1	西安市殡仪馆	16000	200010	12.5
2	汉口殡仪馆新馆	20000	266680	13.3

部分大型殡仪馆用地面积 **表 12-8**

序号	殡仪馆名称	年火化量（具）	用地面积（m^2）	单具用地面积（m^2/具）
1	天津市第一殡仪馆	15000	136726	9.1
2	福州市殡仪馆	15000	145874	9.3
3	西安奉正塬殡仪馆	15000	140007	9.7
4	临沂市殡仪馆	13000	146674	11.3
5	天津市第二殡仪馆	13000	115144	8.9

部分中型殡仪馆用地面积 **表 12-9**

序号	殡仪馆名称	年火化量（具）	用地面积（m^2）	单具用地面积（m^2/具）
1	马鞍山殡仪馆	8000	82004	10.3
2	宜兴殡仪馆	8000	58756	7.3
3	苏州市吴江区殡仪馆	6000	71137	11.9

部分小型殡仪馆用地面积 **表 12-10**

序号	殡仪馆名称	年火化量（具）	用地面积（m^2）	单具用地面积（m^2/具）
1	天津市第三殡仪馆	2000	19800	9.9
2	鱼台县殡仪馆	2700	20001	7.4

3.2.2 用地面积取值建议

通过对不同规模殡仪馆实例的用地面积分析，殡仪馆单具用地面积大多为 8.0m^2～12.0m^2。按照 8.0～12.0m^2/具的单具用地面积指标进行计算，可以得出不同规模殡仪馆用地面积（表 12-11）。在用地紧张地区或改扩建项目中可取下限指标。

不同规模殡仪馆用地面积指标 **表 12-11**

序号	火化量（具）	用地面积（m^2）
1	15000	120000～180000
2	10000	80000～120000
3	5000	40000～60000

4. 主要控制指标

4.1 容积率

4.1.1 实例

部分不同规模殡仪馆容积率　　表 12-12

序号	殡仪馆名称	年火化量（具）	容积率
1	汉口殡仪馆新馆	20000	0.1
2	天津市第一殡仪馆	15000	0.2
3	福州市殡仪馆	15000	0.1
4	西安奉正塬殡仪馆	15000	0.1
5	临沂市殡仪馆	13000	0.1
6	天津市第二殡仪馆	13000	0.1
7	无锡市殡仪馆	8500	0.2
8	武昌殡仪馆	8000	0.1
9	马鞍山殡仪馆	8000	0.1
10	宜兴殡仪馆	8000	0.1
11	苏州市吴江区殡仪馆	6000	0.1
12	邹城市殡仪馆	6000	0.1
13	上海市奉贤区殡仪馆	4000	0.2
14	天津市第三殡仪馆	2000	0.2
15	鱼台县殡仪馆	2700	0.2

4.1.2 容积率取值建议

建议殡仪馆容积率控制为 0.1～0.3。规划殡仪馆用地面积为下限值时，容积率可取上限值。

4.2 建筑限高

4.2.1 实例

殡仪馆多采取低层建筑形式。如厦门天马山殡仪馆为地上 1～3 层，赤峰殡仪馆为地上 1～2 层，宁波市殡仪馆为地上 1～3 层，福泉市黄龙井殡仪馆为地上 1～3 层，临潼殡仪馆为地上 1～3 层。

4.2.2 建筑限高取值建议

参考部分殡仪馆实例，殡仪馆最高建筑一般不超过 3 层，建议建筑限高不大于 15m。

4.3 建筑密度

殡仪馆平均层数一般为 1～2 层，根据容积率 0.1～0.3 进行计算，建议

建筑密度不大于25%。

4.4 绿地率

《殡仪馆建筑设计规范》（JGJ 124—99）规定，殡仪馆绿地率应不小于35%。

4.5 配建机动车停车位

4.5.1 实例

部分殡仪馆配建机动车停车位情况　　表12-13

序号	殡仪馆名称	建筑面积（m^2）	停车位数量（个）	每百平方米建筑面积配建车位数（个）	备注
1	宁波殡仪馆	24571	300	1.2	2013年改扩建（近郊）
2	福泉市黄泉井殡仪馆	11486	200	1.7	2011年新建（郊区）
3	北京八宝山殡仪馆	23314	500	2.1	改扩建（市区）
4	徐州市殡仪馆新馆	12000	280	2.3	2012年改扩建（郊区）
5	武昌殡仪馆	12000	286	2.4	改扩建（市区）
6	威海市殡仪馆新馆	19000	550	2.9	2011年新建（郊区）
7	惠州市殡仪馆	12000	400	3.3	1998年新建（郊区）
8	北京通州区殡仪馆	10000	330	3.3	1959年新建（郊区）

4.5.2 配建机动车停车位取值建议

在上述实例中，宁波殡仪馆因位于近郊并经历改扩建，配建停车位较少，其余殡仪馆配建机动车停车位基本为每百平方米建筑面积2.0～3.0个。建议按照每百平方米建筑面积配建2.0～3.0个机动车停车位进行计算，可以得出不同规模殡仪馆配建机动车停车位（表12-14）。

不同规模殡仪馆规划配建机动车停车位　　表12-14

火化量（具）	配建机动车停车位（个）	火化量（具）	配建机动车停车位（个）
15000	300～450	5000	100～150
10000	200～300		

4.6 相关指标汇总

不同规模殡仪馆相关指标一览表　　表12-15

相关指标 \ 年火化量（具）	15000	10000	5000
用地面积（m^2）	120000～180000	80000～120000	40000～60000
建筑面积（m^2）	15000～22500	10000～15000	5000～7500
容积率	0.1～0.3	0.1～0.3	0.1～0.3

续表

相关指标 \ 年火化量（具）	15000	10000	5000
建筑密度（%）	≤20	≤20	≤20
建筑限高（m）	15	15	15
绿地率（%）	≥35	≥35	≥35
配建机动车停车位数量（个）	300～450	200～300	100～150

注：规划殡仪馆用地面积为下限值时，容积率可取上限值；用地面积为上限值时，容积率可取下限值。

5. 选址因素

（1）应选址在交通方便，水、电供应有保障的地方，并应留有发展余地。

（2）应选址在当地常年主导风向的下风侧，并应有利于排水和空气扩散。

（3）宜选址在水源的下游或远离水源，避免对城市居民用水造成污染。尽量使用荒山荒地，避免对土地资源造成浪费。

（4）避免选址在城市中心，但应位于主要道路附近或者直接与其相连，距城市主干路不宜超过 8km，以方便市民祭祀和遗体运送。

（5）不宜设在地势高的地方，以避免产生视觉干扰及对周边居民的心理带来影响。

6. 总体布局指引

在总体规划阶段，殡仪馆的布局通常按以下几个步骤进行：（1）选取配置标准；（2）确定年火化量；（3）确定新增殡仪馆数量和等级；（4）确定殡仪馆的规划布局。

（1）选取配置标准

根据城市人口规模选取殡仪馆配置标准。人口规模低于 50 万人的城市，殡仪馆数量以 1 个为宜；人口规模在 50～100 万人口的城市，殡仪馆数量控制在 2 个以内；人口规模在 100～300 万人的城市，殡仪馆数量控制在 3 个以内；人口规模在 300～1000 万人的城市，殡仪馆数量控制在 5 个以内。不同规模的城市可以通过提高殡仪馆火化量，将殡仪馆数量适当减少。

（2）确定年火化量

根据城市人口规模和年均死亡率，计算殡仪馆的年火化量。

（3）确定新增殡仪馆数量和等级

对现状殡仪馆进行分析，如果现状能满足需求，建议保留现状；如果现状不能满足需求，建议扩建；如果现状不具备扩建条件，建议新建。在此基础上，结合规划新增殡仪馆的年火化量，确定规划新增殡仪馆的数量和等级。

（4）确定殡仪馆的规划布局

根据表 12-11 确定规划殡仪馆的用地面积，同时，考虑殡仪馆选址因素，确定规划殡仪馆的具体布局。

7. 详细规划指引

7.1 用地构成

殡仪馆用地包括建筑用地、绿化用地、道路及停车场用地等。

7.2 功能分区

殡仪馆根据功能分为业务服务区、殡仪区、火化区、骨灰寄存区、行政办公区、停车区 6 个区。以殡仪区为中心进行合理的功能分区规划，做到联系方便、互不干扰。殡仪区应与火化区相邻设置，并设廊道连通。常见殡仪馆的功能分区模式有 4 种（图 12-1）。

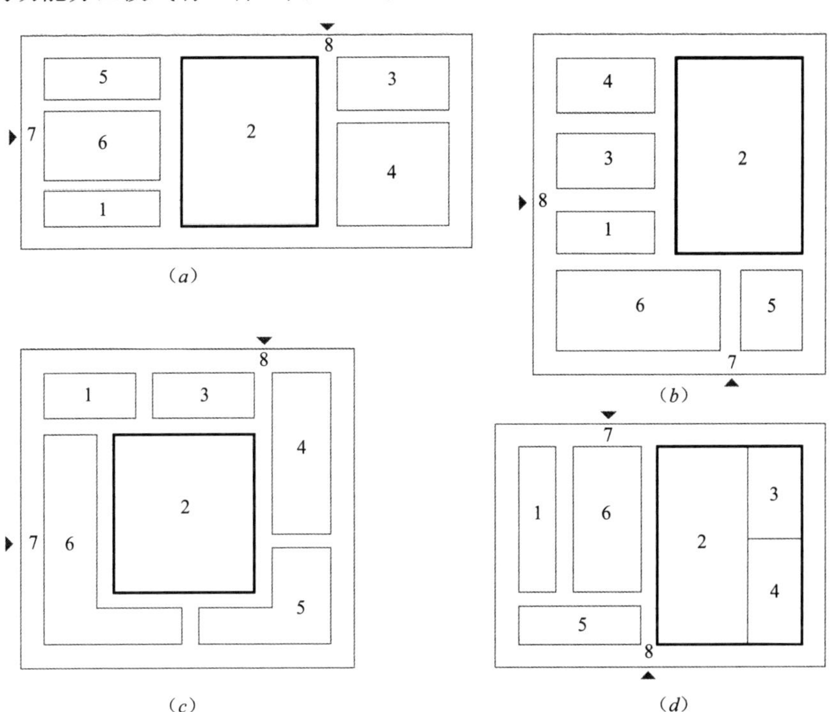

图 12-1　功能分区模式图

模式（*a*）适用于场地较为狭长的用地，殡仪区位于中部，其他功能区布置于两侧，采用轴线式的空间组织，有利于交通流线的组织。

模式（*b*）场地较为方正，殡仪区位于一侧，其他功能区围绕殡仪区呈L形布局。

模式（*c*）场地方正，采用围合式的空间组织，殡仪区位于中心，其他功能区布置于周边。

模式（*d*）场地较为方正，殡仪区、火化区、骨灰寄存区集中于一个建筑单体中布置，流线简短。

7.3 建筑布局

我国殡仪馆建筑布局一般分为中轴线布局和主体建筑统领全局布局两类形式。

（1）中轴线布局

其特点是利用一定尺度来控制整体布局，通常以条形景观绿地或广场或中央的步行道作为轴线的中心，殡仪业务楼作为轴线的终点，两侧沿轴线布置行政楼、骨灰寄存楼等配套设施。如上海宝兴殡仪馆。

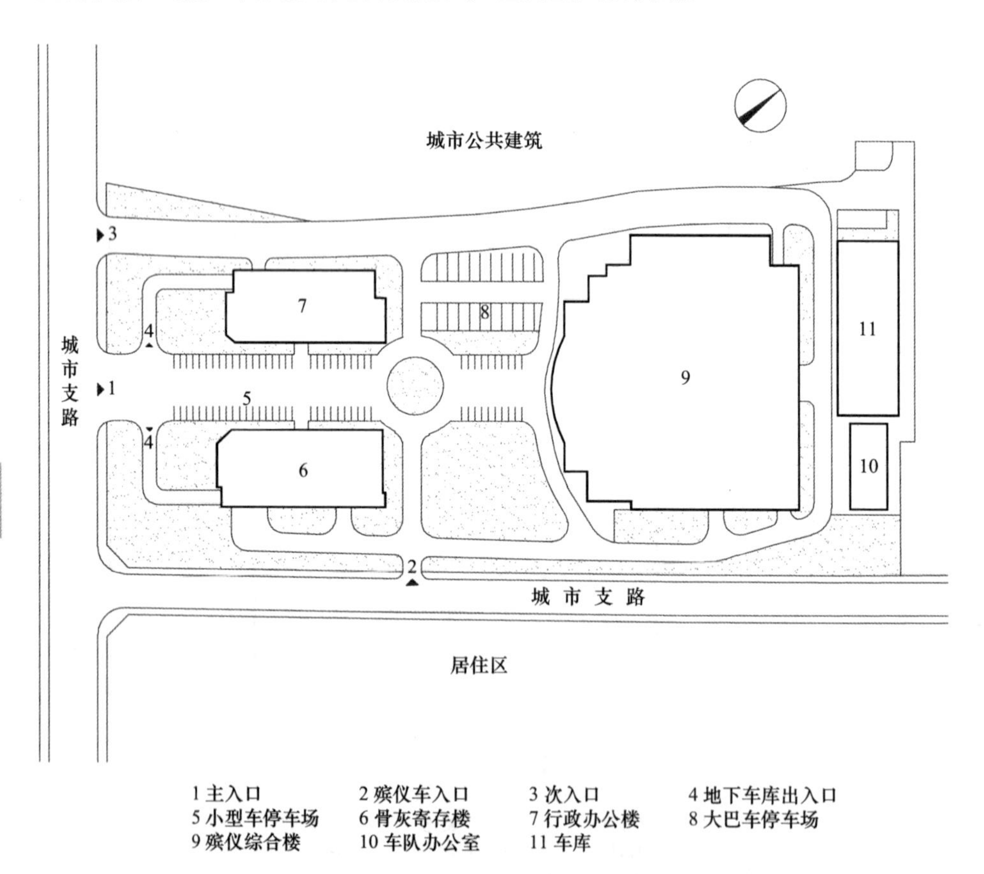

图 12-2 上海宝兴殡仪馆平面图

优点：可以使各建筑与中央公共空间联系紧密，交流便捷。另外对管网设备布局也有优越性。

局限：受到土地形状的限制，用地的长宽比比较大，适合中型规模的殡仪馆。

（2）主体建筑统领全局布局

其特点是将建筑处于周围环境的地理中心或视觉中心，在环境中处于主导地位，主体建筑突出鲜明，以巨大的体量控制外部空间，形成纪念碑式的环境气氛，从而对逝者产生崇敬的纪念心里。如广州银河园殡仪馆。

局限：占地面积比较大，需要满足流线便捷的问题，适合大型规模的殡仪馆。

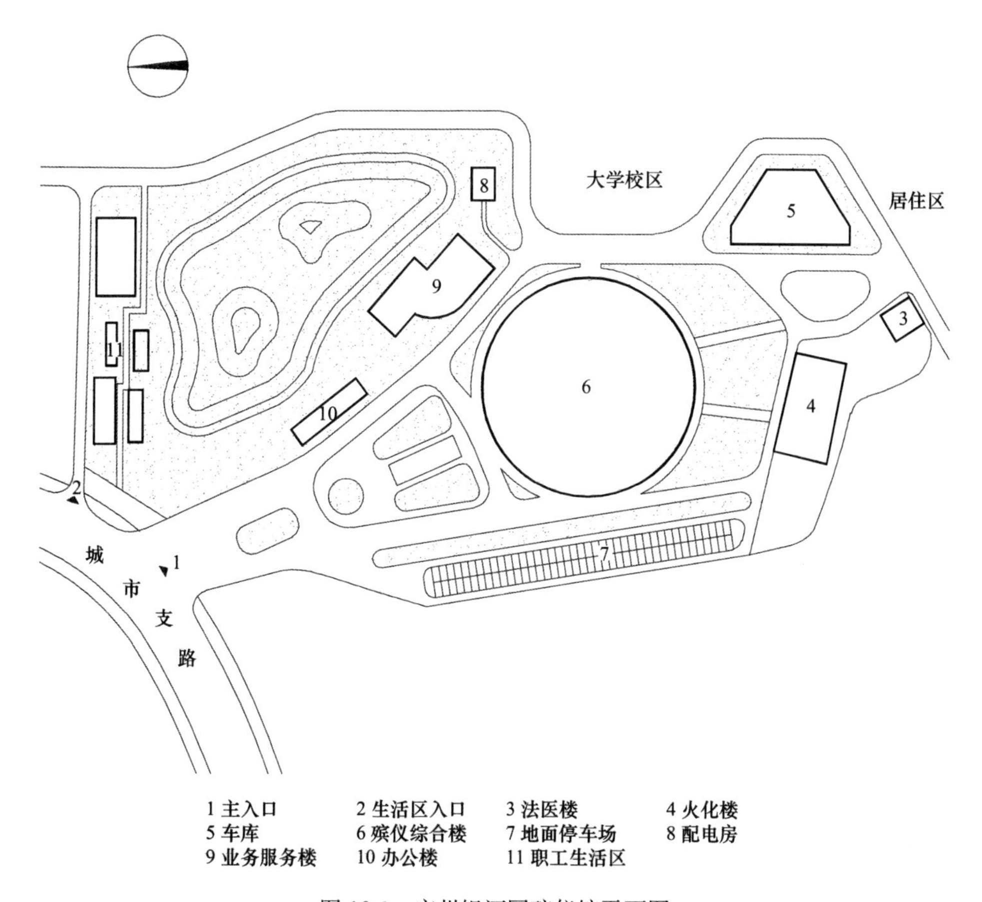

图 12-3　广州银河园殡仪馆平面图

7.4　交通组织

（1）殡仪馆不应少于 2 个出入口，其中 1 个专供殡仪车通行。

（2）殡仪馆入口附近宜设馆前广场。

（3）在停车场出入最方便的地段，应设残疾人的专用停车车位。

（4）内部车辆应单独设置停车场。

（5）保证生死流线分离，避免交叉。明确区分人流、车流，做到大型丧葬节日（清明、重阳）时能快速高效的疏导交通。

（6）离中心城区较近、占地面积 20000m^2 以内的小型殡仪馆，应设置地下车库，解决丧葬重大节日高峰期的停车问题，并在主入口附近设车库入口，做好人车分流的设计。

7.5 绿化景观

（1）殡仪馆周围应设置绿化隔离带，起到缓冲作用，减少周围居民对它的排斥心理。

（2）遗体处置用房、火化间与其他建筑之间应设卫生防护带，防护带内宜绿化。

8. 案例介绍

8.1 案例一

所在城市：东部地区某超大城市

年火化量：27000 具

用地面积：44000m^2

建筑面积：14000m^2

容积率：0.32

建筑密度：26.0%

绿地率：39.0%

机动车停车位：270 个

该殡仪馆位于城市中心区，经改造，最后为了避免污染，将火化功能和骨灰寄存功能迁出。

该殡仪馆地块西侧为河道，东侧为城市主干路，北侧和南侧均为城市公共建筑。主入口和殡仪车入口均位于东侧城市主干路上，丧属和办公人员从南侧主入口进入，通过一条东西向的主路分流，殡仪车从北侧殡仪车入口进入，形成流线分离。

该殡仪馆用地呈东西向长方形，采用轴线式的空间组织方式。北部为殡仪区和业务服务区，建筑平面呈“U”字形，殡仪综合楼为殡仪馆的主体建筑，各建筑间通过连廊相互联系；中部为停车区；南部为行政办公区。

建筑布局采用主体建筑统领形式，建筑造型现代简洁。从主入口向内形成具有纵深感的轴线空间。在轴线上组织了道路、绿化和集散广场，入口临街处用绿化植被过渡，给人一种舒适的空间氛围。同时建筑周围设置绿化隔离带，减少对周边居民的干扰。

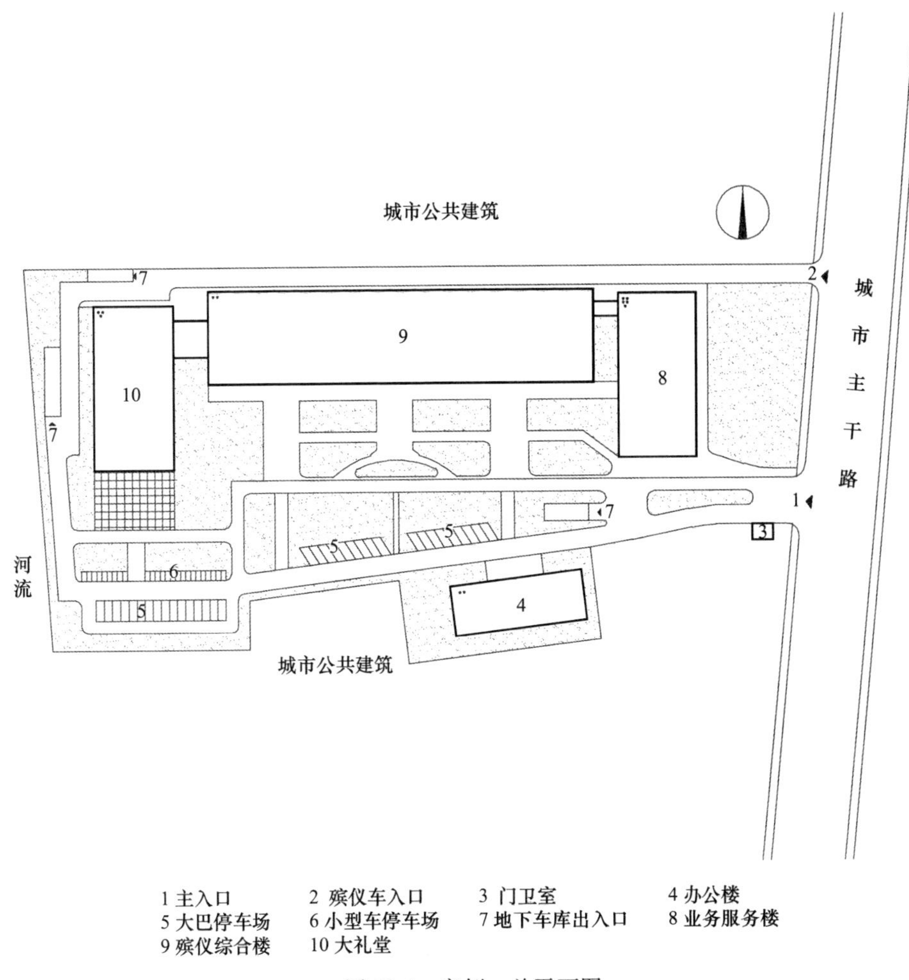

图 12-4　案例一总平面图

8.2　案例二

所在城市：东部地区某特大城市

用地面积：75894m²

年火化量：20000 具

建筑面积：总建筑面积 29961m²，计容建筑面积 24571m²

容积率：0.32

建筑密度：26.0%

绿地率：35.0%

机动车停车位：300 个

该殡仪馆位于城市郊区，对城市环境影响较小。基地北侧为墓园，南侧为城市次干路，在该次干路上分别设置主入口和殡仪车入口。主入口处设置集中停车区。殡仪车流线集中于用地东侧，丧属和办公人员流线集中于用地中西侧，形成两条相对独立的交通流线。

该殡仪馆用地呈扇形，建筑群采用围合式的空间组织方式，功能分区明确。基地中心布置殡仪综合楼，北部为火化楼。东部为骨灰寄存区和业务服务区。西部为行政办公区，通过景观环境的设计和运动设施的布置，形成相对独立的一个区域；

建筑布局为中轴线式布局，通过主入口形成一条到达殡仪综合楼的景观轴，设置台阶，营造一种庄严肃穆的气氛。

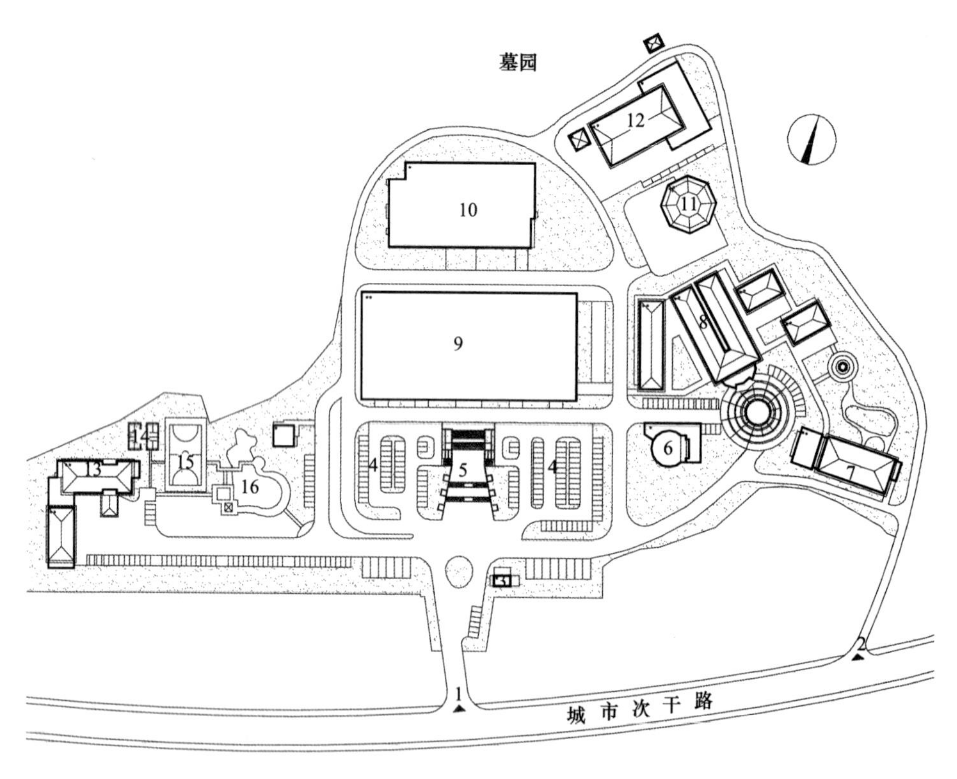

图 12-5 案例二总平面图

8.3 案例三

所在城市：东部地区某大城市

用地面积：107825m²

建筑面积：总建筑面积 29613m²，计容建筑面积 24505m²

容积率：0.23

建筑密度：15.0%

绿地率：53.0%

机动车停车位：400 个

该殡仪馆位于城市郊区，四周被山体环绕，南侧为城市次干路，在此道路上分别设置主入口、次入口、殡仪车入口 3 个入口。殡仪车流线在外，丧属流线在内，形成内外两种交通流线，互不干扰。靠近主入口处设置集中停车场。

该殡仪馆用地呈梯形，采用组合式的建筑布局方式。殡仪区位于基地东侧，设有大告别厅和中告别厅等大小不等的告别厅 3 座；中部为业务服务区，设有业务服务楼和灵堂；北侧为火化区；南侧行政办公区，各功能区之间通过连廊进行联系。建筑布局形成多个空间院落，种植长青植物。建筑采用汉唐建筑风格，以白、灰、深蓝为主色调，造型庄严肃穆。

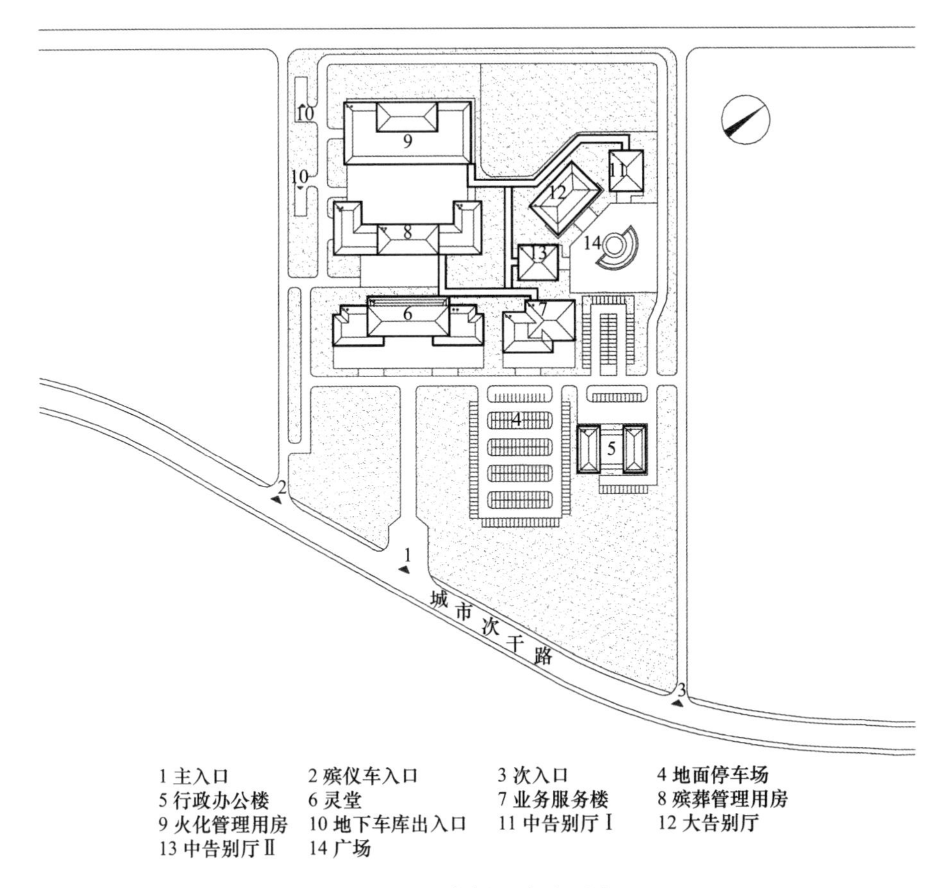

图 12-6　案例三总平面图

8.4　案例四

所在城市：西部地区某小城市

年火化量：5000 具

用地面积：39445m^2

建筑面积：11486m^2

容积率：0.29

建筑密度：24.0%

绿地率：50.0%

机动车停车位：200 个

该殡仪馆位于城市郊区，地形起伏较大。

该殡仪馆用地呈三角形，西侧为陵园，东北侧为城市次干路，南侧为城市支路。主入口位于北侧次干路上，方便家属进出，设置集中停车区。殡仪车入口位于南侧支路上，为殡仪车进出通道。建筑布局为分散式布局。基地

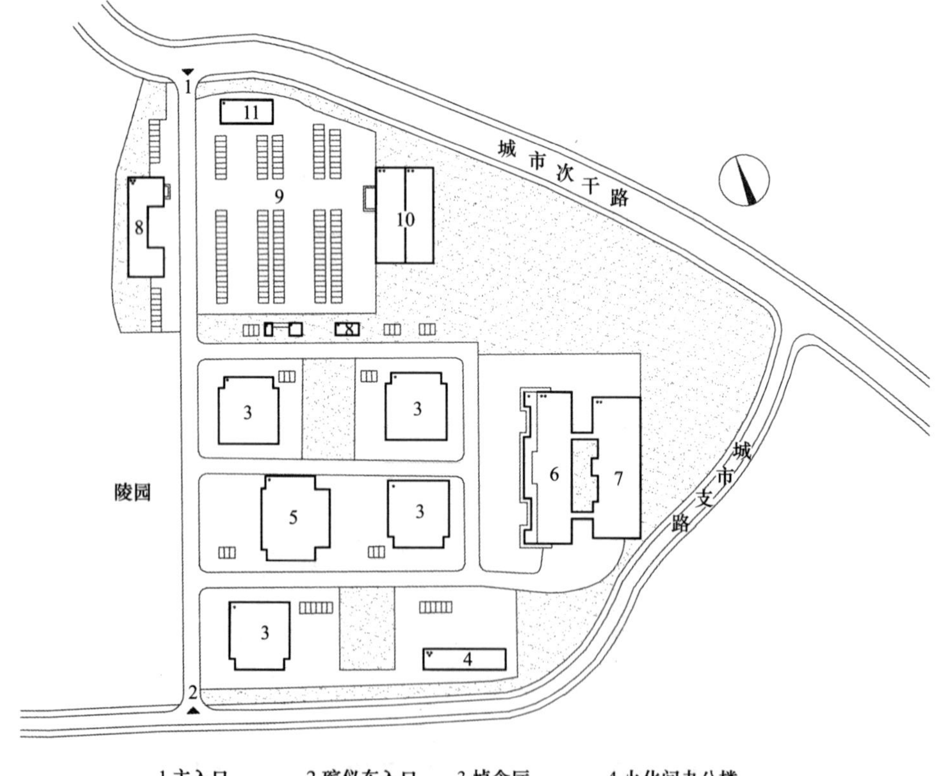

图 12-7　案例四总平面图

中部为殡仪区，设有悼念厅和大礼堂；东部为火化与骨灰寄存区；西部为行政办公区。

殡仪馆内建筑高度普遍较低，建筑与环境融合较好，建筑四周种植松、柏等常青植物。空间设计采用古典与现代建筑设计元素相结合的园林式风格，与周边自然山体相得益彰。

参考文献

[1] 中华人民共和国建设部、人民共和国民政部. JGJ 124—99 殡仪馆建筑设计规范 [S]. 北京：中国建筑工业出版社，1999.

[2] 杨宝祥. 殡葬设施规划设计 [M]. 北京：中国社会出版社，2011.

[3] 单亚林. 城市殡葬设施规划设计策略研究 [D]. 哈尔滨：哈尔滨工业大学，2012.

[4] 贾佳. 临潼殡仪馆建筑设计研究 [D]. 西安：西安建筑科技大学，2013.

[5] 陈滢. 现代城市殡仪馆外部空间设计研究 [D]. 武汉：华中科技大学，2012.

[6] 祝璟，我国现代殡仪馆建筑设计研究 [D]. 武汉：华中科技大学，2005.

[7] 洪建新，吕韶东. 现代殡仪馆空间规划设计研究 [J]. 福建建筑，2012.

[8] 王建立. 城市特殊公共建筑殡仪馆建筑前期设计 [J]. 宁波大学学报，2001.

十三、汽车加油站

1. 术语

具有储油设施，使用加油机为机动车加注汽油、柴油等车用燃油，并可提供便利店、洗车和汽车保养、快修、便民餐饮等其他便利性服务的场所。

2. 设施分类、分级

2.1 设施分类

《中国石油天然气股份有限公司・加油站建设标准》提出，汽车加油站按地理位置可划分为四类。

（1）一类：地级及以上城市加油站（含干道站、社区站、小型站）。

（2）二类：公路加油站（含高速公路、旅游区、城市环城快速路、城郊结合部及国道、省道加油站）。

（3）三类：县级市、县城城区加油站。

（4）四类：乡镇及岸基加油站。

2.2 设施分级

《汽车加油加气站设计与施工规范》（GB 50156—2012）规定，汽车加油站的等级按油罐的容量规模可划分为三级。

（1）一级汽车加油站的油罐总容积大于150m^3、不超过210m^3，单罐容积不超过50m^3。

（2）二级汽车加油站的油罐总容积大于90m^3、不超过150m^3，单罐容积不超过50m^3。

（3）三级汽车加油站的油罐总容积不超过90m^3，汽油罐单罐容积不超过30m^3，柴油罐单罐容积[1]不超过50m^3。

---

[1] 柴油罐容积可折半计入油罐总容积

3. 设施规模

3.1 用地面积

3.1.1 国家规范要求

《城市道路交通规划设计规范》（GB 50220—95）规定汽车加油站用地面积应满足表 13-1 的要求。

汽车加油站用地指标 表 13-1

昼夜加油的车次数（次）	300	500	800	1000
用地面积（万 m^2）	0.12	0.18	0.25	0.30

3.1.2 地方标准

《北京市加油站行业发展规划（2009—2015）》提出，大型加油站面积在 2000m^2 以上，中型加油站面积在 1500m^2 左右，小型加油站面积在 1000m^2 左右。

《上海市加油站行业发展规划（2005－2010）》提出，一级汽车加油站原则上为 5 亩（约 3300m^2）左右，二级汽车加油站原则为 4 亩（约 2700m^2）左右，三级汽车加油站原则为 3 亩（2000m^2）左右。

《江苏省加油站行业发展规划（2005—2010）》提出，城市型加油站中，大型加油站占地面积 3000m^2 左右，中型加油站占地面积 2000m^2 左右，小型加油站占地面积 1300m^2 左右。

3.1.3 企业标准

《中国石油天然气股份有限公司 · 加油站建设标准设计》根据加油站的区位、油罐容量，设计了多种总平面的布置形式，并提出了不同的用地面积要求（表 13-2）。

不同形式加油站用地面积推荐表 表 13-2

加油站等级	加油站布置形式	油罐容量（m^3）	用地面积（m^2）
一级站	多元布置公路站	175	3800
	垂直布置通过式公路站	175	3300
	多元布置狭长站界公路站	175	3900
二级站	垂直布置矩阵式环城快速路站	105	3300
	多元布置城乡结合部站	105	4000
	平行布置矩阵式干道站	105	2300
	平行布置 6 岛矩阵式干道站	105	2800
	平行布置通过式干道站	105	2200
	垂直布置通过式干道站	105	2500

续表

加油站等级	加油站布置形式	油罐容量（m^3）	用地面积（m^2）
二级站	狭长站界通过式干道站	105	1800
	异形站界通过式干道站	105	1500
	异形站界道口式干道站	105	2800
	平行布置通过式社区站	105	1800
	垂直布置通过式社区站	105	2700
三级站	平行布置矩阵式小型站	90	1000
	垂直布置通过式小型站	60	600

注：柴油罐容积折半计入油罐总容积

3.1.4 相关研究

甘勇华在《城市公共加油站规划技术要求》一文中指出，加油站的用地面积应根据加油站的等级进行考虑，加油站的等级越高，油罐储量越大，对应的加油能力越强，加油站与周边建筑物以及内部设施之间的消防间距越大，因而所需的用地面积也就越大（表 13-3）。

城市公共加油站用地面积推荐表 **表 13-3**

加油站等级	用地面积（m^2）	加油站等级	用地面积（m^2）
一级	3000～3500	三级	2000～2500
二级	2500～3000		

注：加油站等级为油罐容量等级

3.1.5 实例

部分城市汽车加油站用地面积 **表 13-4**

序号	名称	所在城市	用地面积（m^2）
1	蔡家坪加油站	张家界市	4350
2	宝山某加油站	上海市	3245
3	新安大桥加油站	六安市	2585
4	顺河加油站	六安市	2255
5	锡能加油站	无锡市	2048
6	紫金南路加油站	丽水市	2263
7	凤凰加油站	龙岩市	2021
8	合兴加油站	邵阳市	910
9	某加油站	老河口市	783

3.1.6 用地面积取值建议

根据《中国石油天然气股份有限公司·加油站建设标准设计》中对不同布置形式的汽车加油站用地面积建议，可以看出一级汽车加油站用地面积在 3300m^2～3900m^2 左右，二级汽车加油站用地面积在 1500m^2～2800m^2 左右，三级汽车加油站用地面积在 600m^2～1000m^2 左右。

分析国家标准和地方标准的要求，参考对比企业标准、相关研究和实例，建议汽车加油站的用地面积取值参照《中国石油天然气股份有限公司·加油站建设标准设计》的建议。一级汽车加油站用地面积控制在 3300m² ～3900m²，二级汽车加油站用地面积控制在 1500m²～2800m²，三级汽车加油站用地面积控制在 600m²～1000m²。附设便利店、洗车场、厕所等附属设施的加油站，可适当增加用地面积。

3.2 建筑面积

3.2.1 地方标准

《江苏省加油站行业发展规划（2005—2010）》提出，城市型加油站中，大型加油站站房面积为 150m²～180m²，罩棚面积为 1200m²；中型加油站站房面积为 80m²～120m²，罩棚面积为 700m²；小型加油站站房面积为 60m²～100m²，罩棚面积为 350m²。

《建筑工程建筑面积计算规范》（GB/T 50353—2013）规定，有顶盖无围护结构的车棚、货棚、站台、加油站、收费站等，应按其顶盖水平投影面积的 1/2 计算建筑面积。

根据上述规定，通过计算可以得出，大型加油站建筑面积为 750m²～780m²，中型加油站建筑面积为 430m²～470m²，小型加油站建筑面积为 235m²～275m²。

3.2.2 企业标准

《中国石油天然气股份有限公司·加油站建设标准设计》根据加油站的总平面布置形式，提出了不同的建筑面积要求（表 13-5）。

不同形式加油站建筑面积推荐表 **表 13-5**

加油站等级	加油站布置形式	建筑面积（m²）			
		站房面积	服务区面积	罩棚投影面积	合计
一级站	多元布置公路站	380	140	600	820
	垂直布置通过式公路站	460	140	440	820
	多元布置狭长站界公路站	345	120	630	780
二级站	垂直布置矩阵式环城快速路站	380	140	900	970
	多元布置城乡结合部站	375	120	500	745
	平行布置矩阵式干道站	440	140	600	880
	平行布置 6 岛矩阵式干道站	440	140	1000	1080
	平行布置通过式干道站	440	140	380	770
	垂直布置通过式干道站	440	140	400	780
	狭长站界通过式干道站	400	120	340	690
	异形站界通过式干道站	360	100	340	630
	异形站界道口式干道站	440	140	600	880
	平行布置通过式社区站	210	80	300	440
	垂直布置通过式社区站	360	120	320	640

续表

加油站等级	加油站布置形式	建筑面积（m²）			
		站房面积	服务区面积	罩棚投影面积	合计
三级站	平行布置矩阵式小型站	200	60	400	460
	垂直布置通过式小型站	100	45	120	205

注：罩棚投影面积折半计入总建筑面积

3.2.3　实例

部分城市汽车加油站建筑面积　　表 13-6

序号	名称	所在城市	建筑面积（m²）
1	蔡家坪加油站	张家界市	662
2	宝山某加油站	上海市	805
3	新安大桥加油站	六安市	414
4	顺河加油站	六安市	540
5	紫金南路加油站	丽水市	697
6	锡能加油站	无锡市	494
7	凤凰加油站	龙岩市	355
8	合兴加油站	邵阳市	248
9	某加油站	老河口市	204

3.2.4　建筑面积取值建议

根据《中国石油天然气股份有限公司·加油站建设标准设计》中对不同布置形式的汽车加油站建筑面积建议，可以看出一级汽车加油站建筑面积在880m²～1000m² 左右，二级汽车加油站建筑面积控制在 450m²～800m² 左右，三级汽车加油站建筑面积控制在 200m²～450m² 左右。

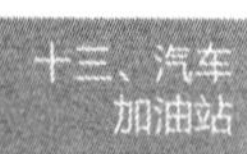

分析地方标准的要求，参考对比企业标准和建设实例，建议汽车加油站的建筑面积取值参照《中国石油天然气股份有限公司·加油站建设标准设计》的规定。一级汽车加油站建筑面积控制在 880m²～1000m²，二级汽车加油站建筑面积控制在 450m²～800m²，三级汽车加油站建筑面积控制在 200m²～450m²。附设便利店、洗车场、厕所等附属设施的加油站，可适当增加建筑面积。

4. 主要控制指标

4.1　容积率

4.1.1　企业标准

根据《中国石油天然气股份有限公司·加油站建设标准设计》提出的不同布置形式的加油站的用地面积和建筑面积建议，可以计算得出容积率指标（表 13-7）。

不同形式加油站容积率指标 **表 13-7**

加油站等级	加油站布置形式	油罐容量（m^3）	用地面积（m^2）	建筑面积（m^2）	容积率
一级站	多元布置公路站	175	3800	820	0.22
	垂直布置通过式公路站	175	3300	820	0.25
	多元布置狭长站界公路站	175	3900	780	0.20
二级站	垂直布置矩阵式环城快速路站	105	3300	970	0.29
	多元布置城乡结合部站	105	4000	745	0.19
	平行布置矩阵式干道站	105	2300	880	0.38
	平行布置 6 岛矩阵式干道站	105	2800	1080	0.39
	平行布置通过式干道站	105	2200	770	0.35
	垂直布置通过式干道站	105	2500	780	0.31
	狭长站界通过式干道站	105	1800	690	0.38
	异形站界通过式干道站	105	1500	630	0.42
	异形站界道口式干道站	105	2800	880	0.31
	平行布置通过式社区站	105	1800	440	0.24
	垂直布置通过式社区站	105	2700	640	0.24
三级站	平行布置矩阵式小型站	90	1000	460	0.46
	垂直布置通过式小型站	60	600	205	0.34

注：柴油罐容积折半计入油罐总容积

4.1.2 实例

部分城市汽车加油站容积率 **表 13-8**

序号	名称	所在城市	容积率
1	蔡家坪加油站	张家界市	0.15
2	宝山某加油站	上海市	0.14
3	新安大桥加油站	六安市	0.21
4	顺河加油站	六安市	0.34
5	紫金南路加油站	丽水市	0.31
6	锡能加油站	无锡市	0.24
7	凤凰加油站	龙岩市	0.18
8	合兴加油站	邵阳市	0.26
9	某加油站	老河口市	0.26

4.1.3 容积率取值建议

根据《中国石油天然气股份有限公司·加油站建设标准设计》计算得出的不同布置形式加油站的容积率指标，可以看出一级汽车加油站的容积率为0.20～0.25，二级汽车加油站的容积率为0.24～0.38，三级汽车加油站的容积率为0.34～0.46。

参考汽车加油站的企业标准和建设实例，可以看到实例中汽车加油站的容积率指标基本符合根据《中国石油天然气股份有限公司·加油站建设标准设计》计算得出的容积率指标。建议一级汽车加油站的容积率控制在0.20～0.25，二级汽车加油站的容积率控制在0.25～0.35，三级汽车加油站的容积率控制在0.30～0.40。

4.2 建筑密度

4.2.1 实例

部分城市汽车加油站建筑密度 **表13-9**

序号	名称	所在城市	建筑密度（%）
1	蔡家坪加油站	张家界市	12
2	宝山某加油站	上海市	10
3	新安大桥加油站	六安市	10
4	顺河加油站	六安市	34
5	紫金南路加油站	丽水市	23
6	锡能加油站	无锡市	18
7	凤凰加油站	龙岩市	23
8	合兴加油站	邵阳市	10

4.2.2 建筑密度取值建议

汽车加油站一般为单层建筑，根据容积率与建筑平均层数的指标，通过计算可以得出一级汽车加油站的建筑密度为15%～20%，二级汽车加油站的容积率为20%～30%，三级汽车加油站的容积率为25%～40%。

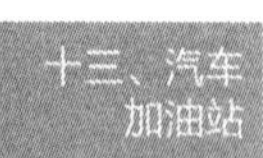

4.3 建筑限高

4.3.1 企业标准

《中国石油天然气股份有限公司·加油站建设标准》中对加油站的不同级别和不同罩棚大小，提出了建筑高度的建议（表13-10）。

不同形式加油站建筑高度指标 **表13-10**

加油站等级	加油站布置形式	油罐容量（m^3）	罩棚面积（m^2）	罩棚高度（m）
一级站	多元布置公路站	175	600	5.5
	垂直布置通过式公路站	175	440	5.5
	多元布置狭长站界公路站	175	630	6
二级站	垂直布置矩阵式环城快速路站	105	900	6.5
	多元布置城乡结合部站	105	500	5.5
	平行布置矩阵式干道站	105	600	5.5
	平行布置6岛矩阵式干道站	105	1000	6.5
	平行布置通过式干道站	105	380	5
	垂直布置通过式干道站	105	400	5

续表

加油站等级	加油站布置形式	油罐容量（m^3）	罩棚面积（m^2）	罩棚高度（m）
二级站	狭长站界通过式干道站	105	340	5
	异形站界通过式干道站	105	340	5
	异形站界道口式干道站	105	600	5.5
	平行布置通过式社区站	105	300	5
	垂直布置通过式社区站	105	320	5
三级站	平行布置矩阵式小型站	90	400	5
	垂直布置通过式小型站	60	120	5

注：柴油罐容积折半计入油罐总容积

《中石化加油站建设新标准》提出，城市型加油站中，大型汽车加油站建筑高度应控制在7m以下，中型汽车加油站建筑高度应控制在6.5m以下，小型汽车加油站建筑高度应控制在6m以下。

4.3.2　建筑限高取值建议

根据《中国石油天然气股份有限公司·加油站建设标准》中不同级别加油站的罩棚面积大小，可以看到罩棚面积大于1000m^2，建筑高度为7.0m；罩棚面积大于800m^2、小于等于1000m^2，建筑高度为6.5m；罩棚面积大于600m^2、小于等于800m^2，建筑高度为6.0m；罩棚面积大于400m^2、小于等于600m^2，建筑高度为5.5m；罩棚面积小于等于400m^2，建筑高度为5m。

参考上述两个企业标准，建议一级汽车加油站的建筑高度不大于7m，二级汽车加油站的建筑高度不大于6.5m，三级汽车加油站的建筑高度不大于6m。如汽车加油站的罩棚面积较大时，可适当增加建筑高度。

4.4　绿地率

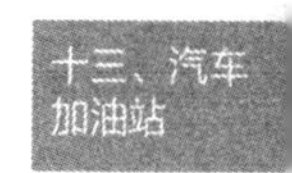

4.4.1　相关研究

许永平在《加油站的布局选址与规划实施——以南京市河西新城区为例》一文中提出，城市新建汽车加油站的绿地率应大于15%。如新建加油站只配建绿地，没有配建其他公益设施，则绿地面积不得小于总占地的25%。

4.4.2　实例

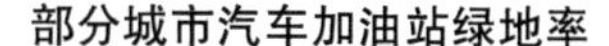

表13-11

序号	名称	所在城市	绿地率（%）
1	蔡家坪加油站	张家界市	40.2
2	宝山某加油站	上海市	23.0
3	新安大桥加油站	六安市	10.0
4	顺河加油站	六安市	8.0
5	紫金南路加油站	丽水市	15.0
6	锡能加油站	无锡市	23.0
7	凤凰加油站	龙岩市	25.0

4.4.3 绿地率取值建议

参考汽车加油站相关研究和实例，考虑不同级别汽车加油站建筑密度的大小，建议一级汽车加油站绿地率应不小于25%，二级汽车加油站绿地率应不小于20%，三级汽车加油站绿地率应不小于15%。

4.5 配建机动车停车位

参考《中国石油天然气股份有限公司·加油站建设标准设计》中对配建机动车位的相关要求，建议一级汽车加油站配建10～12个机动车停车位；二级汽车加油站配建5～8个机动车停车位，三级汽车加油站配建2～3个机动车停车位。

4.6 相关指标汇总

汽车加油站相关指标一览表　　表13-12

相关指标 \ 汽车加油站级别	一级	二级	三级
	150<V≤210	90<V≤150	V≤90
用地面积（m²）	3300～3900	1500～3000	600～1000
建筑面积（m²）	880～1000	450～800	200～450
容积率	0.20～0.25	0.24～0.38	0.30～0.40
建筑密度（%）	15～20	20～30	25～40
建筑高度（m）	≤7	≤6.5	≤6
绿地率（%）	≥20	≥15	≥15
配建机动车停车位数量（个）	10～12	5～8	2～3

5. 选址因素

（1）不应选在有地下构筑物、各类地下管线、地下电（光）缆、塌陷区及有洪水、滑坡危险等地质不良地段。

（2）应选址在交通便利的地方，城区加油站应靠近城市交通干道或设在出入方便的次要干道上，但不宜选在城市干道的交叉路口附近。

（3）应选址在小学、消防队及医院等设施的主要出入口50m以外地区。

（4）应选址在桥梁引道口、隧道口、铁路平交道口、军事设施、堤防等重要设施100m以外地区。

（5）应选址在轨道交通控制保护区以外，轨道交通控制保护区即轨道交通地下工程结构边线、高架车站及高架线路工程结构水平投影外侧3m，以及地面车站及地面线路、车辆段、控制中心、变电站用地范围外侧20m范围以内的区域。

（6）应选址在城市一、二级饮用水源保护区及饮用水源汲水点水域距离1000m以外、陆域距离500m以外地区。

（7）一级汽车加油站不应选址在城市建成区内。

（8）汽车加油站服务半径不应小于0.9km。

6. 总体布局指引

在总体规划阶段，汽车加油站的布局通常按以下几个步骤进行：（1）确定加油站的需求总量；（2）确定规划新增汽车加油站的数量和等级；（3）确定规划汽车加油站的布局。

（1）确定加油站的需求总量

总体规划中，首先采用服务半径法和工程类比法对城区加油站的数量进行简单的预估，估算城市加油站需求总量。

方法一：城市公共加油站的数量规模可以按公式 $N=\rho\times S$ 推算。式中，S为规划用地面积（km^2）；ρ 为加油站分布密度。分布密度 ρ 可以按公式 $\rho=1/A$ 计算得出。式中，A为服务面积，服务面积 $A=\pi R^2$。根据城市加油站的服务半径R为0.9km～1.2km，折算成服务面积A为 $2.54km^2$～$4.52km^2$。按照公式 $\rho=1/A$ 推算，城市加油站的分布密度 ρ 为0.22～0.39座/km^2。通过分布密度 ρ 和规划用地面积S，可以计算得出规划范围内的城市公共加油站的数量。

例如，城区面积为 $100km^2$，按城市加油站服务半径1km计算，则加油站服务面积为 $3.14km^2$，加油站密度为0.32座/km^2，城区应布置32座加油站。

方法二：以城市机动车的保有量为基准，估算需配备的加油站数量，即一定数量的机动车配备一座加油站。

据调查，北京、深圳、香港、旧金山、纽约、洛杉矶和伦敦每座加油站平均对应的机动车数量分别大致为3250辆、3292辆、2918辆、4017辆、2484辆、2445辆和2321辆，从中可以看出，这些城市每座加油站对应的机动车拥有量约为2500～4000辆。

按此类比，一个城市或成片开发区配建加油站的数量按公式 $N=Q/k$ 推算。式中，Q为区域机动车的保有量（辆）；K为每座加油站对应的机动车拥有量（2500～4000辆/座）；N为加油站的数量（座）。

（2）确定规划新增汽车加油站的数量和等级

对现状汽车加油站进行分析，确定保留、改建、扩建的加油站的数量和等级。在此基础上，结合加油站需求总量，确定规划新增汽车加油站的数量和等级。

（3）确定规划汽车加油站的布局

在确定新增汽车加油站数量后，按照市中心地区宜取服务半径的下限

0.9km，其他地区服务半径可适当增加至1.2km的服务半径，确定规划新增汽车加油站的整体布局。城市建成区内不应建设一级汽车加油站，应以三级汽车加油站为主，二级汽车加油站为辅。考虑汽车加油站的选址因素和设施规模要求，确定每个新增汽车加油站的具体布局和用地面积。

7. 详细规划指引

7.1 功能构成

汽车加油站可划分为加油区、办公生活区、油罐区和非油服务区等。

(1) 总平面布置中各建设单元应满足油品及非油品业务的需求，布局站内行车道、停车位等设置应合理，节省用地，体现以人为本、方便顾客、快捷高效、方便操作，并预留发展空间。

(2) 各建设单元的布局设计，应体现人性化，应全面考虑消费者需求，符合消费习惯和需求心理。加油业务、非油业务、卸油、便利店送货等流程设计合理、方便、高效。

(3) 总平面布置要突出加油区，要保证车辆加油方便、通行顺畅。城市站站房和罩棚宜采用平行道路布置，公路站站房和罩棚宜采用垂直道路布置。面积较大的公路站可采用大小车分区加油的L形加油区或分体式罩棚的多元布置方式。

(4) 常见汽车加油站布局模式有四种（图13-1）。

模式（*a*）：平行布置道口式加油站布局模式

平行布置道口式加油站出口、入口分别位于两条道路的右行车道上，加油区布局在交叉口处，组织四条线路供来往车辆加油。办公生活区与加油区平行布置，供加油站员工生活办公。油罐区位于加油站内侧，远离车辆出入频繁线路，避免危险发生。非油服务区位于加油站出口一侧，提供车辆保养、洗车服务。

模式（*b*）：平行布置矩阵式加油站布局模式

平行布置矩阵式加油站出口、入口位于同一道路上，加油岛与站房平行布置，组织四条线路供来往车辆加油。办公生活区与加油区平行布置，供加油站员工生活办公。油罐区位于加油站一侧，设置隔离区，避免危险发生。非油服务区位于加油站出口一侧，提供车辆保养、洗车服务。

模式（*c*）：垂直布置通过式加油站布局模式

垂直布置通过式加油站出口、入口位于同一道路上，加油岛与站房垂直布置，组织4～5条线路供来往车辆加油。办公生活区与加油区分为两部分与道路相垂直，供加油站员工生活办公。油罐区位于加油区内，采用地埋形式，减少交通干扰。非油服务区位于加油站内部，提供车辆保养、洗车服务。

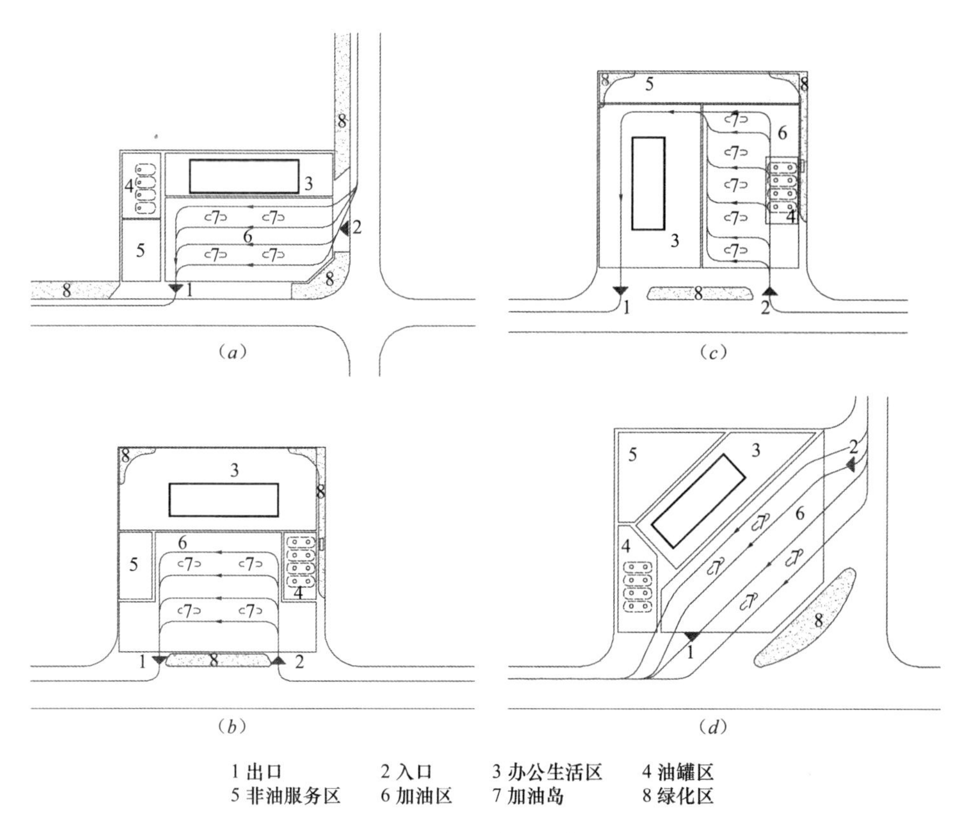

图 13-1　加油站布局模式图

模式（d）：异型站界道口式加油站布局模式

异型站界道口式加油站出口、入口分别位于两条道路的右行车道上，加油区面向交叉口布置，组织四条线路供来往车辆加油。办公生活区与加油区平行布置，供加油站员工生活办公。油罐区位于加油站出口一侧，采用地埋形式，避免危险发生。非油服务区位于加油站内部，提供车辆保养、洗车服务。

7.2　场地布局

7.2.1　加油区规划设计指引

加油区主要包括罩棚、罩棚支柱、加油岛、加油机等。

（1）在进站口无限高措施时，罩棚的净空高度不应小于 4.5m；当进站口有限高措施时，罩棚的净空高度不应小于限高高度。罩棚遮盖加油机的平面投影距离不宜小于 2m。

（2）加油岛应高出停车位的地坪 0.15m～0.2m，且两端的宽度不应小于 1.2m；加油岛上的罩棚立柱边缘距岛端部，不应小于 0.6m。

（3）加油岛形状采用哑铃型。

（4）加油岛根据岛上罩棚柱数量可分为：无柱加油岛、单柱加油岛、双柱加油岛。

(5) 加油岛的布置可与站房平行、垂直或以一定角度倾斜。

(6) 加油岛上的罩棚支柱边缘距加油岛端部不应小于0.6m。加油岛进车方向宜设防撞柱。

7.2.2 办公生活区规划设计要求

办公生活区主要包括站房、独立生活辅助用房、独立卫生间等。

加油站站房室内地坪的标高，应高出室外汽车加油场地地坪的标高0.2m。站房可与辅助服务区内的餐厅、汽车服务、员工宿舍、司机休息室等设施合建，但站房与合建设施之间应设置无门窗洞口且耐火极限不低于3h的实体墙。

站房可设在站外民用建筑物内或与站外民用建筑物合建，站房与民用建筑物之间不得有连接通道，站房应单独开设通向加油加气站的出入口，民用建筑物不得有直接通向加油站的出入口。

7.2.3 油罐区规划设计要求

油罐区主要包括油罐、油罐基础、卸油口、通气管等。油罐区是加油站的危险区域，罐区的布置既要有利于安全管理，又要有利于业务管理。油罐区包括油罐群和卸油场地两部分。

(1) 油罐群分为地上LPG储罐和埋地LPG储罐两种形式。地上LPG储罐应集中单排布置，储罐与储罐之间的净距不应小于相邻较大罐的直径；地上LPG储罐四周应设置高度为1m的防护堤，防护堤内堤脚线至罐壁净距不应小于2m。埋地LPG储罐之间距离不应小于2m，且应采用防渗混凝土墙隔开；埋地LPG储罐采用地下罐池时，罐池内壁与罐壁之间的净距不应小于1m；埋地LPG储罐采用地下罐池时，罐顶的覆盖厚度（含盖板）不应小于0.5m，周边填充厚度不应小于0.9m。

(2) 卸油场地的主要任务是罐装和接卸油品，车位置于整个加油站的最后方，远离加油机，大大提高安全系数，同时不影响车辆加油以及出入。

7.2.4 非油服务区规划设计要求

非油服务区主要包括便利店、洗车间、汽车保养间、充气加水除尘场地、司机休息间、发卡间、停车位等。

非油服务区可根据加油站类型、占地面积，采用集中或分散布置，并符合消费流程和习惯。在条件允许情况下，洗车保养间宜采用通过式，布置在站区里侧靠近出口方向。条件受限时也可采用往复式，选择合适位置布置。

在便利店前及站内适当位置，应设有足够数量的停车位，为顾客非油品消费提供方便。汽车保养和洗车服务附近可设置等候停车位，在洗车出口附近设置除尘擦车位。

7.3　交通组织

（1）加油站的进、出口应分开设置，车行道的转弯半径不小于 9m。站内可以有多路线供来往车辆加油，提高效率，减少站内车辆停靠时间，便于来往车辆加油进出。

（2）进出口道路的坡度不大于 6%。车道均采用混凝土平整路面。

8. 案例介绍

8.1　案例一

所在城市：华东地区某特大城市

设施类别：三级汽车加油站

用地面积：3244m^2

建筑面积：804m^2

容积率：0.25

建筑密度：10.0%

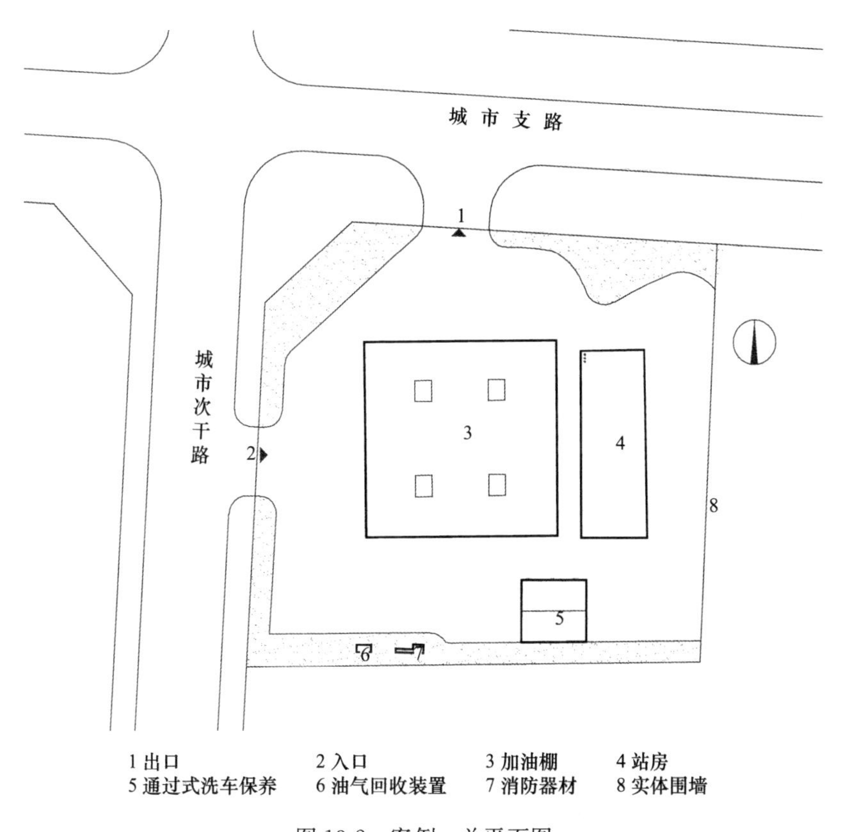

图 13-2　案例一总平面图

绿地率：23.0%

该加油站位于城市北部，周边地势较为平坦，基地周边主要为居住小区。

本项目基地为长方形，位于城市道路交叉口，西侧为城市次干路，北侧为城市支路，东侧为现状空地，南侧为居住建筑。加油站出口位于北侧城市支路，入口位于西侧城市次干路上。

加油站建筑采用平行布置方式，加油站罩棚设置在加油站中部，共设有4个加油岛，营业用房设置在加油站的东侧，在站房南侧设有汽车保养间，内部设有通过式洗车间。加油站埋地油罐与南侧居住建筑的间距大于40m。

8.2 案例二

所在城市：华中地区特大城市

设施类别：二级汽车加油站

用地面积：4090m²

建筑面积：1820m²

容积率：0.44

建筑密度：29.9%

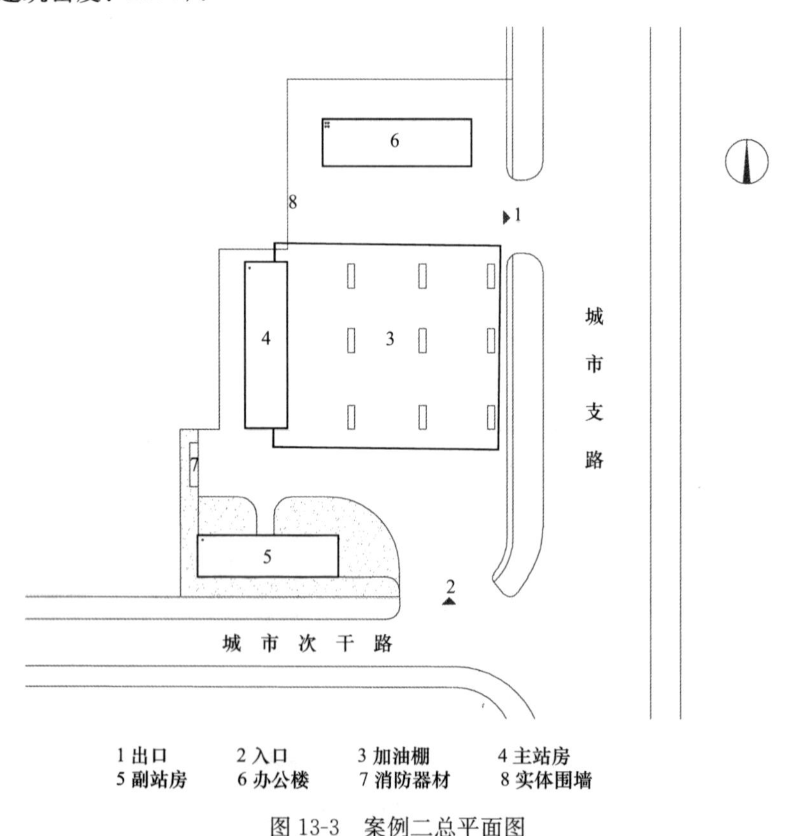

图 13-3 案例二总平面图

该加油站位于经济技术开发区内，周边地势较为平坦，基地周边为工业园区。

本项目为加油站扩建副站房项目。由于用地较为紧张，因此容积率和建筑密度均较高。基地为长方形，位于城市道路交叉口，东侧为城市支路，南侧为城市次干路，西侧为商业用地。加油站入口位于南侧城市次干路上，出口位于城市支路上。

加油站建筑采用平行布置方式，加油站罩棚设置在加油站中部，共设有9个加油岛，设有一主一次两个站房，主站房位于加油站西侧，副站房位于加油站南侧，同时设有加油站消防器材。

8.3 案例三

所在城市：华中地区特大城市

设施类别：三级汽车加油站

用地面积：2585m^2

建筑面积：414m^2

容积率：0.16

建筑密度：10.3%

绿地率：10.0%

该加油站位于城市郊区，周边地势较为平坦。

本项目基地为不规则形，位于城市道路一侧，加油站北侧为城市次干路，在此道路上设置一进一出两个出入口。

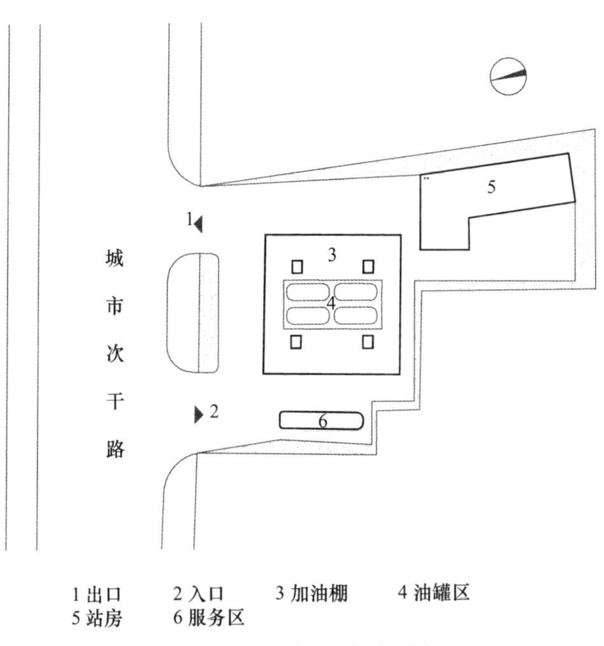

图 13-4 案例三总平面图

加油站建筑采用垂直布置方式，加油站罩棚设置在加油站中部，共设有 4 个加油岛，在罩棚下设置地下储油罐。站房位于加油站南侧在入口处设有汽车保养服务区。

8.4　案例四

所在城市：华南地区大城市

设施类别：一级汽车加油站

用地面积：5290m^2

建筑面积：1200m^2

容积率：0.23

建筑密度：24.5%

绿地率：36.4%

该加油站位于城市郊区，地形起伏较大，周边为郊野公园。

本项目基地为不规则形，位于城市道路一侧，加油站西侧为城市次干路，在此道路上设置一进一出两个出入口。

加油站建筑采用平行布置方式，加油站罩棚设置在加油站中部，共设有 6 个加油岛，在加油站东侧设置地下储油罐。站房位于加油棚东侧，在加油站内部处设有洗车楼和垃圾房。

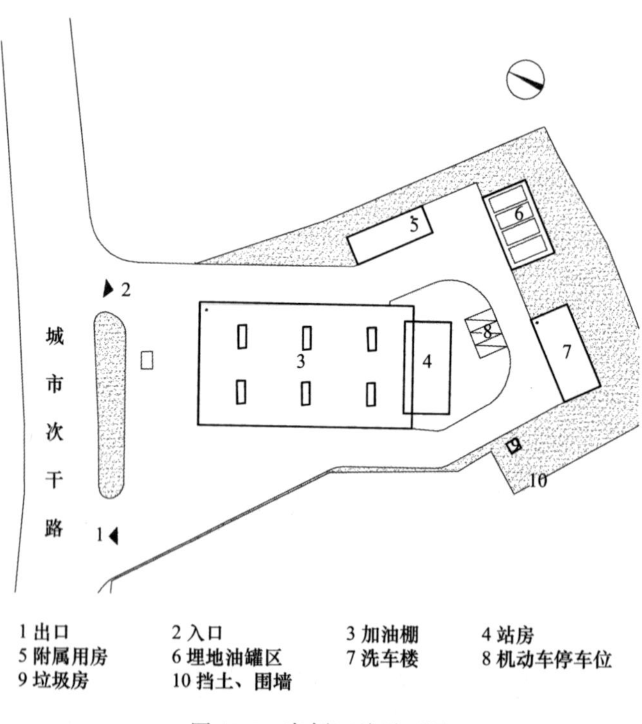

图 13-5　案例四总平面图

8.5 案例五

所在城市：华中地区某县级市

规模等级：三级汽车加油站

用地面积：783m²

建筑面积：204m²

容积率：0.26

建筑密度：10.4%

该加油站位于城市南部，地势较为平坦。

本项目基地为长方形，位于城市道路一侧，加油站西侧为城市次干路，在此道路上设置一进一出两个出入口。

加油站建筑采用平行布置方式，加油站罩棚设置在加油站中部，共设有4个加油岛，在加油站东侧设置加油站服务站房和地下储油罐。

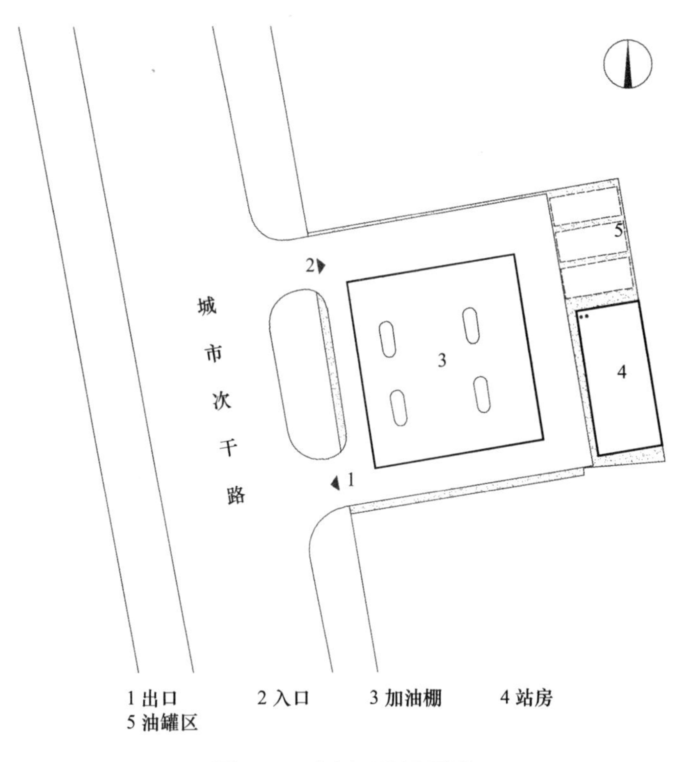

图 13-6　案例五总平面图

参考文献

[1]　中华人民共和国住房和城乡建设部、中华人民共和国国家质量监督检验检疫总局.

GB 50156—2012 汽车加油加气站设计与施工规范 [S]. 北京：中国计划出版社，2012.

[2] 中华人民共和国建设部. GB 50220—95 城市道路交通规划设计规范 [S]. 北京：中国计划出版社，1995.

[3] 中华人民共和国住房和城乡建设部、中华人民共和国国家质量监督检验检疫总局. GB/T 50353—2013 建筑工程建筑面积计算规范 [S]. 北京：中国计划出版社，2014.

[4] 中国石油天然气股份有限公司. 中国石油·加油站建设标准设计 [Z]. 北京：石油工业出版社，2010.

[5] 中国石油天然气股份有限公司. 加油站建设标准 [Z]. 北京：石油工业出版社，2010.

[6] 北京市发展和改革委员会、北京市规划委员会、北京市市政市容管理委员会、北京市商务委员会、北京市国土资源局. 京政办发【2009】31 号北京市加油站行业发展规划（2009—2015). 2009.

[7] 甘勇华. 城市公共加油站规划技术要求 [J]. 城市交通，2007，3：37-41.

[8] 许永平. 加油站的布局选址与规划实施——以南京市河西新城区为例 [J]. 现代城市研究，2003，s2：41-44.

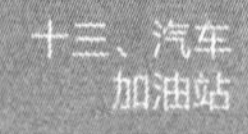

十四、城市轨道交通车站

1. 术语

完成城市轨道交通运输生产任务的基层生产单位，除了承担内部大量列车的到发、通过和折返等行车技术作业，还承担大量的乘客售检票、乘降、换乘等客运作业。城市轨道交通车站的主要功能是实现客流的集散和换乘，保证整条线路中的技术设备运转、信息控制、运行管理，以确保运输的通畅、便捷、准时和安全。❶

2. 设施分类、分级

2.1 设施分类

何静、司宝华等在《城市轨道交通线路与站场设计》一书中提出，城市轨道交通车站可按以下几种方式进行分类。

（1）根据车站内线路与地面的高低位置关系，可以把城市轨道交通车站分为地面车站、高架车站和地下车站三种类型。

（2）按照特定的列车运行计划实现不同车站间客流的输送任务，可以把城市轨道交通车站分为中间站、折返站、换乘站、枢纽站和终点站五种类型。

（3）根据车站在城市里所处的地理区位不同，车站在城市中发挥的主要功能也不同，可以把城市轨道交通车站分为对外衔接枢纽站、网络节点站、商业中心站和普通车站四种类型。

2.2 设施分级

王明年在《城市轨道交通地下车站设计与施工》一书中提出，城市轨道交通车站按照各车站早、晚高峰小时的上下客流量及相应的超高峰系数，可以将车站分为三个等级。

（1）一级站：日客流量 3 万～5 万，客流量大，地处市中心区的大型商贸

---

❶ 何静、司宝华、陈颖雪. 城市轨道交通线路与站场设计 [M]. 北京：中国铁道出版社，2010-07：153.

中心、大型交通枢纽、大型集会及政治中心区的车站。

（2）二级站：日客流量 1.5 万～3 万，客流量较大，地处较繁华的商业区、中型交通枢纽中心、较大居民区的车站。

（3）三级站：日客流量小于 1.5 万，客流量较小的一般车站。

3. 选址因素

（1）新建轨道交通车站选址应结合城市发展总体规划、城市轨道交通线网规划、城市环境规划以及城市环境功能区划，避绕既有、在建或规划的噪声敏感集中区域和重要敏感建筑，并充分利用天然缓冲地带的减噪作用。

（2）车站应与城市道路网及公共交通网络密切结合，依托地面公交线路网格，使其能最大限度地吸引客流。地铁车站宜设在道路交叉口处，周边可设置公交线路及公交车站，方便公交和地铁之间的换乘。

（3）地铁车站应设置在交通枢纽、地铁线路之间及与其他轨道交通线路交汇处、商业、居住、体育、文化中心等大的客流集散点。

（4）车站宜与周边旅游景点、游乐中心、住宅密集区、办公密集区等重要设施相通，使多数乘客的步行距离最短，并为乘客提供无太阳晒、无淋雨的乘车条件。

（5）突发性的大客流设施场所，邻近的地铁车站位置不宜离得太近，防止集中客流对地铁车站的冲击。车站出入口距离该设施出入口宜在 300m 以上，若是突发性客流的强度较大，距离应适当增加。

（6）车站应与旧城改造和新区土地开发相结合，并注重城市轨道交通建设与周边经济发展的互动效应，为可持续发展创造条件。

（7）车站间距应根据线路功能、沿线用地规划确定。在全封闭线路上，市中心区的车站间距不宜小于 1km，市区外围的车站间距宜为 2km。在超长线路上，应适当加大车站间距。

（8）地铁车站及其附属建筑不宜布置在城市高压线下方，与高压线的距离应符合《城市电力规划规范》（GB 50293）及相关电力规范的有关规定。

4. 设施设置要求

4.1 地上车站站位设置要求

（1）地上车站的总平面布局应根据区间线路条件、道路红线宽度、地面交通状况、周边环境及城市景观等因素确定，站位可采取路侧或路中，车站可采取地上一层、高架二层、高架多层等形式。

（2）设于道路红线外的地上车站应符合站址周边规划和环保要求，站前广场的地面标高不应低于周边场地的地面高程和衔接道路的人行道高程。确有困难时，应采取有效的排水措施。与开发建筑结合时应采取防止列车对结合建筑的震动和噪声干扰的措施。

（3）设于道路中央的高架车站不应跨十字路口和丁字路口布设，必须跨路设置的高架车站，宜缩小体量，桥墩的设置应避免对路口视线和今后道路渠化的影响；偏路口设站时，车站站端建筑轮廓线离道路红线交叉点的距离不宜小于 30m。

（4）高架车站应远离横穿线路的铁路和公路桥，以及公路隧道进出口和立交桥，并应满足道路交通要求。

（5）站厅落地的高架车站宜设置站前广场，有利于周边环境和交通衔接相协调。

4.2　车站设置方式

王明年在《城市轨道交通地下车站设计与施工》一书中提出，按车站位置的不同，城市轨道交通车站可分为跨十字路口设置、偏路口一侧设置、两路口间设置、道路红线外侧设置 4 种方式（图 14-1）。

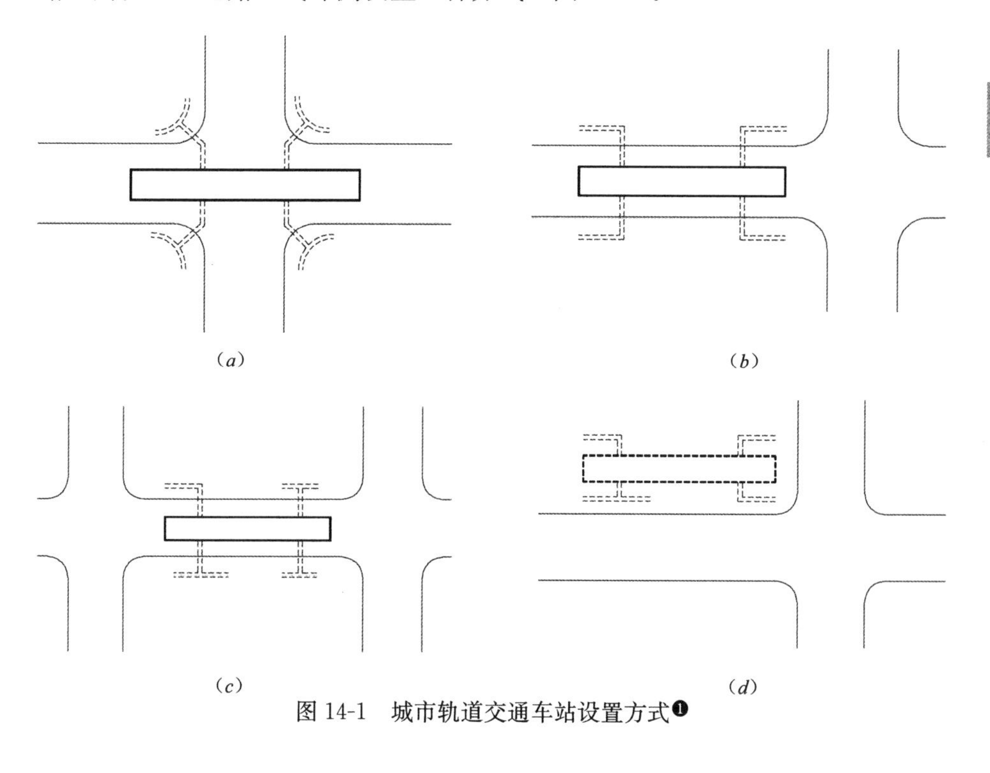

图 14-1　城市轨道交通车站设置方式[1]

[1] 王明年. 城市轨道交通地下车站设计与施工 [M]. 北京：科学出版社，2014-02：29.

(1) 方式 (a): 跨十字路口设置。车站跨主要路口的相交十字路口，并且路口各角都设有出入口，乘客从路口任何方向进入地铁均不需要经过地面，增加了乘客的安全，减少了路口处人、车交叉，与地面公交线路衔接好，方便乘客换乘。

(2) 方式 (b): 偏路口一侧设置。车站偏路口设置时不易受路口地下管线的影响，减少了车站埋深、施工对路口交通的干扰以及地下管线的拆迁，降低了工程造价，方便乘客换乘。在高寒地区，当地铁为高架线时，还可以减少地铁桥体阴影对路口交通安全的影响。

(3) 方式 (c): 两路口间设置。当两路口都是主路口且相距较近（如小于400m)，横向公交线路客流较多时，将车站设于两路口之间，以兼顾两者。

(4) 方式 (d): 贴近道路红线外侧设置。将车站建于道路红线外侧的建筑区内，可避免破坏路面和较少地下管线的拆迁，减少对地面的交通干扰，充分利用城市地面土地。一般在地面道路外侧较大的建筑物或地下工程时采用，此外，当道路红线外侧有空地或危旧房区改造时，与危旧房改造结合实施。

4.3 换乘车站设置要求

徐循初、黄建中等在《城市道路与交通规划（下册)》中对城市轨道交通换乘枢纽的设置提出了一系列要求。轨道交通与地面公交之间的换乘、轨道交通之间的换乘、轨道交通与其他交通方式之间的换乘，应考虑设置换乘枢纽。换乘枢纽在大城市尤其需要。换乘枢纽的建立，使乘客既能安全地换乘，又能迅速地出入车站。轨道交通与地面公交及其他交通方式换乘时，换乘枢纽要有清晰的换乘信息，使换乘客流流向明确，通道畅通，换乘便捷。

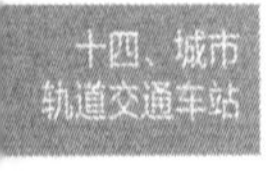

4.3.1 轨道交通与地面公交之间的换乘

由轨道交通换乘地面公共汽车的客流，应通过行人过街天桥或地下通道直接进入街道外的公共汽车站台，使人流与车流分别在不同的层面上流动，互不干扰。大型换乘枢纽站的建筑必须与其周围的道路、广场等进行综合设计。

(1) 公共汽车与轨道交通位于同一平面时的换乘（图 14-2)

方式 (a): 公共汽车直接在道边停靠，利用地下通道连接轨道交通岛式站台。为了保证轨道交通与公共汽车的换乘的安全，换乘站台应设计成立体交叉形式。如果轨道交通停靠点在换乘区一侧，则不必设置立交通道。

方式 (b): 若换乘人流量大，出入站公共汽车多，公共汽车站台区域可以相应扩大，成为多条公交线路集中的公交枢纽站。为避免乘客进出站对车流的干扰，全部通过人行天桥或地道来完成换乘。

方式 (c): 公共汽车直接在路边停靠，利用地下通道与轨道车站的站厅或站台直接相连。如果路面交通繁忙，公共汽车的双向停靠站应通过立体交叉设施与轨道交通站台衔接。

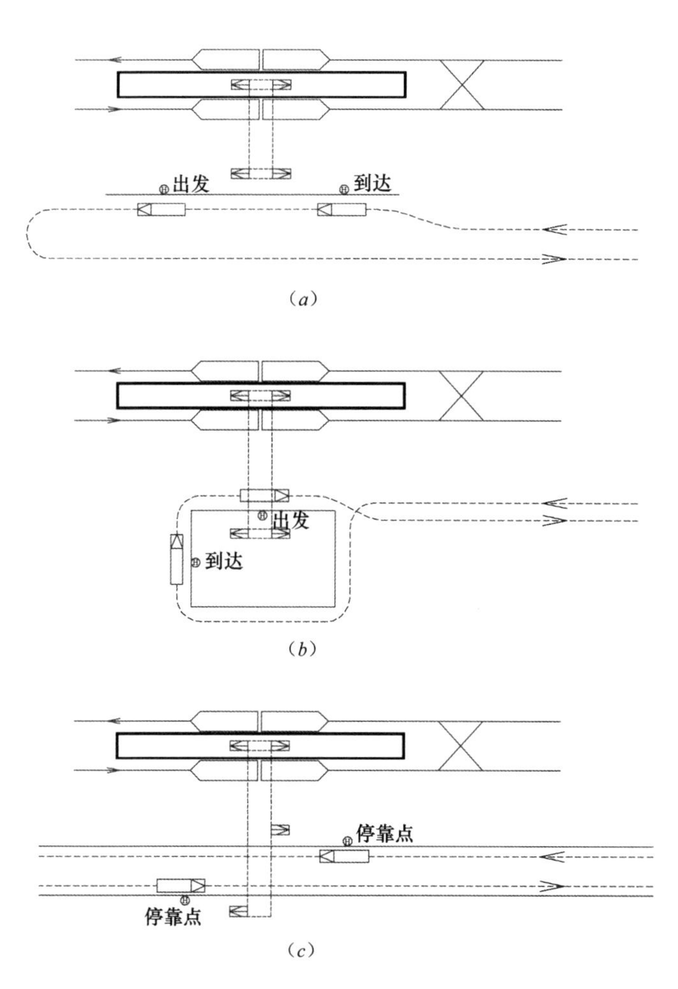

图 14-2 公共汽车与轨道交通位于同一平面时的换乘

（2）公共汽车与轨道交通位于不同平面时的换乘

公共汽车与轨道交通站点处于不同平面时，必须通过垂直通道将两者相连。设计时需考虑首先缩短两者之间的平面距离，在可能的情况下，尽量将公交站点设在轨道交通站点的上方，以缩短乘客换乘距离。

方式一：有多条公交线路与轨道交通衔接时，可以考虑修建共用站台。站台的停靠点分布可以根据进出站形式、方向或线路不同进行排列。公交车站的形式和位置不受轨道交通中间站台的影响，但应尽量位于列车站台的上方（图 14-3）。

方式二：对于侧式站台，公交车站与轨道交通通道口的相对位置取决于换乘关系。如果公交车站位于轨道交通站点上方，而且有通道直接通向轨道交通站台，乘客的换乘路径就能达到最短。如果轨道交通的站台位于轨道两侧，就需要另外加修通道台阶（图 14-4）。

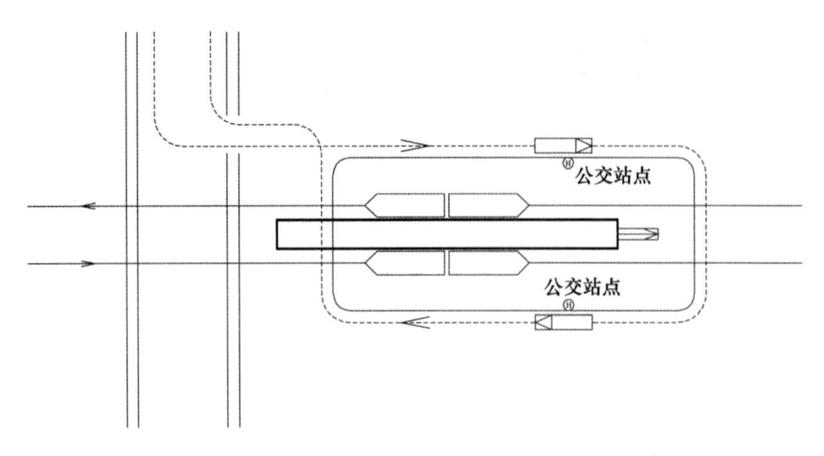

图 14-3　多条公交线路与轨道交通的同站台换乘

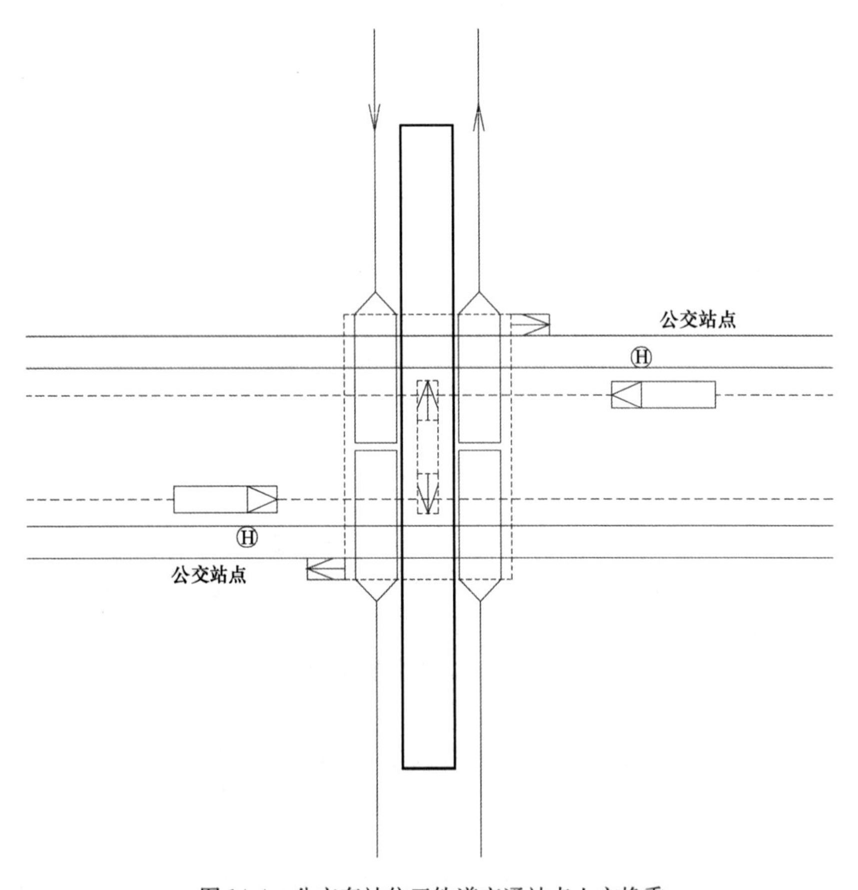

图 14-4　公交车站位于轨道交通站点上方换乘

方式三：在繁忙的轨道交通车站，衔接的公交线路较多，采用分散的沿线停靠模式，会因停靠站空间不足而造成拥挤，同时给周边道路交通带来阻

塞。为解决以上问题，可采用集中布局模式，形成路外多个站台集中在一起的换乘枢纽。为避免乘客进出站对车流造成干扰，每个站台均以地下通道或人行天桥与轨道交通车站的站厅相连（图 14-5）。

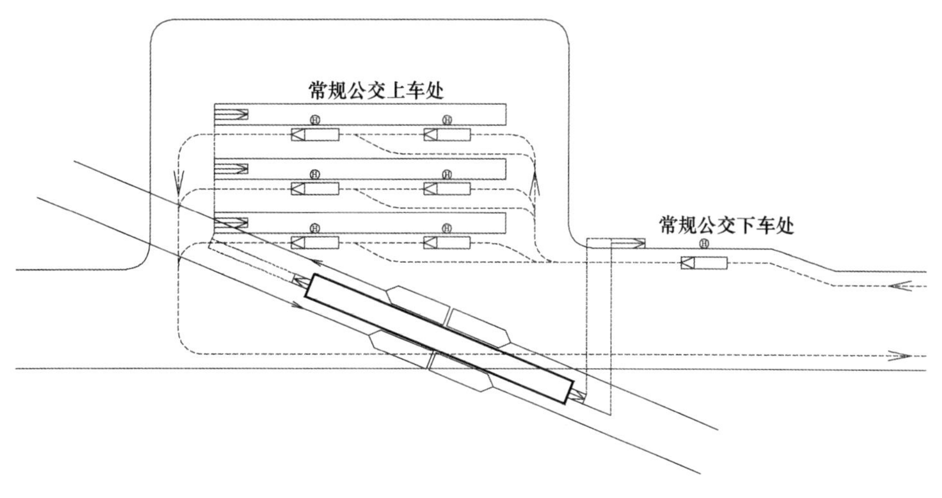

图 14-5　常规公交和轨道交通换乘枢纽

4.3.2　轨道交通之间换乘

轨道交通换乘枢纽的布置形式与轨道交通线路之间的换乘方式密切相关。换乘方式有同站台换乘、节点换乘、通道换乘、混合换乘和站外换乘等形式。与之相对应的轨道交通换乘枢纽的布置形式有并列式、行列式、十字形、T形、L形、H形和混合形等。

（1）同站台换乘

同站台换乘对换乘客流来说是最佳的选择方案，乘客只要通过站台或连接站台的天桥或地道就可以换乘另一条线路的列车。同站台换乘可分为站台共线式（两条线路在某些地段共用一条轨道）、并列式（两条线路在同平面换乘）（图 14-6）和行列式（两条线路在站台上下平行换乘）（图 14-7）三种形式。

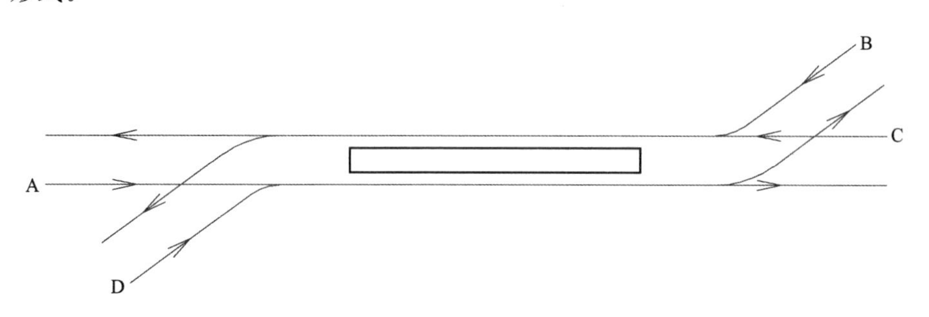

图 14-6　并列式同站台换乘

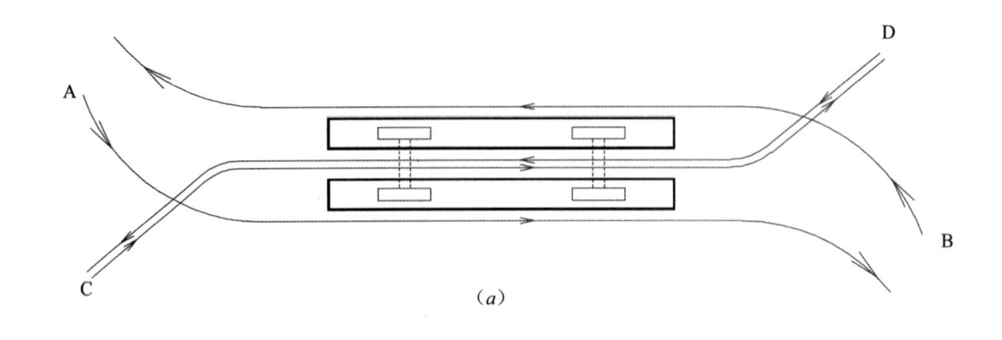

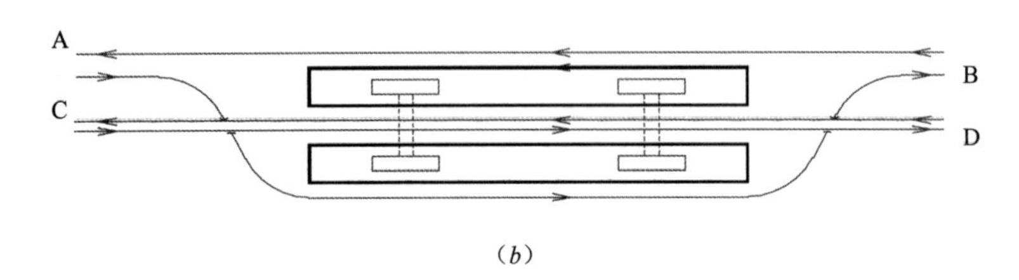

图 14-7　行列式同站台换乘

(2) 节点换乘

节点换乘是在两条轨道交通线路的交叉处，将两线隧道重叠部分的结构作为整体结点，并采用楼梯或自动扶梯将两座车站相连，乘客通过楼梯进行换乘，换乘高度一般为 5m～6m，各方向的乘客只需通过楼梯或自动扶梯一次，便能换乘另一条线路。依据两线车站交叉位置的不同，节点换乘还有十字形、T 形和 L 形三种布置形式。

各种换乘方式的功能特点及优缺点见表 14-1。

轨道交通换乘方式比较表　　　　表 14-1

换乘形式			功能特点	换乘线路数	适用情况
同站台换乘	共线式		站台重合、实现同站台换乘	两线换乘	换乘距离短，适用情况少
	并列式站位		某些方向在同一站台平面内换乘，有的方向需通过通道、楼梯或站厅换乘	两线换乘	换乘直接、换乘量大部分客流换乘距离较大
	行列式站位				
节点换乘	十字形	岛式与岛式	通过一次上下楼梯或自动扶梯，在站台与站台之间直接换乘	两线换乘	一点换乘，换乘量小
		岛式与侧式			两点换乘，换乘量中
		侧式与侧式			四点换成，换乘量大
	T 形、L 形换乘				相对十字换乘，步行距离长

续表

换乘形式		功能特点	换乘线路数	适用情况
站厅换乘	并列式站位	通过各线共用站厅换乘，或将各站厅相互连通进行换乘，乘客各需上下一次楼梯	两线或多线换乘	客流组织简单，换乘速度快，但引导标志设置重要
	行列式站位			
通道换乘	T、L、H形站位	通过专用的通道进行换乘	两线或多线换乘	换乘间接，步行距离长，换乘能力有限，但布置灵活
混合换乘	—	同站台换乘、结点换乘、站厅换乘以及通道换乘中两种或两种以上方式的组合	两线或多线换乘	保证所有方向的换乘得以实现
站外换乘	—	没有设置专用换乘设施，在付费区以外进行的换乘，乘客需增进一次进出站手续	两线或多线换乘	步行距离长，各种客流混合

4.3.3　私人交通与轨道交通车站的存车换乘

私人交通与轨道交通车站的换乘主要采用P＋R（Park and Ride）的停车换乘方式，即在城市中心区以外轨道交通车站、公共交通首末站以及高速公路旁设置停车换乘场地，低价收费或免费为私人汽车、自行车等提供停放空间，辅以优惠的公共交通收费政策，引导乘客换乘公共交通进入城市中心区，以减少私人小汽车在城市中心区域的使用，缓解中心区域交通压力。

停车换乘系统是城市交通系统中的重要组成部分，其规划不仅仅是简单的停车设施静态选点布局规划，而必须从系统的角度来分析问题，全面综合地考虑停车与区域用地规划、公共交通系统、城市交通发展战略等诸多方面的因素。同时规划时应考虑自行车换乘量大的特点，在轨道交通车站外设置便于换乘的专用非机动车停车场地。此外，还可在车站周边设置公共租赁自行车供居民换乘轨道交通使用。

5. 规划设计要求

5.1　车站出入口设计要求

（1）车站出入口的数量，应根据吸引与疏散客流的要求设置；每个公共区直通地面的出入口数量不得少于两个。每个出入口宽度应按远期或客流控制期分向设计客流量乘以1.1～1.25不均匀系数计算确定。

（2）车站出入口布置应与主客流的方向相一致，且宜与过街天桥、过街地道、地下街、邻近公共建筑物相结合或连通，宜统一规划，可同步或分期实施，并应采取地铁夜间停运时的隔断措施。当出入口兼有过街功能时，其通道宽度及其站厅部位设计应计入过街客流量。

（3）设于道路两侧的出入口，与道路红线的间距，应按当地规划部门要求确定。当出入口朝向城市主干道时，应有一定面积的集散场地。

（4）车站地面出入口的建筑形式，应根据所处的具体位置和周边规划要求确定。地面出入口可为合建式或独立式，并宜采用与地面建筑合建式；出入口外应有客流集散或停车的场地，并与城市公共交通接驳方便。

（5）大型地下车站的主要设备用房区内，应单独设置一个直达地面的消防、救援专用入口。在一般车站，经过分析论证，可利用靠近主要设备区的、直达地面的独立出入口合并兼用。专用入口位置应靠近城市道路。

（6）地下车站与商场共建时，宜分层、分隔设置。车站出入口必须有不少于 2 个独立、直通地面的出入口，并应满足地下车站紧急疏散能力要求。若车站出入口与地面建筑结合，应具备对建筑物倒塌的防御能力。

（7）对分期建设的换乘车站，其地面出入口应集中规划、合理布局、分步建设，节约用地，避免重复建设。

（8）线路穿越重要道路交叉口设置的地下车站，应结合规划条件在不同象限设置出入口。条件困难偏路口一侧设置的车站，宜在主客流方向设置跨交叉口的出入口或预留过街条件。

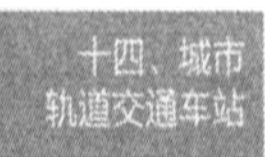

（9）车站出入口、消防专用出入口与居住小区入口、非道路交叉口人行过街天桥或地道的进出口最小距离不宜小于 10m，与公园、幼儿园、托儿所、中小学、公交车站等建筑物进出口最小距离不宜小于 15m，与人员集中的影剧院、展览馆、游乐场等建筑物进出口最小距离不宜小于 25m，与体育馆进出口最小距离不宜小于 50m，与体育场进出口最小距离不宜小于 100m。

（10）地下、地上车站出入口不应设置在道路中央的绿化隔离带上，必须设置时应有连接人行的过街措施。设在机非隔离带上的出入口宜有人行过街措施。

（11）出入口地面的附属建筑与相邻地块建设时序一致时，宜与地块建筑结合，并应同步设计、同步实施；建设时序不同或规划条件不成熟时，附属建筑应单独修建，并在出入口适当位置预留与开发地块的接口条件。预留出入口以及分期建设的换乘车站地面出入口和风亭，应统一规划、合理布局，并做好后期建设工程的预留和规划控制。

（12）在严寒地区，出入口地面和楼梯应采取防冻、防滑措施。

5.2 风亭设计要求

（1）地下车站风亭的分散与集中设置应根据地貌、地面的城市规划、施工的可能性及经济性来实施，尽量与地面建筑相结合。

（2）风道长度、风亭面积、风口高度除应满足通风工艺要求外，还应满足环保要求，送、排风口不得正对邻近建筑的门窗或人行道，相隔距离应≥5m。人行道旁的送排风口应高出人行道2m以上。

（3）拟附建在规划建筑物内的风亭，应考虑今后与该建筑物施工建造的接口问题，以免相互造成功能及景观上的影响。

（4）独立修建的地面风亭应注意与周围环境相协调，风亭的体量尽量小一点，高度低一点，造型要美观。

（5）在周边具备绿地条件的地段宜采用敞开式低风井，并应做好排水、防淹、安全、挡物措施。

（6）风亭不应设在道路红线内的转角处，必须设置时，不得影响交通视线，并不应影响今后的道路渠化。

（7）地面通风亭宜设置在城市道路规划红线之外，宜与周边环境相协调或合建，重视造型、景观和环保的要求。

5.3 无障碍设施设计要求

（1）每个车站应在出入口与站厅层之间以及站厅层与站台层之间设置残疾人用的垂直电梯。当车站在街坊内布置时残疾人电梯可以从地面直接通到站台。

（2）连接站厅层与站台层的电梯应设在站厅层付费区内、站台层中部以方便使用和管理。

（3）车站的公共厕所内应设置残疾人厕位。

（4）乘客通行路线中有高差的部分应设坡道连接。

（5）出入口、通道、楼梯、站厅及站台等盲人涉足之处应设盲人导向带，具体要求应符合无障碍设计的有关规范。

6. 案例介绍

6.1 案例一

所在城市：华中地区某大城市

设施分类：地下车站（中间站、普通车站）

该城市轨道交通站位于城市主干路与次干路交叉口，是该市某地铁线的某一中间站。该地铁站设有四个出入口，是典型的跨十字路口设置方式。该站共设有两个风亭，分别位于三号出入口的东侧和四号出入口的西侧。

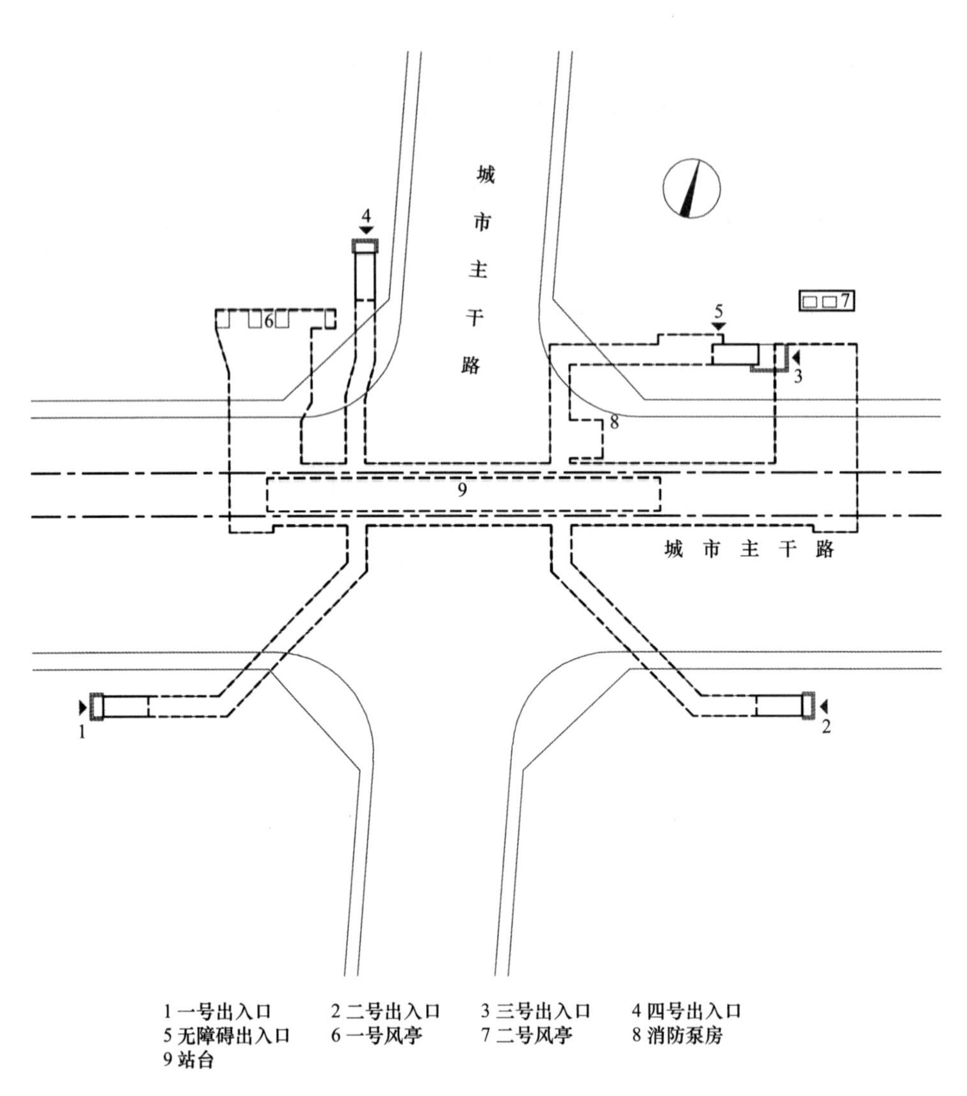

图 14-8　案例一总平面图

6.2　案例二

所在城市：华东地区某特大城市

设施分类：高架车站（中间站、普通车站）

该城市轨道交通站位于城市主干路与次干路交叉口，是该市某轻轨线的某一中间站。该轨道交通站为高架车站，设有两个出入口，出入口通过人行天桥到达地面，属于偏路口的设置方式。

6.3　案例三

所在城市：华中地区某大城市

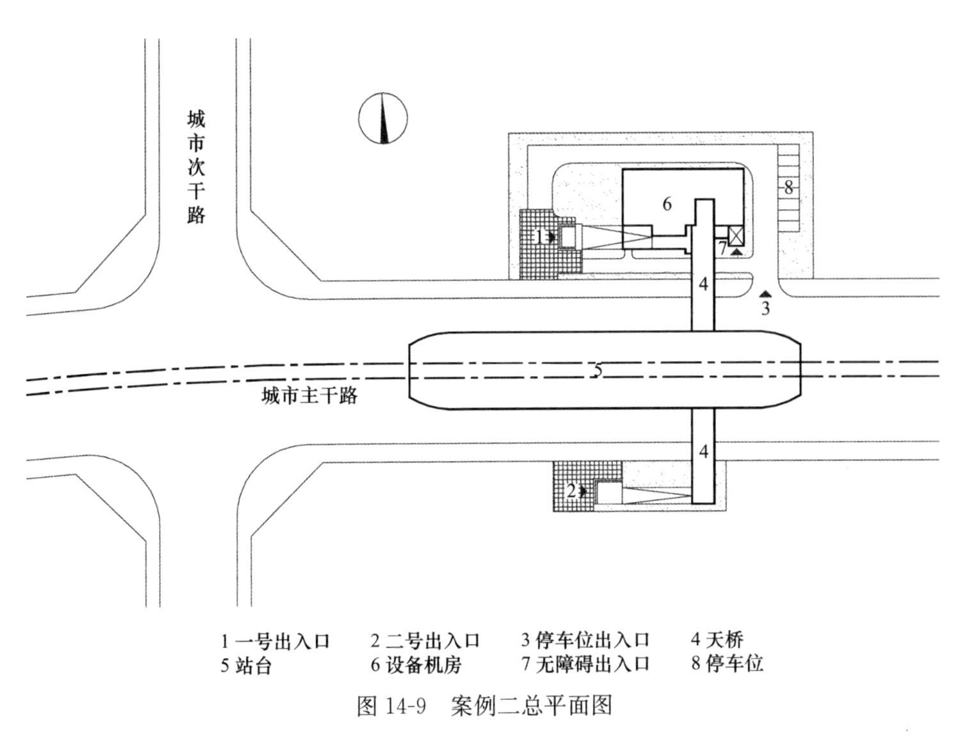

1 一号出入口　2 二号出入口　3 停车位出入口　4 天桥
5 站台　6 设备机房　7 无障碍出入口　8 停车位

图 14-9　案例二总平面图

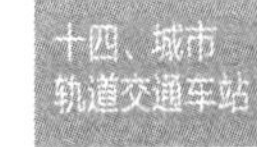

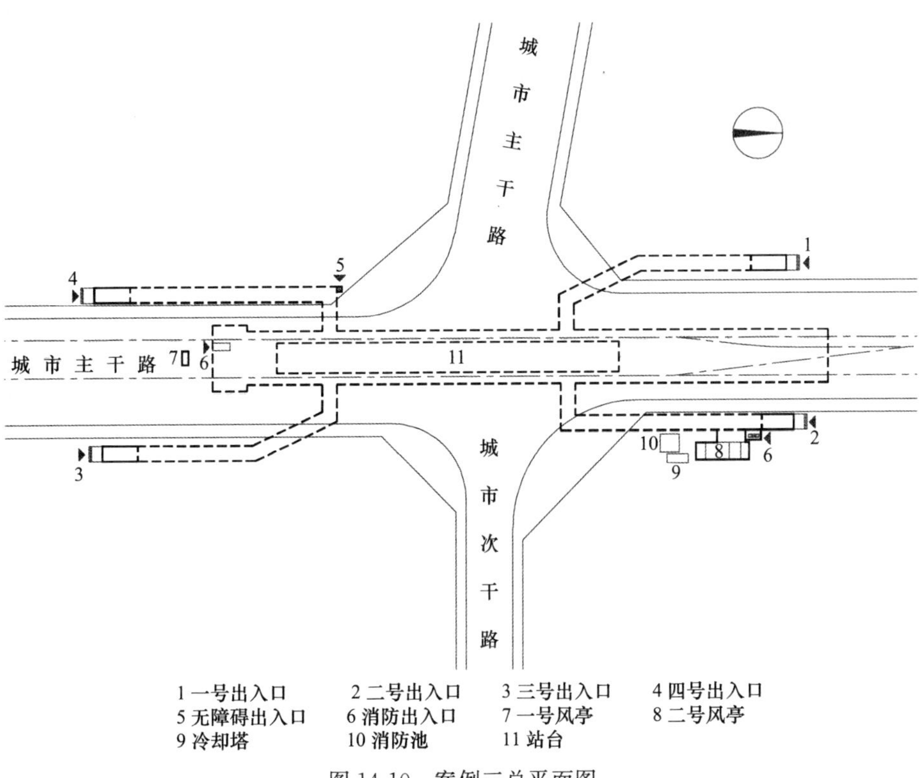

1 一号出入口　2 二号出入口　3 三号出入口　4 四号出入口
5 无障碍出入口　6 消防出入口　7 一号风亭　8 二号风亭
9 冷却塔　10 消防池　11 站台

图 14-10　案例三总平面图

城市分类：地下车站（换乘站、普通车站）

该城市轨道交通站位于城市主干路与次干路交叉口，是该市某地铁线的某一中间站。该地铁站设有 4 个出入口，是跨十字路口设置方式。该站共设两个风亭，分别位于地铁站南端主干路绿化带中以及二号出入口南侧。

参考文献

[1] 中华人民共和国住房和城乡建设部. GB 50157—2013 地铁设计规范 [S]. 北京：中国建筑工业出版社，2013.

[2] 中华人民共和国住房和城乡建设部、中华人民共和国国家质量监督检验检疫总局. GB 50490—2009 城市轨道交通技术规范 [S]. 2009-02-23.

[3] 中华人民共和国建设部、中华人民共和国国家发展和改革委员会. 建标 104—2008 城市轨道交通工程项目建设标准 [S]. 2008-07-01.

[4] 北京市规划委员会、北京市质量技术监督局. DB-2013 城市轨道交通工程设计规范 [S]. 2013.

[5] 顾保南、许恺. 城市轨道交通工程案例集 [M]. 北京：人民交通出版社，2011-07.

[6] 王明年. 城市轨道交通地下车站设计与施工 [M]. 北京：科学出版社，2014-02.

[7] 何静、司宝华、陈颖雪. 城市轨道交通线路与站场设计 [M]. 北京：中国铁道出版社，2010-07.

[8] 徐循初、黄建中 . 城市道路与交通规划 [M]. 北京：中国建筑工业出版社，2007-03.

十五、儿 童 公 园

1. 术语

单独设置，为少年儿童提供游戏及开展科普、文体活动，有安全、完善设施的绿地，是城市公园中专类公园的一种重要类型。

2. 设施分类

儿童公园分为综合性儿童公园、主题性儿童公园和一般性儿童公园三类。

（1）综合性儿童公园：为全市少年儿童服务，一般设于城市中心地带，交通方便地段；面积较大，内容较全面。

（2）特色性儿童公园：强化或突出某项活动内容，并组成较完整的系统，形成某一特色。

（3）一般性儿童公园：为区域少年儿童服务，活动内容可以不求全面，根据具体条件而有所侧重，但其主要内容仍然是体育、娱乐方面。

3. 设施规模

3.1 用地面积

3.1.1 国家规范要求

《公园设计规范》(CJJ 48—92）规定，儿童公园应有儿童科普教育内容和游戏设施，全园面积宜大于 2 万 m^2。

3.1.2 地方标准

广州市《城市公园分类》(DBJ 440100/T 1—2007）提出，儿童公园面积宜大于 10 万 m^2，不应小于 2 万 m^2。

3.1.3 实例

部分城市儿童公园用地面积一览表 **表 15-1**

序号	公园名称	所在城市	用地面积（万 m^2）
1	深圳市儿童公园	深圳市	5.9
2	大连市儿童公园	大连市	6.1

续表

序号	公园名称	所在城市	用地面积（万 m²）
3	福州市儿童公园	福州市	8.3
4	重庆市儿童公园	重庆市	10.7
5	太原市儿童公园	太原市	11.9
6	宁波市儿童公园	宁波市	13.0
7	西宁市儿童公园	西宁市	13.3
8	宜昌市儿童公园	宜昌市	13.3
9	杭州少年儿童主题公园	杭州市	14.0
10	哈尔滨儿童公园	哈尔滨市	17.0
11	长春市儿童公园	长春市	17.7
12	广州市儿童公园（白云区）	广州市	20.4
13	青岛市儿童公园	青岛市	22.3
14	大庆市儿童公园	大庆市	23.0
15	广州市儿童公园（天河区）	广州市	33.0

部分区县儿童公园用地面积一览表　　表 15-2

序号	名称	所在城市	用地面积（万 m²）
1	广州市黄埔区儿童公园	广州市	4.8
2	广州市番禺区儿童公园	广州市	6.7
3	广州市白云区儿童公园	广州市	7.3
4	广州市海珠区儿童公园	广州市	6.5
5	广州市荔湾区儿童公园	广州市	18.8
6	广州市越秀区儿童公园	广州市	4.1
7	广州市天河区儿童公园	广州市	2.2
8	广州市花都区儿童公园	广州市	13.0
9	广州市南沙区儿童公园	广州市	18.4
10	广州市萝岗区儿童公园	广州市	5.0
11	广州市增城市儿童公园	广州市	11.0
12	广州市从化市儿童公园	广州市	7.8
13	南通市启东市头兴港畔儿童公园	南通市	10.0
14	重庆市荣昌县儿童公园	重庆市	5.2

3.1.4　用地面积取值建议

综合上述国家规范和地方标准要求，参考儿童公园实例，建议儿童公园用地面积宜大于 10 万 m²，不应小于 2 万 m²。

4. 主要控制指标

4.1 绿地率

4.1.1 国家标准

《公园设计规范》（CJJ 48—92）规定，儿童公园绿地率应大于50%，绿化覆盖率应大于70%。

4.1.2 地方标准

广州市《城市公园分类》（DBJ 440100/T 1—2007）规定，儿童公园绿地率应大于60%，绿化覆盖率应大于80%。

4.1.3 绿地率取值建议

建议儿童公园绿地率按国家标准执行，绿地率应大于50%，绿化覆盖率应大于70%。

4.2 配建机动车停车位

4.2.1 国家规范要求

《城市停车规划规范》（征求意见稿）规定，“风景公园”停车配建指标下限值为0.015车位/100m² 占地面积，“主题公园”停车配建指标下限值为0.02车位/100m² 占地面积，“其他公园”停车配建指标下限值为0.01车位/100m² 占地面积。儿童公园属于“其他公园”，可参照下限值为0.01车位/100m² 占地面积指标。

4.2.2 地方标准

全国部分城市对各类公园配建机动车停车位标准如表15-3所示。

全国部分城市各类公园配建停车位标准 **表15-3**

城市	配建机动车停车位（车位/100m² 占地面积）	
广州市	主题公园	一般性城市公园
	A区：0.04～0.08，B区：0.12～0.15	A区：0.01～0.02，B区：0.04～0.06
济南市	自然风景公园	其他公园
	0.015	0.05～0.10
武汉市	综合公园、主题公园	一般性公园
	二环线内：0.06，二环线外：0.12	二环线内：0.01，二环线外：0.04
南京市	主题公园	一般性公园、风景区
	一类区：0.015～0.08，二类区：0.08，三类区：0.10	一类区：0.01～0.02，二类区：0.02，三类区：0.04
贵阳市	休闲娱乐性公园	自然景观性公园
	0.20	0.01

续表

城市	配建机动车停车位（车位/100m² 占地面积）	
福州市	自然风景公园	其他公园
	0.50～1.00	0.10～0.15
长沙市	自然风景公园	其他公园
	0.012	0.20
南昌市	一类区域：0.15，二类区域：0.18，三类区域：0.20	
郑州市	风景区	城市公园
	0.02～0.03	0.10～0.15

注：① 广州市配建停车位标准中，A区范围为广园路以南、华南路天河区段和广州大道海珠区段以西与新窖南路以北的地区，以及芳村大道的如意坊大桥至鹤洞大桥段以东地区和黄埔区的广深铁路以南、茅岗路以东、石化路以西、港前路以北的城市副中心地区，番禺区中心城区中区，即市桥街东、西环路及市桥水道的围合区域，花都区新华镇老城区，即京广铁路以东，松园以南，茶元南路、体育路、天贵路以西，新街河以北的地区（即城市规划密度1区）；B区范围为除A区以外的规划建设地区（即城市规划密度2区）。

② 南京市配建停车位标准中，一类区指旧区，即长江-大桥南堡-京沪铁路-红山路-龙蟠路-北安门北街-明城墙-中山门-护城河-大明路-宁铜铁路-中山南路-集合村路-凤台路-秦淮河-长江围合的区域；六合雄州老城（方州路-招兵河-滁河-八百河合围区域）、江宁东山老城（文靖路-G104-天印大道-秦淮河合围区域）、浦口珠江老城（312国道-团结路-城西路-公园北路-龙华路合围区域）可参照一类区执行。二类区：指主城范围内除一类区以外的其他地区。主城范围指长江以南、绕城公路以内的区域。三类区：指市区范围内除一类区、二类区以外的其他地区。

③ 南昌市配建停车位标准中，一类区域是洪都大道、沿江大道、抚河路、洪城路、解放西路围合范围；二类区域指红谷滩中央商务区；三类区域是除一、二类区域以外的其他区域。

4.2.3 配建机动车停车位取值建议

参考《城市停车规划规范》（征求意见稿）及国内部分城市对各类公园配建机动车停车位的要求，建议儿童公园机动车停车位按照0.1～0.2车位/100m² 用地面积设置。儿童公园配建机动车停车位数量参照表15-4。

不同规模儿童公园配建机动车停车位数量　　表15-4

公园面积（万m²）	2	5	10	15	20	30
配建机动车停车位数量（个）	20～40	50～100	100～200	150～300	200～400	300～600

5. 选址因素

（1）儿童公园服务对象以儿童及其家长为主，因此选址应有较好的区位条件，周边现有或规划有较完善便利的交通、餐饮、购物等服务配套，以满足一家大小出行游玩的需求。

（2）儿童公园的范围线应与城市道路红线重合，条件不允许时，必须设通道使主要出入口与城市道路衔接。

（3）儿童公园不宜布局在包含儿童游乐场的综合性公园附近。

（4）考虑到儿童身心健康发展的需要，选址地点应能让儿童亲近自然，以满足儿童对植被、水体等优美自然环境的偏好。

（5）城市高压输配电架空线以外的其他架空线和市政管线不宜通过公园。

（6）儿童公园与污染工业企业的卫生防护距离应符合附表 A 的规定。

（7）儿童公园与易燃易爆场所的防火间距应符合附表 B 的规定。

（8）儿童公园与市政设施的安全卫生防护距离应符合附表 C 的规定。

6. 设施设置要求

参考国家规范和国内部分儿童公园的实例，建议设置儿童公园时考虑下列条件：

（1）地级市应设置至少一处儿童公园，规模宜大于 10 万 m^2。

现状没有儿童公园的地级市，建议按照选址要求新增一处儿童公园；现状已有儿童公园但规模较小的地级市，可将其进行原址扩建，或将其作为区级儿童公园，再另选址新建一处市级儿童公园。

（2）有条件的县级市、市辖区可设置一处儿童公园，规模宜为 5 万～10 万 m^2。

7. 详细规划指引

7.1 用地构成

公园用地主要包括园路及铺装地面、管理建筑用地、游览、休憩、服务、公共建筑用地和绿化园地。各类用地构成比例按照表 15-5 进行控制。

儿童公园内部用地比例　　表 15-5

儿童公园陆地面积（万 m^2）	园路及铺装地面（%）	管理建筑（%）	游览、休憩、服务、公共建筑（%）	绿化园地（%）
<2	15～25	<1.0	<4.0	>65
2～5	10～20	<1.0	<4.0	>65
5～10	8～18	<2.0	<4.5	>65
10～20	5～15	<2.0	<4.5	>70

注：① 前三项上限与绿化园地面积的下限之和不足 100%，剩余用地应供以下情况使用：一般情况增加绿化用地的面积或设置各种活动用的铺装场地、院落、棚架、花架、假山等构筑物；公园陆地形状或地貌出现特殊情况时园路及铺装场地可增值。

② 公园内园路及铺装场地用地，可在符合下列条件之一时按规定值适当增大，但增值不得超过公园总面积的 5%。公园平面长宽比值大于 3。公园面积一半以上的地形坡度超过 50%。水体岸线总长度大于公园周边长度。

7.2 功能分区

儿童公园可分为儿童游乐区、体育运动区、科普文化区、自然景观区、管理服务区。总平面布置应功能分区明确、总体布局合理、各区联系方便、互不干扰。

（1）儿童游乐区：以儿童为主体，家长看护或共同参与活动以获取娱乐的空间，是儿童活动的核心区域。

（2）体育运动区：以某些主要的体育运动项目为主，为儿童提供攀爬、自由奔跑、跳动的场所，能够锻炼他们的身体，增强体质。

（3）科普文化区：从儿童的眼光出发，设置儿童科普专用的设施或场地。

（4）自然景观区：由动植物和其他自然景观组成的空间，是公园组成的主体部分。能让儿童参与自然、认识自然、感受生命，对儿童的自然教育起重要的作用。

（5）管理服务区：以园务管理、为儿童及看护家长提供服务为主的功能区。

儿童公园功能分区模式主要有 4 种（图 15-1）。

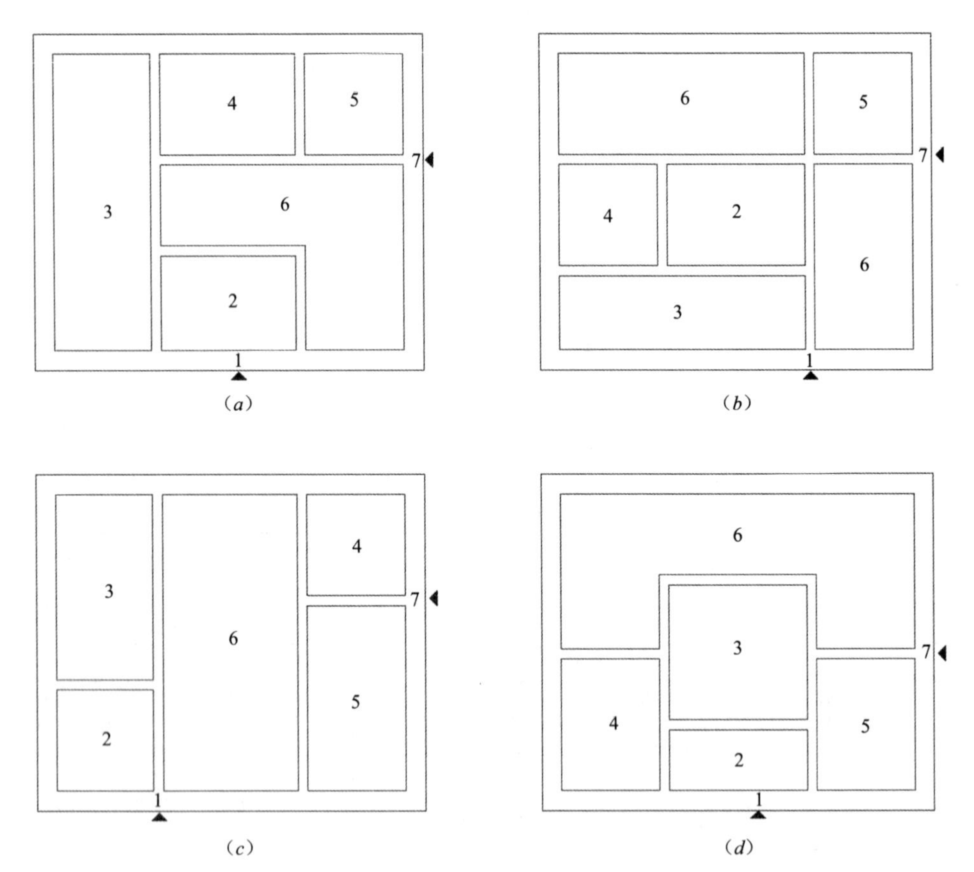

图 15-1　儿童公园功能分区模式图

模式（*a*）将管理服务区置于主入口处，自然景观区位于地块中央并联系次入口，其他各功能区沿地块两侧布置；

模式（*b*）将管理服务区设置于地块中央，其他功能区围绕其进行布局，方便统一管理及服务；

模式（*c*）将自然景观区位于地块中轴线上，两侧布置其他功能区，管理功能置于主入口，可凸显公园的自然景观条件；

模式（*d*）将儿童游乐区置于地块中央，景观区位于地块一侧，其他功能区则位于另一侧围绕儿童游乐区布局，有效地实现动静分区。

7.3 场地布局

7.3.1 儿童游乐区规划设计要求

（1）按游乐空间可分为机动游戏和非机动游戏 2 类，按年龄可分为婴儿区、幼儿区、学龄区、少年区 4 类。可以通过安排活动设施、适当增加主题、活动场地多样化等方式为儿童活动创造条件，以促进儿童的身心健康，提高儿童的想象创造能力。[1]

（2）公园内的儿童游戏场与安静休憩区、游人密集区及城市干道之间应用园林植物或自然地形等构成隔离地带。

（3）幼儿和学龄儿童使用的器械，应分别设置。

（4）游戏器械下的场地地面宜采用耐磨、有柔性、不扬尘的材料铺装。

7.3.2 体育运动区规划设计要求

宜设置健身房、游泳池、各类球场（篮球场、排球场、网球场、棒球场、羽毛球场）、小型射击场等，有条件的还可以设置自行车赛道等。

7.3.3 科普文化区规划设计要求

宜设置室内花园、动植物标本馆、画廊、科普廊、书画音乐室、室外英语角、典故人物雕塑、天文馆、传统文教等儿童科普专用设施或场地，同时也要为家长的参与提供相应的场地。

7.3.3 自然景观区规划设计要求

可以安排各类动植物园、蔬菜果园、草坪、种植区或花镜。合理规划自然空间能保护园内的生态环境，安排避震减灾空间和措施。

7.3.4 管理服务区规划设计要求

一般管理空间或建筑如办公、卫生、保安、急救、交通、设施维修、植物景观养护等设立在公园的出入口处，标志性服务建筑如大型的茶室、餐饮、咨询、室内休闲娱乐中心可以设置在公园中心。

---

[1] 邓卓迪．试论儿童公园分区规划及内容设置［J］．广东园林，2013（5）：19-22.

可设置集散广场、茶室、医疗救护室等需求性场所，以满足后勤保障需求。❶

7.4 交通组织

7.4.1 出入口设置要求

（1）儿童公园应设置主要出入口 1 个，次要出入口 1～2 个。

（2）为保证交通安全，使儿童和家长能够安全、便捷抵达，出入口宜尽量远离主要交通道路和道路的交叉口。

7.4.2 园路设计要求

（1）园路分级

主路：即公园的主干路，宜设置成环形，从入口串联各功能分区，能通行汽车。

支路：即辅助主干路进入各分区的分散路，是主干路的分支，分散在各分区范围内，连接各个游乐点，不通车。

小路：主要供散步、休息，引导游客深入到达公园内各个角落，不通车。

各级园路的宽度应按表 15-6 的要求进行控制。

园路宽度（m） **表 15-6**

园路级别	陆地面积（万 m^2）		
	＜2	2～10	10～50
主路	2.0～3.5	2.5～4.5	3.5～5.0
支路	1.2～2.0	2.0～3.5	2.0～3.5
小路	0.9～1.2	0.9～2.0	1.2～2.0

（2）道路系统应简单明确，便于儿童辨识。路面设计应尽量平整，主要园路应不设台阶，保证婴儿车和儿童骑小自行车通行顺畅。

（3）园路规划设计要点

① 园路系统应主次明确，便于辨别方向、寻找活动场所，宜在道路交叉处设图牌标注。

② 园路应平整，不得采用卵石毛面铺装以避免儿童摔跤，路缘不得才采用锐利的边石。

③ 园路上不设置台阶，以便于童车的推行及儿童小三轮车的骑行。

④ 园路形式以自然流畅为主，线形宜活泼自由，富于变化。

⑤ 园路应避免过多的交叉口，两条主要园路应采用正交，为避免游人拥挤，可形成小广场；两条道路成锐角相交时，锐角不宜过小，否则应通过三角形广场解决。

---

❶ 邓卓迪. 试论儿童公园分区规划及内容设置 [J]. 广东园林，2013（5）：19-22.

(4) 园路坡度、防护要求

主路纵坡宜小于 8%，横坡宜小于 3%，粒料路面横坡宜小于 4%，纵、横坡不得同时无坡度。山地公园的园路纵坡应小于 12%，超过 12%应作防滑处理。主园路不宜设梯道，必须设梯道时，纵坡宜小于 36%。

支路和小路，纵坡宜小于 18%。纵坡超过 15%路段，路面应作防滑处理；纵坡超过 18%，宜按台阶、梯道设计，台阶踏步数不得少于 2 级，坡度大于 58%的梯道应作防滑处理，宜设置护栏设施。

通行机动车的园路宽度应大于 4m，转弯半径不得小于 12m。

(5) 停车场设置要求

为方便停车，停车场宜设置在主出入口附近，但又与其保持一定的距离，以免产生混乱，无法保证游人的安全。同时，停车场还应与园内的主要功能园区有一定的距离，以免对园内的活动产生干扰。

7.5 绿化景观

(1) 儿童公园内动静分区间也应该以绿化等适当分隔，尤其是幼儿活动区要保证安全。要注意儿童游戏场内的庇荫，适当种植行道树和庭荫树。

(2) 儿童公园应以“绿”为主，结合大量的绿化布置游戏设施，尽量减少硬地面积。

(3) 在树种选择和配置上应忌用有毒植物、有刺植物、有过多飞絮的植物、浆果植物以及易招致病虫害的植物。应选用叶、花、果形状奇特、色彩鲜艳、能引起儿童兴趣的树木。

8. 案例介绍

8.1 案例一

所在城市：华南地区某大城市

设施类别：主题性儿童乐园

用地面积：210000m^2

该儿童公园位于中心城区西南，地势平坦，靠近城市一处风景名胜区。

该儿童公园为新建项目，项基地为东西较长、南北较窄的不规则形。基地东侧是城市次干路，南侧为城市支路。主出入口设置在地块东侧，西南设次出入口，主次入口处均配置集中的林荫停车场。

该儿童公园是一座集儿童娱乐、嬉戏、教育为一体的生态型儿童公园。公园形成一条东西向主轴，串联入口广场、主题雕塑广场和各项设施，轴线尽端为摩天轮，是整个公园的视觉中心。规划以环形园路为主线，围绕主线设置多个主题游乐区，如水上乐园、摩天轮、亲子乐园等，满足不同年龄和不同兴趣爱好的儿童的需求。

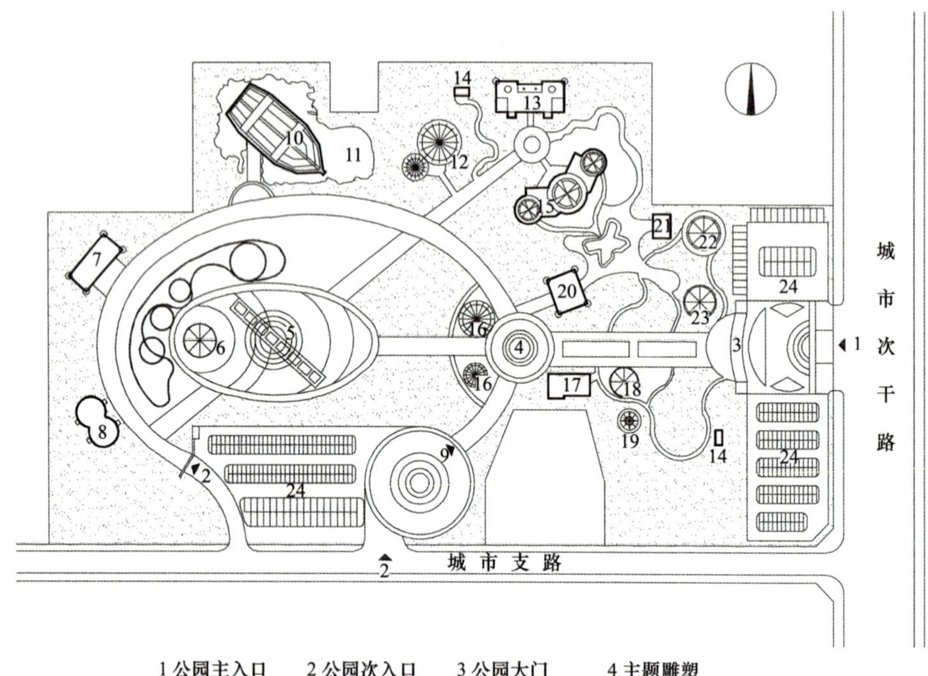

1 公园主入口	2 公园次入口	3 公园大门	4 主题雕塑
5 幸福摩天轮	6 碰碰车	7 科技楼	8 管理中心
9 公园出入口	10 海盗船	11 水上乐园	12 梦幻转盘
13 故事馆	14 公厕	15 卡通城	16 转转杯
17 餐厅	18 天伦乐园	19 飓风飞椅	20 亲子乐园
21 救护站	22 旋转木马	23 梦幻泡泡	24 停车场

图 15-2　案例一总平面图

8.2　案例二

所在城市：华南地区某超大城市

设施类别：主题性儿童公园

用地面积：76000m²

该儿童公园位于城市南部，地势平坦。公园西部、北部是现有市政车道，东部规划为儿童活动中心，南部为环岛有轨电车试验段配套地块。

项目基地为东西较长、南北较窄的不规则形，选址在原体育公园地块，是由体育公园改建而成的儿童公园。东侧是城市次干路，西侧和北侧是城市支路。主出入口设置在地块北侧，西侧设次出入口。北侧道路上设置地下车库出入口。

该儿童公园以“海洋森林—野孩子的生态乐园”为主题，打造真正全生态自然的特色儿童公园。规划环形园路为主线，围绕水面设置功能，串联野人乐园、彩虹城堡、远古沙丘、钻探花园等主题游乐区。公园的设置突出生态教育理念，不同年龄儿童游玩的同时，也培养了他们的环保理念。

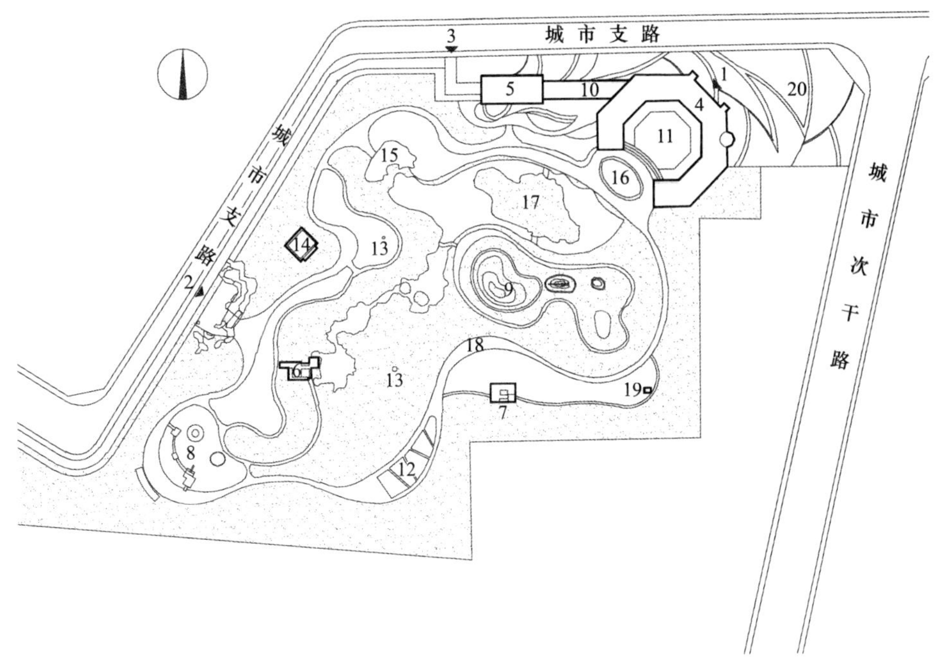

1 公园主入口　2 公园次入口　3 地下车库出入口　4 彩虹城堡
5 公园餐厅　6 二层观鸟台　7 瞭望塔　8 野人乐园
9 远古沙丘　10 公园小商店　11 儿童剧场　12 开心农场
13 雕塑　14 钻探花园　15 巨石水池入口　16 入口广场
17 海中岛　18 环园主园道　19 山洞厕所　20 公园入口广场

图 15-3　案例二总平面图

参考文献

[1] 中华人民共和国建设部. CJJ 48—92 公园设计规范 [S]. 北京：中国建筑工业出版社，1992.

[2] 中华人民共和国建设部 . CJJ/T 85—2002 城市绿地分类标准 [S]. 北京：中国建筑工业出版社，2002.

[3] 广州市质量技术监督局 . DBJ 440100/T 1—2007 城市公园分类 [Z]. 2007.

[4] 李妍. 儿童公园景观设计研究 [D]. 昆明理工大学，2009.

[5] 邓卓迪. 试论儿童公园分区规划及内容设置 [J]. 广东园林，2013 (5)：19-22.

[6] 徐军. 城市儿童公园的设计，陕西林业科技，2014.

十六、城市湿地公园

1. 术语

纳入城市绿地系统规划的适宜作为公园的天然湿地类型，通过合理的保护利用，形成保护、科普、休闲等功能于一体的公园。

（1）城市湿地公园强调了利用湿地开展生态保护和科普活动的教育功能，以及充分利用湿地的景观价值和文化属性丰富居民休闲游乐活动的社会功能。

（2）城市湿地公园强调了湿地生态系统的生态特性和基本功能的保护和展示，突出了湿地所特有的科普教育内容和自然文化属性。

2. 设施分类

王胜永、王晓艳等在《对湿地公园分类的认识与探讨》中提出，城市湿地公园可按城市与湿地的关系、湿地资源状况和湿地成因进行分类。

2.1 按城市与湿地关系分类

城市湿地公园按其在城市中的区位可分为城中型、城郊型和远郊型。

（1）城中型：湿地公园位于城市建成区内，其生态属性一般相对较弱，社会属性（休闲、娱乐）相对较强。

（2）城郊型：湿地公园位于城郊，其生态属性明显增强，社会属性有所减弱。

（3）远郊型：湿地公园位于城市的远郊，其生态属性一般强于社会属性。

2.2 按湿地资源状况分类

城市湿地公园按湿地资源状况可分为海滩型、河滨型、湖沼型、盐碱型和废弃地型。

（1）海滩型：利用永久性浅海水域（多数情况下低潮时水位低于 6m）建设的城市湿地公园。

（2）河滨型：利用季节性、间歇性、定期性的河流及其支流、溪流、瀑布建设的城市湿地公园。

（3）湖沼型：利用大片湖沼湿地建设的城市湿地公园。

（4）盐碱型：利用盐碱次生湿地，包括城市及郊区的盐池、蒸发池、季节性泛洪区等建设的城市湿地公园。

（5）废弃地型：利用工矿开采过程中遗留的废弃地，包括采石坑、取土坑、采矿池等建设的城市湿地公园。

2.3 按湿地成因分类

城市湿地公园按湿地成因可分为天然型和人工型。

（1）天然型：利用原有的天然湿地建设的城市湿地公园。

（2）人工型：利用人工湿地或人工开挖建设的城市湿地公园。

3. 设施规模

3.1 国家规范要求

《城市湿地公园规划设计导则（试行）》（建城【2005】97号）规定，城市湿地公园应具有一定的规模，一般不应小于20万m^2。

3.2 实例

部分城市湿地公园用地面积指标　　表16-1

序号	名称	所在地	用地面积（万m^2）
1	彩云湖国家湿地公园	重庆市九龙坡区和高新区交界	107.0
2	沙家浜国家城市湿地公园	江苏省常熟市	266.7
3	昆山市城市生态公园	江苏省昆山市	210.0
4	白鹭洲城市湿地公园	河南省平顶山市	90.0
5	绿塘河湿地公园	广东省湛江市	34.0
6	雨亭国家城市湿地公园	黑龙江省讷河市	45.5
7	金银湖国家城市湿地公园	湖北省武汉市	77.0
8	双月湖国家城市湿地公园	山东省临沂市	76.8
9	寿光市滨河城市湿地公园	山东省寿光市	71.0
10	观音塘湿地公园	重庆市璧山区	41.5

3.3 用地面积取值建议

参考城市湿地公园实例，可以看到实例中城市湿地公园的用地面积指标均符合《城市湿地公园规划设计导则（试行）》（建城【2005】97号）的用地面积指标。因此建议城市湿地公园面积参照国家规范进行确定，城市湿地公园的用地面积应不小 20 万 m²。

4. 主要控制指标

4.1 绿化覆盖率

4.1.1 实例

部分城市湿地公园绿化覆盖率指标　　表 16-2

序号	公园名称	所在地	绿化覆盖率（%）
1	柳梧湿地公园	西藏自治区拉萨市	91.0
2	尚湖湿地公园	江苏省常熟市	92.0
3	张掖国家城市湿地公园	甘肃省张掖市	85.0
4	雨亭国家城市湿地公园	黑龙江省讷河市	94.5
5	金银湖国家城市湿地公园	湖北省武汉市	91.0
6	九里湖湿地生态公园	江苏省徐州市	95.0

4.1.2 绿化覆盖率取值建议

参考城市湿地公园实例，建议城市湿地公园绿化覆盖率为 85%～95%。

4.2 配建机动车停车位

4.2.1 国家规范要求

《城市停车规划规范》（征求意见稿）提出其他公园和主题公园停车位分别按照 0.01 个/100m² 和 0.02 个/100m² 占地面积进行设置。

4.2.2 地方标准

部分城市公园配建机动车停车位标准　　表 16-3

序号	地方	单　位	配建标准
1	山东省	个/100m² 占地面积	市区公园Ⅱ Ⅲ Ⅳ类区域 0.08、Ⅲ类区域 0.06、Ⅲ类区域 0.04； 其他公园Ⅰ类区域 0.07、Ⅱ类区域 0.02、Ⅲ类区域 0.02
2	深圳市	个/100m² 占地面积	综合公园、专类公园 0.08～0.15；其他公园需专题研究；占地面积大于 50 万 m² 公园的配建标准需专题研究
3	天津市	个/100m² 占地面积	中心城区 0.1；其他地区 0.12
4	武汉市	个/100m² 占地面积	综合公园、主题公园二环内 0.06、二环外 0.12；一般性公园二环内 0.01、二环外 0.04
5	长沙市	个/100m² 占地面积	自然风景公园 0.012；其他公园 0.2
6	浙江省	个/100m² 占地面积	主题公园 0.15；城市公园 0.07

续表

序号	地方	单　位	配建标准
7	重庆市	个/100m² 占地面积	一区 0.1；二区 0.2
8	珠海市	个/100m² 占地面积	综合公园、专类公园 0.05～0.15

注：① 山东省标准中，Ⅰ类区域指大城市中心区；Ⅱ类区域指中等城市中心区、大城市其他地区；Ⅲ类区域指小城市、中等城市其他地区。
② 重庆市标准中，一区指渝中半岛地区；二区为一区以外、主城区以内地区。

4.2.3　配建机动车停车位取值建议

参考《城市停车规划规范》（征求意见稿）和地方标准针对城市公园配建机动车停车位的相关要求，建议城市湿地公园配建机动车停车位设置参考主题公园或专类公园标准。考虑到城市湿地公园所处的区位不同，建议城市型城市湿地公园按 0.02～0.06 个/100m² 配置配建机动车停车位；城郊型和远郊型城市湿地公园按 0.08～0.12 个/100m² 配置配建机动车停车位。

5. 选址因素

（1）应考虑地域的自然保护价值、野生地的价值和潜力。

（2）应考虑土壤及基质的理化性质及对植物生长的限制性。

（3）应考虑土地变化对环境影响以及一系列的社会经济因素。

（4）应考虑现状可利用的资源是否满足湿地生境的建设条件、场地现状及与周围城市环境风貌的协调。

（5）宜选择非市中心地带，交通方便而远离城市污染区的地方。

（6）宜选择城市活水周边区域，如河道、湖泊等下游地势低湿之处。

（7）宜选择有丰富的地形、不同高度的地下水位及天然植被丰富区域。

（8）城市湿地公园与污染工业企业的卫生防护距离应符合附表 A 的规定。

（9）城市湿地公园与易燃易爆场所的防火间距应符合附表 B 的规定。

（10）城市湿地公园与市政设施的安全卫生防护距离应符合附表 C 的规定。

6. 详细规划指引

6.1　功能分区

城市湿地公园应包含四个功能区：重点保护区、资源展示区、游览活动区和科研服务区。

6.2　场地布局

6.2.1　重点保护区规划设计指引

（1）重要湿地或湿地生态系统较为完整、生物多样性丰富的区域，应设置为重点保护区。重点保护区是城市湿地公园不可或缺的一个功能区。

（2）重点保护区内，珍稀物种的繁殖地应设置为禁入区；候鸟及繁殖期的鸟类活动区应设置为季节性的限时禁入区。此外，考虑生物的生息空间及活动范围，应在重点保护区外围划定适当的非人工干涉圈或称协调区，以充分保障生物的生息场所。

（3）城市湿地公园应划定不少于占地面积10%的区域作为重点保护区，区内只允许开展各项湿地科学研究、保护与观察工作。可根据需要设置一些小型设施，为各种生物提供栖息场所和迁徙通道。本区内所设置的人工设施应以确保原有生态系统的完整性和最小干扰为前提。

6.2.2 资源展示区规划设计指引

（1）重点保护区外围或邻近区域应设置为资源展示区。

（2）资源展示区主要用以展示湿地生态系统、生物多样性和湿地自然景观，是湿地生态系统维护和湿地形态维护的区域，应加强湿地生态系统的保育和恢复工作，可开展相应的科普宣传和教育活动。

（3）资源展示区内设施数量不宜过多，应以特色资源观赏和科普宣传为主，设施构造以简易为佳。

6.2.3 游览活动区规划设计指引

（1）湿地敏感度相对较低的区域，宜设置为游览活动区。

（2）游览活动区主要开展以湿地为主体的休闲、游览活动。

（3）游览活动区内应控制娱乐、游憩活动的强度、游览方式和活动内容，安排适度的游憩设施，避免游览活动对湿地生态环境造成破坏。

6.2.4 科研服务区规划设计指引

（1）湿地生态系统敏感度相对较低，并与外部城市交通有便捷联系的区域，宜设置为科研服务区。

（2）科研服务区是城市湿地公园中用于湿地研究和管理人员工作的地方。

（3）科研服务区内所有建筑、设施应小体量、低密度，并尽量浓荫覆盖，以尽量减少对湿地系统环境的干扰和破坏。

6.3 景观特色塑造

6.3.1 水体景观塑造

（1）水体面积和水位调整

城市湿地公园内湿地的长宽比宜在3∶1～10∶1为最佳，芦苇荡湿地的长度一般应在20m～50m之间。在做亲水性设计的时候，距离驳岸3m以内的设计水深不超过1m。

（2）水质

可以通过以下几种方式改善水质：采用自然河岸或具有自然河岸可渗透

性的人工驳岸，建立湿地生态系统，通过水生植物的净化功能来改善水质；通过设置泵、闸形成水位差，控制水流方向和水流速度，保证水量有一定置换周期；培养具有生物多样性的生态系统，保证水体的内部循环；实行雨、污水分流，杜绝各类污水进入湿地系统。

（3）水量

水量的保证主要控制以下几点：保证水源地充足，尽可能考虑多个水源；对于缺水城市，可考虑采取管道输水，以减少水量的蒸发和渗透；利用雨水收集，调蓄水体水量，减少浪费；通过区域水系管理，协调配置。

6.3.2 植物景观塑造

（1）植物配置原则

从层次上考虑，可以将灌木与草本植物，如挺水（如芦苇）、浮水（如睡莲）和沉水植物（如金鱼草）进行搭配设计。

从功能上考虑，可采用茎叶发达类植物阻挡水流、沉降泥沙，采用根系发达类植物与其他类搭配的方式紧固土壤。

从生境上考虑，应采用本地的植物，利用或恢复原有自然湿地生态系统的植物种类，尽量避免外来物种。

（2）不同湿地的常用植物

人工湿地，多选用高等水生维管植物。使用最多的水生植物包括香蒲、芦苇、灯芯草、宽叶香蒲等。

暴雨径流湿地，多选用芦苇、香蒲和藨草等。藨属能忍受很高的氨浓度，芦苇和藨草抵抗病灾和昆虫的能力很强。

废水处理湿地，多选用芦苇属、香蒲属、草属、睡莲属植物，以及选用净水能力强的水生植物，如凤眼莲、浮萍、水葱等。水中可放养耐污能力强的鲤、鲫等鱼种组成水生生物塘。

（3）水生植物面积要求

水生植物的重点在于丰富水面而不是无限制的占领水面，一般情况下，水生植物不应超过水域面积的50%。

6.4 水岸设计

水岸环境是湿地系统与其他环境的过渡。科学合理和自然化的水岸处理，是城市湿地公园有别于其他城市公园的重要特征。

6.4.1 水岸环境设计

（1）应以自然的湿地基质土壤沙砾代替人工砌筑。

（2）应设置水与岸自然过渡的种植湿地植物区域。

（3）应利用湿地的渗透及过滤作用，带来良好的生态效应。

（4）应按原自然系统的形状和生物系统的分布格局进行设计。

（5）应在纵断面上设置一定量的异质空间，为水体流动、物种栖息提供多种可能性。

6.4.2　护坡处理形式

护坡处理应尽可能使用自然护坡。

（1）公园的水体护坡工程措施要便于鱼类及水种生物的生存，便于水的下渗与补给。

（2）自然护坡分植物材料护坡和混合材料护坡两类，植物材料护坡是利用植物栽植形成的护坡，混合材料护坡是植物与木材或石材混用的护坡。

6.5　道路交通组织

城市湿地公园的道路不是以通达性和便利性为目的，而是以不破坏自然环境为前提，从生态保护的角度出发进行设计。城市湿地公园的道路交通类型可分为陆路交通和水路交通两种类型。

（1）陆路交通：城市湿地公园道路系统可分为园路和游步道。主园路应以节能环保型交通工具为主，并尽量限制机动车的通行。

（2）水路交通：应在具有观光游览功能的水域设置水路交通，并且应根据水面宽度及景观分布，设置主航道和次航道。主航道连接主要景观，与园内主要陆路交通衔接，主航道可通行稍大型环保游船。次航道以人力船为主。

7. 案例介绍

7.1　案例一

所在城市：西北地区某小城市

设施类别：城中型、湖沼型、人工型

用地面积：80 万 m^2

本项目位于城市边缘，整体地势平坦，周边多为居住区。

本项目基地为东西较长，东窄西宽的梯形。项目是在现有沉砂过滤池基础上改扩建而成，不但解决了城市的生态效益，促进水资源的充分利用，同时也为城市防洪起到了积极的作用。基地北侧、西侧均为城市主干路，东侧、南侧为城市次干路。基地北、东、南侧各设置一处主要出入口，结合北侧出入口设置集中停车场及无污染式交通租赁、换乘点。内部交通工具以电瓶车、自行车、人力游船为主。

本项目结合大面积的水面，采用湿地造景的形式，结合自然驳岸、滨水栈道、堤等要素，形成人工造景与自然环境相融合的休闲空间，内部植物多采用乔灌木相结合的方式，以增加景观效益和物种多样化，并多以本地植物为主。本项目着重考虑了水面的利用方式，大面积的水面，夏季可以划船，冬季则可以溜冰。同时，湖底、河道采用土拱膜的形式，上面铺设沙子和卵石，使水既达到防渗的作用，又起到自然生态的作用。

本项目使城市水环境得以改善，也使得广大市民有了一个出行游玩的场所。

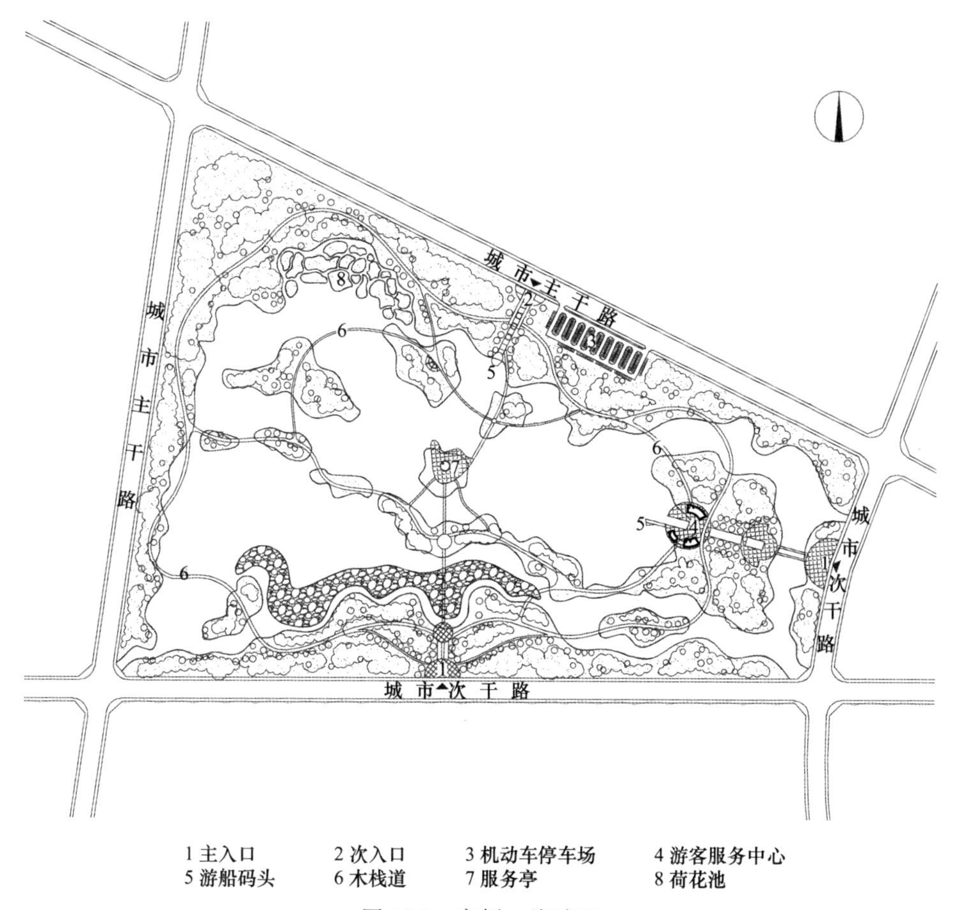

图 16-1 案例一总平面

7.2 案例二

所在城市：华中地区某特大城市

设施类别：城中型、河滨型、人工型

用地面积：166 万 m^2

本项目位于城市新区边缘，整体地势平坦，周边多为居住区。

本项目基地为东西较长、南北较窄的长方形。项目依托基地内现有两条河道新建而成，既形成良好的城市景观、提高城市生态效应，又促进城市水资源充分利用。基地南侧、西侧、北侧为城市主干路，东侧为城市次干路。

穿基地而过的两条河道位于基地的西、北两侧。基地东、南侧道路上各设置一处主要出入口，结合主入口设置停车场及部分服务设施。

本项目融休闲娱乐、科普教育、文化展示、环境改善、防灾避险等多种功能于一身，以湿地造景为主要方法，采用人工造景的方式形成蜿蜒水面，并利用水系将基地分割围成多个岛，打造城市亲近自然之所。湖面西侧设置美食广场、亲水平台、植物园和宾馆等；东侧设置游客中心、科学教育馆和阳光草皮等。

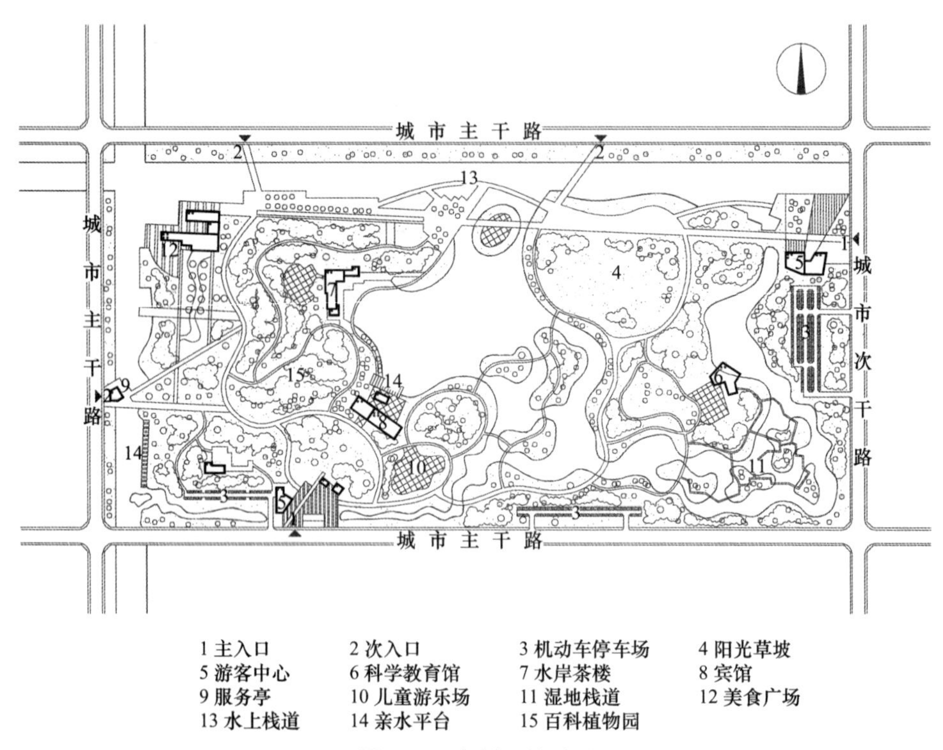

图 16-2　案例二总平面

7.3　案例三

所在城市：西北地区某特大城市

设施类别：城郊型、河滨型、人工型

用地面积：257 万 m^2

本项目位于城市新区边缘，整体地势平坦，周边为居住区及大型游乐设施。

本项目基地为南北较长、东西较窄的不规则形。项目依托基地西北侧现有城市主河道新建而成，即形成良好的城市景观、提高城市生态效应，也为市民提供了一处特色休闲的场所。基地南侧、西侧、东侧为城市主干路，北侧为城市快速路。基地东、南、西侧道路上各设置一处主要出入口，结合主要出入口设置集中停车场，并结合南部服务中心设置内部交通换乘设施。

本项目内部共分为生态保育恢复区、湿地展示游赏区、生态农渔体验区、管理服务区四个功能区。公园采取大面积水面与大小不一的岛相结合的方式，通过环状内部道路串联各个功能岛，形成变化丰富的空间体验。

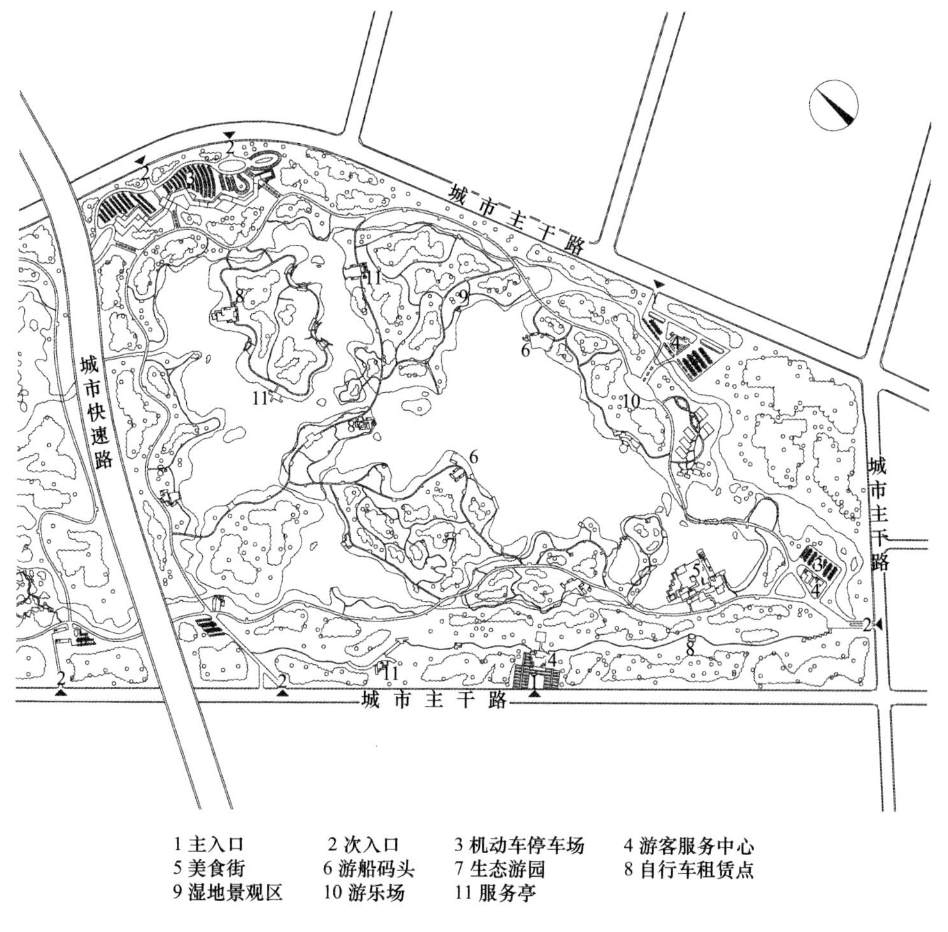

图 16-3 案例三总平面

参考文献

[1] 中华人民共和国建设部. 建城【2005】16 号国家城市湿地公园管理办法（试行）[Z]. 2005-02-02.

[2] 中华人民共和国建设部. 建城【2005】97 号城市湿地公园规划设计导则（试行）[Z]. 2005-06-24.

[3] 王胜永，王晓艳，孙艳波. 对湿地公园分类的认识与探讨 [J]. 山东林业科技，2007，4，95-96.

十七、监　　狱

1. 术语

国家的刑罚执行机关。依照刑法和刑事诉讼法的规定，被判处死刑缓期二年执行、无期徒刑、有期徒刑的罪犯，在监狱内执行刑罚。

2. 设施分类、分级

2.1　设施分类

监狱按照戒备等级可分为高度戒备监狱、中度戒备监狱和低度戒备监狱。

（1）高度戒备监狱：主要关押被判处 15 年以上有期徒刑、无期徒刑或者死刑缓期两年执行的罪犯，判刑两次以上的罪犯或者其他有暴力、脱逃倾向等具有明显人身危险性罪犯。

（2）中度戒备监狱：主要关押刑期不满 15 年的罪犯。

（3）低度戒备监狱：主要关押人身危险性较低的罪犯。包括经分类调查认为适合在低度戒备监狱服刑的过失犯，刑期较短的偶犯、初犯。

2.2　设施分级

《监狱建设标准》（建标【2010】139 号）提出，监狱建设规模按关押罪犯人数可划分为大、中、小三种类型。大型监狱为 3001～5000 人，中型监狱为 2001～3000 人，小型监狱为 1000～2000 人。

3. 设施规模

3.1　用地面积

《监狱建设标准》（建标【2010】139 号）规定，监狱建设规模应以关押罪犯的人数在 1000～5000 人为宜，高度戒备监狱建设规模以关押罪犯人数 1000～

3000 人为宜。监狱建设用地宜按每罪犯 70m² 进行测算，各级监狱用地面积见表 17-1。

各级监狱用地面积 **表 17-1**

级别	关押罪犯人数（人）	每罪犯用地面积（m²）	用地面积（m²）
小型监狱	1000～2000	70	70000～140000
中型监狱	2001～3000		140070～210000
大型监狱	3001～5000		210070～350000

3.2 建筑面积

《监狱建设标准》(建标【2010】139 号）规定，监狱建筑面积（不含武警用房）应包括罪犯用房、警察用房和其他附属用房。罪犯用房根据各级监狱关押罪犯人数进行计算，警察用房和其他附属用房根据各级监狱配备的警察人数进行计算。各级监狱建筑面积控制指标见表 17-2。

各级监狱建筑面积控制指标 **表 17-2**

用房类型	中度戒备监狱			高度戒备监狱	
	小型	中型	大型	小型	中型
罪犯用房（m²/罪犯）	21.41	21.16	20.96	27.09	26.80
警察用房（m²/警察）	36.92	35.71	34.50	42.57	41.36
其他附属用房（m²/警察）	6.33	5.19	4.31	6.33	5.19

注：寒冷地区综合建筑面积指标宜在本标准基础上增加 4%，严寒地区宜增加 6%。

按照监狱警察占在押罪犯比例不低于 18%的国家标准进行计算，小型监狱警察人数 180～360 人，中型监狱警察人数 360～540 人，大型监狱警察人数 540～900 人。

根据表 17-2 各级监狱的建筑面积控制指标，结合各级监狱的罪犯人数和警察人数，通过计算可以得出各级监狱（不含武警用房）的建筑面积（表 17-3）。

各级监狱建筑面积 **表 17-3**

监狱类型	小型监狱	中型监狱	大型监狱
中度戒备监狱	29195～58390	57065～85566	83858～139729
高度戒备监狱	35892～71784	70385～105537	—

4. 主要控制指标

4.1 容积率

按照《监狱建设标准》(建标【2010】139 号）规定的监狱用地面积和建

筑面积，可计算得出中度戒备监狱的容积率不大于0.4，高度戒备监狱的容积率不大于0.5。

4.2 建筑限高

《监狱建设标准》（建标【2010】139号）规定监狱围墙内建筑物高度不应超过24m。

4.3 建筑密度

监狱的房屋建筑以监舍为主，监舍一般为单层，那么监狱的建筑平均层数一般不大于2层，通过容积率和平均层数可以计算得出监狱的建筑密度一般不大于25%。

4.4 绿地率

《监狱建设标准》（建标【2010】139号）规定新建监狱绿地率宜为25%，扩建和改建监狱绿地率宜为20%。

4.5 相关指标汇总

监狱相关指标一览表 **表17-4**

监狱级别 / 相关指标	中度戒备监狱			高度戒备监狱	
	小型	中型	大型	小型	中型
用地面积（m^2）	70000～140000	140070～210000	210070～350000	70000～140000	140070～210000
建筑面积（m^2）	29195～58390	57065～85566	83858～139729	35892～71784	70385～105537
容积率	0.4	0.4	0.4	0.5	0.5
建筑密度（%）	≤25	≤25	≤25	≤25	≤25
建筑限高（m）	24	24	24	24	24
绿地率（%）	≥25	≥25	≥25	≥25	≥25

5. 选址因素

（1）应选址在邻近经济相对发达、交通便利的城市或地区。未成年犯管教所和女子监狱应选择在经济相对发达、交通便利的大、中城市。

（2）应选址在地质条件较好，地势较高的地段。严禁选址在可能发生自然灾害且足以危及监狱安全的地区。

（3）应选址在给排水、供电、通讯、电视接收等条件较好的地区。

（4）抗震设防烈度为九度（不含九度）以上地区，严禁建设监狱。

（5）新建监狱与高噪声、无线电干扰、光缆、石油管线、水利设施的距离应符合国家有关规定。

（6）新建监狱与污染工业企业的卫生防护距离应符合附表 A 的规定。

（7）新建监狱与易燃易爆场所的防火间距应符合附表 B 的规定。

（8）新建监狱与市政设施的安全卫生防护距离应符合附表 C 的规定。

6. 详细规划指引

6.1 用地构成

监狱用地主要包括监狱房屋建筑用地、警察及武警训练场用地、罪犯体训场用地和监狱停车场用地。

6.1.1 监狱房屋建筑用地

家属会见室宜设于监区大门附近，应使家属和罪犯各行其道。会见室中应分别设置从严、一般和从宽会见的设施；窗地比不应小于 1∶7，室内净高不应低于 3.0m。

监狱监舍楼每间寝室关押男罪犯时不应超过 20 人，关押女罪犯和未成年犯时不应超过 12 人。监舍内各房间及走廊的照明均应在警察值班室的控制之下，监舍楼内配电箱应设在每层的干警值班室内。

禁闭室应集中设置于监区内，自成一区，离监舍距离宜大于 20m，并设值班及预审室，单间禁闭室室内净高不应低于 3.0m，单间使用面积不宜小于 $6.0m^2$。

监舍楼内应设警察值班室、谈话室，且应位于楼层的出入口附近，应设置牢固的隔离防护设施，内设警察专用通道及专用卫生间。

劳动改造用房、技能培训用房应设警察值班室、警察专用卫生间，警察值班室的门窗应有牢固的隔离防护设施，并应设有线或无线通讯和报警装置。

6.1.2 警察及武警训练场用地

警察训练场按每人 $3.2m^2$ 计算。

6.1.3 罪犯体训场用地

罪犯体训场按每人 $2.9m^2$ 计算。

6.1.4 监狱停车场

监狱停车场应根据监狱业务工作的实际需要设置。

6.2 功能分区

监狱的总平面布局分为罪犯生活区、罪犯劳动改造区、警察行政办公区、警察生活区、武警营房区。各区域之间彼此相邻，有通道相连，并有相应的隔离设施。

监狱大门前应留有一定的缓冲区域。监狱应设置围墙和岗楼。

监狱围墙一般应高出地面 5.5m，并达到 490mm 厚砖墙的安全防护要求；女子监狱和未成年犯管教所围墙应高出地面 4.0m～5.0m，并达到 370mm 厚砖墙的安全防护要求；围墙地基必须坚固，围墙下部必须设挡板，且深度不应小于 2m。围墙转角应呈圆弧形，表面要光滑，无任何可攀登处。围墙内侧 5m、外侧 10m 为警戒隔离带，隔离带内应无障碍。中度戒备监狱围墙内建筑物距围墙距离不应小于 10m。高度戒备监狱围墙内建筑物距围墙距离不应小于 15m。

岗楼宜为封闭建筑物，岗楼四周应挑平台，平台应高出围墙 1.5m 以上，并设 1.2m 高栏杆。岗楼一般应设于围墙转折点处，视界、射界良好，无观察死角，岗位之间视界、射界应重叠，并且岗楼间距不应大于 150m。岗楼应用铁门防护及设置通讯报警装置。

6.3 场地布局

各功能分区中，应按功能要求合理确定各种用房的位置。用房的布置应符合联系方便、互不干扰和保障安全的原则。

中度戒备监狱罪犯的学习、劳动、生活等区域应当有明确的功能划分，主要建筑物之间以不低于 3.0m 高的防攀爬金属隔离网进行隔离并应有通道相连。

高度戒备监狱分为若干监区，每个监区封闭独立，应包括罪犯监舍、教育学习、劳动改造、文体活动和警察管理等功能用房，并设警察巡视专用通道。各功能用房之间应设置必要的隔离防护设施。高度戒备监狱内各监区、家属会见室、罪犯伙房、罪犯医院、禁闭室等区域之间均应以不低于 4.0m 高的防攀爬金属隔离网进行隔离，并用封闭通道相连。

6.4 交通组织

（1）监狱内的道路应使各功能分区联系畅通、安全；应有利于各功能分区用地的划分和有机联系。应根据地形、气候、用地规模和四周的环境条件，结合监狱的特点，选择安全、便捷、经济的道路系统和道路断面形式。

（2）监狱大门应分设车辆通道、警察专用道和家属会见专用通道。

参考文献

[1] 中华人民共和国主席令（第三十五号）. 中华人民共和国监狱法. 1994－12-29.

[2] 中华人民共和国住房和城乡建设部、国家发展和改革委员会. 建标【2010】139 号监狱建设标准 [S]. 北京：计划出版社，2010.

十八、拘　留　所

1. 术语

对被决定行政拘留、司法拘留和拘留审查的人员执行拘留处罚的场所。

2. 设施分级

参考《拘留所建设标准》（建标【2008】102 号），拘留所按拘留人数可分为四级。

（1）特大型拘留所：日均在所拘留人数 300 人以上。

（2）大型拘留所：日均在所拘留人数 150 人以上不足 300 人。

（3）中型拘留所：日均在所拘留人数 50 人以上不足 150 人。

（4）小型拘留所：日均在所拘留人数不足 50 人。

3. 设施规模

3.1　建筑面积

《拘留所建设标准》（建标【2008】102 号）规定，各级拘留所人均综合建筑面积指标：小型所为 25m²、中型所为 24.46m²、大型所为 22.73m²、特大型所为 21.39m²。其中直接用于被拘留人员的拘室、教育、文体、医疗、生活、劳动及家属会见等用房，每人应不低于 16m²。

根据《拘留所建设标准》（建标【2008】102 号）对各级拘留所日均在所拘留人数和人均综合建筑面积指标的规定，通过计算可以得出各级拘留所建筑面积指标（表 18-1）。

各级拘留所建筑面积指标　　　　表 18-1

拘留所等级	日均在所拘留人数（人）	人均综合建筑面积（m²）	拘留所建筑面积（m²）
特大型拘留所	≥300	21.39	≥6417.0
大型拘留所	150～299	22.73	3409.5～6796.3

续表

拘留所等级	日均在所拘留人数（人）	人均综合建筑面积（m^2）	拘留所建筑面积（m^2）
中型拘留所	50～149	24.46	1223.0～3644.5
小型拘留所	<50	25.00	<1250.0

注：① 寒冷和严寒地区可在规定指标基础上增加4%～6%。
② 经济发达地区可根据近3～5年的拘押人数增长率，经过专门报告批准后适当增加建筑面积。

3.2 用地面积

《拘留所建设标准》（建标【2008】102号）规定拘留所建设用地单层容积率为0.3，低层和多层容积率为0.8～1.2。根据《拘留所建设标准》（建标【2008】102号）对各级拘留所日均在所拘留人数和人均综合建筑面积指标以及容积率的规定，通过计算可以得出各级拘留所用地面积指标（表18-2、表18-3）。

各级拘留所用地面积指标（单层）　　表18-2

拘留所等级	日均在所拘留人数（人）	人均综合建筑面积（m^2）	容积率	用地面积（m^2）
特大型拘留所	≥300	21.39	0.3	≥21390.0
大型拘留所	150～299	22.73		11365.0～22654.2
中型拘留所	50～149	24.46		4076.7～12148.5
小型拘留所	<50	25.00		<4083.3

各级拘留所用地面积指标（低、多层）　　表18-3

拘留所等级	日均在所拘留人数（人）	人均综合建筑面积（m^2）	容积率	用地面积（m^2）
特大型拘留所	≥300	21.39	0.8～1.2	5347.5～8021.3
大型拘留所	150～299	22.73		2841.0～8495.3
中型拘留所	50～149	24.46		1019.2～4556.7
小型拘留所	<50	25.00		1020.8～1531.3

通过表18-2和表18-3数据对比，采用单层建筑的拘留所需要的用地面积过大。为了集约高效利用土地，在保证各项使用功能的前提下，建议规划新建拘留所采用低层和多层建筑形式。

建议特大型拘留所用地面积宜为5300m^2～8100m^2，大型拘留所用地面积宜为2800m^2～8500m^2，中型拘留所用地面积宜为1000m^2～4600m^2，小型拘留所用地面积宜为1000m^2～1600m^2。

4. 主要控制指标

4.1 容积率

《拘留所建设标准》（建标【2008】102号）规定拘留所单层容积率为0.3，低层和多层容积率为0.8～1.2。为了集约高效利用土地，建议规划新建拘留所采用低层和多层建筑形式。

4.2 建筑密度

《拘留所建设标准》（建标【2008】102号）规定拘留所单层覆盖率为33%，低层和多层覆盖率为25%～27%。由此可以得出拘留所单层建筑密度不大于33%，低层和多层建筑密度为25%～27%。

4.3 建筑限高

《拘留所建设标准》（建标【2008】102号）规定拘留所拘留区内房屋建筑，宜采用多层建筑，小型所也可采用低层建筑。

4.4 绿地率

拘留所绿地率应满足当地城乡规划和建设有关绿地的控制要求，参考同类型建筑（监狱等）的相关标准，建议拘留所绿地率不小于20%。

4.5 配建机动车停车位

《拘留所建设标准》（建标【2008】102号）规定小型、中型、大型和特大型所公务车辆停放场地分别按9辆、12辆、15辆和18辆计算，每车位为25m²～30m²。

4.6 相关指标汇总表

拘留所相关指标一览表 **表18-4**

相关指标 \ 拘留所等级		小　型	中　型	大　型	特大型
用地面积（m²）		1000～1600	1000～4600	2800～8500	5300～8100
建筑面积（m²）		<1250.0	1223.0～3644.5	3409.5～6796.3	≥6417.0
容积率	单层建筑	0.3	0.3	0.3	0.3
	低多层建筑	0.8～1.2	0.8～1.2	0.8～1.2	0.8～1.2

续表

相关指标 \ 拘留所等级		小型	中型	大型	特大型
建筑密度（%）	单层建筑	33	33	33	33
	低多层建筑	25～27	25～27	25～27	25～27
建筑限高（m）		宜采用多层建筑，小型所也可采用低层建筑			
绿地率（%）		≥20	≥20	≥20	≥20
配建机动车停车位数量（辆）		9	12	15	18

注：用地面积指标按照表18-3计算得出的低层和多层各级拘留所用地面积指标提供建议。

5. 选址因素

（1）应有较好的交通、供电、给排水、通讯等基础设施条件。

（2）应避开人口密集区及对公共安全有特殊要求的地区。

（3）应避开可能发生地质灾害且足以危及安全的地区。

（4）应符合与各种污染源、易燃易爆危险品仓库、高压走廊和无线电干扰的防护距离。

（5）外通路应设有双向车行道并与城市道路或公路连接。

（6）拘留所与污染工业企业的卫生防护距离应符合附表A的规定。

（7）拘留所与易燃易爆场所的防火间距应符合附表B的规定。

（8）拘留所与市政设施的安全卫生防护距离应符合附表C的规定。

6. 设施设置标准

（1）拘留所建设应纳入城市总体规划阶段考虑。一般由设置公安局或公安分局的县（自治县、旗）、市或区单独设置。

（2）根据管辖区人口数、经济发展水平、地理位置、交通条件以及治安状况等因素设定拘押人数，并以此作为建设规模确定依据。

（3）在明确拘留所的设计拘押人数的基础上，判断拘留所等级，并根据表18-1中的相应人均综合建筑面积指标确定建筑规模。

7. 详细规划指引

7.1 用地构成

拘留所建设用地包括建筑基地、体能训练活动场地和公务车辆停放场地三部分。

7.2 功能分区

拘留所应按照功能要求可分为行政办公区、拘留区，有条件的可设置活动区和劳动区（指室外种植、养殖等）。

7.3 场地布局

（1）总体布局要求

拘留所建筑布局应充分考虑通风、日照和方便管理、有利安全的要求。拘留所周界应设置围墙。拘留区、劳动区的房屋建筑与周界围墙的间距不应小于 6m。

（2）行政办公区规划设计要求

拘留所行政办公区宜置于拘留所的主出入口处，并合理规划办公用房、道路和停车、绿化等场地的布局。

（3）拘留区规划设计要求

拘留所拘留区内房屋建筑，宜采用多层建筑，小型所也可采用低层建筑。拘室应分别设置普通拘室、未成年人拘室和严管拘室。拘室应通风、采光良好。

（4）活动区规划设计要求

体能训练活动场地按拘押人数每人 $6m^2$～$10m^2$ 计算。用于被拘留人员和拘留所民警体育锻炼、列队训练等活动。宜设置篮球场等活动设施。

（5）劳动区规划设计要求

劳动区要求有必要的劳动场地，考虑到各地劳动项目不同、土地资源差异，故对种植业、养殖业等劳动用地不作硬性规定，由各地因地制宜另行报批。

7.4 交通组织

（1）拘留所外通路应设有双向车行道并与城市道路或公路连接，内部交通应符合有关防火规范的要求。

（2）拘留所各功能区连接通道净宽，小型、中型所不应小于 2.4m，大型、特大型所不应小于 2.7m。

7.5 布局示意

不同规模等级的拘留所可采用不同的布局模式，各等级拘留所平面布局均应满足《拘留所建设标准》（建标【2008】102 号）的相关规定，总体上分为建筑基地、体能训练活动场地和公务车辆停放场地 3 个部分，建筑内部分为拘留区和行政办公区，各级别拘留所的布局可参考图 18-1、图 18-2、图 18-3。

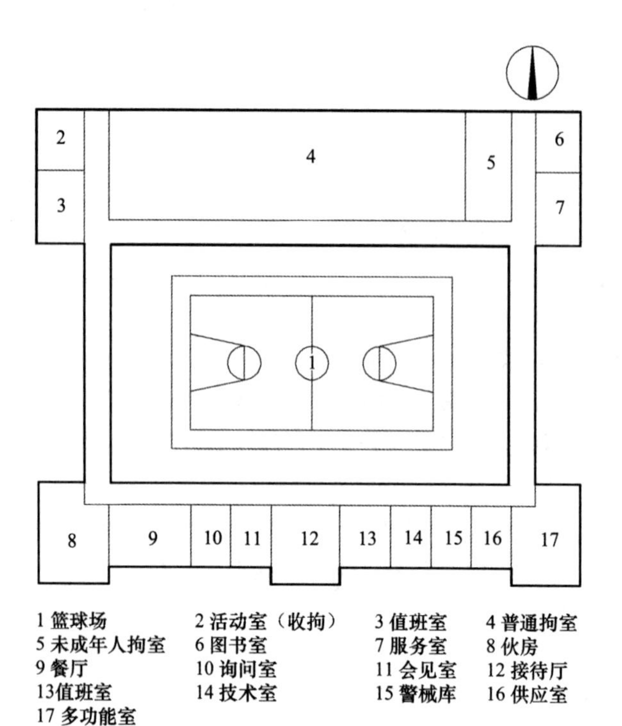

图 18-1　小型拘留所布局示意图

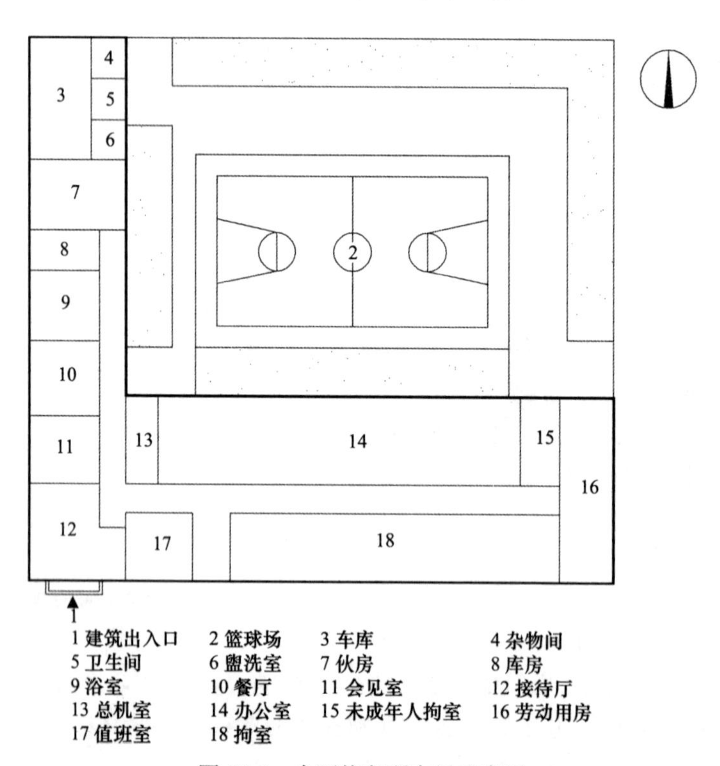

图 18-2　中型拘留所布局示意图

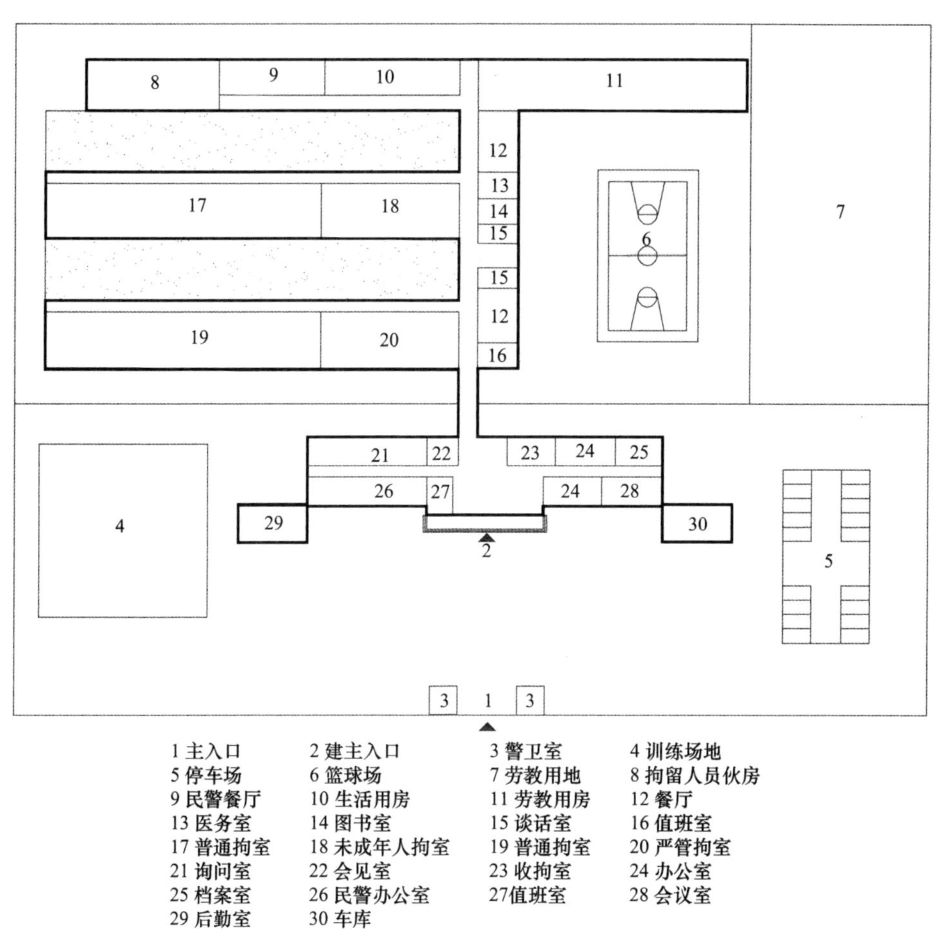

图 18-3　大型特大型拘留所布局示意图

参考文献

［1］ 中华人民共和国建设部、中华人民共和国国家发展和改革委员会．建标【2008】102号拘留所建设标准［S］．2008-07-01.

十九、看　守　所

1. 术语

羁押依法被逮捕、刑事拘留的犯罪嫌疑人的机关。看守所的任务是依据国家法律对被羁押的犯罪嫌疑人实行武装警戒看守，保障安全；对犯罪嫌疑人进行教育；管理犯罪嫌疑人的生活和卫生；保障侦查、起诉和审判工作的顺利进行。

2. 设施分级

《看守所建设标准》（建标【2002】245 号）规定，看守所按设计关押容量分为特大型看守所、大型看守所、中型看守所和小型看守所四类。

（1）特大型看守所设计容量 1000 人以上（含 1000 人）。

（2）大型看守所设计容量 500 人至 999 人。

（3）中型看守所设计容量 100 人至 499 人。

（4）小型看守所设计容量不足 100 人。

3. 设施规模

3.1　建筑面积

《看守所建设标准》（建标【2013】126 号）规定，看守所建筑面积（不含武警营房）应以设计押量乘以看守所房屋建筑面积指标数确定。看守所建筑面积指标（不含武警营房）及各类用房建筑面积，应符合表 19-1 的规定。

看守所建筑面积指标（m^2/被羁押人）　**表 19-1**

用房类型	200 人	500 人	1000 人
被羁押人用房	14.72	14.78	14.56
办案及管理用房	7.56	6.38	5.87
民警办公及生活用房	5.89	5.57	5.57
检察院及法院用房	0.88	0.42	0.36

续表

用房类型	200 人	500 人	1000 人
附属用房	2.00	1.52	1.07
合计	31.05	28.67	27.43

注：① 设计押量为 200～500 人之间的，按公式 31.05-2.38（Ns-200）/300 计算建筑面积指标；设计押量为 500～1000 人之间的，按公式 28.67-1.24（Ns-500）/500 计算建筑面积指标。设计押量 200 人以下的建筑面积，按照设计押量 200 人的建筑面积指标确定；设计押量 1000 人以上的建筑面积指标，按照设计押量 1000 人的建筑面积指标确定。（Ns 为设计押量）

② 看守所内设置特殊监区的，其面积指标按照《公安监管场所特殊监区建设标准》（建标 113-2009）另行核定。

根据《看守所建设标准》（建标【2013】126 号）的规定，通过计算可以得出不同设计押量情况下不含武警营房的看守所建筑面积指标（表 19-2）。

不同设计押量情况下不含武警营房的看守所建筑面积指标　　表 19-2

设计押量（人）	50	100	200	500	1000
被羁押人人均建筑面积（m^2）	31.05	31.05	31.05	28.67	27.43
建筑面积（m^2）	1553	3105	6210	14335	27430

注：新建看守所的设计押量不小于 50 人。

3.2　用地面积

根据不同设计押量看守所（不含武警营房）的建筑面积指标，按照《看守所建设标准》（建标【2013】126 号）规定的 0.3～0.5 的容积率取值，通过计算可以得出不同设计押量情况下不含武警营房的看守所用地面积指标（表 19-3）。

不同设计押量情况下不含武警营房的看守所用地面积指标　　表 19-3

设计押量（人）	50	100	200	500	1000
建筑面积（m^2）	1553	3105	6210	14335	27430
容积率	0.3～0.5	0.3～0.5	0.3～0.5	0.3～0.5	0.3～0.5
用地面积（m^2）	3150～5175	6300～10350	12600～20700	28650～47800	54900～91400

4. 主要控制指标

4.1　容积率

《看守所建设标准》（建标【2013】126 号）规定看守所容积率宜控制在 0.3～0.5。特殊情况需建设两层以上监房的，其容积率根据总体布局要求另行核定。

4.2 建筑密度

《看守所建设标准》（建标【2013】126号）规定看守所建筑密度宜为33%。

4.3 建筑限高

《看守所建设标准》（建标【2013】126号）规定看守所监房宜单层设置，特殊情况的地区可设多层监房。按照容积率和建筑密度计算，平均层数为1～1.5层，则看守所建筑以1～2层为主，按照《看守所建设标准》（建标【2013】126号）提出的4m～7m监室建筑层高，建议建筑高度不大于14m。

4.4 绿地率

《看守所建设标准》（建标【2013】126号）规定看守所绿地率应满足当地城乡规划和建设有关绿地的控制要求。参考同类型建筑（监狱等）的相关标准，建议扩建和改建看守所绿地率不小于20%，新建看守所绿地率不小于25%。

4.5 配建机动车停车位

《看守所建设标准》（建标【2002】245号）提出，看守所停车场面积，按小型所不小于5辆车位，中型所不少于10辆车位，大型所和特大型所不少于20辆车位确定，并可建于地下室和半地下室。

《看守所建设标准》（建标【2013】126号）提出，看守所车位数量，应综合考虑看守所公务车辆、外来车辆及民警自备车辆实际需求合理确定，平均按$25m^2$/辆计算场地面积。

不同设计押量看守所配建机动车停车位数量指标　　表19-4

看守所分类	小型所		中型所	大型所	特大型所
设计押量（人）	50	100	200	500	1000
停车位数量（个）	≥5	≥5	≥10	≥20	≥20

4.6 相关指标汇总

不同设计押量看守所相关指标一览表　　表19-5

设计押量（人） 相关指标	小型所		中型所	大型所	特大型所
	50	100	200	500	1000
用地面积（m²）	3150～5175	6300～10350	12600～20700	28650～47800	54900～91400
建筑面积（m²）	1553	3105	6210	14335	27430

续表

设计押量（人） 相关指标	小型所		中型所	大型所	特大型所
	50	100	200	500	1000
容积率	0.3～0.5	0.3～0.5	0.3～0.5	0.3～0.5	0.3～0.5
建筑密度（%）	≤33	≤33	≤33	≤33	≤33
建筑限高（m）	14	14	14	14	14
绿地率（%）	≥25	≥25	≥25	≥25	≥25
配建机动车停车位数量（个）	≥5	≥5	≥10	≥20	≥20

5. 选址因素

（1）宜选址在地势较高、地形平坦，水文和工程地质条件良好的地区。

（2）应选址在供电、给排水、交通、通讯等市政设施条件较好，便于利用医院等公共服务设施和方便刑事诉讼活动。

（3）应避开高层建筑、外事活动场所、繁华商业区及人口活动密集的区域。

（4）与无线电干扰、光缆、石油管线、水利设施等的距离应符合国家有关防护距离的规定。看守所周围建设的控制范围和建筑高度，应满足看守所的安全和保密要求。

（5）新建监狱与污染工业企业的卫生防护距离应符合附表 A 的规定。

（6）新建监狱与易燃易爆场所的防火间距应符合附表 B 的规定。

（7）新建监狱与市政设施的安全卫生防护距离应符合附表 C 的规定。

6. 设施设置要求

（1）一般一个县级行政区域设置一个看守所。

（2）看守所建设规模按设计押量确定。看守所设计押量，应按满足现实需要、适度超前的原则，综合考虑辖区人口数量、地理位置、经济发展水平等因素确定。宜按如下公式计算：

$$Ns = 1.2Np$$

式中：Ns——看守所设计押量；Np——前五年平均押量。

（3）根据计算得出的看守所设计押量，可确定看守所的用地面积和建筑面积。

7. 详细规划指引

7.1 用地构成

看守所用地主要包括房屋建筑用地、停车场用地、武警训练场用地、民警文体活动用地、被羁押人活动用地和绿化用地。

7.2 功能分区

看守所建设布局按其功能宜分为监区、办案区、接待会见区、办公区、生活保障区和武警营区。除监区、武警营区应单独设置外，其余功能区设计押量500人以下看守所可合并建设。有关押女性被羁押人的看守所应单独设置关押区域。

看守所应设置外围墙、监区围墙和岗楼。看守所外围墙不低于2.5m，可采用实心墙体或通透栅栏。监区围墙高出地面7.2m，其中顶部的1.2m为巡逻道，宽度为1.2m；监区围墙应设置岗楼，岗楼间距不宜大于150m；岗楼视界、射界良好，无观察死角，岗楼之间视界、射界应重叠；岗楼应为封闭建筑，底端与巡视通道平齐，每个岗楼使用面积为6.0m^2～8.0m^2。

7.3 场地布局

看守所建设总平面布置，应做到安全保密、方便管理。

7.3.1 监区规划设计要求

看守所监区应设置在看守所中央部位或较隐蔽、便于警戒的位置。监区宜设置一个出入口，并不得直接面对看守所大门。监区围墙内外应有安全隔离带，围墙内不小于7.0m，围墙外不小于5.0m。监房之间的间距应符合当地住宅建筑日照的规定，且不少于10.0m。

监区内房屋应包括监室、衣物储藏室、医务用房、图书室、活动室、公共浴室、理发室、教育培训室、值班室、管教室、谈话室（含驻所检察室使用的谈话室）、心理咨询室、监控室、电教室等。

7.3.2 办案区规划设计要求

办案区设置应临近监区出入口。其房屋包括羁押受理用房、讯问室（含特殊讯问室及其指挥室）、律师会见室、辨认室、违禁物品保管室及执勤用房。宣判小法庭应设置在接待会见区或办公区内，并相对独立。

7.3.3 接待会见区规划设计要求

接待会见区应设置在监区围墙外，满足看守所安全管理的需要和方便来所人员的进出。其房屋包括管理室、会见室（含集中会见室、单独会见室和视频会见室)、候见室、生活用品供应室及物品暂存室等。

7.3.4　办公区规划设计要求

办公区应设置在监区围墙外，并综合考虑停车、道路、绿化等因素合理布置。其房屋应包括办公室、文印室、档案室、会议室、阅览室、荣誉室、警用装备室以及驻所检察官使用的办公室、监控室等。

7.3.5　生活保障区规划设计要求

生活保障区宜设置在监区围墙外。其房屋包括被羁押人伙房、洗衣房和民警备勤宿舍、食堂、健身房、文娱室等其他用房。

7.3.6　武警营区规划设计要求

武警营区应自成体系，并毗邻看守所监区。武警营区布局、功能用房设置和勤务设施应按武警总部有关规定执行。

7.4　交通组织

(1) 看守所外通路与城市道路相连接，各功能区机动车道应联通；进入监区的机动车道净宽和净高不应小于 4.0m。

(2) 监区内应设置环形消防车道。行政办公区应设置停车场。

(3) 监区出入口应设置人行通道和车行通道。

(4) 监区宜只设一个出入口，设计容量 500 人以上的看守所，可增设一个紧急出入口。监区出入口不得直接面对看守所出入口。

7.5　绿化景观

(1) 监区及警戒区内不得种植高大树木。

(2) 行政办公区、武警营房区的建筑物前后和道路两侧应种植树木。

参考文献

[1] 中华人民共和国住房和城乡建设部、中华人民共和国国家发展和改革委员会. 建标【2013】126 号看守所建设标准 [S]. 北京：中国计划出版社，2013.

[2] 中华人民共和国建设部、中华人民共和国国家发展和改革委员会. 建标【2002】245 号 看守所建设标准 [S]. 北京：中国计划出版社，2002.

[3] 中华人民共和国建设部、中华人民共和国公安部. 建标【2000】165 号 看守所建筑设计规范 [S]. 北京：中国计划出版社，2000.

二十、火力发电厂

1. 术语

燃烧煤、石油、天然气等化石燃料，将所产生的热能转化为机械能，再驱动发电机产生电力的综合动力设施。

2. 设施分类

2.1 按燃料分类

火力发电厂按燃料的不同可分为燃煤火电厂、燃油火电厂和燃气火电厂。

2.2 按原动机分类

火力发电厂按原动机的不同可分为凝气式汽轮机发电厂、燃气轮机发电厂、内燃机发电厂、蒸汽—燃气轮机发电厂等。

2.3 按输出能源分类

火力发电厂按输出能源的不同可分为凝气式发电厂和热电厂。凝气式发电厂只生产并供给用户电能，而热电厂除生产并供给用户电能外，还供应热能。

2.4 按建设地点分类

火力发电厂按建设地点的不同可分为区域性火电厂（坑口电厂）和地方性火电厂。区域性火电厂装机容量较大，一般建造在燃料基地，如大型煤矿附近，其电能通过长距离的输电线路供给用户；地方性火电厂多建造在负荷中心，需经过长距离运输燃料，它生产的电能供给比较集中的用户。

2.5 按蒸汽压力和温度分类

火力发电厂按蒸汽压力和温度的不同可分为低温低压发电厂（1.4MPa，

350℃)、中温中压发电厂（3.92MPa，450℃)、高温高压发电厂（9.9MPa，540℃)、超高压发电厂（13.83MPa，540℃)、亚临界压力发电厂(16.77MPa，540℃)、超临界压力发电厂（22.11MPa，550℃)、超超临界压力发电厂（31MPa，600℃)。

3. 设施规模

《电力工程建设用地指标》（建标【2010】78号）对火力发电厂建设用地指标做出了详细规定，主要适用于单机容量为50MW～1000MW的燃煤发电厂。

火力发电厂用地面积主要由其发电机机组台数和单机容量决定，并与其技术条件有关。技术条件系火力发电厂所采取的生产工艺方案。《电力工程建设用地指标》（建标【2010】78号）根据冷却系统和原料运卸方式的不同工艺组合将技术条件分为11种。

(1) 技术条件一采用的是直流冷却的供水系统，水路运煤、码头接卸、皮带运输的燃料运卸方式。

(2) 技术条件二采用的是直流冷却的供水系统，铁路运煤、翻车机卸煤的燃料运卸方式。

(3) 技术条件三采用的是循环冷却的供水系统，铁路运煤、翻车机卸煤的燃料运卸方式。

(4) 技术条件四采用的是循环冷却的供水系统，公路运煤、汽车卸煤沟的燃料运卸方式。

(5) 技术条件五采用的是循环冷却的供水系统，因运距近、供煤点集中而采用皮带运输的燃料运卸方式。

(6) 技术条件六采用的是直接空冷的供水系统，铁路运煤、翻车机卸煤的燃料运卸方式。

(7) 技术条件七采用的是直接空冷的供水系统，公路运煤、汽车卸煤沟的燃料运卸方式。

(8) 技术条件八采用的是直接空冷的供水系统，因运距近、供煤点集中而采用皮带运输的燃料运卸方式。

(9) 技术条件九采用的是间接空冷的供水系统，铁路运煤、翻车机卸煤的燃料运卸方式。

(10) 技术条件十采用的是间接空冷的供水系统，公路运煤、汽车卸煤的燃料运卸方式。

(11) 技术条件十一采用的是间接空冷的供水系统，因运距近、供煤点集中而采用皮带运输的燃料运卸方式。

以下是不同装机容量的火力发电厂在各种技术条件下的用地面积控制指标。

100MW 火力发电厂用地面积控制指标（单位：万 m²）　　表 20-1

机组组合（台数×单机容量）	生产区用地											厂前建筑用地
	技术条件一	技术条件二	技术条件三	技术条件四	技术条件五	技术条件六	技术条件七	技术条件八	技术条件九	技术条件十	技术条件十一	
2×50MW	8.06	13.31	14.83	9.78	9.58	13.47	8.42	8.22	16.01	10.96	10.76	0.6

200MW 火力发电厂用地面积控制指标（单位：万 m²）　　表 20-2

机组组合（台数×单机容量）	生产区用地											厂前建筑用地
	技术条件一	技术条件二	技术条件三	技术条件四	技术条件五	技术条件六	技术条件七	技术条件八	技术条件九	技术条件十	技术条件十一	
4×50MW	11.16	16.41	19.73	15.55	14.48	16.66	12.48	11.41	21.68	17.50	16.43	0.6
2×100MW	11.43	14.91	17.04	14.58	13.56	15.20	12.74	11.72	18.83	16.37	15.35	

300MW 火力发电厂用地面积控制指标（单位：万 m²）　　表 20-3

机组组合（台数×单机容量）	生产区用地											厂前建筑用地
	技术条件一	技术条件二	技术条件三	技术条件四	技术条件五	技术条件六	技术条件七	技术条件八	技术条件九	技术条件十	技术条件十一	
2×50+2×100MW	13.75	17.23	20.88	18.62	17.40	17.68	15.42	14.20	23.85	21.59	20.37	0.6

400MW 火力发电厂用地面积控制指标（单位：万 m²）　　表 20-4

机组组合（台数×单机容量）	生产区用地											厂前建筑用地
	技术条件一	技术条件二	技术条件三	技术条件四	技术条件五	技术条件六	技术条件七	技术条件八	技术条件九	技术条件十	技术条件十一	
4×50+2×100MW	17.29	20.77	26.22	24.83	22.74	21.31	19.92	17.83	29.96	28.57	26.48	0.6
4×100MW	15.24	18.73	23.30	20.96	19.81	19.30	16.97	15.82	26.61	24.27	23.12	
2×200MW	14.84	18.32	20.98	18.61	17.50	18.67	16.29	15.18	23.73	21.36	20.25	

600MW火力发电厂用地面积控制指标（单位：万 m²）　　表 20-5

机组组合（台数×单机容量）	生产区用地											厂前建筑用地
	技术条件一	技术条件二	技术条件三	技术条件四	技术条件五	技术条件六	技术条件七	技术条件八	技术条件九	技术条件十	技术条件十一	
2×100＋2×200MW	20.08	23.56	28.35	27.00	24.87	24.19	22.84	20.71	32.89	31.54	29.41	0.6
2×300MW	18.22	21.70	24.85	22.61	21.37	22.15	19.91	18.67	28.26	26.02	24.78	0.8

800MW火力发电厂用地面积控制指标（单位：万 m²）　　表 20-6

机组组合（台数×单机容量）	生产区用地											厂前建筑用地
	技术条件一	技术条件二	技术条件三	技术条件四	技术条件五	技术条件六	技术条件七	技术条件八	技术条件九	技术条件十	技术条件十一	
4×100＋2×200MW	24.27	27.75	34.98	33.76	31.50	28.68	27.46	25.20	41.04	39.82	37.56	0.6
4×200MW	20.55	24.03	29.69	27.98	26.21	24.78	23.07	21.30	35.00	33.29	31.52	

1000MW火力发电厂用地面积控制指标（单位：万 m²）　　表 20-7

机组组合（台数×单机容量）	生产区用地											厂前建筑用地
	技术条件一	技术条件二	技术条件三	技术条件四	技术条件五	技术条件六	技术条件七	技术条件八	技术条件九	技术条件十	技术条件十一	
2×200＋2×300MW	25.14	32.03	37.84	33.30	30.95	32.82	28.28	25.93	44.00	39.46	37.11	0.8

1200MW火力发电厂用地面积控制指标（单位：万 m²）　　表 20-8

机组组合（台数×单机容量）	生产区用地											厂前建筑用地
	技术条件一	技术条件二	技术条件三	技术条件四	技术条件五	技术条件六	技术条件七	技术条件八	技术条件九	技术条件十	技术条件十一	
4×300MW	27.50	34.38	41.00	36.36	34.12	35.21	30.56	28.32	47.48	42.84	40.60	0.8
2×600MW	26.33	33.21	38.13	33.44	31.25	34.48	29.78	27.59	42.62	37.93	35.74	1.0

1400MW火力发电厂用地面积控制指标（单位：万 m²）　　表 20-9

机组组合（台数×单机容量）	生产区用地											厂前建筑用地
	技术条件一	技术条件二	技术条件三	技术条件四	技术条件五	技术条件六	技术条件七	技术条件八	技术条件九	技术条件十	技术条件十一	
4×200＋2×300MW	31.49	38.37	47.18	43.31	40.30	39.57	35.69	32.68	55.90	52.03	49.02	0.8

1800MW 火力发电厂用地面积控制指标（单位：万 m^2）　　表 20-10

机组组合（台数×单机容量）	生产区用地											厂前建筑用地
	技术条件一	技术条件二	技术条件三	技术条件四	技术条件五	技术条件六	技术条件七	技术条件八	技术条件九	技术条件十	技术条件十一	
2×300＋2×600MW	35.01	41.90	49.97	46.51	43.08	43.60	40.15	36.72	57.87	54.41	50.98	0.8

2000MW 火力发电厂用地面积控制指标（单位：万 m^2）　　表 20-11

机组组合（台数×单机容量）	生产区用地											厂前建筑用地
	技术条件一	技术条件二	技术条件三	技术条件四	技术条件五	技术条件六	技术条件七	技术条件八	技术条件九	技术条件十	技术条件十一	
2×1000MW	32.28	39.17	46.12	42.02	39.23	41.26	37.16	34.37	52.95	48.85	46.06	1.0

2400MW 火力发电厂用地面积控制指标（单位：万 m^2）　　表 20-12

机组组合（台数×单机容量）	生产区用地											厂前建筑用地
	技术条件一	技术条件二	技术条件三	技术条件四	技术条件五	技术条件六	技术条件七	技术条件八	技术条件九	技术条件十	技术条件十一	
4×300＋2×600MW	44.81	55.76	67.30	60.78	56.35	57.85	51.33	46.90	78.27	71.75	67.32	0.8
4×600MW	38.48	49.43	59.62	53.15	48.67	51.80	45.34	40.86	68.54	62.07	57.59	1.0

3200MW 火力发电厂用地面积控制指标（单位：万 m^2）　　表 20-13

机组组合（台数×单机容量）	生产区用地											厂前建筑用地
	技术条件一	技术条件二	技术条件三	技术条件四	技术条件五	技术条件六	技术条件七	技术条件八	技术条件九	技术条件十	技术条件十一	
2×600＋2×1000MW	48.80	59.75	71.62	65.65	60.67	63.09	57.13	52.15	82.94	76.97	71.99	1.0

4000MW 火力发电厂用地面积控制指标（单位：万 m^2）　　表 20-14

机组组合（台数×单机容量）	生产区用地											厂前建筑用地
	技术条件一	技术条件二	技术条件三	技术条件四	技术条件五	技术条件六	技术条件七	技术条件八	技术条件九	技术条件十	技术条件十一	
4×1000MW	52.67	66.74	81.06	72.57	66.99	71.59	63.10	57.52	95.30	86.81	81.23	1.0

4400MW 火力发电厂用地面积控制指标（单位：万 m^2）　　**表 20-15**

机组组合（台数×单机容量）	生产区用地											厂前建筑用地
	技术条件一	技术条件二	技术条件三	技术条件四	技术条件五	技术条件六	技术条件七	技术条件八	技术条件九	技术条件十	技术条件十一	
4×600+2×1000MW	63.45	77.51	94.65	87.86	80.59	81.97	75.18	67.91	110.40	103.61	96.34	1.0

6000MW 火力发电厂用地面积控制指标（单位：万 m^2）　　**表 20-16**

机组组合（台数×单机容量）	生产区用地											厂前建筑用地
	技术条件一	技术条件二	技术条件三	技术条件四	技术条件五	技术条件六	技术条件七	技术条件八	技术条件九	技术条件十	技术条件十一	
4×1000+2×1000MW	78.01	98.96	120.23	107.65	99.28	105.90	93.32	84.95	141.30	128.72	120.35	1.0

8000MW 火力发电厂用地面积控制指标（单位：万 m^2）　　**表 20-17**

机组组合（台数×单机容量）	生产区用地											厂前建筑用地
	技术条件一	技术条件二	技术条件三	技术条件四	技术条件五	技术条件六	技术条件七	技术条件八	技术条件九	技术条件十	技术条件十一	
4×1000+4×1000MW	97.79	125.92	154.56	137.59	126.43	135.62	118.65	107.49	183.04	166.07	154.91	1.0

4. 选址因素

（1）厂址应有良好的地质条件，必须避开断层、滑坡、沼泽以及塌陷区等不良地质构造。不应在松散土壤地段，地震时发生过地质结构变化的地区以及喀斯特地貌区建设厂区。

（2）宜选址在较平坦的坡地或丘陵地上，地形高差较小，以减少土石方开挖量。

（3）宜选址在附近城市（镇）、生活区以及生活水源地，常年最小频率风向的上风侧。

（4）大中型火电厂厂址应接近铁路、公路或港口。靠近铁路线建厂的，应有利于铁路专用线的设置。在城市附近有煤矿时，火电厂应尽可能靠近煤矿布局，或直接在矿区设置坑口电厂，但是必须具备较好的燃料和大件设备运输条件。

（5）厂区场地形状最好是接近正方形的长方形，以利于工艺布置。还应有足够的贮灰场地，贮灰场的容量要能容纳电厂20年左右的贮灰量。厂址选择还应充分考虑发电厂达到规划容量时接入系统的出线条件。

（6）厂址宜优先选择在环境容量较大、排放条件较好的地区。除以热定电的热电厂外，不应在大中城市的城区及其近郊区新建燃煤电厂。还应注意发电厂与其他工业企业所排出的废气、废水、废渣之间的相互影响。

（7）厂址应避让重点保护的自然保护区和人文遗址，也不宜设在有重要开采价值的矿藏上或矿藏采空区上。

5. 设施设置要求

火力发电厂属于大型区域性动力设施，应在地级市及以上的城镇体系规划或区域电力系统规划中确定。区域和城市存在下列情况，可考虑设置火力发电厂：

（1）因系统供电量无法满足城市用电需求、或用电高峰期地区电力供给政策倾向于先满足大城市需求而带来用电缺口的，城市可规划建设适当容量的火力发电厂。

（2）以系统受电或以水电供电为主的城市，电力供应不稳定的，可规划建设适当容量的火电厂，作为城市补充电源，以保证城市用电安全。

（3）供暖区存在供热需求的城市，可设置热电厂满足供暖需求同时亦可提供电力。

（4）城市驻有用电负荷特别巨大、且对供电稳定性要求高的生产企业的，可规划建设企业自备电厂。

（5）城市附近有煤矿的，可在矿区规划建设坑口火力发电厂。

火力发电厂的装机容量、项目选址及工艺方案等主要技术内容应通过专门的项目可行性研究进行论证。在城市总体规划阶段，应根据项目立项文件，重点研究和解决火力发电厂的下列问题：

① 确定用地范围；

② 落实外部交通条件；

③ 衔接城市供电（热）网络；

④ 协调与周边环境的相互关系。

6. 详细规划指引

6.1 用地构成

火力发电厂用地主要包括建筑用地、构筑物用地、绿化用地、道路和停

车场用地等。

6.2 功能分区

火力发电厂可划分为主厂房区、办公生活区、燃煤设施区、配电装置区、冷却设施区、化学水处理区、油库区以及其他辅助生产设施区等。

火力发电厂的厂区规划，应以工艺流程合理为原则，以主厂房区为中心，结合各生产设施及系统的功能，分区集中、紧密结合、因地制宜的进行布置。

根据主厂房区、配电装置区、燃煤设施区以及冷却设施区在主厂房断面上的布置方式，火力发电厂的总平面布局模式可分为二列式、三列式及四列式等。二列式布局模式适用于厂址外形狭长的情况，冷却设施设于主厂房内，将主厂房区与配电装置区并列布置（模式 *a*）；三列式布局模式是我国发电厂较多采用的模式，冷却设施设于主厂房内，主厂房区、配电装置区以及燃煤设施区并列布置（模式 *b*）；四列式布局模式将冷却设施独立设置，主厂房区、配电装置区、燃煤设施区及冷却设施区并列布置（模 *c*）。

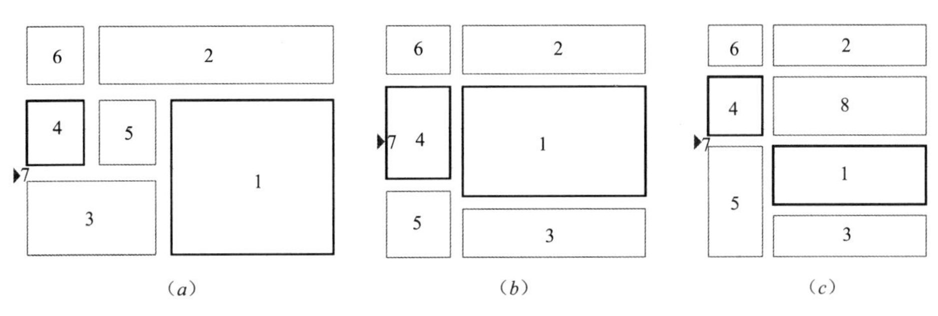

图 20-1 功能分区模式图

6.3 场地布局

（1）办公生活区宜集中紧凑布置在厂区的固定端，做到与生产区联系方便、生活便利、厂容美观。办公生活区的行政管理和公共福利等建筑的用地应按国家和行业有关标准的规定严格控制，其建筑宜采用多层形式。

（2）主厂房区布置在厂区的适中地位，固定端宜朝向城镇方向。对采用直接空冷系统的空冷机组，确定主厂房的朝向时，应考虑到夏季盛行风向对空冷凝汽器散热的影响。

（3）配电装置区应考虑进出线的方便，尽量避免线路交叉。

（4）燃煤设施区宜布置在厂区主要建筑物全年最小频率风向的上风侧。

（5）冷却设施区的布置，应根据地形、地质、相邻设施的布置条件及常年的风向等因素予以综合考虑。有扩建要求的，不宜布置在厂区的扩建端。冷却设施与屋外配电装置邻近布置时，其防护间距较大；若将冷却设施布置在锅炉房外侧，则防护用地就可以减少。

（6）油库区等危险化学品区域应与其他辅助生产建筑物分开，并单独布置或形成独立的区域。

（7）为了方便生产管理，化学水处理室可与氢氧站成组布置；但当化学水处理室有酸碱等材料需用铁路运输时，化学水处理室则宜布置在锅炉房外侧靠近燃料设施，以便引进铁路，而氢氧站仍应布置在高压配电装置的一侧。

（8）各建、构筑物和露天场地一般呈区带式成列布置，各分区内部及区与区之间，建筑线要力求整齐。建筑物的宽度、长度要避免参差不齐，相差悬殊。建筑物及厂区、街区的平面形状，在满足使用要求的前提下，力求规整，尽量减少三角地带。

6.4 交通组织

6.4.1 外部交通

（1）铁路交通组织

发电厂铁路专用线的设计，应符合现行的《工业企业标准轨距铁路设计规范》（GBJ 12—87）的要求。铁路专用线的厂内配线，应按发电厂的规划容量一次规划，分期建设。

（2）水运交通组织

以水运为主的发电厂，其码头的建设规模及平面布置应按发电厂的规划容量、厂址和航道的自然条件，以及厂内运煤设施等统筹安排。

码头的设计应符合现行的交通部《港口工程技术规范》的有关规定。码头应设在水深适宜、航道稳定、泥砂运动较弱、水流平顺、地质较好的地段，并宜与陆域的地形高程相配合。

6.4.2 内部交通

发电厂厂内道路的设计，应符合现行的《厂矿道路设计规范》（GBJ 22—87）的要求。

厂内各建筑之间，应根据生产、生活和消防的需要设置行车道路、消防车道和人行道。主厂房、配电装置、贮煤场和油罐区周围应设环形道路或消防车通道。对单机容量为300MW及以上的机组，在炉后与除尘器之间应设置道路。

厂区主要出入口处主干道行车部分的宽度，宜与相衔接的进厂道路一致，或采用 7m 的宽度标准。次干道（环形道路）宽度，宜采用 7m 的宽度标准，困难情况下，也可采用 6m 的宽度。次要道路的宽度宜为 4m，困难情况下也可采用 3.5m 的宽度。

依靠水路运输，并建有重件码头的大型发电厂，从重件码头引桥至主厂房周围环行道路之间的道路标准，应根据大件运输方式合理确定，其宽度宜采用 6m～7m。

6.4.3　出入口

发电厂厂区宜有两个出入口，其位置应使厂内外联系方便，并使人流与货流分开。在施工期间，宜有施工专用的出入口。厂区的主要出入口宜设在厂区固定端一侧。

7. 案例介绍

7.1　案例一

所在城市：中部地区某小城市

布局模式：二列式、三列式

规划容量：224MW

用地面积：141800m^2

该火力发电厂为燃煤电厂，地处城市郊区，临河布置，以河水为冷却水源，燃料采用水路运输。

整个项目总装机容量为 224MW，采用分期建设的建设方式，共分二期建设。其中，一期工程位于厂区东部，装机容量 2×12MW，采用三列式布局模式，煤场临河布置，向北依次为主厂房和配电装置区；二期工程位于厂区西部，装机容量 4×50MW，采用二列式布局模式，主厂房平行于煤场临河布置，其北侧为配电装置区。综合办公楼、化学水处理区及一期生产辅助设施在厂区东侧主入口两侧，平行一期主厂房布置。生活区及二期生产辅助设施分别布置在厂区西部入口的北、南两侧。

厂区在东西两侧分别设置主次入口，均建设进厂专用路与公路相连，两入口间也于厂区北部建设环厂路相连。厂区内部分别围绕一、二期主厂房修建环路，通过厂区干道连接出入口，其他各功能区根据需要设置厂区支路与上述厂区道路连接。

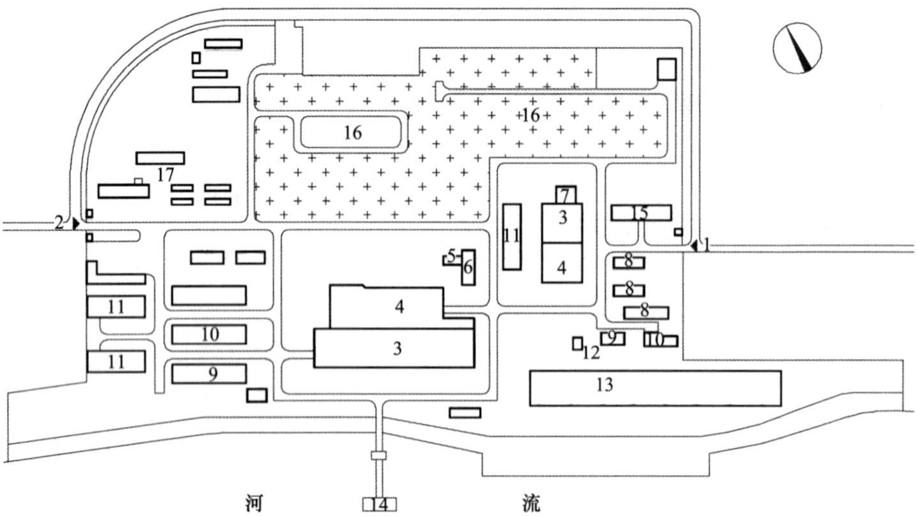

河　　流

1 主入口	2 次入口	3 汽机房	4 锅炉房
5 灰浆泵房	6 检修间	7 主变压器	8 化学水处理室
9 铸工车间	10 金工车间	11 材料库	12 碎煤机室
13 干煤棚	14 码头	15 综合办公楼	16 屋外配电装置
17 生活区			

图 20-2　案例一总平面图

7.2　案例二

所在城市：东部地区某大城市

布局模式：三列式

规划容量：2400MW

用地面积：459300m^2

该火力发电厂为燃煤电厂，地处城市郊区，临海布置，以海水为冷却水源，燃料采用铁路运输。

电厂总装机容量为 4800MW，分两期建设。其中一期工程安装 4×600MW 燃煤机组，占地面积 45.93 万 m^2。

厂区用地呈方形，工艺布置采用三列式布局模式。管理及生产辅助设施沿用地东侧边缘平行布置。主体工艺设施布置在生产辅助设施区以西，自南向北依次为燃料场、主厂房区和配电装置区。总体布置工艺流程顺畅，功能分区合理、明确。

厂区东西两侧分别布置主次入口，通过进厂道路与公路相连。厂内分别围绕各功能区布置环形道路，整体路网呈不规则方格网格局。

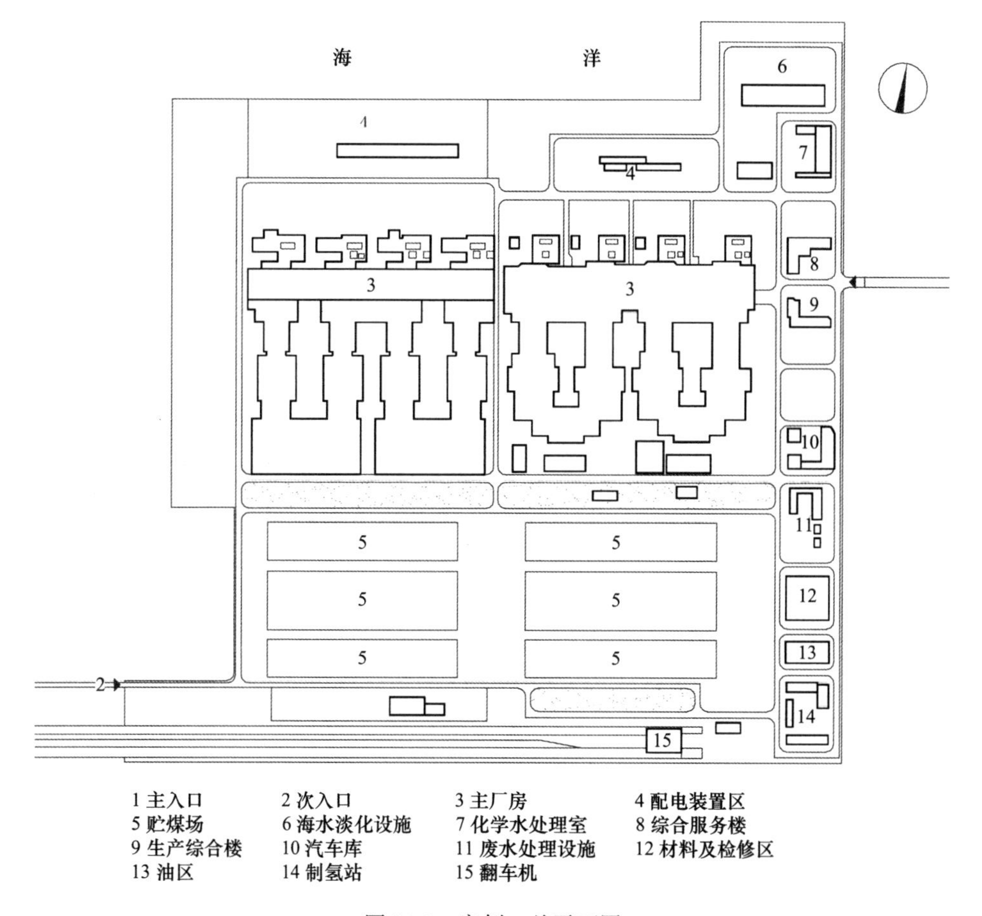

图 20-3　案例二总平面图

7.3　案例三

所在城市：东部地区某大城市

布局模式：三列式

规划容量：3200MW

用地面积：53.85 万 m^2

该火力发电厂为燃煤电厂，地处城市郊区，临海布置，以海水为冷却水源，燃料采用铁路运输。

电厂总装机容量为 3200MW，分两期建设。其中一期工程安装 2×600MW 燃煤机组，二期工程建设 2×1000MW 机组，总占地面积 538500m^2。

厂区用地呈方形，工艺布置采用三列式布局模式。管理及生产辅助设施沿用地西侧平行布置。主体工艺设施布置在生产辅助设施区以东，自南向北依次为燃料场、主厂房区和配电装置区。厂区布置紧凑，功能分区明确。

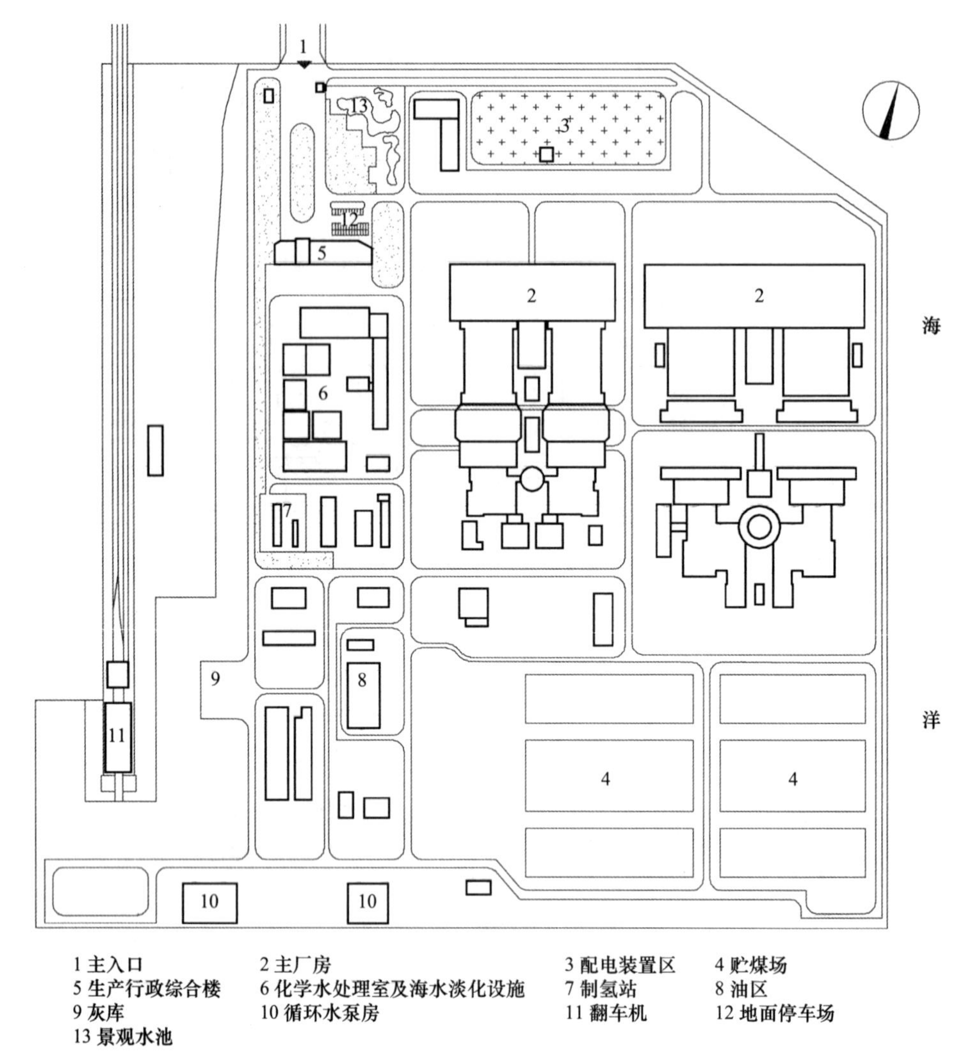

图 20-4　案例三总平面图

厂区北侧设置主入口，通过进厂道路与公路相连。厂区内部修建有环厂道路，同时分别围绕各功能区布置环形道路，整体路网呈不规则的方格网格局。

7.4　案例四

所在城市：东部地区某大城市

布局模式：四列式

规划容量：3600MW

用地面积：614800m²

该火力发电厂为燃煤电厂，地处煤矿附近，属于大型区域凝气式坑口电厂。

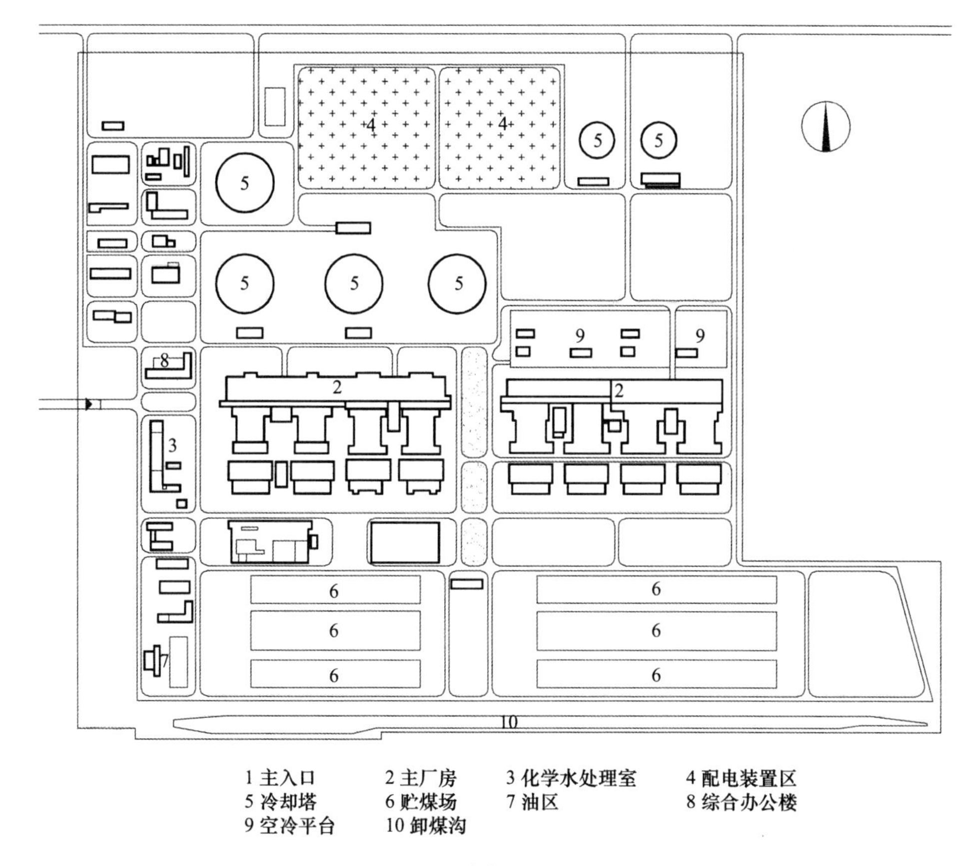

图 20-5　案例四总平面图

电厂总装机容量为 3600MW，分三期建设。其中一、二期工程安装 4×600MW 湿冷机组，三期工程建设为 2×600MW 直接空冷机组，总占地面积 614800m^2。

厂区用地呈方形，工艺布置采用四列式布局模式。管理及生产辅助设施沿用地西侧边缘平行布置。主体工艺设施布置在生产辅助设施区以东，自南向北依次为燃料场、主厂房区、冷却设施区和配电装置区。总体工艺流程顺畅、简洁，厂区布置规整且功能分区明确、合理。

厂区西侧设置主入口，通过进厂道路与公路相连。厂区内部修建有环厂道路，通过环路也能对接外部道路。厂内分别围绕各功能区布置环形道路，整体路网呈不规则方格网格局。

参考文献

[1]　中华人民共和国住房和城乡建设部. GB/50049—2011 小型火力发电厂设计规范[S]. 北京：中国计划出版社，2011.

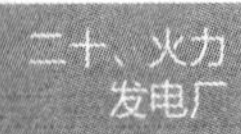

[2] 中华人民共和国住房和城乡建设部. GB/50660—2011 大中型火力发电厂设计规范 [S]. 北京：中国计划出版社，2012.

[3] 国家电力监管委员会. 建标【2010】78 号电力工程建设用地指标 [S]. 北京：中国电力出版社，2010.

[4] 中华人民共和国建设部. GB/50293—1999 城市电力规划规范 [S]. 北京：中国建筑工业出版社，1999.

[5] 中华人民共和国国家经济贸易委员会. DL 5000—2000 火力发电厂设计技术规程 [S]. 北京：中国标准出版社，2001.

[6] 中华人民共和国国家发展和改革委员会. DL/T 5032—2005 火力发电厂总图运输设计技术规程 [S]. 北京：中国电力出版社，2005.

[7] 钟史明. 火电厂设计基础 [M]. 北京：中国电力出版社，1998.

[8] 王剑. 火力发电厂厂址选择及其优化理论研究 [D]. 西安：西安建筑科技大学，2006.

[9] 武一琦. 火力发电厂厂址选择与总图运输设计 [M]. 北京：中国电力出版社，2006.

二十一、220kV 变电站

1. 术语

城网中起变换电压，并起集中电力和分配电力作用的供电设施为城市变电站，其中220kV变电站的一次电压为220kV，二次电压为110kV（66kV）、35kV（10kV），其中66kV目前仅在东北和内蒙古东部部分地区使用。

2. 设施分类

《城市电力规划规范》（GB 50293—1999）提出，220kV城市变电站按其结构型式可分为两大类四小类（表21-1）。

城市变电站结构型式分类　　表21-1

大　类	结构型式	小　类	结构型式
1	户外式	1	全户外式
		2	半户外式
2	户内式	3	常规户内式
		4	小型户内式

规划新建城市变电站的结构型式选择，宜符合下列规定：

（1）布设在市区边缘或郊区、县的变电站，可采用布置紧凑、占地较少的全户外式或半户外式结构。

（2）市区内规划新建的变电站，宜采用户内式或半户外式结构。

（3）市中心地区规划新建的变电站，宜采用户内式结构。

（4）在大、中城市的超高层公共建筑群区、中心商务区及繁华金融、商贸街区规划新建的变电站，宜采用小型户内式结构。

3. 设施规模

3.1　用地面积

3.1.1　国家规范要求

（1）《城市电力规划规范》（GB 50293—1999）

《城市电力规划规范》（GB 50293—1999）规定，城市变电站的用地面积

(不含生活区用地)，应按变电站最终规模规划预留；规划新建的220kV变电站用地面积的预留，可根据表21-2的规定，结合所在城市的实际用地条件因地制宜选定。

220kV变电站规划用地面积控制指标　　表21-2

序号	变压等级（kV）一次电压/二次电压	主变压器容量【MVA/台（组）】	变电站结构型式	用地面积（m^2）
1	220/110（66，35）及220/10	90～180/2～3	户外式	12000～30000
2	220/110（66，35）	90～180/2～3	户外式	8000～20000
3	220/110（66，35）	90～180/2～3	半户外式	5000～8000
4	220/110（66，35）	90～180/2～3	户内式	2000～4500

(2)《电力工程项目建设用地指标（火电厂、核电厂、变电站和换流站）》(建标【2010】78号)

《电力工程项目建设用地指标（火电厂、核电厂、变电站和换流站）》(建标【2010】78号）规定，220kV变电站建设用地基本指标，不应超过表21-3的规定。

当220kV变电站的技术条件与表21-3的技术条件不同时，站区用地指标应按表21-4的规定进行调整。

220kV变电站技术条件及站区用地基本指标　　表21-3

编号	技术条件（最终规模）				基本指标（m^2）
	主变台数及容量（MVA）	出线规模	接线形式	配电装置型式	
1	2×150	220kV：4回架空 110kV：8回架空	220kV：双母线 110kV：双母线 35（10）kV：单母线分段	220kV软母线改进半高型 110kV软母线改进半高型 35（10）kV屋内开关柜 220kV与110kV配电装置	16900
2	3×180	220kV：6回架空 110kV：8回架空 35kV：10回电缆	220kV：双母线 110kV：双母线 35kV：单母线分段	220kV支持管母线中型 110kV支持管母线中型 35kV屋内开关柜 220kV与110kV配电装置	23600
3	3×180	220kV：6回架空 110kV：10回架空	220kV：双母线 110kV：双母线 10kV：单母线	220kV悬吊管母线中型 110kV支持管母线中型 10kV屋内开关柜 220kV与110kV配电装置	23100
4	2×180	220kV：6回架空 110kV：8回架空 10kV：10回电缆	220kV：双母线 110kV：双母线 10kV：单母线分段	220kV软母线分相中型 110kV软母线分相中型 10kV屋内开关柜	26000

注：① 220kV与110kV屋外配电装置场地按出线加装避雷器支架的方案进行计算。
② 前一数值仅用于220kV与110kV配电装置平行布置方案，后一数值仅用于220kV与110kV配电装置垂直布置方案。

220kV 变电站站区用地调整指标　　　　表 21-4

编号	技术条件	调整指标（m^2）
1	增 1 组主变（220kV 与 110kV 均为软母线改进半高型、35kV 屋内开关柜）	1710
2	220kV 软母线改进半高型布置，出线增减 1 个间隔	680
3	110kV 软母线改进半高型布置，出线增减 1 个间隔	320
4	220kV 软母线改进半高型布置，增母线分段 1 个间隔	1140
5	110kV 软母线改进半高型布置，增母线分段 1 个间隔	510
6	增 1 组主变（220kV 与 110kV 均为支持管母线中型、35kV 屋内开关柜）	1910
7	220kV 支持管母线中型布置，出线增减 1 个间隔	770
8	110kV 支持管母线中型布置，出线增减 1 个间隔	330
9	220kV 支持管母线中型布置，增母线分段 1 个间隔	1290
10	110kV 支持管母线中型布置，增母线分段 1 个间隔	530
11	增 1 组主变（220kV 悬吊管母中型、110kV 支持管母中型、10kV 屋内开关柜）	1890
12	220kV 悬吊管母中型布置，出线增减 1 个间隔	790
13	220kV 悬吊管母中型布置，增母线分段 1 个间隔	1340
14	增 1 组主变（220kV 与 110kV 均为屋外 GIS、35kV 或 10kV 屋内开关柜）	880
15	220kV 屋外 GIS 布置，出线增减 1 个间隔	390
16	110kV 屋外 GIS 布置（设在楼顶），出线增减 1 个间隔	130
17	220kV 屋外 GIS 布置，增母线分段 1 个间隔	130

注：① 220kV 与 110kV 屋外配电装置均采用双母线接线形式，屋外布置。
② 一组主变建设用地调整指标包含：一台主变场地、低压无功设备和低压配电装置用地。

3.1.2　地方标准

（1）《国家电网公司输变电工程通用设计：110（66）—500kV 变电站分册》（2011，国家电网公司）

220kV 变电站典型设计推荐技术方案按主变压器台数及容量、出线规模、电气主接线型式、无功配置、配电装置型式、布置格局等进行组合，共 20 个方案。户外（220kV/66kV）、户外（220kV/110kV、35kV）、户外（220kV/110kV、10kV）、户内（220kV/66kV）、户内（220kV/110kV、35kV）、户内（220kV/110kV、10kV）变电站的相关技术条件和用地面积指标分别如表 21-5、表 21-6、表 21-7、表 21-8、表 21-9 和表 21-10 所示。

国家电网典型户外变电站通用设计用地面积指标一览表（220kV/66kV）　　　　**表 21-5**

编号	技术条件（最终规模）			用地面积（m^2）
	主变台数及容量（MVA）	出线规模	结构型式	
1	3×180	220kV：6 回架空 66kV：20 回架空	户外式	9900
2	3×240	220kV：8 回架空 66kV：20 回架空	户外式	17900

续表

编号	技术条件（最终规模）			用地面积（m^2）
	主变台数及容量（MVA）	出线规模	结构型式	
3	3×180	220kV：6 回架空 66kV：17 回架空	户外式	19500
4	3×240	220kV：8 回架空 66kV：24 回架空	户外式	22900

国家电网典型户外变电站通用设计用地面积指标一览表（220kV/110kV、35kV）

表 21-6

编号	技术条件（最终规模）			用地面积（m^2）
	主变台数及容量（MVA）	出线规模	结构型式	
1	3×180	220kV：6 回架空 110kV：10 回架空 35kV：12 回电缆	户外式	9200
2	3×240	220kV：6 回架空 110kV：8 回架空 35kV：12 回电缆	户外式	12700
3	3×180	220kV：6 回架空 110kV：12 回架空 35kV：12 回电缆	户外式	21300
4	3×180	220kV：6 回架空 110kV：10 回架空 35kV：12 回电缆	户外式	19000
5	3×240	220kV：8 回架空 110kV：16 回架空 35kV：12 回电缆	户外式	25200
6	3×180	220kV：6 回架空 110kV：12 回架空 35kV：6 回电缆	户外式	24400
7	3×180	220kV：6 回架空 110kV：10 回架空 35kV：12 回电缆	户外式	19900

国家电网典型户外变电站通用设计用地面积指标一览表（220kV/110kV、10kV）

表 21-7

编号	技术条件（最终规模）			用地面积（m^2）
	主变台数及容量（MVA）	出线规模	结构型式	
1	3×240	220kV：8 回架空 110kV：12 回架空 10kV：30 回电缆	户外式	14400

续表

编号	技术条件（最终规模）			用地面积（m^2）
	主变台数及容量（MVA）	出线规模	结构型式	
2	3×180	220kV：8 回架空 110kV：12 回架空 10kV：24 回电缆	户外式	22500
3	3×180	220kV：4 回架空 110kV：8 回架空 10kV：36 回电缆	户外式	14800
4	3×240	220kV：8 回架空 110kV：8 回架空 10kV：36 回电缆	户外式	17600

国家电网典型户内变电站通用设计用地面积指标一览表（220kV/66kV）　**表 21-8**

编号	技术条件（最终规模）			用地面积（m^2）
	主变台数及容量（MVA）	出线规模	结构型式	
1	3×180	220kV：3 回架空 66kV：20 回电缆	户内式	5100

国家电网典型户内变电站通用设计用地面积指标一览表（220kV/110kV、35kV）

表 21-9

编号	技术条件（最终规模）			用地面积（m^2）
	主变台数及容量（MVA）	出线规模	结构型式	
1	3×180	220kV：3 回电缆 110kV：12 回电缆 35kV：24 回电缆	户内式	5000
2	3×240	220kV：10 回架空 110kV：12 回电缆 35kV：30 回电缆	户内式	6700

国家电网典型户内变电站通用设计用地面积指标一览表（220kV/110kV、10kV）

表 21-10

编号	技术条件（最终规模）			用地面积（m^2）
	主变台数及容量（MVA）	出线规模	结构型式	
1	3×180	220kV：4 回电缆 110kV：12 回电缆 10kV：36 回电缆	户内式	6300
2	4×240	220kV：10 回电缆 110kV：12 回电缆 10kV：28 回电缆	户内式	7900

（2）《南方电网变电站标准设计（V1.0）》（2012，中国南方电网有限责任公司）

220kV 变电站典型设计推荐方案技术方案按主变压器台数及容量、出线规模、电气主接线型式、无功配置、配电装置型式、布置格局等进行组合，共 8 个方案。户外（220kV/110kV、35kV）、户外（220kV/110kV、10kV）、户内（220kV/110kV、10kV）变电站的相关技术条件和用地面积指标分别如表 21-11、表 21-12 和表 21-13 所示。

南方电网典型户外变电站通用设计用地面积指标一览表（220kV/110kV、35kV）

表 21-11

编号	技术条件（最终规模）			用地面积（m^2）
	主变台数及容量（MVA）	出线规模	结构型式	
1	3×240（180）	220kV：6 回架空 110kV：12 回架空 35kV：15 回电缆	户外式	22100
2	3×240（180）	220kV：6 回架空 110kV：12 回架空 35kV：9 回电缆	户外式	9700

南方电网典型户外变电站通用设计用地面积指标一览表（220kV/110kV、10kV）

表 21-12

编号	技术条件（最终规模）			用地面积（m^2）
	主变台数及容量（MVA）	出线规模	结构型式	
1	4×240（180）	220kV：6 回架空 110kV：14 回架空 10kV：30 回电缆	户外式	26300
2	4×240（180）	220kV：6 回架空 110kV：14 回架空 10kV：30 回电缆	户外式	11600

南方电网典型户内变电站通用设计用地面积指标一览表（220kV/110kV、10kV）

表 21-13

编号	技术条件（最终规模）			用地面积（m^2）
	主变台数及容量（MVA）	出线规模	结构型式	
1	3×180	220kV：6 回电缆 110kV：14 回电缆 10kV：30 回电缆	户内式	5600
2	3×240	220kV：6 回电缆 110kV：14 回电缆 10kV：30 回电缆	户内式	6700

续表

编号	技术条件（最终规模）			用地面积 (m^2)
	主变台数及容量（MVA）	出线规模	结构型式	
3	4×180	220kV：6 回电缆 110kV：14 回电缆 10kV：30 回电缆	户内式	5800
4	4×240	220kV：6 回电缆 110kV：14 回电缆 10kV：30 回电缆	户内式	7200

3.1.3 用地面积取值建议

归纳起来《城市电力规划规范》(GB 50293—1999)、《电力工程项目建设用地指标（火电厂、核电厂、变电站和换流站)》（建标【2010】78 号)、《国家电网公司输变电工程通用设计：110（66)—500kV 变电站分册》(2011）和《南方电网变电站标准设计（V1.0)》(2012）技术方案中，220kV 变电站按不同的主变台数及其容量、不同的 220kV 出线规模、不同的 110kV（66kV）出线规模，用地面积指标详见表 21-14。

220kV 变电站主变台数、220kV 出线规模、110kV（66kV）出线规模、用地面积指标汇总表　　表 21-14

标准 \ 结构型式		户外（kV）		户内（kV）220/110（66)、35（10)
		220/110（66)、35（10)	220/66	
《城市电力规划规范》(GB 50293—1999)	主变台数	2～3 台	2～3 台	2～3 台
	出线规模	90～180MVA	90～120MVA	90～180MVA
	用地面积	$12000m^2$～$30000m^2$	$8000m^2$～$20000m^2$	$2000m^2$～$4500m^2$
《电力工程项目建设用地指标（火电厂、核电厂、变电站和换流站)》(建标【2010】78 号)	主变台数	2～3 台	—	—
	出线规模	150～180MVA4～6 回 220kV 出线 8～10 回 110kV 出线	—	—
	用地面积	$16400m^2$～$26000m^2$	—	—
《国家电网公司输变电工程通用设计：110(66)—500kV 变电站分册》(2011)	主变台数	3 台	3 台	3～4 台
	出线规模	180～240MVA 4～8 回 220kV 出线 8～16 回 110kV 出线	180～240MVA 6～8 回 220kV 出线 17～24 回 66kV 出线	180～240MVA 3～10 回 220kV 出线 12 回 110kV (20 回 66kV）出线
	用地面积	$9200m^2$～$25200m^2$	$9900m^2$～$22900m^2$	$5000m^2$～$7900m^2$ ($5100m^2$)

续表

标准 \ 结构型式		户外（kV）		户内（kV）220/110（66）、35（10）
		220/110（66）、35（10）	220/66	
《南方电网变电站标准设计（V1.0）》（2012）	主变台数	3～4台	—	3～4台
	出线规模	180～240MVA 6回220kV出线 12～14回 110kV出线	—	180～240MVA 6回220kV出线 14回110kV出线
	用地面积	$9700m^2$～$26300m^2$	—	$5600m^2$～$7200m^2$

通过分析以上技术方案可知，在结构型式相同的情况下，220kV变电站的用地指标主要取决于220kV变电站的主变压器台数、220kV进出线规模和110kV（66kV）进出线规模。

目前，规划中常用220kV变电站的主变压器数量一般为3～4台、220kV进出线一般为6～8回、110kV进出线一般为8～14回（66kV进出线一般为20～24回）。在常用技术条件下，以下分户外220/66（kV）、户外220/110、35（10）（kV）、户内220/110（66）、35（10）（kV）三种情况，对其用地面积进行分析和提出建议。

（1）户外220kV变电站（220kV/66kV，3～4台主变，6～8回220kV进出线，20～24回66kV进出线）

由于《南方电网变电站标准设计（V1.0）》（2012）未对户外220kV变电站用地面积进行规定，本手册仅对《国家电网公司输变电工程通用设计：110(66)-500kV变电站分册》（2011）技术方案进行探讨。

在《国家电网公司输变电工程通用设计：110（66）—500kV变电站分册》（2011）技术方案用地指标的基础上，按照增减1台主变约增减用地面积$1850m^2$、增减1个220kV出线间隔约增减用地面积$1000m^2$、增减1个66kV出线间隔约增减用地面积$400m^2$，可以得出3台主变、6～8回220kV进出线以及20～24回66kV进出线的220kV变电站用地面积（表21-15）；4台主变、6～8回220kV进出线以及20～24回66kV进出线的户外220kV变电站用地面积（表21-16）。

户外220kV变电站用地面积指标（220kV/66kV，3台主变，6～8回220kV进出线，20～24回66kV进出线） **表21-15**

编号	已有指标			调整内容及调整后用地指标		
	主变台数及容量（MVA）	出线规模	用地指标（万m^2）	技术方案调整内容	站区用地调整指标	调整后用地指标（m^2）
1	3×180	220kV：6回 66kV：20回	0.99	—	—	9900
				增加2个220kV间隔 增加4个66kV间隔	$+1000m^2\times2$ $+400m^2\times4$	13500

续表

编号	已有指标			调整内容及调整后用地指标		
	主变台数及容量（MVA）	出线规模	用地指标（万 m²）	技术方案调整内容	站区用地调整指标	调整后用地指标（m²）
2	3×240	220kV：8 回 66kV：20 回	1.79	减少 2 个 220kV 间隔	$-1000m^2\times2$	15900
				增加 4 个 66kV 间隔	$+400m^2\times4$	19500
3	3×180	220kV：6 回 66kV：17 回	1.95	增加 3 个 66kV 间隔	$+400m^2\times3$	20700
				增加 2 个 220kV 间隔 增加 7 个 66kV 间隔	$+1000m^2\times2$ $+400m^2\times7$	24300
4	3×240	220kV：8 回 66kV：24 回	2.29	减少 2 个 220kV 间隔 减少 4 个 66kV 间隔	$-1000m^2\times2$ $-400m^2\times4$	19300
				—	—	22900

户外 220kV 变电站用地面积指标（220kV/66kV，4 台主变，6～8 回 220kV 进出线，20～24 回 66kV 进出线） **表 21-16**

编号	已有指标			调整内容及调整后用地指标		
	主变台数及容量（MVA）	出线规模	用地指标（万 m²）	技术方案调整内容	站区用地调整指标	调整后用地指标（m²）
1	3×180	220kV：6 回 66kV：20 回	0.99	增加主变 1 台	$+1850m^2$	11750
				增加主变 1 台 增加 2 个 220kV 间隔 增加 4 个 66kV 间隔	$+1850m^2$ $+1000m^2\times2$ $+400m^2\times4$	15350
2	3×240	220kV：8 回 66kV：20 回	1.79	增加主变 1 台 减少 2 个 220kV 间隔	$+1850m^2$ $-1000m^2\times2$	17750
				增加主变 1 台 增加 4 个 66kV 间隔	$+1850m^2$ $+400m^2\times4$	21350
3	3×180	220kV：6 回 66kV：17 回	1.95	增加主变 1 台 增加 4 个 66kV 间隔	$+1850m^2$ $+400m^2\times4$	22950
				增加主变 1 台 增加 2 个 220kV 间隔 增加 7 个 66kV 间隔	$+1850m^2$ $+1000m^2\times2$ $+400m^2\times7$	26150
4	3×240	220kV：8 回 66kV：24 回	2.29	增加主变 1 台 减少 2 个 220kV 间隔 减少 4 个 66kV 间隔	$+1850m^2$ $-1000m^2\times2$ $-400m^2\times4$	21150
				增加主变 1 台	$+1850m^2$	24750

综上所述，户外 220kV 变电站主变压器数量为 3 台、220kV 进出线为 6 回、66kV 进出线为 20 回时，按《国家电网公司输变电工程通用设计：110

(66)—500kV 变电站分册》(2011) 技术方案，用地调整后为 9900m^2 ～ 20700m^2；户外 220kV 变电站主变压器数量为 3 台、220kV 进出线为 8 回、66kV 进出线为 24 回时，按《国家电网公司输变电工程通用设计：110 (66)—500kV 变电站分册》 (2011) 技术方案，用地调整后为 13500m^2 ～ 24300m^2。

户外 220kV 变电站主变压器数量为 4 台、220kV 进出线为 6 回、66kV 进出线为 20 回时，按《国家电网公司输变电工程通用设计：110 (66)—500kV 变电站分册》 (2011) 技术方案，用地调整后为 11750m^2 ～22950m^2；户外 220kV 变电站主变压器数量为 3 台、220kV 进出线为 8 回、66kV 进出线为 24 回时，按《国家电网公司输变电工程通用设计：110 (66)—500kV 变电站分册》(2011) 技术方案，用地调整后为 13500m^2 ～26150m^2。

建议户外 220kV 变电站 (220kV/66kV) 主变压器数量为 3～4 台、220kV 进出线为 6～8 回、66kV 进出线为 20～24 回时用地面积取值为 10000m^2 ～ 27000m^2，其中户外 220kV 变电站 (220kV/66kV) 主变压器数量为 3 台、220kV 进出线为 6 回、66kV 进出线为 20 回时用地面积取值为 10000m^2 ～ 21000m^2，户外 220kV 变电站 (220kV/66kV) 主变压器数量为 3 台、220kV 进出线为 8 回、66kV 进出线为 24 回时用地面积取值为 14000m^2 ～25000m^2，户外 220kV 变电站 (220kV/66kV) 主变压器数量为 4 台、220kV 进出线为 6 回、66kV 进出线为 20 回时用地面积取值为 12000m^2 ～23000m^2，户外 220kV 变电站 (220kV/66kV) 主变压器数量为 4 台、220kV 进出线为 8 回、66kV 进出线为 24 回时用地面积取值为 14000m^2 ～27000m^2。用地紧张地区可取下限值。

(2) 户外 220kV 变电站 (220/110、35 (10) (kV)，3～4 台主变，6～8 回 220kV 进出线，8～14 回 110kV 进出线)

由于《城市电力规划规范》(GB 50293—1999) 技术方案中，缺少 220kV 出线规模及 110kV 出线规模参数，无法从参数角度进行比较探讨。故针对《电力工程项目建设用地指标 (火电厂、核电厂、变电站和换流站)》 (建标【2010】 78 号)、《国家电网公司输变电工程通用设计：110 (66)—500kV 变电站分册》(2011) 和《南方电网变电站标准设计 (V1.0)》(2012) 技术方案进行探讨。

在《电力工程项目建设用地指标 (火电厂、核电厂、变电站和换流站)》 (建标【2010】 78 号) 技术方案用地指标的基础上，按照增减 1 台主变约增减用地面积 1850m^2、增减 1 个 220kV 出线间隔约增减用地面积 1000m^2、增减 1 个 110kV 出线间隔约增减用地面积 400m^2，可以得出 3 台主变、6～8 回 220kV 进出线以及 8～14 回 110kV 进出线的户外 220kV 变电站用地面积 (表 21-17)；4 台主变、6～8 回 220kV 进出线以及 8～14 回 110kV 进出线的户外

220kV 变电站用地面积（表 21-18）。

户外 220kV 变电站用地面积指标（220kV/110、35（10）（kV），3 台主变，6～8 回 220kV 进出线，8～14 回 110kV 进出线）　**表 21-17**

编号	已有指标			调整内容及调整后用地指标		
	主变台数及容量（MVA）	出线规模	用地指标（万 m^2）	技术方案调整内容	站区用地调整指标	调整后用地指标（m^2）
1	2×150	220kV：4 回 110kV：8 回	1.69	增加主变 1 台 增加 2 个 220kV 间隔	+1850m^2 +1000m^2×2	20750
				增加主变 1 台 增加 4 个 220kV 间隔 增加 6 个 110kV 间隔	+1850m^2 +1000m^2×4 +400m^2×6	25150
2	3×180	220kV：6 回 110kV：8 回	2.36	—	—	23600
				增加 2 个 220kV 间隔 增加 6 个 110kV 间隔	+1000m^2×2 +400m^2×6	28000
3	3×180	220kV：6 回 110kV：10 回	2.31	减少 2 个 110kV 间隔	−400m^2×2	22300
				增加 2 个 220kV 间隔 增加 4 个 110kV 间隔	+1000m^2×2 +400m^2×4	26700
4	2×180	220kV：6 回 110kV：8 回	2.60	增加主变 1 台	+1850m^2	27850
				增加主变 1 台 增加 2 个 220kV 间隔 增加 6 个 110kV 间隔	+1850m^2 +1000m^2×2 +400m^2×6	32250

户外 220kV 变电站用地面积指标（220kV/110、35（10）（kV），4 台主变，6～8 回 220kV 进出线，8～14 回 110kV 进出线）　**表 21-18**

编号	已有指标			调整内容及调整后用地指标		
	主变台数及容量（MVA）	出线规模	用地指标（万 m^2）	技术方案调整内容	站区用地调整指标	调整后用地指标（m^2）
1	2×150	220kV：4 回 110kV：8 回	1.69	增加主变 2 台 增加 2 个 220kV 间隔	+1850m^2×2 +1000m^2×2	22600
				增加主变 2 台 增加 4 个 220kV 间隔 增加 6 个 110kV 间隔	+1850m^2×2 +1000m^2×4 +400m^2×6	27000
2	3×180	220kV：6 回 110kV：8 回	2.36	增加主变 1 台	+1850m^2	25450
				增加主变 1 台 增加 2 个 220kV 间隔 增加 6 个 110kV 间隔	+1850m^2 +1000m^2×2 +400m^2×6	29850
3	3×180	220kV：6 回 110kV：10 回	2.31	增加主变 1 台 减少 2 个 110kV 间隔	+1850m^2 -400m^2×2	24150
				增加主变 1 台 增加 2 个 220kV 间隔 增加 4 个 110kV 间隔	+1850m^2 +1000m^2×2 +400m^2×4	28550

续表

编号	已有指标			调整内容及调整后用地指标		
	主变台数及容量（MVA）	出线规模	用地指标（万 m^2）	技术方案调整内容	站区用地调整指标	调整后用地指标（m^2）
4	2×180	220kV：6 回 110kV：8 回	2.60	增加主变 2 台	+1850m^2×2	29700
				增加主变 1 台 增加 2 个 220kV 间隔 增加 6 个 110kV 间隔	+1850m^2×2 +1000m^2×2 +400m^2×6	34100

在《国家电网公司输变电工程通用设计：110（66）—500kV 变电站分册》（2011）技术方案用地指标的基础上，按照增减 1 台主变约增减用地面积 1850m^2、增减 1 个 220kV 出线间隔约增减用地面积 1000m^2、增减 1 个 110kV 出线间隔约增减用地面积 400m^2，可以得出 3 台主变、6～8 回 220kV 进出线以及 8～14 回 110kV 进出线的户外 220kV 变电站用地面积（表 21-19）；4 台主变、6～8 回 220kV 进出线以及 8～14 回 110kV 进出线的户外 220kV 变电站用地面积（表 21-20）。

户外 220kV 变电站用地面积指标（220kV/110、35（10）（kV），3 台主变，6～8 回 220kV 进出线，8～14 回 110kV 进出线） **表 21-19**

编号	已 有 指 标			调整内容及调整后用地指标		
	主变台数及容量（MVA）	出线规模	用地指标（万 m^2）	技术方案调整内容	站区用地调整指标	调整后用地指标（m^2）
1	3×180	220kV：6 回 110kV：10 回	0.92	减少 2 个 110kV 间隔	−400m^2×2	8400
				增加 2 个 220kV 间隔 增加 4 个 110kV 间隔	+1000m^2×2 +400m^2×4	12800
2	3×240	220kV：6 回 110kV：8 回	1.27	—	—	12700
				增加 2 个 220kV 间隔 增加 6 个 110kV 间隔	+1000m^2×2 +400m^2×6	17100
3	3×180	220kV：6 回 110kV：12 回	2.13	减少 4 个 110kV 间隔	−400m^2×4	19700
				增加 2 个 220kV 间隔 增加 2 个 110kV 间隔	+1000m^2×2 +400m^2×2	24100
4	3×180	220kV：6 回 110kV：10 回	1.90	减少 2 个 110kV 间隔	−400m^2×2	18200
				增加 2 个 220kV 间隔 增加 4 个 110kV 间隔	+1000m^2×2 +400m^2×4	22600
5	3×240	220kV：8 回 110kV：16 回	2.52	减少 2 个 220kV 间隔 减少 8 个 110kV 间隔	−1000m^2×2 −400m^2×8	20000
				减少 2 个 110kV 间隔	−400m^2×2	24400
6	3×180	220kV：6 回 110kV：12 回	2.44	减少 4 个 110kV 间隔	−400m^2×4	22800
				增加 2 个 220kV 间隔 增加 2 个 110kV 间隔	+1000m^2×2 +400m^2×2	27200

续表

编号	已有指标			调整内容及调整后用地指标		
	主变台数及容量（MVA）	出线规模	用地指标（万 m^2）	技术方案调整内容	站区用地调整指标	调整后用地指标（m^2）
7	3×180	220kV：6 回 110kV：10 回	1.99	减少 2 个 110kV 间隔	$-400m^2\times2$	19100
				增加 2 个 220kV 间隔 增加 4 个 110kV 间隔	$+1000m^2\times2$ $+400m^2\times4$	23500
8	3×240	220kV：8 回 110kV：12 回	1.44	减少 2 个 220kV 间隔 减少 4 个 110kV 间隔	$-1000m^2\times2$ $-400m^2\times4$	10800
				增加 2 个 110kV 间隔	$+400m^2\times2$	15200
9	3×180	220kV：8 回 110kV：12 回	2.25	减少 2 个 220kV 间隔 减少 4 个 110kV 间隔	$-1000m^2\times2$ $-400m^2\times4$	18900
				增加 2 个 110kV 间隔	$+400m^2\times2$	23200
10	3×180	220kV：4 回 110kV：8 回	1.48	增加 2 个 220kV 间隔	$+1000m^2\times2$	16800
				增加 4 个 220kV 间隔 增加 6 个 110kV 间隔	$+1000m^2\times4$ $+400m^2\times6$	21200
11	3×240	220kV：8 回 110kV：8 回	1.76	减少 2 个 220kV 间隔	$-1000m^2\times2$	15600
				增加 6 个 110kV 间隔	$+400m^2\times6$	20000

户外 220kV 变电站用地面积指标（220kV/110、35（10）（kV），4 台主变，6～8 回 220kV 进出线，8～14 回 110kV 进出线）　　**表 21-20**

编号	已有指标			调整内容及调整后用地指标		
	主变台数及容量（MVA）	出线规模	用地指标（万 m^2）	技术方案调整内容	站区用地调整指标	调整后用地指标（m^2）
1	3×180	220kV：6 回 110kV：10 回	0.92	增加 1 台主变 减少 2 个 110kV 间隔	$+1850m^2$ $-400m^2\times2$	10250
				增加 1 台主变 增加 2 个 220kV 间隔 增加 4 个 110kV 间隔	$+1850m^2$ $+1000m^2\times2$ $+400m^2\times4$	14650
2	3×240	220kV：6 回 110kV：8 回	1.27	增加 1 台主变	$+1850m^2$	14550
				增加 1 台主变 增加 2 个 220kV 间隔 增加 6 个 110kV 间隔	$+1850m^2$ $+1000m^2\times2$ $+400m^2\times6$	18950
3	3×180	220kV：6 回 110kV：12 回	2.13	增加 1 台主变 减少 4 个 110kV 间隔	$+1850m^2$ $-400m^2\times4$	21550
				增加 1 台主变 增加 2 个 220kV 间隔 增加 2 个 110kV 间隔	$+1850m^2$ $+1000m^2\times2$ $+400m^2\times2$	25950
4	3×180	220kV：6 回 110kV：10 回	1.90	增加 1 台主变 减少 2 个 110kV 间隔	$+1850m^2$ $-400m^2\times2$	20050
				增加 1 台主变 增加 2 个 220kV 间隔 增加 4 个 110kV 间隔	$+1850m^2$ $+1000m^2\times2$ $+400m^2\times4$	24450

续表

编号	已有指标			调整内容及调整后用地指标		
	主变台数及容量（MVA）	出线规模	用地指标（万 m^2）	技术方案调整内容	站区用地调整指标	调整后用地指标（m^2）
5	3×240	220kV：8 回 110kV：16 回	2.52	增加 1 台主变 减少 2 个 220kV 间隔 减少 8 个 110kV 间隔	$+1850m^2$ $-1000m^2\times2$ $-400m^2\times8$	21850
				增加 1 台主变	$+1850m^2$	27050
6	3×180	220kV：6 回 110kV：12 回	2.44	增加 1 台主变 减少 4 个 110kV 间隔	$+1850m^2$ $-400m^2\times4$	24650
				增加 1 台主变 增加 2 个 220kV 间隔 增加 2 个 110kV 间隔	$+1850m^2$ $+1000m^2\times2$ $+400m^2\times2$	29050
7	3×180	220kV：6 回 110kV：10 回	1.99	增加 1 台主变 减少 2 个 110kV 间隔	$+1850m^2$ $-400m^2\times2$	20950
				增加 1 台主变 增加 2 个 220kV 间隔 增加 4 个 110kV 间隔	$+1850m^2$ $+1000m^2\times2$ $+400m^2\times4$	25350
8	3×240	220kV：8 回 110kV：12 回	1.44	增加 1 台主变 减少 2 个 220kV 间隔 减少 4 个 110kV 间隔	$+1850m^2$ $-1000m^2\times2$ $-400m^2\times4$	12650
				增加 1 台主变 增加 2 个 110kV 间隔	$+1850m^2$ $+400m^2\times2$	17050
9	3×180	220kV：8 回 110kV：12 回	2.25	增加 1 台主变 减少 2 个 220kV 间隔 减少 4 个 110kV 间隔	$+1850m^2$ $-1000m^2\times2$ $-400m^2\times4$	20750
				增加 1 台主变 增加 2 个 110kV 间隔	$+1850m^2$ $+400m^2\times2$	25050
10	3×180	220kV：4 回 110kV：8 回	1.48	增加 1 台主变 增加 2 个 220kV 间隔	$+1850m^2$ $+1000m^2\times2$	18650
				增加 1 台主变 增加 4 个 220kV 间隔 增加 6 个 110kV 间隔	$+1850m^2$ $+1000m^2\times4$ $+400m^2\times6$	23050
11	3×240	220kV：8 回 110kV：8 回	1.76	增加 1 台主变 减少 2 个 220kV 间隔	$+1850m^2$ $-1000m^2\times2$	17450
				增加 1 台主变 增加 6 个 110kV 间隔	$+1850m^2$ $+400m^2\times6$	21850

在《南方电网变电站标准设计（V1.0）》（2012，中国南方电网有限责任公司）技术方案用地指标的基础上，按照增减 1 台主变约增减用地面积 $1850m^2$、增减 1 个 220kV 出线间隔约增减用地面积 $1000m^2$、增减 1 个 110kV

出线间隔约增减用地面积 400m^2，可以得出 3 台主变、6～8 回 220kV 进出线以及 8～14 回 110kV 进出线的户外 220kV 变电站用地面积（表 21-21）；4 台主变、6～8 回 220kV 进出线以及 8～14 回 110kV 进出线的户外 220kV 变电站用地面积（表 21-22）。

户外 220kV 变电站用地面积指标（220kV/110、35（10）（kV），3 台主变，6～8 回 220kV 进出线，8～14 回 110kV 进出线） **表 21-21**

编号	已有指标			调整内容及调整后用地指标		
	主变台数及容量（MVA）	出线规模	用地指标（万 m^2）	技术方案调整内容	站区用地调整指标	调整后用地指标（m^2）
1	3×240	220kV：6 回 110kV：12 回	2.21	减少 4 个 110kV 间隔	−400m^2×4	21300
				增加 2 个 220kV 间隔 增加 2 个 110kV 间隔	+1000m^2×2 +400m^2×2	24900
2	3×240	220kV：6 回 110kV：12 回	0.97	减少 4 个 110kV 间隔	−400m^2×4	8100
				增加 2 个 220kV 间隔 增加 2 个 110kV 间隔	+1000m^2×2 +400m^2×2	12500
3	4×240	220kV：6 回 110kV：14 回	2.63	减少 1 台主变 减少 6 个 110kV 间隔	−1850m^2 −400m^2×6	22050
				减少 1 台主变 增加 2 个 220kV 间隔	−1850m^2 +1000m^2×2	26450
4	4×240	220kV：6 回 110kV：14 回	1.16	减少 1 台主变 减少 6 个 110kV 间隔	−1850m^2 −400m^2×6	7350
				减少 1 台主变 增加 2 个 220kV 间隔	−1850m^2 +1000m^2×2	11750

户外 220kV 变电站用地面积指标（220kV/110、35（10）（kV），4 台主变，6～8 回 220kV 进出线，8～14 回 110kV 进出线） **表 21-22**

编号	已有指标			调整内容及调整后用地指标		
	主变台数及容量（MVA）	出线规模	用地指标（万 m^2）	技术方案调整内容	站区用地调整指标	调整后用地指标（m^2）
1	3×240	220kV：6 回 110kV：12 回	2.21	增加 1 台主变 减少 4 个 110kV 间隔	+1850m^2 −400m^2×4	23150
				增加 1 台主变 增加 2 个 220kV 间隔 增加 2 个 110kV 间隔	+1850m^2 +1000m^2×2 +400m^2×2	26750
2	3×240	220kV：6 回 110kV：12 回	0.97	增加一台主变 减少 4 个 110kV 间隔	+1850m^2 −400m^2×4	9950
				增加 1 台主变 增加 2 个 220kV 间隔 增加 2 个 110kV 间隔	+1850m^2 +1000m^2×2 +400m^2×2	14350

续表

编号	已有指标			调整内容及调整后用地指标		
	主变台数及容量（MVA）	出线规模	用地指标（万 m^2）	技术方案调整内容	站区用地调整指标	调整后用地指标（m^2）
3	4×240	220kV：6 回 110kV：14 回	2.63	减少 6 个 110kV 间隔	$-400m^2×6$	23900
				增加 2 个 220kV 间隔	$+1000m^2×2$	28300
4	4×240	220kV：6 回 110kV：14 回	1.16	减少 6 个 110kV 间隔	$-400m^2×6$	9200
				增加 2 个 220kV 间隔	$+1000m^2×2$	13600

综上所述，户外 220kV 变电站主变压器数量为 3 台、220kV 进出线为 6 回、110kV 进出线为 8 回时，按《电力工程项目建设用地指标（火电厂、核电厂、变电站和换流站）》（建标【2010】78 号）技术方案，用地调整后为 $20750m^2$～$27850m^2$；按《国家电网公司输变电工程通用设计：110（66）—500kV 变电站分册》（2011）技术方案，用地调整后为 $8400m^2$～$22800m^2$；按《南方电网变电站标准设计（V1.0）》（2012）技术方案，用地调整后为 $7350m^2$～$22050m^2$。

户外 220kV 变电站主变压器数量为 3 台、220kV 进出线为 8 回、110kV 进出线为 14 回时，按《电力工程项目建设用地指标（火电厂、核电厂、变电站和换流站）》（建标【2010】78 号）技术方案，用地调整后为 $25150m^2$～$32250m^2$；按《国家电网公司输变电工程通用设计：110（66）—500kV 变电站分册》（2011）技术方案，用地调整后为 $12800m^2$～$27200m^2$；按《南方电网变电站标准设计（V1.0）》（2012）技术方案，用地调整后为 $11750m^2$～$26450m^2$。

户外 220kV 变电站主变压器数量为 4 台、220kV 进出线为 6 回、110kV 进出线为 8 回时，按《电力工程项目建设用地指标（火电厂、核电厂、变电站和换流站）》（建标【2010】78 号）技术方案，用地调整后为 $22600m^2$～$29700m^2$；按《国家电网公司输变电工程通用设计：110（66）—500kV 变电站分册》（2011）技术方案，用地调整后为 $10250m^2$～$24650m^2$；按《南方电网变电站标准设计（V1.0）》（2012）技术方案，用地调整后为 $9200m^2$～$23900m^2$。

户外 220kV 变电站主变压器数量为 4 台、220kV 进出线为 8 回、110kV 进出线为 14 回时，按《电力工程项目建设用地指标（火电厂、核电厂、变电站和换流站）》（建标【2010】78 号）技术方案，用地调整后为 $27000m^2$～$34100m^2$；按《国家电网公司输变电工程通用设计：110（66）—500kV 变电站分册》（2011）技术方案，用地调整后为 $14650m^2$～$29050m^2$；按《南方电网变电站标准设计（V1.0）》（2012）技术方案，用地调整后为 $13600m^2$～$28300m^2$。

建议户外 220kV 变电站（220kV/110、35（10）（kV））主变压器数量为 3～4 台、220kV 进出线为 6～8 回、110kV 进出线为 8～14 回时用地面积取值为 $8000m^2$～$34000m^2$，其中户外 220kV 变电站（220kV/110、35（10） (kV)）主变压器数量为 3 台、220kV 进出线为 6 回、110kV 进出线为 8 回时用地面积取值为 8000m²～28000m²，户外 220kV 变电站（220kV/110、35（10）（kV））主变压器数量为 3 台、220kV 进出线为 8 回、110kV 进出线为 14 回时用地面积取值为 12000m²～33000m²，户外 220kV 变电站（220kV/110、35（10）（kV））主变压器数量为 4 台、220kV 进出线为 6 回、110kV 进出线为 8 回时用地面积取值为 10000m²～30000m²，户外 220kV 变电站（220kV/110、35（10）（kV））主变压器数量为 4 台、220kV 进出线为 8 回、110kV 进出线为 14 回时用地面积取值为 14000m²～34000m²。用地紧张地区可取下限值。

（3）户内 220kV 变电站（220/110（66）、35（10）（kV），3～4 台主变，6～8 回 220kV 进出线，8～14 回 110kV 进出线）

由于《电力工程项目建设用地指标（火电厂、核电厂、变电站和换流站）》（建标【2010】78 号）未对户内 220kV 变电站用地面积进行规定，本手册仅对《国家电网公司输变电工程通用设计：110（66）—500kV 变电站分册》（2011）和《南方电网变电站标准设计（V1.0）》（2012）户内 220kV 变电站用地指标（表 21-23）进行对比分析。

建议规划中常用户内 220kV 变电站用地面积取值为 5000m²～8000m²，用地紧张地区可取下限值。

户内 220kV 变电站（220kV/110（66）kV、35（10）kV）用地面积取值一览表

表 21-23

类型	用地面积（m²）
《国家电网公司输变电工程通用设计：110（66）—500kV 变电站分册》（2011）	5000～7900
《南方电网变电站标准设计（V1.0）》（2012）	5600～7200

（4）综上所述，建议规划中常用 220kV 变电站用地面积按表 21-24 进行取值。

规划中常用 220kV 变电站用地面积取值建议一览表　　表 21-24

变压等级（kV）	220/110、35（10）	220/66	220/110（66）、35（10）
结构型式	户外式	户外式	户内式
主变容量及台数【MVA/台】	180～240/3～4	180～240/3～4	180～240/3～4
用地面积（m²）	8000～34000	10000～27000	5000～8000

3.2 建筑面积

3.2.1 地方标准

（1）《国家电网公司输变电工程通用设计：110（66）—500kV 变电站分册》（2011，国家电网公司）

220kV变电站典型设计推荐方案技术方案按主变压器台数及容量、出线规模、电气主接线型式、无功配置、配电装置型式、布置格局等进行组合，共20个方案。户外（220kV/66kV）、户外（220kV/110kV、35kV）、户外（220kV/110kV、10kV）、户内（220kV/66kV）、户内（220kV/110kV、35kV）、户内（220kV/110kV、10kV）变电站的相关技术条件和建筑面积指标分别如表21-25、表21-26、表21-27、表21-28、表21-29和表21-30所示。

国家电网典型户外变电站通用设计建筑面积指标一览表（220kV/66kV）

表21-25

编号	技术条件（最终规模）			建筑面积（m^2）
	主变台数及容量（MVA）	出线规模	结构型式	
1	3×180	220kV：6回架空 66kV：20回架空	户外式	488
2	3×240	220kV：8回架空 66kV：20回架空	户外式	517
3	3×180	220kV：6回架空 66kV：17回架空	户外式	503
4	3×240	220kV：8回架空 66kV：24回架空	户外式	523

国家电网典型户外变电站通用设计建筑面积指标一览表（220kV/110kV、35kV）

表21-26

编号	技术条件（最终规模）			建筑面积（m^2）
	主变台数及容量（MVA）	出线规模	结构型式	
1	3×180	220kV：6回架空 110kV：10回架空 35kV：12回电缆	户外式	979
2	3×240	220kV：6回架空 110kV：8回架空 35kV：12回电缆	户外式	857
3	3×180	220kV：6回架空 110kV：12回架空 35kV：12回电缆	户外式	1028
4	3×180	220kV：6回架空 110kV：10回架空 35kV：12回电缆	户外式	877

续表

编号	技术条件（最终规模）			建筑面积（m^2）
	主变台数及容量（MVA）	出线规模	结构型式	
5	3×240	220kV：8 回架空 110kV：16 回架空 35kV：12 回电缆	户外式	1125
6	3×180	220kV：6 回架空 110kV：12 回架空 35kV：6 回电缆	户外式	1039
7	3×180	220kV：6 回架空 110kV：10 回架空 35kV：12 回电缆	户外式	1042

国家电网典型户外变电站通用设计建筑面积指标一览表（220kV/110kV、10kV）

表 21-27

编号	技术条件（最终规模）			建筑面积（m^2）
	主变台数及容量（MVA）	出线规模	结构型式	
1	3×240	220kV：8 回架空 110kV：12 回架空 10kV：30 回电缆	户外式	850
2	3×180	220kV：8 回架空 110kV：12 回架空 10kV：24 回电缆	户外式	800
3	3×180	220kV：4 回架空 110kV：8 回架空 10kV：36 回电缆	户外式	827
4	3×240	220kV：8 回架空 110kV：8 回架空 10kV：36 回电缆	户外式	881

国家电网典型户内变电站通用设计建筑面积指标一览表（220kV/66kV）

表 21-28

编号	技术条件（最终规模）			建筑面积（m^2）
	主变台数及容量（MVA）	出线规模	结构型式	
1	3×180	220kV：3 回架空 66kV：20 回电缆	户内式	4001

国家电网典型户内变电站通用设计建筑面积指标一览表（220kV/110kV、35kV）

表 21-29

编号	技术条件（最终规模）			建筑面积（m^2）
	主变台数及容量（MVA）	出线规模	结构型式	
1	3×180	220kV：3 回电缆 110kV：12 回电缆 35kV：24 回电缆	户内式	6031
2	3×240	220kV：10 回电缆 110kV：12 回电缆 35kV：30 回电缆	户内式	7967

国家电网典型户内变电站通用设计建筑面积指标一览表（220kV/110kV、10kV）

表 21-30

编号	技术条件（最终规模）			建筑面积（m^2）
	主变台数及容量（MVA）	出线规模	结构型式	
1	3×180	220kV：4 回电缆 110kV：12 回电缆 10kV：36 回电缆	户内式	5610
2	4×240	220kV：10 回电缆 110kV：12 回电缆 10kV：28 回电缆	户内式	10434

（2）《南方电网变电站标准设计（V1.0）》（2012，中国南方电网有限责任公司）

220kV 变电站典型设计推荐方案技术方案按主变压器台数及容量、出线规模、电气主接线型式、无功配置、配电装置型式、布置格局等进行组合，共 8 个方案。户外（220kV/110kV、35kV）、户外（220kV/110kV、10kV）、户内（220kV/110kV、10kV）变电站的相关技术条件和建筑面积指标分别如表 21-31、表 21-32 和表 21-33 所示。

南方电网典型户外变电站通用设计建筑面积指标一览表（220kV/110kV、35kV）

表 21-31

编号	技术条件（最终规模）			用地面积（m^2）
	主变台数及容量（MVA）	出线规模	结构型式	
1	3×240（180）	220kV：6 回架空 110kV：12 回架空 35kV：15 回电缆	户外式	1348

续表

编号	技术条件（最终规模）			用地面积（m^2）
	主变台数及容量（MVA）	出线规模	结构型式	
2	3×240（180）	220kV：6 回架空 110kV：12 回架空 35kV：9 回电缆	户外式	1632

南方电网典型户外变电站通用设计建筑面积指标一览表（220kV/110kV、10kV）

表 21-32

编号	技术条件（最终规模）			用地面积（m^2）
	主变台数及容量（MVA）	出线规模	结构型式	
1	4×240（180）	220kV：6 回架空 110kV：14 回架空 10kV：30 回电缆	户外式	1602
2	4×240（180）	220kV：6 回架空 110kV：14 回架空 10kV：30 回电缆	户外式	2110

南方电网典型户内变电站通用设计建筑面积指标一览表（220kV/110kV、10kV）

表 21-33

编号	技术条件（最终规模）			用地面积（m^2）
	主变台数及容量（MVA）	出线规模	结构型式	
1	3×180	220kV：6 回电缆 110kV：14 回电缆 10kV：30 回电缆	户内式	6552
2	3×240	220kV：6 回电缆 110kV：14 回电缆 10kV：30 回电缆	户内式	7390
3	4×180	220kV：6 回电缆 110kV：14 回电缆 10kV：30 回电缆	户内式	7572
4	4×240	220kV：6 回电缆 110kV：14 回电缆 10kV：30 回电缆	户内式	8757

3.2.2 建筑面积取值建议

归纳起来《国家电网公司输变电工程通用设计：110（66）—500kV 变电站分册》（2011）和《南方电网变电站标准设计（V1.0）》（2012）技术方案中，220kV 变电站按不同的主变台数及其容量、不同的 220kV 出线规模、不同的 110kV（66kV）出线规模，建筑面积指标详见表 21-34。

220kV变电站主变台数、220kV出线规模、110（66）kV出线规模、建筑面积指标汇总表　　表21-34

<table>
<tr><th rowspan="2">结构型式
标准</th><th colspan="2">户外（kV）</th><th rowspan="2">户内（kV）
220/110（66）、35（10）</th></tr>
<tr><th>220/110、35（10）</th><th>220/66</th></tr>
<tr><td rowspan="2">《国家电网公司输变电工程通用设计：110（66）-500kV变电站分册》（2011）</td><td>3台
180～240MVA
4～8回220kV出线
8～16回110kV出线</td><td>3台
180～240MVA
6～8回220kV出线
17～24回66kV出线</td><td>3～4台
180～240MVA
3～10回220kV出线
12回110kV出线
（20回66kV出线）</td></tr>
<tr><td>800m²～1125m²</td><td>488m²～523m²</td><td>5610m²～10434m²
（4001m²）</td></tr>
<tr><td rowspan="2">《南方电网变电站标准设计（V1.0）》（2012）</td><td>3～4台
180～240MVA
6回220kV出线
12～14回110kV出线</td><td>—</td><td>3～4台
180～240MVA
6回220kV出线
14回110kV出线</td></tr>
<tr><td>1348m²～2110m²</td><td>—</td><td>6552m²～8757m²</td></tr>
</table>

注：户内220kV变电站（220kV/66kV）建筑面积为4001m²。

通过分析以上技术方案可知，220kV变电站的建筑面积指标与其主变台数、220kV出线规模、110（66）kV出线规模并无直接关联，站区内建筑物主要是供中低压配电装置安装和办公使用。

在《国家电网公司输变电工程通用设计：110（66）—500kV变电站分册》（2011）和《南方电网变电站标准设计（V1.0）》（2012）技术方案中，户外220/110、35（10）（kV）变电站建筑面积大部分在800m²～1602m²的范围内，因此推荐户外220/110、35（10）（kV）变电站建筑面积取值为800m²～1600m²；由于户外220/66（kV）变电站，目前仅在东北和内蒙东部部分地区使用，因此，以《国家电网公司输变电工程通用设计：110（66）—500kV变电站分册》（2011）中的指标作为参考，因此推荐户外220/66（kV）变电站建筑面积取值为500m²～600m²；户内220kV变电站建筑面积大部分在5610m²～10434m²的范围内，因此推荐户内220kV变电站建筑面积取值为6000m²～11000m²。

综上所述，建议规划中常用220kV变电站建筑面积按表21-35取值。

规划中常用220kV变电站建筑面积取值建议一览表　　表21-35

变压等级（kV）	220/110、35（10）	220/66	220/110（66）、35（10）
结构型式	户外式	户外式	户内式
主变容量及台数【MVA/台】	180～240/3～4	180～240/3～4	180～240/3～4
建筑面积（m²）	800～1600	500～600	6000～11000

4. 主要控制指标

4.1　容积率

4.1.1　地方标准

(1)《国家电网公司输变电工程通用设计：110（66)—500kV 变电站分册》(2011，国家电网公司)

220kV 变电站典型设计推荐方案技术方案按主变压器台数及容量、出线规模、电气主接线型式、无功配置、配电装置型式、布置格局等进行组合，共 20 个方案。户外（220kV/66kV)、户外（220kV/110kV、35kV)、户外（220kV/110kV、10kV)、户内（220kV/66kV)、户内（220kV/110kV、35kV)、户内（220kV/110kV、10kV）变电站的相关技术条件和容积率指标分别如表 21-36、表 21-37、表 21-38、表 21-39、表 21-40 和表 21-41 所示。

国家电网典型户外变电站通用设计容积率指标一览表（220kV/66kV)　**表 21-36**

编号	技术条件（最终规模）			容积率
	主变台数及容量（MVA)	出线规模	结构型式	
1	3×180	220kV：6 回架空 66kV：20 回架空	户外式	0.05
2	3×240	220kV：8 回架空 66kV：20 回架空	户外式	0.03
3	3×180	220kV：6 回架空 66kV：17 回架空	户外式	0.03
4	3×240	220kV：8 回架空 66kV：24 回架空	户外式	0.02

国家电网典型户外变电站通用设计容积率指标一览表（220kV/110kV、35kV)　**表 21-37**

编号	技术条件（最终规模）			容积率
	主变台数及容量（MVA)	出线规模	结构型式	
1	3×180	220kV：6 回架空 110kV：10 回架空 35kV：12 回电缆	户外式	0.11

续表

编号	技术条件（最终规模）			容积率
	主变台数及容量（MVA）	出线规模	结构型式	
2	3×240	220kV：6 回架空 110kV：8 回架空 35kV：12 回电缆	户外式	0.07
3	3×180	220kV：6 回架空 110kV：12 回架空 35kV：12 回电缆	户外式	0.05
4	3×180	220kV：6 回架空 110kV：10 回架空 35kV：12 回电缆	户外式	0.05
5	3×240	220kV：8 回架空 110kV：16 回架空 35kV：12 回电缆	户外式	0.05
6	3×180	220kV：6 回架空 110kV：12 回架空 35kV：6 回电缆	户外式	0.04
7	3×180	220kV：6 回架空 110kV：10 回架空 35kV：12 回电缆	户外式	0.05

国家电网典型户外变电站通用设计容积率

指标一览表（220kV/110kV、10kV） **表 21-38**

编号	技术条件（最终规模）			容积率
	主变台数及容量（MVA）	出线规模	结构型式	
1	3×240	220kV：8 回架空 110kV：12 回架空 10kV：30 回电缆	户外式	0.06
2	3×180	220kV：8 回架空 110kV：12 回架空 10kV：24 回电缆	户外式	0.03
3	3×180	220kV：4 回架空 110kV：8 回架空 10kV：36 回电缆	户外式	0.06

续表

编号	技术条件（最终规模）			容积率
	主变台数及容量（MVA）	出线规模	结构型式	
4	3×240	220kV：8 回架空 110kV：8 回架空 10kV：36 回电缆	户外式	0.05

国家电网典型户内变电站通用设计容积率指标一览表（220kV/66kV） **表 21-39**

编号	技术条件（最终规模）			容积率
	主变台数及容量（MVA）	出线规模	结构型式	
1	3×180	220kV：3 回架空 66kV：20 回电缆	户内式	0.78

国家电网典型户内变电站通用设计容积率
指标一览表（220kV/110kV、35kV） **表 21-40**

编号	技术条件（最终规模）			容积率
	主变台数及容量（MVA）	出线规模	结构型式	
1	3×180	220kV：3 回电缆 110kV：12 回电缆 35kV：24 回电缆	户内式	1.21
2	3×240	220kV：10 回电缆 110kV：12 回电缆 35kV：30 回电缆	户内式	1.19

国家电网典型户内变电站通用设计容积率
指标一览表（220kV/110kV、10kV） **表 21-41**

编号	技术条件（最终规模）			容积率
	主变台数及容量（MVA）	出线规模	结构型式	
1	3×180	220kV：4 回电缆 110kV：12 回电缆 10kV：36 回电缆	户内式	0.89
2	4×240	220kV：10 回电缆 110kV：12 回电缆 10kV：28 回电缆	户内式	1.32

（2）《南方电网变电站标准设计（V1.0）》（2012，中国南方电网有限责任公司）

220kV 变电站典型设计推荐方案技术方案按主变压器台数及容量、出线规模、电气主接线型式、无功配置、配电装置型式、布置格局等进行组合，共8个方案。户外（220kV/110kV、35kV）、户外（220kV/110kV、10kV）、户内（220kV/110kV、10kV）变电站的相关技术条件和建筑面积指标，如表21-42、表21-43和表21-44所示。

南方电网典型户外变电站通用设计容积率指标一览表（220kV/110kV、35kV） **表21-42**

编号	技术条件（最终规模）			容积率
	主变台数及容量（MVA）	出线规模	结构型式	
1	3×240（180）	220kV：6回架空 110kV：12回架空 35kV：15回电缆	户外式	0.06
2	3×240（180）	220kV：6回架空 110kV：12回架空 35kV：9回电缆	户外式	0.17

南方电网典型户外变电站通用设计容积率指标一览表（220kV/110kV、10kV） **表21-43**

编号	技术条件（最终规模）			容积率
	主变台数及容量（MVA）	出线规模	结构型式	
1	4×240（180）	220kV：6回架空 110kV：14回架空 10kV：30回电缆	户外式	0.06
2	4×240（180）	220kV：6回架空 110kV：14回架空 10kV：30回电缆	户外式	0.18

南方电网典型户内变电站通用设计容积率指标一览表（220kV/110kV、10kV） **表21-44**

编号	技术条件（最终规模）			容积率
	主变台数及容量（MVA）	出线规模	结构型式	
1	3×180	220kV：6回电缆 110kV：14回电缆 10kV：30回电缆	户内式	1.17
2	3×240	220kV：6回电缆 110kV：14回电缆 10kV：30回电缆	户内式	1.10
3	4×180	220kV：6回电缆 110kV：14回电缆 10kV：30回电缆	户内式	1.31

续表

编号	技术条件（最终规模）			容积率
	主变台数及容量（MVA）	出线规模	结构型式	
4	4×240	220kV：6 回电缆 110kV：14 回电缆 10kV：30 回电缆	户内式	1.22

4.1.2　容积率取值建议

归纳起来《国家电网公司输变电工程通用设计：110（66）—500kV 变电站分册》（2011）和《南方电网变电站标准设计（V1.0）》（2012）技术方案中，220kV 变电站按不同的主变台数及其容量、不同的 220kV 出线规模、不同的 110kV（66kV）出线规模，容积率指标详见表 21-45。

220kV 变电站主变台数、220kV 出线规模、110（66）kV 出线规模、容积率指标汇总表　　表 21-45

结构型式 / 标准	户外（kV）		户内（kV）
	220/110、35（10）	220/66	220/110（66）、35（10）
《国家电网公司输变电工程通用设计：110（66）—500kV 变电站分册》（2011）	3 台 180～240MVA 4～8 回 220kV 出线 8～16 回 110kV 出线	3 台 180～240MVA 6～8 回 220kV 出线 17～24 回 66kV 出线	3～4 台 180～240MVA 3～10 回 220kV 出线 12 回 110kV 出线 （20 回 66kV 出线）
	0.03～0.11	0.02～0.05	0.89～1.32 （0.78）
《南方电网变电站标准设计（V1.0）》（2012）	3～4 台 180～240MVA 6 回 220kV 出线 12～14 回 110kV 出线	—	3～4 台 180～240MVA 6 回 220kV 出线 14 回 110kV 出线
	0.06～0.18	—	1.10～1.31

注：户内 220kV 变电站（220kV/66kV）容积率为 0.78。

（1）户外 220kV 变电站（220kV/66kV，3～4 台主变，6～8 回 220kV 进出线，20～24 回 66kV 进出线）

由于户外变电站（220/66（kV）），目前仅在东北和内蒙古东部部分地区使用，因此，以《国家电网公司输变电工程通用设计：110（66）—500kV 变电站分册》（2011）中的指标作为参考，推荐户外 220kV 变电站（220/66（kV））容积率取值不大于 0.10。

（2）户外 220kV 变电站（220/110、35（10）（kV），3～4 台主变，6～8 回 220kV 进出线，8～14 回 110kV 进出线）

《国家电网公司输变电工程通用设计：110（66）—500kV 变电站分册》(2011)、《南方电网变电站标准设计（V1.0）》(2012) 技术方案中，容积率在0.03～0.18范围之内占比最大，综合考虑在常用220kV变电站的主变压器数量为3～4台、220kV进出线一般为6～8回、110kV进出线一般为8～14回时，《国家电网公司输变电工程通用设计：110（66）—500kV 变电站分册(2011年版)》(2011)、《南方电网变电站标准设计（V1.0）》(2012) 用地指标整体偏低，而建筑面积指标与主变台数、220kV进出线、110kV进出线规模无直接关联。因此，结合表21-24和表21-35规划中常用规模的用地面积和建筑面积建议指标，推荐户外220kV变电站（220/110、35（10）（kV））容积率取值不大于0.20。

(3) 户内220kV变电站（220/110（66)、35（10）（kV)，3～4台主变，6～8回220kV进出线，8～14回110kV进出线）

《国家电网公司输变电工程通用设计：110（66）-500kV 变电站分册》(2011)、《南方电网变电站标准设计（V1.0）》(2012) 技术方案中，容积率在0.78～1.32范围。因此，结合表21-24和表21-35规划中常用规模的用地面积和建筑面积建议指标，推荐户内220kV变电站（220/110、35（10）（kV)）容积率取值不大于1.40。

(4) 综上所述，建议规划中常用20kV变电站容积率按表21-46进行控制。

规划中常用变电站容积率取值建议一览表　　　表21-46

变压等级（kV）	220/110、35（10）	220/66	220/110（66)、35（10）
结构型式	户外式	户外式	户内式
容积率	≤0.20	≤0.10	≤1.40

4.2 建筑限高

户外220kV变电站层高一般为4m～6m、层数一般为1～2层；户内220kV变电站层高一般为4m～6m、层数一般为3～4层。建议规划中常用220kV变电站建筑限高按表21-47控制。

规划中常用220kV变电站建筑限高取值建议一览表　　　表21-47

变压等级（kV）	220/110、35（10）	220/66	220/110（66)、35（10）
结构型式	户外式	户外式	户内式
建筑限高（m）	≤12	≤12	≤24

4.3 建筑密度

户外220kV变电站层数一般为1～2层，户内220kV变电站层数一般为

3～4 层。结合表 21-43 中常用规模的容积率建议指标进行计算，建议规划中常用 220kV 变电站建筑密度按表 21-48 控制。

规划中常用 220kV 变电站建筑密度取值建议一览表　　表 21-48

变压等级（kV）	220/110、35（10）	220/66	220/110（66）、35（10）
结构型式	户外式	户外式	户内式
建筑密度（%）	≤10	≤5	≤40

4.4　绿地率

建议规划 220kV 变电站绿化率不低于 20%。

4.5　配建机动车停车位

目前规划中常用 220kV 变电站基本按无人值守考虑，站内工作人员数量一般为 4～6 人，员工通勤车辆停车位按 4 个考虑，工程车辆停车位按 2 个考虑。建议每个变电站内配建 6 个机动车停车位。

4.6　相关指标汇总

常用 220kV 变电站相关指标一览表　　表 21-49

相关指标 \ 分类（kV）	220/110、35（10）	220/66	220/110（66）、35（10）
	户外式	户外式	户内式
用地面积（m^2）	8000～34000	10000～27000	5000～8000
建筑面积（m^2）	800～1600	500～600	6000～11000
容积率	0.20	0.10	1.40
建筑密度（%）	≤10	≤5	≤40
建筑限高（m）	12	12	24
绿地率（%）	≥20	≥20	≥20
配建机动车停车位数量（个）	6	6	6

5. 选址因素

（1）宜选址于地形标高在 100 年一遇洪水位之上的地段。无法满足时，站区应有可靠的防洪措施或与地区（工业企业）的防洪标准相一致，并应高于内涝水位。

（2）站址应具有适宜的地质条件，应避开溶洞、采空区、岸边冲刷区、易发生滚石的地段及滑坡、泥石流、明和暗的河塘、塌陷区、地震断裂地带等不良地质构造区。应注意尽量避免或减少破坏林木和环境自然地貌。

（3）应具有必要的交通条件。站址位于城市建设用地范围内的，应尽量临近城市道路布置，便于站内道路开口。站址位于城市建设用地范围之外的，应有条件设置进厂道路与城市道路连接。

（4）应尽量靠近负荷中心，并满足出线电压等级的供电半径要求，同时还应具有较好的进出线设置条件。

（5）站址周边应具有必要安全防护条件，安全防护距离内应尽量避免建设人员活动较为集中的设施。对于必须深入城市中心区、或布置于居住用地、公共服务设施周边的变电站，应采用户内式，以减少对周边环境的影响。

（6）站址应与周围环境协调，避免对邻近工程设施产生不利影响，如军事设施、通讯电台、电信局、飞机场、领（导）航台、国家重点风景旅游区和人文遗址、有重要开采价值的矿藏区等，必要时，应取得有关协议或书面文件。

（7）宜避开易燃、易爆区和大气严重污秽区及重盐雾区。

6. 总体布局指引

在城市总体规划阶段，220kV 变电站的布局通常分四个步骤进行：（1）现状 220kV 变电站的分析及处理方式；（2）确定是否需要新增 220kV 变电站；（3）确定新增 220kV 变电站数量。

（1）现状 220kV 变电站的分析及处理方式

根据规划用地布局、上层次规划、相关的电力专项规划以及现状变电站的运行情况，判断现状 220kV 变电站处理方式为停运、保留、扩容或扩建。现状变电站的规划一般存在以下几种情况：

停运：当现状变电站用地与城市用地冲突需要进行调整、抑或由于现状变电站使用年限长，采取停运方式。

保留：当现状变电站供电能力能满足规划需求时，采取保留方式。

扩容：当现状变电站的用地条件具备扩容条件，且扩容后的供电能力能满足规划需求时，采取扩容方式。

扩建：根据现状变电站的结构型式、布置方式和周边用地情况，确定能否扩建，如能扩建，应明确现状变电站扩建后的供电能力。当扩建后的供电能力能满足远期规划需求时，采取扩建方式。

（2）确定是否需要新增 220kV 变电站

当规划范围内存在多座现状 220kV 变电站时，可首先考虑现状变电站在保留、扩容及扩建的情况下，能否满足规划需求。若能满足要求，则只需对现状变电站进行相应的改造。若不能满足要求，则需考虑新增 220kV 变电站。

（3）确定新增 220kV 变电站数量

① 确定需新增的 220kV 变电容量

需新增的 220kV 变电容量＝区内规划 220kV 总变电容量-现状 220kV 变电站保留、扩容或扩建后的容量。

② 确定单座 220kV 变电站的主变容量

单座 220kV 变电站的主变容量＝主变台数×单台主变容量。

单座 220kV 变电站的主变台数和容量需充分考虑规划区的城市规模、重要程度、供电区域负荷密度、重要负荷情况和当地供电部门的相关规定等多重因素。初步确定单座 220kV 变电站的主变台数和主变容量，一般可按 3～4×150～240MVA 的主变台数及容量进行考虑。

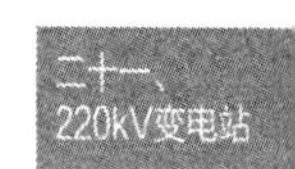

③ 确定规划新增 220kV 变电站的数量

规划新增的 220kV 变电站数量＝需新增的 220kV 变电容量÷单座 220kV 变电站的主变容量。

④ 规划 220kV 变电站的布局

根据供电范围划分、负荷分布情况、新增的 220kV 变电站数量、各座 220kV 变电站主变容量，结合现状 220kV 变电站的位置及供电范围、负荷分布情况、现状走廊分布情况、总体规划用地布局等因素对新增 220kV 变电站进行布局，并确定每一座变电站的用地范围和用地面积。

7. 详细规划指引

7.1 用地构成

220kV 变电站用地主要包括建筑用地、构筑物用地、道路用地、绿化用地和停车场地。

7.2 功能分区

7.2.1 户外式

户外式 220kV 变电站用地主要由配电装置户外布置区、配电装置户内布置区、主变场地区及辅助生产区组成。

配电装置户外布置区：一般分为 220kV 配电装置区和 110（66）kV 配电装置区，主要设施为其相关的构筑物。

配电装置户内布置区：一般分为 35（10）kV 配电装置区，主要设施为其相关的建筑物。

主变场地区：主变压器及其相关设备。

辅助生产区：包括警卫传达室、生产综合楼及消防泵房等建筑。

7.2.2　户内式

户内式 220kV 变电站用地主要由生产综合区及辅助生产区组成。

生产综合区：生产综合楼，主要设施为主变压器、配电装置。

辅助生产区：警卫传达室、消防水泵房等建筑物。

7.3　场地布局

影响 220kV 变电站场地布局的主要因素有：配电装置的布置方式、配电装置与主变场地区的布置格局以及配电装置之间的布置格局。常用 220kV 变电站场地布局形式有以下几种。（图 21-1）

布局形式（*a*）：220kV 配电装置户外布置，110kV 配电装置户外布置，35（10）kV 配电装置户内布置，220kV 配电装置与 110kV 配电装置平行布置，220kV 配电装置与 35（10）kV 配电装置平行布置。

布局形式（*b*）：220kV 配电装置户外布置，110kV 配电装置户外布置，35（10）kV 配电装置户内布置，220kV 配电装置与 110kV 配电装置平行布置，220kV 配电装置与 35（10）kV 配电装置垂直布置。

布局形式（*c*）：220kV 配电装置户外布置，110kV 配电装置户外布置，35（10）kV 配电装置户内布置，220kV 配电装置与 110kV 配电装置垂直布置，220kV 配电装置与 35（10）kV 配电装置平行布置。

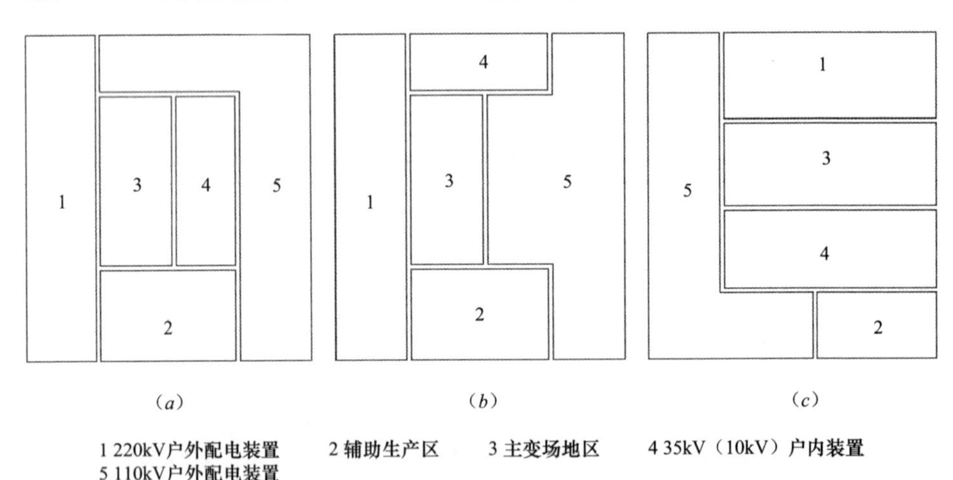

图 21-1　户外式变电站场地布局图

7.4　交通组织

110kV 变电站进场道路一般采用公路型，进站道路路面宽度为 4.5m，不设路肩时可为 5m。当进站道路过长时，变电站的进站道路宽度可统一采用 4.5m，并应根据有关规范要求设错车位。

110kV 变电站内部道路一般采用公路型，也可以考虑采用城市型。站内主要道路（消防车通道）宽为 4.5m，转弯半径为 9.0m，其他道路宽为 4.0m，转弯半径为 7.0m。内部道路应设置成环形，如无条件设置成环形，应根据有关规范要求设错车位。主要设备运输道路的宽度可根据运输要求确定，并应具备回车条件。

7.5 景观绿化

变电站站区绿化应与周围环境相适应，并应防止绿化影响安全运行。

变电站站区可在配电装置楼和警卫传达室前屋前屋后实施绿化。为防尘隔噪，在不影响进出线的提前下，可在围墙周围种植一些树冠较低、枝叶茂密、叶面大的树种。

站内设备场地应根据当地水源实际情况决定铺设碎石或普通草皮（一般不考虑采用自来水作绿化用水）。

8. 案例介绍

8.1 案例一

所在城市：东部地区某大城市

结构型式：户外式

主变容量：4×240MVA

出线规模：6 回 220kV 架空线路、10 回 110kV 架空线路及 30 回 10kV 电缆

用地面积：26300m²

建筑面积：1602m²

容积率：0.06

建筑密度：6.0%

该变电站位于城市边缘地区，西面临城市次干路，东、南和北面均有较为开阔的防护绿地。主入口设置在西面城市次干路上，站区用地呈长方形，总体布局采用平行布置方式。主变场地区和 10kV 配电装置室布置在站区中部，220kV 室外配电装置区布置其北面，主控通信楼、消防泵房和消防水池布置在其西面，110kV 室外配电装置区布置在南面，电容器场地布置在东面。

此变电站为户外式 220kV 变电站常规设备的典型布置方式，站内主干道和环形道路布置均较为合理。220kV 和 110kV 线路分别由北面和南面通过架空线路出线，此类变电站由于是架空出线其出线两端均需预留足够的防护绿地以方便进出线。

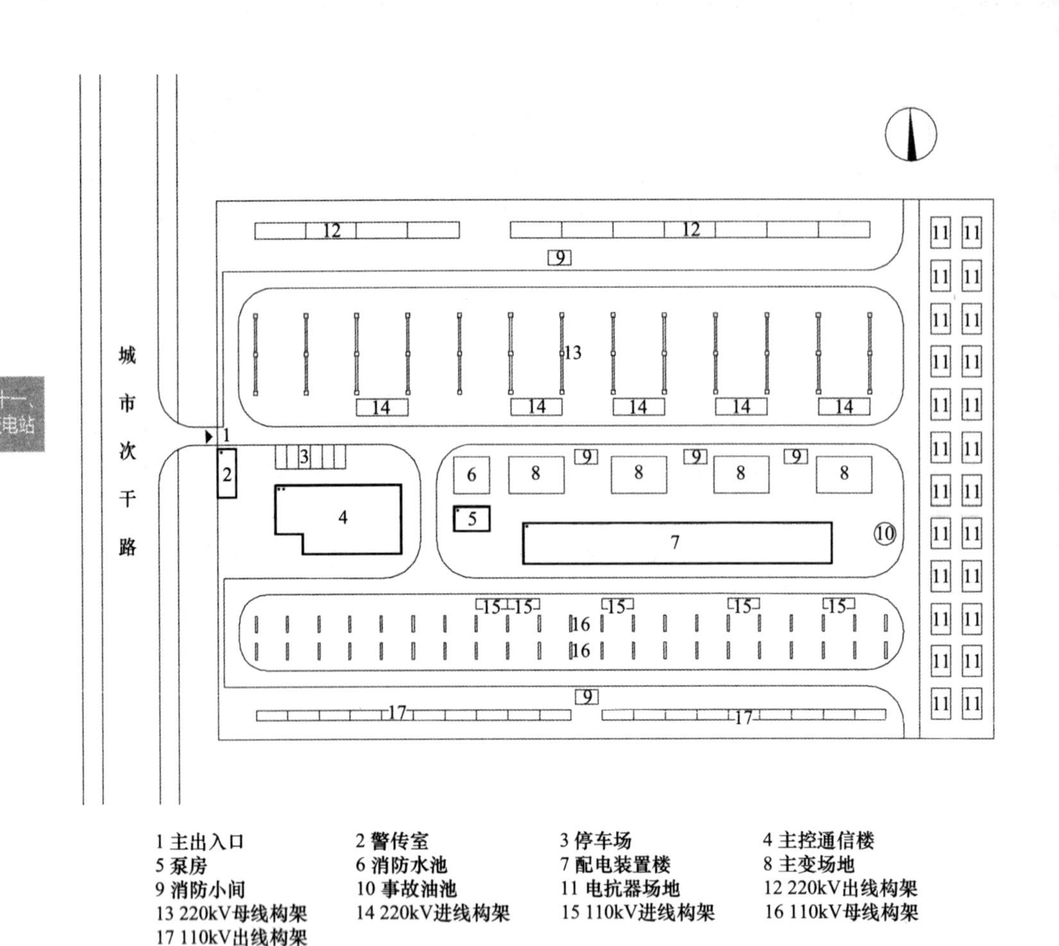

图 21-2　案例一总平面图

8.2　案例二

所在城市：东部地区某大城市

结构型式：户内式

主变容量：4×240MVA

出线规模：6 回 220kV 电缆、14 回 110kV 电缆及 30 回 10kV 电缆

用地面积：9085m²

建筑面积：8966m²

容积率：0.99

建筑密度：45.0%

该变电站位于城市核心区，西侧为城市次干路，南侧、北侧均临城市支路，东侧为防护绿地。主入口设置在西侧城市次干路上，站区用地呈长方形。生产综合楼居中，北面布置消防泵房、消防水池和并联电抗器室等辅助生产建筑。

此变电站为户内式220kV变电站的典型布置方式，其站内道路由大门进入后围绕生产综合楼环形布置。由于此类变电站220kV、110kV和10kV线路均为电缆出线，其对周边的用地空间要求较小，只需根据其进出线规模在其周边的道路合理布置电缆管沟。

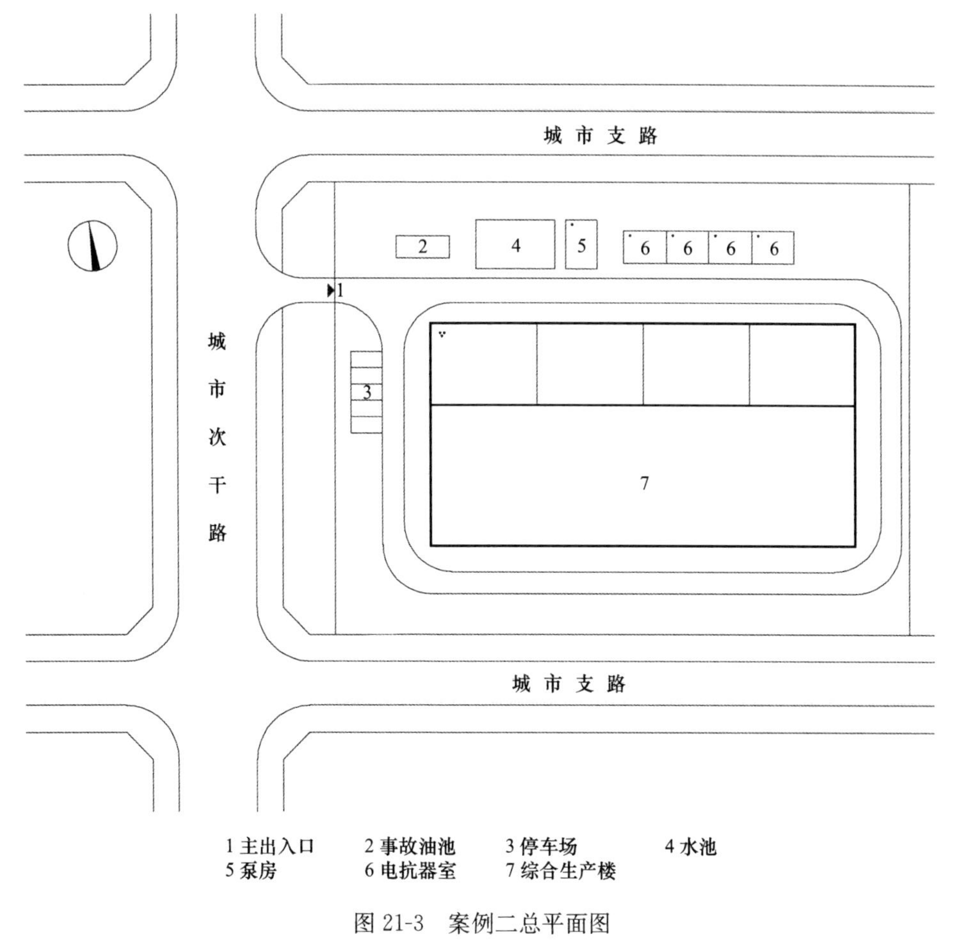

图21-3　案例二总平面图

参考文献

［1］ 中华人民共和国建设部. GB 50293—1999 城市电力规划规规范［S］. 北京：中国建筑工业出版社，1999.

［2］ 中华人民共和国建设部. GBJ 143—1990 架空电力线路、变电站对电视差转台、转播台无线电干扰防护间距标准［S］. 北京：中国计划出版社，1990.

［3］ 中华人民共和国国家发展和改革委员会. DL/T 5056—2007 变电站总布置设计技术规程［S］. 北京：中国电力出版社，2007.

［4］ 国家能源局. DL/T 5218—2012220kV～750kV 变电站设计技术规程［S］. 北京：中

国计划出版社，2012.

[5] 国家电网公司. Q/GDW 156—2006 城市电网规划设计导则 [S]. 北京：中国电力出版社，2006.

[6] 国家电网公司. Q/GDW 204—2008220kV 变电站通用设计规范 [S]. 北京：中国电力出版社，2008.

[7] 中华人民共和国住房和城乡建设部、中华人民共和国国土资源部. 建标【2010】78号电力工程项目建设用地指标（火电厂、核电厂、变电站和换流站）[S]. 北京：中国电力出版社，2010.

[8] 国家电网公司. 国家电网公司输变电工程通用设计：110（66）—500kV 变电站分册（2011 年版）[M]. 北京：中国电力出版社，2011.

[9] 中国南方电网有限责任公司. 南方电网变电站标准设计（V1.0）[M]. 北京：中国电力出版社，2012.

附表 A　相关工业企业的卫生防护距离

类别	卫生防护距离（m）
氯丁橡胶厂	1200～2000
小型氮肥厂	600～1600
炼铁厂	1000～1400
焦化厂	800～1400
聚氯乙烯树脂厂	600～1200
硫酸盐造纸厂、黄磷厂、铜冶炼厂（密闭鼓风炉型）、钙镁磷肥厂	600～1000
碳素厂	500～1000
氯碱厂（电解法制碱）	400～1000
普通过磷酸钙厂	600～800
肉类联合加工厂	400～800
铅蓄电池厂	300～800
油漆厂	500～700
火葬厂、制胶厂	300～700
烧结厂、硫酸厂、硫化碱厂	400～600
水泥厂、制革厂	300～600
汽车制造厂	300～500
内燃机车	200～400
石灰厂、缫丝厂、石棉制品厂	100～300
塑料厂	100

注：① 本表根据 GB 11654～11666—89、GB 18068～18082—2000 整理。

② 卫生防护距离取值与所在地区近五年平均风速相关，当平均风速＜2m/s 时，取上限值；平均风速＞4m/s 时，取下限值。

附表B　易燃易爆场所的防火间距

<table>
<tr><th colspan="3" rowspan="3">类别</th><th colspan="3">防火间距（m）</th></tr>
<tr><th rowspan="2">重要公共建筑</th><th colspan="2">民用建筑</th></tr>
<tr><th>高层</th><th>多层</th></tr>
<tr><td rowspan="3">厂房和仓库</td><td colspan="2">甲类、乙类厂房</td><td>不小于50</td><td>不小于50</td><td>不小于25</td></tr>
<tr><td colspan="2">甲类仓库</td><td>不小于50</td><td>不小于50</td><td>根据其储存物品类别控制在25～40</td></tr>
<tr><td colspan="2">乙类仓库</td><td>不小于50</td><td>不小于50</td><td>不小于25</td></tr>
<tr><td rowspan="6">甲、乙、丙类液体、气体储罐（区）和可燃材料堆场</td><td colspan="2">甲、乙、丙类液体储罐（区）</td><td>—</td><td>根据储量控制在40～70</td><td>根据储量控制在12～25</td></tr>
<tr><td rowspan="3">可燃、助燃气体储罐（区）</td><td>湿式可燃气体储罐</td><td>—</td><td>根据储量控制在25～45</td><td>根据储量控制在18～35</td></tr>
<tr><td>湿式氧气储罐</td><td>—</td><td colspan="2">根据储量控制在18～25</td></tr>
<tr><td>液化天然气气化站的液化天然气储罐（区）</td><td>根据储量控制在30～110</td><td colspan="2">根据储量控制在27～65</td></tr>
<tr><td>液化石油气储罐（区）</td><td>液化石油气供应基地的全压式和半冷冻式储罐（区）</td><td>根据其储量控制在45～150</td><td colspan="2">根据其储量控制在40～100</td></tr>
<tr><td colspan="2">露天、半露天可燃材料堆场</td><td>—</td><td colspan="2">不小于25</td></tr>
</table>

注：① 本表根据《建筑设计防火规范》（GB 50016—2014）整理。
② 重要公共建筑是指发生火灾可能造成重大人员伤亡、财产损失和严重社会影响的公共建筑。
③ 高层民用建筑是指建筑高度大于24m的民用建筑。
④ 生产的火灾危险性根据生产中使用或产生的物质性质及其数量等因素，分为甲、乙、丙、丁、戊类，其火灾危险性特征具体参见《建筑设计防火规范》（GB 50016—2014）。

附表C　相关市政设施的安全卫生防护距离

<table>
<tr><th colspan="2">类别</th><th>安全卫生防护距离（m）</th></tr>
<tr><td colspan="2">生活垃圾卫生填埋场</td><td>2000</td></tr>
<tr><td colspan="2">火力发电厂、热电厂</td><td>800～1000</td></tr>
<tr><td colspan="2">堆肥处理工程</td><td>500</td></tr>
<tr><td colspan="2">污水厂、生活垃圾焚烧处理厂</td><td>300</td></tr>
<tr><td colspan="2">垃圾转运站</td><td>70</td></tr>
<tr><td colspan="2">污水泵站、天然气门站、加油站</td><td>50</td></tr>
<tr><td colspan="2">燃气高中压调压站、</td><td>30</td></tr>
<tr><td colspan="2">液化石油气供应站</td><td>25</td></tr>
<tr><td rowspan="4">户外式变电站</td><td>220kV</td><td>55</td></tr>
<tr><td>110kV</td><td>30</td></tr>
<tr><td>66kV</td><td>20</td></tr>
<tr><td>35kV</td><td>10</td></tr>
</table>